Aquatische Chemie

Aquatische Chemie

Eine Einführung in die Chemie wässriger Lösungen
und in die Chemie natürlicher Gewässer

Laura Sigg
Privatdozentin, Eidgenössische Technische Hochschule Zürich

Werner Stumm
Professor, Eidgenössische Technische Hochschule Zürich

Verlag der Fachvereine Zürich

B. G. Teubner Verlag Stuttgart

CIP-Titelaufnahme der Deutschen Bibliothek

Sigg, Laura:
Aquatische Chemie: eine Einführung in die Chemie wässriger
Lösungen und in die Chemie natürlicher Gewässer / Laura Sigg
Werner Stumm. – 2., durchges. Aufl. – Stuttgart: Teubner;
Zürich: Verl. der Fachvereine, 1991
ISBN 3-519-13651-1 (Teubner)
ISBN 3-7281-1766-8 (Verl. der Fachvereine)
NE: Stumm, Werner:

1. Auflage 1989
2., durchgesehene Auflage 1991

© Copyright bei den Verlagen

    B. G. Teubner, Stuttgart
    ISBN 3-519-13651-1

und Verlag der Fachvereine an den schweizerischen Hochschulen
    und Techniken, Zürich
    ISBN 3-7281-1766-8

Der Verlag dankt dem Schweizerischen Bankverein
für die Unterstützung zur Verwirklichung seiner Verlagsziele

Inhaltsverzeichnis

Vorwort 1

Kapitel 1 **Die chemische Zusammensetzung natürlicher Gewässer**

  1.1 Einleitung 5
  1.2 Verwitterungsprozesse 7
  1.3 Wechselwirkungen zwischen Organismen und Wasser 8
  1.4 Das Puffersystem natürlicher Gewässer 11
  1.5 Wasser und seine einzigartigen Eigenschaften 17
  1.6 Eine kurze Übersicht über die hydrogeochemischen Kreisläufe 19
  Literatur Allgemein 29
  Tabellen: Konzentrationseinheiten 32
  Physikalische Quantitäten 33
  Nützliche Umrechnungsfaktoren 34
  Wichtige Konstanten 35
  Das Erde – Hydrosphäre-System 35
  Periodische Tabelle der Elemente 36
  Übungsaufgaben 37

Kapitel 2 **Säuren und Basen**

  2.1 Einleitung 39
  2.2 Säure-Base Theorie 40
  2.3 Die Stärke einer Säure oder Base 43
  2.4 "Zusammengesetzte" Aciditätskonstante 46
  2.5 Gleichgewichtsrechnungen 47
  Tableaux 51
  2.6 pH als Mastervariable
  Doppelt-logarithmische graphische Auftragung zur Darstellung und Lösung von Gleichgewichtsproblemen 56
  2.7 Säure-Base-Titrationskurven 67
  2.8 Säure- und Basen-Neutralisierungskapazität 70
  2.9 pH-und Aktivitätskonventionen 72

		2.10 Saure atmosphärische Niederschläge	76
		Übungsaufgaben	82

Kapitel 3   *Carbonat-Gleichgewichte*

	3.1	Einleitung	85
	3.2	Das offene System – Wasser im Gleichgewicht mit dem CO_2 der Gasphase	86
	3.3	Die Auflösung von $CaCO_3$ (Calcit) im offenen System	93
	3.4	Das "geschlossene" Carbonatsystem	98
	3.5	Alkalinität und Acidität	104
	3.6	Grundwasser	108
	3.7	Analytische Bestimmung der Alkalinität	111
	3.8	Bestimmung der Acidität	115
	3.9	Die Pufferintensität des Carbonatsystems	118
		Übungsaufgaben	121

Kapitel 4   *Wechselwirkung Wasser – Atmosphäre*

	4.1	Einleitung	123
	4.2	Einfache Gas/Wassergleichgewichte; Bedeutung in der Chemie des Wolkenwassers, des Regens und des Nebelwassers	125
	4.3	Die Genese eines Nebeltröpfchens	142
	4.4	Aerosole	147
	4.5	Saure Traufe – Saure Seen	151
		Übungsaufgaben	154

Kapitel 5   *Zur Anwendung thermodynamischer Daten und der Kinetik*

	5.1	Einleitung Thermodynamische Daten	157
	5.2	Das Gleichgewichtsmodell	157
	5.3	Umrechnung von Gleichgewichtskonstanten auf andere Temperaturen und Drucke	163
	5.4	Kinetik – Einleitung	165
	5.5	Die Reaktionsgeschwindigkeit	166
	5.6	Elementarreaktionen	170
	5.7	Fallbeispiel: Die Hydratisierung des CO_2	176

	5.8	Fallbeispiel: Kinetik der Absorption von CO_2; Gas-Transfer Atmosphäre – Wasser	179
		Übungsaufgaben	183
		Appendix: Thermodynamische Daten	*185*

Kapitel 6 Metallionen in wässriger Lösung

	6.1	Einleitung	193
	6.2	Koordinationschemie und ihre Bedeutung für die Speziierung der Metallionen in natürlichen Gewässern	194
	6.3	Speziierung und analytische Bestimmung	213
	6.4	Regulierung der Konzentration von Schwermetallen in Seen	215
		Übungsaufgaben	218

Kapitel 7 Fällung und Auflösung; die Aktivität der festen Phase

	7.1	Einleitung Fällung und Auflösung fester Phasen als Mechanismus zur Regulierung der Zusammensetzung natürlicher Gewässer	221
	7.2	Löslichkeitsgleichgewichte von Hydroxiden und Carbonaten; Einfluss der Komplexbildung, pH-Abhängigkeit	222
	7.3	Welche feste Phase kontrolliert die Löslichkeit?	232
	7.4	Sind feste Phasen im Löslichkeitsgleichgewicht?	240
	7.5	Kinetik der Nukleierung und Auflösung einer festen Phase: Beispiel Calciumcarbonat	244
		Übungsaufgaben	251

Kapitel 8 Redox-Prozesse

	8.1	Einleitung	253
	8.2	Definitionen – Oxidation und Reduktion	254
	8.3	Der globale Elektronenkreislauf (Photosynthese, Respiration)	255
	8.4	Redox-Gleichgewichte und Redox-Intensität	258

8.5	Einfache Berechnungen von Redox-Gleichgewichten	265
8.6	Kinetik von Redox-Prozessen	278
8.7	Oxidation durch Sauerstoff	287
8.8	Photochemische Redox-Prozesse	288
8.9	Durch Mikroorganismen katalysierte Redox-Prozesse	292
8.10	Die Messung des Redox-Potentials in natürlichen Gewässern	296
8.11	Glaselektrode; ionenselektive Elektroden	300
	Übungsaufgaben	303

Kapitel 9 Organischer Kohlenstoff; Wechselwirkung zwischen Lebewesen und anorganischer Umwelt

9.1	Einleitung	305
9.2	Organische Verbindungen als Elektrolyte; Huminstoffe als Liganden	308
9.3	Organisches Material als Reduktionsmittel	318
9.4	Die Verteilung organischer Verbindungen in der Umwelt	322
	Übungsaufgaben	328

Kapitel 10 Grenzflächenchemie

10.1	Einleitung	331
10.2	Wechselwirkungen an der Grenzfläche Fest-Wasser	332
10.3	Adsorption aus der Lösung	333
10.4	Partikel in natürlichen Gewässern	338
10.5	Oxidoberflächen: Säure-Base-Reaktionen, Wechselwirkung mit Kationen und Anionen	340
10.6	Elektrische Ladung auf Oberflächen	345
10.7	Oberflächenchemie und Reaktivität; Kinetik der Auflösung und der Bildung fester Phasen	350
10.8	Tonmineralien; Ionenaustausch	359
10.9	Kolloidstabilität	366
	Übungsaufgaben	372

Index 373

Vorwort

Dieses Buch wurde in erster Linie als Scriptum für Vorlesungen in *"Aquatischer Chemie"*, die im Rahmen des Studienganges Umweltnaturwissenschaften der Eidgenössischen Technischen Hochschule in Zürich gegeben werden, ausgearbeitet. Ausgewählte Kapitel sind auch im Unterricht "Chemische Prozesse in natürlichen Gewässern" und im Chemieunterricht des Nachdiplomstudiums "Gewässerschutz und Wassertechnologie" verwendet worden. Eine weitere Motivierung für dieses Buch ist unsere Besorgnis um die Gefährdung der Gewässer und unserer Umwelt. Dementsprechend richtet sich das Buch auch an Praktiker und Forscher, die in der Chemie der Gewässer und ihrer Beeinträchtigung durch die Zivilisation und in ihren Wechselbeziehungen mit Luft und Boden engagiert sind. Die Autoren haben sich bemüht, das Buch so zu gestalten, dass es auch von Lesern ohne umfangreiche chemische Vorbildung – eine einführende Vorlesung in allgemeiner und physikalischer Chemie wird allerdings vorausgesetzt – verstanden werden kann.

Wir versuchen zuerst ein Verständnis für die wichtigsten chemischen, biologischen und physikalischen Prozesse zu wecken, welche die chemische Zusammensetzung natürlicher Gewässer bewirken. Die aquatische Chemie baut auf auf den physikalisch chemischen Gesetzmässigkeiten der Elektrolytchemie (Chemie wässriger Lösungen, Redox- und Koordinationschemie) und der Grenzflächenchemie, insbesondere Grenzfläche Fest–Wasser. Sie befasst sich mit den Zuständen gelöster und suspendierter Komponenten in natürlichen Gewässern mit den Gleichgewichten und den Prozessen, in denen sie involviert sind. Wasser ist bekanntlich als Transportmittel und chemisches Reagens an den Kreisläufen der Elemente und der belebten Materie beteiligt. Von besonderer Bedeutung ist das Verständnis des dynamischen Verhaltens anorganischer Verunreinigungssubstanzen in der Umwelt. Dementsprechend ist die aquatische Chemie neben der Grundlagenchemie auch durch andere Wissenschaften – insbesondere der Geologie und der Biologie – beeinflusst; sie bildet aber auch eine wichtige Grundlage für verwandte Disziplinen, wie die Geochemie, die Hydrobiologie, die Boden- und Atmosphärenchemie und die Wassertechnologie.

Wir messen in diesem Text dem chemischen Gleichgewicht eine grosse Bedeutung zu, da es ein wichtiges Ordnungsprinzip ist, um die Variablen, welche die chemische Zusammensetzung der natürlichen Gewässer bestimmen, so quantitativ wie möglich zu erfassen. Auch dort, wo die chemischen Gleichgewichte nicht erfüllt sind, gibt das Gleichgewichtsmodell die Randbedingungen wieder, denen das System – wie langsam auch immer – zustreben muss. Neben dem Gleichgewichtsmodell behandeln wir die Kinetik ausgewählter Prozesse und illustrieren die Anwendung vom Stationärszustand und dynamischer Modelle. Wir verzichten darauf, die Thermodynamik und Kinetik darzustellen; wir verweisen die Leser auf Lehrbücher. Aber wir illustrieren, wie thermodynamische Daten (z.B. Daten über die molare freie Bildungsenthalpie) verwendet werden können, um Gleichgewichtskonstanten zu berechnen und um abzuleiten, welche Reaktionen unter vorgewählten Bedingungen möglich sind. Auch in der Kinetik konzentrieren wir uns darauf, die Anwendung reaktionskinetischer Probleme in wässrigen Lösungen und natürlichen Gewässern zu illustrieren.

Wasser und Atmosphäre werden als interdependente Systeme behandelt, um zu illustrieren, wie die hydrogeochemischen Kreisläufe in komplexer Weise Boden, Wasser und Luft koppeln und um Verständnis für die Zusammensetzung von Regen und anderen atmosphärischen Depositionen und die Probleme des sauren Regens zu entwickeln. Schliesslich räumen wir auch der Wechselwirkung zwischen Lebewesen und anorganischer Umwelt einen wichtigen Platz ein und behandeln die biochemischen Kreisläufe, insbesondere der Einfluss der Photosynthese und die durch Mikroorganismen katalysierten Redoxprozesse, relativ ausführlich.

Verdankungen. Wir haben – wie das in einfachen Lehrbüchern üblicherweise der Fall ist – unsere Literaturhinweise auf wesentliche und relativ leicht verständliche Arbeiten beschränkt. Es kommt dabei vielleicht zu wenig zum Ausdruck wie viele der hier wiedergegebenen Ideen durch andere Autoren beeinflusst worden sind. Obschon unser Buch in wesentlichen Teilen abweicht von W. Stumm und J.J. Morgan *"Aquatic Chemistry; an Introduction*

Emphasizing Chemical Equilibria in Natural Waters" 2nd Edition, 780 S. Wiley-Interscience, New York, 1981, ist die Beeinflussung durch dieses viel umfangreichere Werk unverkennbar. Wir sind James J. Morgan (California Institute of Technology, Pasadena, Ca.) dankbar, dass er unsere Bemühungen um die *"Aquatische Chemie"* voll unterstützt und wesentliche Anregungen zur Verbesserung des Textes gemacht hat. Ebenfalls sind wir François M.M. Morel (Massachusetts Institute of Technology, Cambridge, Mass.) zu Dank verpflichtet, dass er uns erlaubt hat, die in seinem Buch *"Principles of Aquatic Chemistry"*, 446 S. Wiley-Interscience, New York, 1983, entwickelten Tableaux – das Tableau enthält in kompakter und übersichtlicher Form alle nützlichen Informationen, um in einem gegebenen System die Konzentrationen (Aktivitäten) der einzelnen Spezies zu berechnen – zu verwenden.

Viele der hier wiedergegebenen Ideen stammen von Mitarbeitern der EAWAG. Wir sind insbesondere Jürg Hoigné, Philippe Behra, Beat Müller, Barbara Sulzberger, aber auch vielen anderen Kolleginnen und Kollegen und nicht zuletzt unseren Studenten und Studentinnen für Anregungen und tatkräftige Unterstützung zu grossem Dank verpflichtet.

Liselotte Schwarz und Heidi Bolliger besorgten mit viel Einsicht und Umsicht die anspruchsvolle Textverarbeitung und graphische Darstellung.

Eidgenössische Anstalt für
Wasserversorgung, Abwasserreinigung
und Gewässerschutz (EAWAG)   Laura Sigg
CH, 8600 Dübendorf, Juli 1989   Werner Stumm

Kapitel 1

Die chemische Zusammensetzung natürlicher Gewässer

1.1 Einleitung

In diesem einführenden Kapitel versuchen wir zuerst, eine kurze Übersicht über die chemische Zusammensetzung natürlicher Gewässer zu geben, und Verständnis für die interdependenten biochemischen, chemischen und physikalischen Prozesse in einem Gewässerökosystem zu wecken. Die wichtigsten chemischen Prozesse (Auflösung der Gesteine, Ausfällung von Mineralien, Wechselwirkung zwischen Atmosphäre und Wasser) werden summarisch dargestellt; das aquatische Ökosystem wird als eine Einheit der Umwelt vorgestellt, in welcher durch Sonnenlicht eine biologische Gemeinschaft (Produzenten, Konsumenten und Zersetzungsorganismen) und Kreisläufe der lebensnotwendigen Substanzen aufrechterhalten werden. Wasser greift als chemisches Reagens, als Lösemittel und als Transportmittel in alle Kreisläufe der Gesteine und des Lebens ein.

Unsere Besorgnis um die Gefährdung unserer Gewässer als Ökosystem versuchen wir mit einer einfachen Sensitivitätsanalyse zum Ausdruck zu bringen, in der wir zeigen, dass die Süsswasser – neben der Atmosphäre – bezüglich anthropogener Beeinflussung zu den besonders empfindlichen Systemen gehören.

Eine Übersicht über repräsentative Konzentrationen in Meer- und Süsswasser (in mol/Liter; ausgedrückt als −log M) ist in der "abgekürzten" periodischen Tabelle Abbildung 1.1 enthalten. Diese enthält die wichtigsten im Wasser auftretenden Spezies. Elemente, deren Verteilung durch biologische Prozesse (Inkorporation in Biota, subsequente Sedimentation und spätere Mineralisation) beeinflusst werden, sind schraffiert.

Einige wichtige Prozesse, die die Zusammensetzung natürlicher Gewässer regulieren, sind in Abbildung 1.2 symbolisch dargestellt.

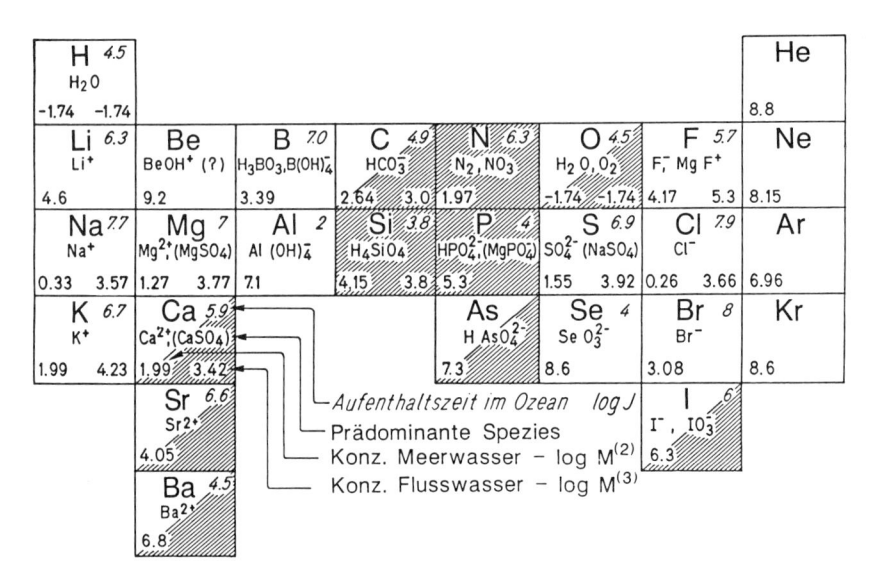

Abbildung 1.1
Einige der wichtigeren Elemente in natürlichen Gewässern und ihre Erscheinungsformen (Spezies) und Konzentrationen und Aufenthaltszeiten (log Jahre)
Spezies in Klammern sind prädominante Spezies in Meerwasser (falls verschieden von Süsswasser).

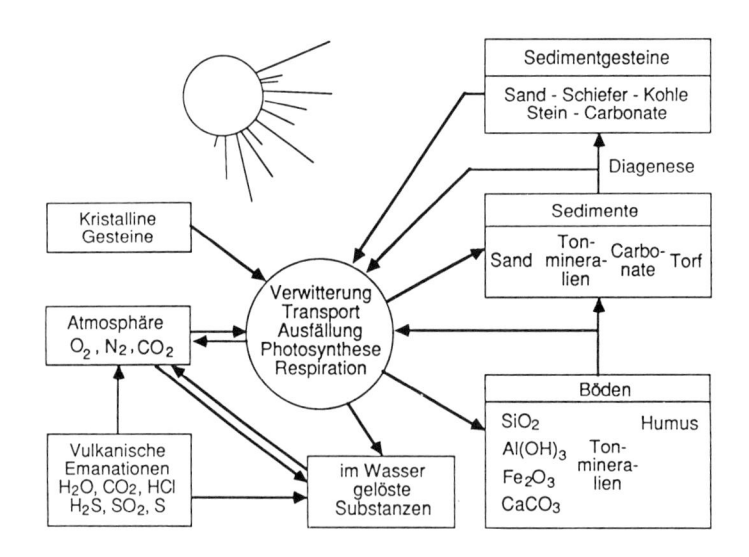

Abbildung 1.2
Wechselwirkung des Kreislaufs der Gesteine mit dem Kreislauf des Wassers
Das Wasser ist Transportmittel und chemisches Reagens zugleich. Durch die Wechselwirkung mit den Gesteinen (Auflösung und Ausfällung) entstehen Bodenmaterialien, Sedimente und Sedimentgesteine; dabei gelangen gelöste Substanzen ins Wasser (vgl. Tabelle 1.1).

Die O_2- und CO_2-Regulierung erfolgt in der Natur durch Photosynthese, Respiration und durch Verwitterungsprozesse. Wir illustrieren nachfolgend kurz, wie die chemische Zusammensetzung der Gewässer durch Verwitterungsprozesse und durch die Aktivität von Organismen beeinflusst wird.

1.2 Verwitterungsprozesse

Die Verwitterungsprozesse bestehen aus der Auflösung der wichtigsten Gesteine (Silikate, Oxide, Karbonate) (vgl. Tabelle 1.1). Die Entstehung der Zusammensetzung der gelösten Phase kann am einfachsten im Sinne eines Gleichgewichtsmodelles verstanden werden, also z.B. für die Auflösung und Ausfällung des $CaCO_3$

$$CaCO_3 + CO_2 + H_2O = Ca^{2+} + 2\,HCO_3^- \qquad (1)$$

können aufgrund der Gleichgewichtskonstanten für eine Atmo-

Tabelle 1.1 Beispiele typischer Verwitterungsreaktionen der Mineralien

Mineral	+ Wasser	gelöste + Kohlensäure	⇌	Kationen	+ Anionen	+ Kieselsäure	Tonmineralien + z.B. Kaolinit
Kalk							
$CaCO_3$	+ H_2O		⇌	Ca^{2+}	+ HCO_3^- + OH^-		
$CaCO_3$		+ H_2CO_3	⇌	Ca^{2+}	+ 2 HCO_3^-		
Dolomit							
$CaMg(CO_3)_2$	+ 2 H_2O		⇌	Ca^{2+} + Mg^{2+}	+ 2 HCO_3^- + 2 OH^-		
Quarz (Granit)							
SiO_2	+ 2 H_2O		⇌			H_4SiO_4	
Anhydrit (Gips)							
$CaSO_4$			⇌	Ca^{2+}	+ SO_4^{2-}		
Feldspat							
$NaAlSi_3O_8$	+ $5\frac{1}{2}$ H_2O		⇌	Na^+ +	+ OH^-	+ 2 H_4SiO_4	+ $\frac{1}{2}Al_2Si_2O_5(OH)_4$
$NaAlSi_3O_8$	+ $4\frac{1}{2}$ H_2O	+ H_2CO_3	⇌	Na^+	+ HCO_3^-	+ 2 H_4SiO_4	+ $\frac{1}{2}Al_2Si_2O_5(OH)_4$
Steinsalz							
$NaCl$			⇌	Na^+	+ Cl^-		

* Wir verwenden hier und im folgenden für Zahlen die angelsächsische oder Computer-Schreibweise: 8.3 = 8,3. (Die Illustration, wie man solche Gleichgewichtsrechnungen löst, erfolgt später.)

sphäre mit 0,03 % CO_2 folgende Konzentrationen errechnet werden: System: $(CaCO_3)(s)$, $CO_2(g)$ ($p_{CO_2} = 3 \times 10^{-4}$ atm) wässrige Lösung, 25° C: *

$pH = 8.3$, $[HCO_3^-] = 1.0 \times 10^{-3}$ M, $[Ca^{2+}] = 5 \times 10^{-4}$ M

1.3 Wechselwirkungen zwischen Organismen und Wasser

Die Photosynthese, P, und Respirationsprozesse, R, werden schematisch stark vereinfacht in Gleichung (2) wiedergegeben. Es braucht bei der Photosynthese zahlreiche andere Nährstoffe; die Stöchiometrie entspricht ungefähr der Gleichung (3)

$$CO_2 + H_2O + \text{Sonnenenergie} \underset{R}{\overset{P}{\rightleftarrows}} \{CH_2O\} + O_2 \qquad (2)$$

$$106\, CO_2 + 16\, NO_3^- + HPO_4^{2-} + 122\, H_2O + 18\, H^+ \begin{pmatrix} +\ \text{Spurenelemente} \\ +\ \text{Sonnenenergie} \end{pmatrix}$$

$$P \downarrow \uparrow R$$

$$\{C_{106}H_{263}O_{110}N_{16}P_1\} + 138\, O_2 \qquad (3)$$
Algen-Protoplasma

Der Fluss der Energie durch das System wird begleitet durch Kreisläufe von Düngstoffen und Spurenelementen. Obschon die Stöchiometrie der Reaktion (3) für jedes aquatische System und für jede Alge etwas verschieden ist, ist es erstaunlich, wie die komplizierte Photosynthese-Respirations-(P-R)Dynamik, an der soviele verschiedene Organismen teilnehmen, sich durch so einfache Beziehungen $\Delta C : \Delta N : \Delta P \approx 106 : 16 : 1$ wiedergeben lässt.

Die vertikale Auftrennung der Nährstoffelemente im Meer oder im See erfolgt dadurch, dass die Elemente C, N, P bei der Photosynthese zusammen aufgenommen werden und später nach dem teilweisen Absinken bei der Respiration in gleichen Proportionen wieder freigesetzt werden (Abbildung 1.3); die Respiration ist charakterisiert durch den Respirationsquotienten $\Delta O_2 : \Delta C \approx 1.3$ oder $\Delta O_2 : \Delta N \approx -9$.

Abbildungen 1.4 und 1.5 exemplifizieren die Kovarianz der N-(NO_3^-)- und P-(Phosphat)-Konzentration in Meer und See.

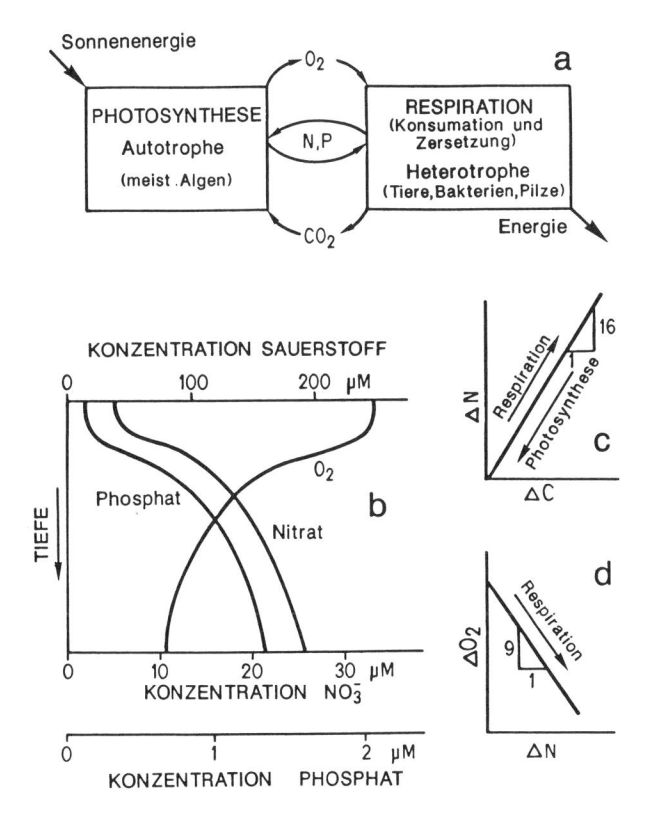

Abbildung 1.3
Ein balanciertes Ökosystem ist durch einen Stationärzustand zwischen P (Geschwindigkeit der photosynthetischen Produktion von Biomasse) und R (Geschwindigkeit der respiratorischen Mineralisierung des organischen Materials) charakterisiert.
a) Die vertikale Trennung der P- und R-Funktion im See oder im Meer.
b) Die Nährstoffe werden an der Oberfläche aufgezehrt und in der Tiefe wieder abgegeben.
c,d) Die ungefähre stöchiometrische Konstanz der elementaren Biomassenzusammensetzung führt zu einer Kovarianz in den Konzentrationen der Nährstoffkomponenten (vgl. Abbildung 1.4)

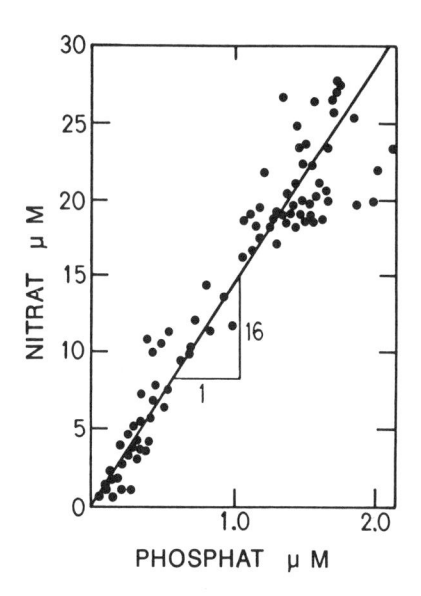

Abbildung 1.4
Stöchiometrische Korrelation zwischen Nitrat- und Phosphat-Konzentrationen (μM) im Atlantik. N : P = 15

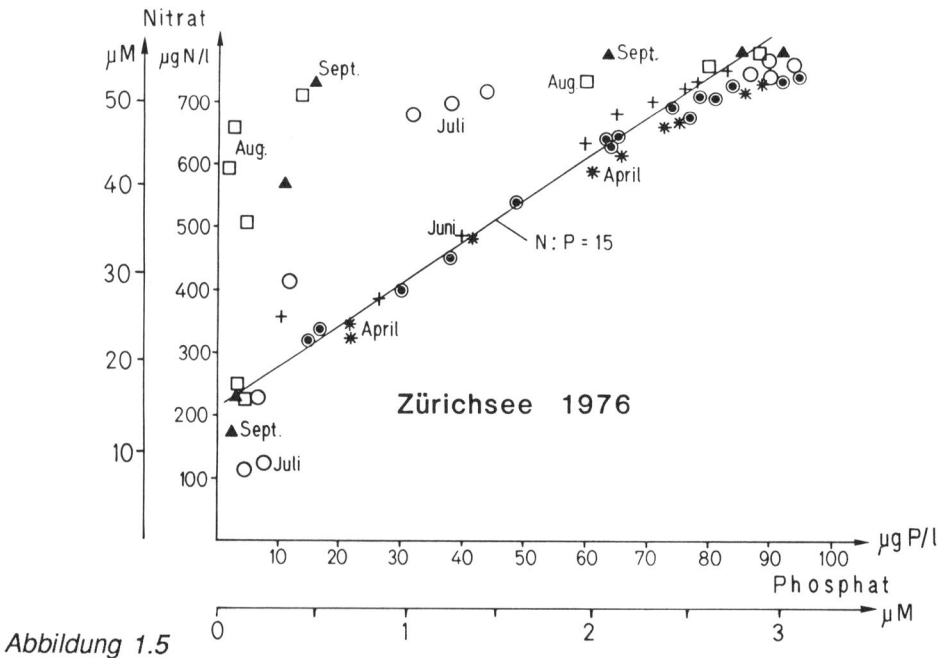

Abbildung 1.5
Konzentration von Nitrat vs Phosphat im Zürichsee

Das atomare Verhältnis der ausgezogenen Linie $\Delta N : \Delta P = 15$. Die Abweichungen im Juli – Sept. stehen in Zusammenhang mit dem Entstehen eines Sauerstoffminimums bei etwa 20 m Tiefe.

1.4 Das Puffersystem natürlicher Gewässer

Art und Menge der im Wasser auftretenden chemischen Stoffe mögen vorerst zufällig erscheinen, können aber, wie wir im vorigen Kapitel kurz demonstriert haben, bei näherer Betrachtung der Umweltsgeschichte des Wassers zurückgeführt werden auf chemische Vorgänge an den Grenzflächen Gestein-Wasser und Atmosphäre-Wasser und biologische Prozesse (Photosynthese-Respiration). Wir können uns etwa vorstellen, dass Ca^{+2} und Mg^{+2} von Carbonaten, Na^+ und K^+ von Feldspat und Glimmerton, Sulfat von Gips oder Pyrit, sowie Phosphat und Fluorid von Apatit herrühren. Die Auflösungsprozesse sind weitgehend Säure-Basen-Reaktionen. So kann in allererster Annäherung die Zusammensetzung des Meeres als das Resultat der Titration von Säuren der Vulkane mit Basen der Gesteine (Silicate, Oxyde, Carbonate (Abbildung 1.2)) interpretiert werden. Die Zusammensetzung des Süsswassers kann in ähnlicher Weise als Folge der Einwirkung von CO_2 der Atmosphäre auf die Mineralien dargelegt werden. Tabelle 1.2 gibt eine Übersicht der wichtigen Bestandteile des Meerwassers und eines durchschnittlichen Süsswassers. Trotz Unterschieden in der chemischen Zusammensetzung sind sich viele natürliche Wässer in Bezug auf die Konzentration bestimmter Bestandteile ähnlich. Die meisten natürlichen Süsswasser haben einen pH zwischen 6.5 und 8.5. Die Konzentrationen anderer Komponenten variieren ebenfalls nicht mehr als um etwa das Hundertfache (Tabelle 1.2). Die Zusammen-

Tabelle 1.2 Chemische Zusammensetzung natürlicher Gewässer

	Süsswasser Durchschnittliches Oberflächenwasser	Zürichsee	Meerwasser
	$-\log M$	$-\log M$	$-\log M$
HCO_3^-	3.0 (± 0.6)	2.9	2.6
Ca^{+2}	3.4 (± 0.9)	2.9	2.0
H^+	6.5 – 8.5	7.6 – 8.4	8.1
H_4SiO_4	3.7 (± 0.5)	4.4	4.1
Mg^{+2}	3.8 (± 1.0)	3.6	1.3
Cl^-	3.7 (± 1.0)	4.1	0.3
Na^+	3.6 (± 1.0)	4.1	0.3

setzung des Meerwassers ist erstaunlich konstant, und die Wasser verschiedener Meere unterscheiden sich nur wenig voneinander.

Austauschvorgänge zwischen der Atmosphäre und dem Wasser

Gase und andere flüchtige Stoffe werden an der Grenze zwischen Wasser und Atmosphäre ausgetauscht. An der Wasseroberfläche findet ein Ausgleich an das Absorptionsgleichgewicht statt. Die Löslichkeit von Gasen kann mit dem Henry'schen Gesetz berechnet werden. Bei konstanter Temperatur ist die Löslichkeit eines Gases proportional zum Partialdruck des Gases p_i, z.B.

$$[O_2(aq)] = K_H \, p_{O_2} \qquad (4)$$

wobei K_H = die Henry-Konstante [M atm^{-1}], p_{O_2} = der Partialdruck von O_2 [atm], $[O_2(aq)]$ = Konzentration von O_2 [M].

Der Partialdruck kann aus der Zusammensetzung des Gases berechnet werden. Z.B. für O_2 (21 Volumen% in der trockenen Atmosphäre) berechnet sich:

$$p_{O_2} = x_{O_2} (P_T - w)$$

wobei x_{O_2} das mol-Verhältnis oder das Volumenverhältnis im trockenen Gas (für Atmosphäre x_{O_2} = 0.21) ist; P_T = total Druck in atm., w = Wasserdampfdruck in atm.

Tabelle 1.3 gibt die Henry-Koeffizienten:

Tabelle 1.3 Henry-Konstanten (25° C)

Gas	K_H [M atm^{-1}]
CO_2	33.8 × 10^{-3}
CH_4	1.34 × 10^{-3}
N_2	0.642 × 10^{-3}
O_2	1.27 × 10^{-3}

Löslichkeit von O_2, N_2 und CO_2 in Wasser

Gas	Partialdruck	0° C	10° C	20° C	30° C	Einheiten
O_2	0.21 atm	14.58	11.27	9.08	7.53	mg·ℓ^{-1}
N_2	0.78 atm	22.46	17.63	14.51	12.40	mg·ℓ^{-1}
CO_2	0.0003 atm	1.00	0.70	0.51	0.38	mg·ℓ^{-1}

Adsorptions- und Desorptionsvorgänge

An Bodenmaterial oder an suspendierten Feststoffen können gelöste Stoffe adsorbieren und auch wieder desorbieren. Die Konzentrationen von Schwermetallionen werden beispielsweise durch solche Prozesse reguliert. Ausserdem können suspendierte Tonmineralien für adsorbierte Stoffe auch als Transportmittel und als Reservoir von Verunreinigungen dienen. Zur modellmässigen Behandlung solcher Adsorptionsprozesse werden in erster Näherung ebenfalls Gleichgewichtsreaktionen verwendet (Beispiele werden wir später genauer betrachten).

Beispiele für die chemische Zusammensetzung von Oberflächen- und Grundwasser:

Abbildungen 1.6 und 1.7 geben repräsentative Zusammensetzungen wieder. Die Wasserhärte (Ca^{2+} und Mg^{2+}) wird oft in der Praxis in Härtegraden, H, ausgedrückt:

1 franz. H entspricht 10 mg $CaCO_3$ in 1 Liter Wasser:
$[Ca^{2+}] + [Mg^{2+}]$ = 0.1 mM und / oder
$[HCO_3^-] + 2 [CO_3^{2-}]$ = 0.2 meq/ℓ

1 deutsch. H entspricht 10 mg CaO in 1 Liter Wasser = 0.178 mM oder 0.357 meq/ℓ

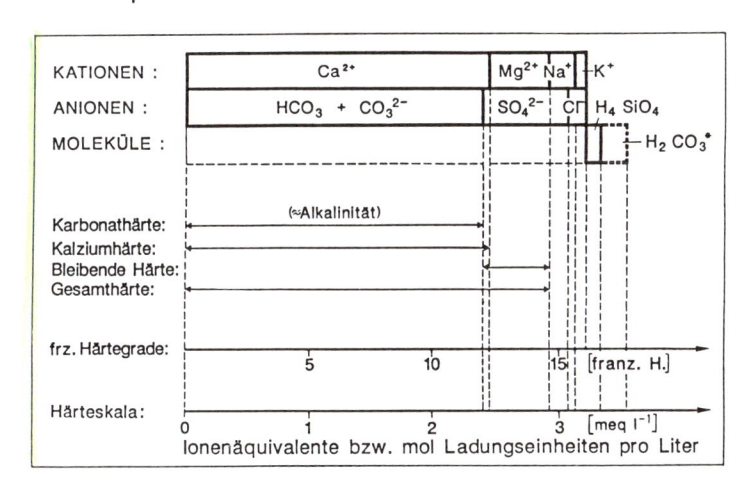

Abbildung 1.6
Zusammensetzung eines durchschnittlichen europäischen Gewässers und Härteskala
Die Gesamthärte ist die Summe der Konzentration von Ca^{2+} und Mg^{2+}. Die bleibende Härte ist die Gesamthärte minus die Karbonathärte, d.h. der Anteil an der Härte der nach dem Kochen des Wassers (Ausfällung von $CaCO_3$; die Löslichkeit des $CaCO_3$ nimmt mit zunehmender Temperatur ab) verbleibt.

Dass ein Zusammenhang besteht zwischen der geologischen Zusammensetzung des Einzugsgebietes und der Zusammensetzung der Gewässer, geht aus Abbildung 1.7 und Tabelle 1.4 hervor, in welchen für einige Ionen die Konzentrationen aufgeführt sind. Während Magnesium, Calcium und Bicarbonat praktisch nur in Flüssen vorkommen, welche durch mesozoisches Sedimentgestein (Sedimente aus dem Erdmittelalter (Trias-, Jura- und Kreidezeit) fliessen, findet man höhere Konzentrationen an Kieselsäure und kleine Konzentrationen von Ca^{2+} und Mg^2 in Flüssen, welche durch kristallines Gestein fliessen. Hingegen korrelieren heutzutage die Sulfatkonzentrationen nur noch teilweise mit dem Vorkommen von sulfathaltigem Gestein. Zivilisatorische Quellen wie Industrie, Abgase aus der Verbrennung von Kohle und Heizöl und der sich daraus ergebende sulfathaltige Regen sind für den Sulfatgehalt mitverantwortlich. Beispiele typischer Konzentrationen in einigen Oberflächen- und Grundwasser sind in Tabelle 1.4 enthalten.

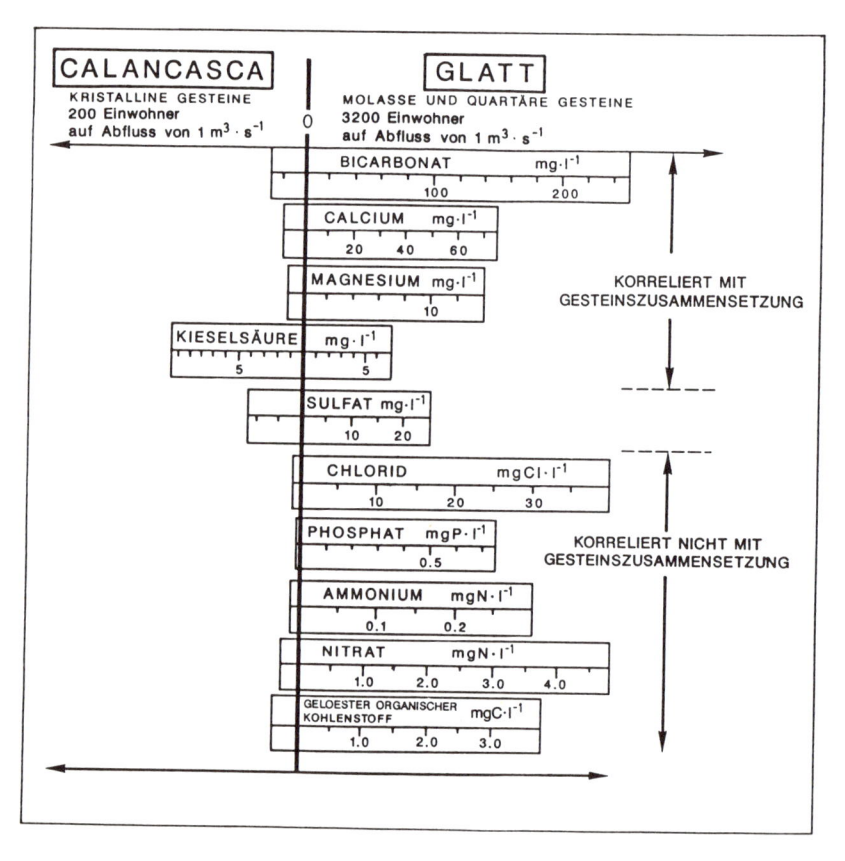

Abbildung 1.7
Vergleiche der chemischen Zusammensetzung des Flusses Calancasca (südliche Schweiz) in kristallinem Gestein mit der Glatt, einem schweizerischen Mittellandfluss, unter Einfluss von $CaCO_3$ (Calcit). Der Mittellandfluss ist auch anthropogen beeinflusst durch Salz und Düngemittel.
(Aus: J. Zobrist und Joan Davis, 1983)

Tabelle 1.4 Typische Analysenwerte

Gewässertyp		Oberflächenwasser			Grundwasser		
		Seewasser	Flusswasser				
Probenahmestelle		Zürichsee	Rhein vor Bodensee	Rhein nach Basel	Kiessand aus Kalken	Kiessand aus Urgestein	feinsandiger Kies mit Toneinschliessungen
		(30 m Tiefe)	Januar	Juli	Netstal	Andermatt	Dübendorf
Temperatur	°C	5.4	3.1	20.1	9.2	5.0	5.4
pH-Wert		7.7	7.9	8.0	8.0	5.9	7.1
Gesamthärte	meq·ℓ^{-1} (frz.H.)	2.70(13.8)	2.88(14.4)	3.16	3.26(16.3)	0.60(3.0)	9.60(48.0)
Karbonhärte	meq·ℓ^{-1} (frz.H.)	2.52(12.6)	1.88 (9.4)	2.58	4.67(14.0)	0.46(2.3)	6.40(32.0)
Kalcium	mg/ℓ	45.6	43	53	50	12	158
Magnesium	mg/ℓ	6.0	8.7	6.6	9.1	0	20.6
Natrium	mg/ℓ		3.1	6.2			
Kalium	mg/ℓ		0.9	1.4			
Eisen	mg/ℓ	<0.02			0.02	0	
Mangan	mg/ℓ				<0.01	<0.01	0.25
Sulfat	mg/ℓ	15	53	27	15	8.5	133
Chlorid	mg/ℓ	2.5	2.8	8.6	1.6	0.5	12.4
Nitrit	mg N/ℓ	<0.01	0.005		<0.001	0	0.01
Nitrat	mg N/ℓ	0.77	0.5	1.3	0.9	0.5	1.3
Ammonium (Ammoniak)	mg N/ℓ	<0.1	0.065	0.09	<0.01	0.04	0.04
O-Phosphat	mg P/ℓ	0.08	0.01	0.04	<0.01	0.04	<0.01
Gesamtphosphat	mg P/ℓ		0.04	0.09			
Sauerstoff	mg/ℓ	7.8	12.6	10.1	8.4	4.0	2.0
Kieselsäure	mg/ℓ		6.5	3.6	4.0	5.5	5.5
DOC*	mg/ℓ	1.4	0.8	2.1			

* gelöster organischer Kohlenstoff

Das Puffersystem natürlicher Gewässer wird dominiert und deren anorganisch-chemische Zusammensetzung reguliert durch CO_2 der Atmosphäre, die gelösten $H_2CO_3^*$, HCO_3^- und CO_3^{2-} des Wassers, durch $CaCO_3$ und andere Mineralien (Dolomit, Aluminiumsilikat).

Tabelle 1.5 gibt die Verteilung des Kohlenstoffs in seinen verschiedenen Verbindungen in Atmosphäre, Land, Wasser und Biosphäre. Für jedes C-Atom in der Atmosphäre (als CO_2) gibt es ca. 60 C-Atome (hauptsächlich als HCO_3^-) in der Hydrosphäre und ca. 30'000 C-Atome in den Sedimenten (als Carbonat und organischer Kohlenstoff). Der Kohlenstoff in der Biosphäre ist von gleicher Grössenordnung wie der C in der Atmosphäre. Eine Einsicht in die chemischen Prozesse natürlicher Gewässer setzt voraus, dass das Carbonatsystem und die damit verbundenen Säure-Base-Beziehungen verstanden werden.

Tabelle 1.5 Verteilung von Kohlenstoff in Sedimenten, Hydrosphäre, Atmosphäre und Biosphäre
(Nach: R. Revelle und H.E. Suess, Tellus *9*, 18, 1957)

	Total auf der Erde 10^{18} mole C	In Bezug auf CO_2 in der Atmosphäre = A_0
Sedimente		
Carbonate	1530	28500
Organ. Kohlenstoff	572	10600
Land		
Organ. Kohlenstoff	0.065	1.22
Ozeane		
$CO_2 + H_2CO_3$	0.018	0.3
HCO_3^-	2.6	48.7
CO_3^{2-}	0.33	6.0
tot, organisch	0.23	4.4
lebend, organisch	0.0007	0.01
Atmosphärisch		
$CO_2(A_0)$	0.0535	1.0

1.5 Wasser und seine einzigartigen Eigenschaften

Das isolierte Wassermolekül kann dreidimensional im Sinne eines verzerrten Tetraeders dargestellt werden. Der H-O-H-Winkel ist 104.5° (statt 109.5° für ein Tetraeder). Das Wassermolekül verhält sich wie ein Dipol; die Sauerstoffseite, die die nicht gebundenen Elektronen enthält, ist negativ geladen, während die Protonen die positive Seite des Dipols darstellen. Diese ungleiche Ladungsver-

Tabelle 1.6 Physikalische Eigenschaften von flüssigem Wasser
(Quelle: Modifiziert nach Sverdrup, Johnson und Fleming, *The Oceans*, Prentice-Hall, 1942; und Berner und Berner, *The Global Water Cycle*, Prentice-Hall, 1987)

Eigenschaft	Vergleich mit anderen Flüssigkeiten	Bedeutung für die Umwelt
Dichte	Maximum bei 4° C, expandiert beim Gefrieren	erschwert gefrieren und verursacht saisonale Stratifikation
Schmelz- und Siedepunkt	ausserordentlich hoch	ermöglicht Wasser als Flüssigkeit auf der Erdoberfläche
Wärmekapazität	Höchste Wärmekapazität aller Flüssigkeiten mit Ausnahme von NH_3	puffert gegen Extremtemperaturen
Verdampfungswärme	extrem hoch	puffert gegen Extremtemperaturen
Oberflächenspannung	hoch	wichtig für Tropfenbildung in Wolken und Regen
Lichtabsorption	hoch im Infrarot- und UV-Bereich, weniger hoch im Sichtbaren	wichtig für die Regulierung der biologischen Aktivitäten (Photosynthese) und die atmosphärische Temperatur
Eigenschaften als Lösungsmittel	wegen der dipolaren Eigenschaften eignet sich Wasser zur Auflösung von Salzen (Ionen) und polarer Moleküle	Transport gelöster Substanzen im hydrologischen Kreislauf und in Biota

teilung ist mit ein Grund für die Assoziation der Wassermoleküle durch *Wasserstoffbrücken*. Diese Wasserstoffbrückenbindung ist 10 – 50 mal schwächer als die kovalente O-H Bindung. Beim Eis ist die Assoziation genügend stark, dass eine geordnete Struktur der Wassermoleküle entsteht. Beim flüssigen Wasser bleibt ein Teil dieser Struktur erhalten. Die Wasserstoffbrücken und die teilweise tetraedrische Anordnung verhelfen dem Wasser zu seinen – gegenüber anderen Flüssigkeiten, die keine Wasserstoffbrücken aufweisen – einzigartigen Eigenschaften (Tabelle 1.6). Bei der Verdampfung werden die Wasserstoffbrücken gebrochen.

Die Dichte des Wassers erreicht bei 4° ihr Maximum (Abbildung 1.9). Darum schichtet sich bei einem See das Wasser im Winter anders als im Sommer.

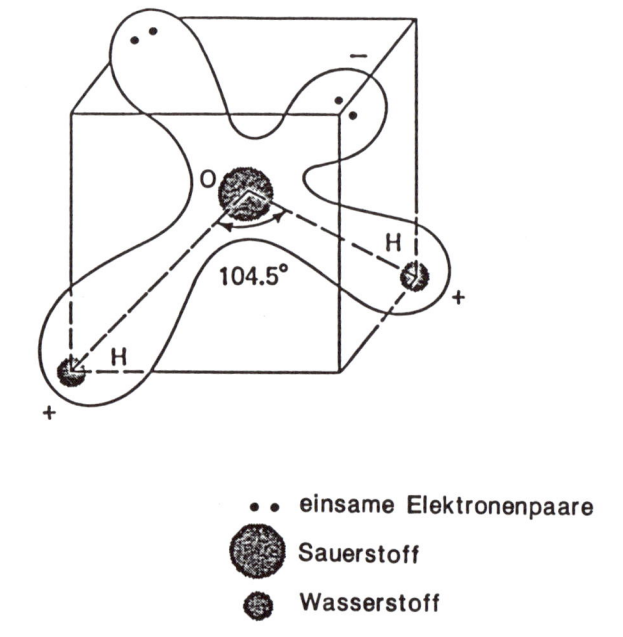

•• einsame Elektronenpaare
● Sauerstoff
● Wasserstoff

Abbildung 1.8
Isoliertes Wassermolekül und seine Elektronenwolke als verzerrtes Tetraeder
(Modifiziert nach R.A. Horne, *Marine Chemistry*, Wiley & Sons, New York, 1969)

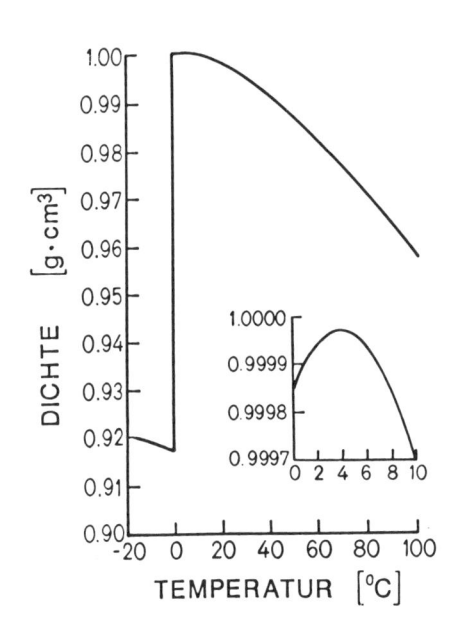

Abbildung 1.9
Die Dichte (bei 1 atm) von Eis und flüssigem Wasser in Abhängigkeit der Temperatur
(Daten von D. Eisenberg und W. Kauzmann, Oxford University Press, London, 1969).

1.6 Eine kurze Übersicht über die hydrogeochemischen Kreisläufe

Abbildung 1.10 vermittelt ein eindrückliches Bild über die komplizierten Vernetzungen zwischen den verschiedenen geochemischen Kreisläufen von Kohlenstoff (C), Schwefel (S) und Sauerstoff (O), die unsere Umwelt regulieren. Diese Abbildung (modifiziert nach Garrels und Perry, 1974) illustriert die wichtigsten globalen geochemischen Reservoire, die bei diesen Kreisläufen mindestens in den letzten 600 Millionen Jahren eine wichtige Rolle gespielt haben. Die Flächen der Kreise sind proportional zu den Grössen der Reservoire. (Wir vernachlässigen hier Vorgänge, die sich in der Tiefe der Erdkruste oder im Mantel der Erde abspielen.)

Die wichtigsten Querverbindungen zwischen den Reservoiren betreffen die verschiedenen Wechselwirkungen zwischen den Reservoiren der Sedimente und Kohlendioxid (CO_2), Wasser (H_2O) und Sauerstoff (O_2), also z.B. Reaktionen wie

* ① $CaSiO_3 + CO_2 \rightleftarrows SiO_2 + CaCO_3$

② $CO_2 + H_2O \rightleftarrows CH_2O + O_2$

③ $O_2 + 4\,FeSiO_3 \rightleftarrows 2\,Fe_2O_3 + 4\,SiO_2$

④ $1\frac{7}{8} O_2 + \frac{1}{2} FeS_2 + H_2O \rightleftarrows H_2SO_4 + \frac{1}{4} Fe_2O_3$

Reaktion ①	entspricht der Verwitterung der Silikate (vgl. Reaktion für Feldspatverwitterung in Tabelle 1.1)
Reaktion ②	ist die einfachste Formulierung für die Photosynthese–Respirationsreaktion.
Reaktionen ③ und ④	illustrieren die Oxidation von Fe(II) und von Schwefelverbindungen durch photosynthetisch gebildeten Sauerstoff zu Eisen(III)oxid und Sulfat.

Diese Beispiele zeigen, wie die für unsere Ökosphäre besonders wichtigen und relativ kleinen Reservoire von O_2 und CO_2 (das gasförmige CO_2-Reservoir ist so klein, dass es in Abbildung 1.10 nur als Punkt erscheint) vielseitig und mit riesigen Reservoiren vernetzt sind. Um nochmals das Bild der ineinander verzahnten Räder zu gebrauchen: die kleinen, relativ schnell drehenden Räder von CO_2 und O_2 sind verzahnt mit riesigen, extrem langsam drehenden Rädern von Sedimentsbestandteilen. Die hydrogeochemischen Kreisläufe und die Art ihrer Synchronisation bestimmen die Zusammensetzung der Meere und sind weitgehend verantwortlich für die Konstanthaltung der Atmosphäre und des Klimas.

---

* Diese Zahlen beziehen sich auf die Materialflüsse in der Abbildung.

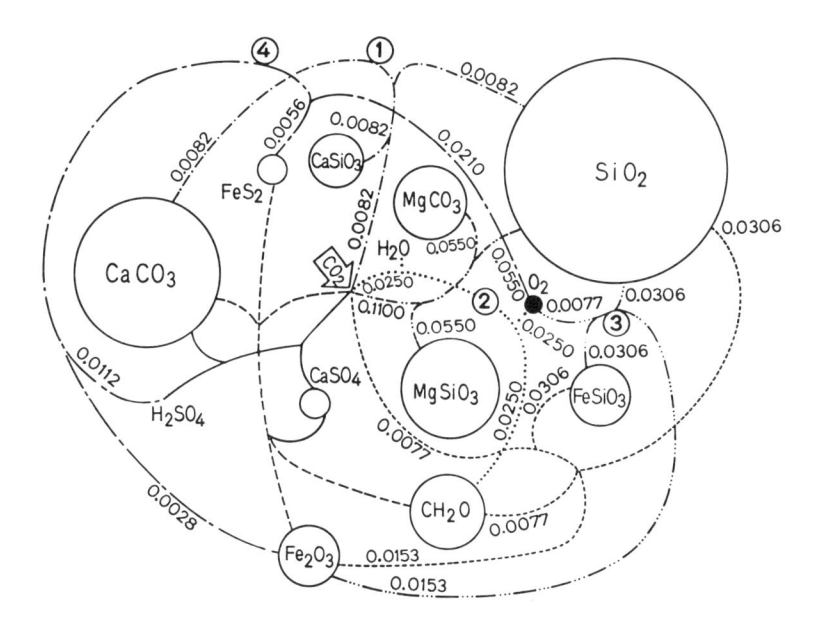

Abbildung 1.10
Kohlenstoff-, Schwefel- und Sauerstoff-Kreislauf
Die Vernetzung der globalen chemischen Kreisläufe wiederspiegelt den Stationärzustand, der für die letzten 600 Millionen Jahre unsere Umwelt reguliert hat. Die Kreisflächengrösse entspricht der Reservoirgrösse in molen,

z.B. SiO_2 = 220 $\times 10^{20}$ mole (1.3×10^{24} g);
$CaCO_3$ = 50 $\times 10^{20}$ mole (5×10^{23} g),
O_2 = 0.38 $\times 10^{20}$ mole (1.2×10^{21} g).

Die Zahlenangaben bei den Querverbindungen entsprechen den Steady-state-Materieflüssen in 10^{14} mol pro Jahr. Die Nummern beziehen sich auf die im Text erwähnten Reaktionen.
(Modifiziert nach R.M. Garrels und E.A. Perry Jr., 1974).

Die verschiedenen rückgekoppelten Regelkreise ergeben eine enorme Stabilität. Der Mensch kann zwar heute, wie wir gesehen haben, die Zusammensetzung der kleinen Reservoire beeinflussen, d.h. er kann die kleinen, nicht aber die grossen Räder beschleunigen; wenn die Bremswirkung der grossen auf die kleinen Räder nicht funktioniert, führt das zur Entkoppelung.

Der Mikrokosmos als Modell der Biosphäre
Die Prozesse der Photosynthese und der Respiration, vereinfacht formuliert durch Reaktion ② (vgl. Abbildung 1.10), sind von zen-

traler Bedeutung für die Ökosphäre. Zur Veranschaulichung machen wir ein einfaches Gedankenexperiment: in einer Flasche mischen wir Wasser mit Gesteinen, impfen das Gemisch mit etwas Flora und Fauna aus einem Tümpel, verschliessen die Flasche und setzen sie dem Licht aus (Abbildung 1.11). Durch Auflösungsprozesse der Gesteine kommen die wesentlichen Bestandteile, (Ca^{2+}, Na^+, K^+, HCO_3^-, H_4SiO_4) ins Wasser und Kohlendioxid (CO_2) in die Gasphase (die der Atmosphäre entspricht). Ein kleiner Teil der Lichtenergie wird bei der Photosynthese der Pflanzen (Algen) fixiert und in Form von organischem Material gespeichert (Gleichung 6). Ein Teil dieses organischen Materials ermöglicht Lebensprozesse der heterotrophen Organismen (Bakterien und Tiere). Wegen des dauernden Flusses der Energie durch unsere Flasche (sie repräsentiert – dem Raumschiff Erde entsprechend – das, was der Chemieingenieur als geschlossenes System bezeichnet, d.h. ein System, welches hinsichtlich der Materieflüsse, nicht aber hinsichtlich Energieaustausch, geschlossen ist) ist ihr Inhalt nicht im Gleichgewicht, aber nach einiger Zeit wird sich ein stationärer – oft als Fliessgleichgewicht bezeichneter – Zustand einstellen, in dem sich Produktion und Zerfall organischer Materie die Waage halten (Abbildung 1.11). Dadurch erhält unser System einen konstanten Gehalt an Sauerstoff, der übrigens dem gebildeten organischen Material entspricht, und einen ebenso konstanten Kohlendioxid-Pegel.

Wir ersehen aus diesem Experiment, dass erstens ein System, das Organismen am Leben erhalten kann, aus dem kontinuierlich durchtretenden Sonnenlicht Energie aufnimmt und diese benützt, um das System zu organisieren; das heisst, der Einsatz von Lichtenergie ist für die Erhaltung des Lebens notwendig; und zweitens, dass der Energiefluss durch das System Kreisläufe bewirkt, Kreisläufe der Atome und der Elektronen, des Wassers, der Gesteine, der Nährstoffe (hydrogeochemische Kreisläufe) sowie Zyklen des Lebens, die durch verschiedene Stufen der Nahrungskette gehen.

Somit ist ein ökologisches System (Ökosystem) eine Einheit der Umwelt, in welcher durch Energiezufluss eine biologische Gemeinschaft (Produzenten, Konsumenten und Zersetzungsorganismen) mit trophischer Struktur und Kreisläufe der lebensnotwendigen Substanzen aufrechterhalten werden.

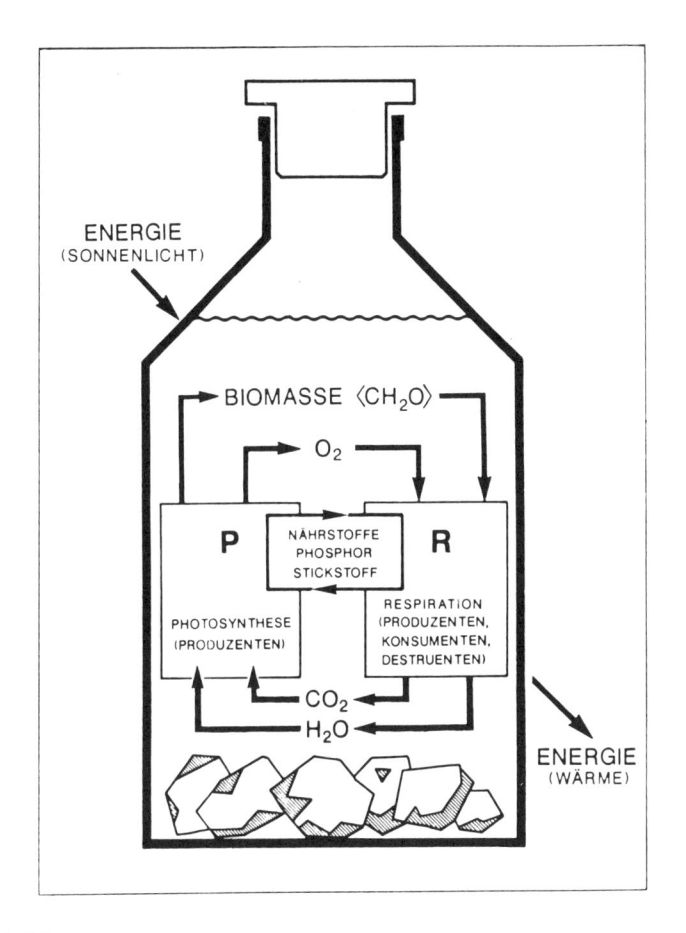

Abbildung 1.11
Ein Gedankenexperiment zur Umschreibung eines (globalen) Ökosystems
Wir füllen in eine Glasflasche Wasser, Sand und Steine und impfen mit einigen Tropfen aus einem Tümpel. Die Flasche, an die Sonne gestellt, wird zu einem Aquarium. Ein Teil des Lichtes wird von den grünen Pflanzen (oder Algen) absorbiert und für die Photosynthese verwendet. Was die Pflanzen produzieren, wird in der Respiration wieder konsumiert oder zersetzt. Im Innern der Flasche stellt sich ein Stationärzustand (Fliessgleichgewicht) ein. Dadurch erhält unser System neben einem konstanten Gehalt an Biomasse auch einen konstanten Gehalt an Sauerstoff, der der gebildeten Menge organischen Materials entspricht, sowie eine konstante Kohlendioxid (CO_2)-Konzentration (welche mit dem Kalkgestein verknüpft ist).

Evolutionäre Entwicklung und heutiger Stationärzustand der Biosphäre

Bekanntlich war die erste Phase des Lebens auf der Erde anaerob. Durch die Sauerstoffherstellung bei der Photosynthese – sie geht

Evolutionäre Entwicklung und heutiger Stationärzustand der Biosphäre

Bekanntlich war die erste Phase des Lebens auf der Erde anaerob. Durch die Sauerstoffherstellung bei der Photosynthese – sie geht nach neueren Auffassungen bis zu ca. 3,5 Milliarden Jahre zurück – wurde der Redoxzustand der Atmosphäre und der Erdoberfläche angehoben. Entsprechend der vereinfachten Gleichung ② entsteht bei der Photosynthese für jedes Molekül organischen Materials (CH_2O) ein Molekül Sauerstoff (O_2). Wie aber aus der Abbildung 1.8 hervorgeht, ist das Reservoir von CH_2O in den Sedimenten ca. 50 mal grösser als das Reservoir von O_2. Das bedeutet, dass der grösste Teil des in der Photosynthese gebildeten Sauerstoffs verwendet wurde, um reduzierte Bestandteile der Erdkruste zu oxidieren. Besonders wichtig war (vgl. Abbildung 1.8) die Oxidation des Eisen(II)silikates (Reaktion ③) und des Pyrites (Reaktion ④).

Heute besteht aber ein globaler Stationärzustand zwischen der Geschwindigkeit der Oxidations- und Reduktionsprozesse (Verbrauch und Freisetzung von Elektronen, e^-, und der Produktion und Freisetzung von Wasserstoffionen, H^+).

Dieses Schema illustriert, dass in einer gigantischen Säure-Base-Reaktion (Säuren der Vulkane reagieren mit Basen der Gesteine) und als Konsequenz der Photosynthese eine Atmosphäre und ein Meer konstanter Zusammensetzung gebildet wurden. Es hat sich ein Fliessgleichgewicht eingestellt, so dass die Konzentration der Redox- und Säure-Base-Komponenten in diesen Reservoiren im globalen Durchschnitt konstant ist.

Demnach sind pH und pε (Parameter für die Aktivität der H^+-Ionen und der Elektronen, e^-; pH = $-\log \{H^+\}$ und pε = $-\log \{e^-\}$ (ein tiefer pε charakterisiert eine hohe Elektronen-Aktivität, d.h eine anaerobe-reduktive Umwelt) unserer globalen Umwelt dadurch charakterisiert, dass die Oxidationszustände und H^+-Ionenreservoire der Verwitterungsquellen denjenigen der Sedimente entsprechen. Natürlich gibt es wesentliche lokale Unterschiede und Störungen dieser H^+- und e^--Balancen. Wie wir sehen werden, ist eine kleine Störung dieser Balancen durch den Menschen für die heute auftretenden Probleme des sauren Regens und seiner Einwirkungen auf die Ökosysteme verantwortlich.

Schema der Reaktion von Säuren mit Basen der Gesteine
(Goldschmidt, 1933; Sillén, 1961)

	kristalline Gesteine	+	flüchtige Substanzen	
	Silikate Karbonate Oxide		CO_2 H_2O SO_2 HCl	

$H^+ \downarrow e^-$

Atmosphäre	+	Meerwasser	+	Sedimente
21 % O_2 79 % N_2 0.03 % CO_2		pH = 8 pε = 12		Karbonate Silikate

Wald, Wasser und Atmosphäre – die gefährdeten Reservoire

In Abbildung 1.12 vergleichen wir einige der Reservoire, die für unsere Problemstellung besonders wichtig sind. Für jedes Reservoir geben wir die ungefähre durchschnittliche Aufenthaltszeit der Moleküle (Atome) an. Ein H_2O-Molekül, das durch einen Fluss ins Meer gebracht wird, verbleibt im Durchschnitt 40'000 Jahre dort, bis es durch Verdunstung wieder aus dem Meer austritt.

Den vergleichsweise grossen Reservoiren, H_2O im Meer, SiO_2 in den Sedimenten und organischer Kohlenstoff in den Sedimenten (CH_2O in Reaktion ② und in Abbildung 1.10; all dieses organische Material ist in diesem Reservoir einmal durch die Photosynthese gegangen; ein kleiner Teil davon ist als fossiler Kohlenstoff ausbeutbar) stehen die grössenordnungsmässig kleineren und deshalb auch gefährdeteren Reservoire – Atmosphäre, Oberflächensüsswasser – und lebende Biota gegenüber. Bei der letzteren ist der grösste Teil der Biomasse in den Wäldern enthalten.

VERGLEICH DER GLOBALEN RESERVOIRE

τ = Aufenthaltszeit (Jahre) der Moleküle (Atome) im entsprechenden Reservoir

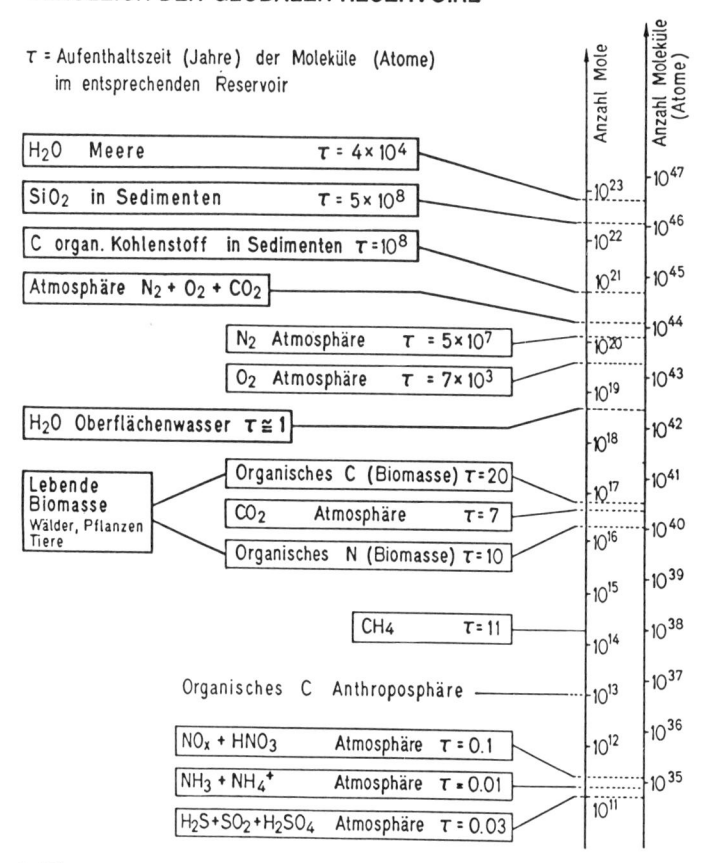

Reservoir	τ
H_2O Meere	$\tau = 4 \times 10^4$
SiO_2 in Sedimenten	$\tau = 5 \times 10^8$
C organ. Kohlenstoff in Sedimenten	$\tau = 10^8$
Atmosphäre $N_2 + O_2 + CO_2$	
N_2 Atmosphäre	$\tau = 5 \times 10^7$
O_2 Atmosphäre	$\tau = 7 \times 10^3$
H_2O Oberflächenwasser	$\tau \cong 1$
Lebende Biomasse (Wälder, Pflanzen, Tiere)	
Organisches C (Biomasse)	$\tau = 20$
CO_2 Atmosphäre	$\tau = 7$
Organisches N (Biomasse)	$\tau = 10$
CH_4	$\tau = 11$
Organisches C Anthroposphäre	
$NO_x + HNO_3$ Atmosphäre	$\tau = 0.1$
$NH_3 + NH_4^+$ Atmosphäre	$\tau = 0.01$
$H_2S + SO_2 + H_2SO_4$ Atmosphäre	$\tau = 0.03$

Anzahl Mole: 10^{11} bis 10^{23}
Anzahl Moleküle (Atome): 10^{35} bis 10^{47}

Abbildung 1.12
Vergleich der globalen Reservoire
Ein Grössenvergleich einiger der wichtigeren Umwelt-Reservoire, gemessen in Anzahl der Moleküle (oder Atome) oder in Molen, illustriert, dass die drei Reservoire Atmosphäre, Oberflächensüsswasser und lebende Biomasse (den Hauptanteil stellen die Wälder dar) um Grössenordnungen kleiner sind als die sedimentären Reservoire oder das Meer. Deshalb sind Atmosphäre, Wald und Wasser besonders gefährdete Reservoire; sie können durch zivilisatorische Ausbeutung der grösseren Reservoire, z.B. des sedimentären Kohlenstoffs, beeinflusst werden. Nach neueren Schätzungen könnte das Inventar der lebenden Biomasse noch kleiner sein als die hier angegebene Menge (B. Bolin, 1984). Die ungefähre Aufenthaltszeit in Jahren, d. h. die Zeit, die ein Molekül durchschnittlich in diesen Reservoirs verbleibt, ist ein Mass für die Reaktivität; z.B. ist Stickstoff, N_2, in der Atmosphäre eher reaktionsträge, während ein atmosphärisches Kohlendioxidmolekül im Durchschnitt nach einer Aufenthaltszeit von ca. 7 Jahren wieder an der Photosynthese reaktiv beteiligt ist. Die Stickoxide (NO_x und HNO_3), das Ammoniak (NH_3 und NH_4^+) und die Schwefelverbindungen (H_2S, SO_2 und H_2SO_4) sind in sehr kleinen Mengen in der Atmosphäre vorhanden; sie werden nach kurzer Zeit (Tage) wieder aus der Atmosphäre ausgeschieden.

Offensichtlich kann (vgl. Abbildung 1.10) die Verbrennung fossilen Kohlenstoffs aus dem Kohlenstoff-Reservoir der Sedimente zur Erhöhung des CO_2-Reservoirs der Atmosphäre führen. Ebenso muss eine Abholzung der Wälder (Tropenwälder) und Verbrennung des Holzes den CO_2-Gehalt der Atmosphäre erhöhen. Andererseits kann das CO_2-Reservoir der Atmosphäre, wenn seine Konzentration erhöht wird, einen Einfluss auf die Biomasse (Produktivitätserhöhung) haben. Die Beschleunigung der Phosphorkreisläufe (Phosphatdünger und Phosphate in Waschmitteln) wird sich in den kleineren Reservoiren, insbesondere in den Süssgewässern, auswirken.

Bei der Verbrennung fossiler Brennstoffe werden zudem zahlreiche Spurenstoffe (Schwefel, Schwermetalle, Halbmetalle, Kohlenwasserstoffe) freigesetzt, und je nach Art der Verbrennung werden auch Stickstoffverbindungen in Stickoxide umgewandelt.

Die Atmosphäre reagiert bezüglich ihrer Zusammensetzung auf anthropogene Einflüsse empfindlicher, weil sie – mengenmässig betrachtet – gegenüber den anderen Reservoiren klein ist. Dementsprechend hat sich in der Atmosphäre die Konzentration von CO_2 global und von CO, NO, HNO_2, HNO_3, SO_2 und H_2SO_4 regional erhöht. Die Aufenthaltszeiten für die Stickoxide, für Ammoniak und die S-Verbindungen in der Atmosphäre sind sehr kurz; schon nach wenigen Tagen werden sie wieder aus der Atmosphäre ausgeschieden. Die Atmosphäre, als Glied im geochemischen Kreislauf vieler Elemente, ist ein wichtiges Förderband für Schadstoffe, die die terrestrischen und aquatischen Ökosysteme beeinträchtigen können.

Die Emissionen
Globale und lokale Emissionsraten von CO_2 und S und N-Verbindungen sind recht gut bekannt. Global werden pro Jahr ca. 5000 Mio. Tonnen (4×10^{14} mole) fossiler Kohlenstoff verbrannt; gesamthaft sind bis heute 180 Milliarden Tonnen (1.5×10^{16} mole C) verbrannt worden. Dies hätte das atmosphärische Reservoir an CO_2 um annähernd 30 % erhöht. Etwas weniger als die Hälfte dieses Kohlendioxides ist wieder aus der Atmosphäre verschwunden, der grösste Teil davon wurde durch das Meer absorbiert. Es sind hier noch einige Fragen offen, insbesondere inwieweit der erhöhte CO_2-

Gehalt die pflanzliche Produktivität fördert, oder inwieweit die Abnahme der Wälder – Abholzen der Tropenwälder – zur Erhöhung des CO_2-Reservoirs in der Atmosphäre beiträgt. Der CO_2-Gehalt wird sich im nächsten Jahrhundert verdoppeln. Dieser CO_2-Anstieg wird bekanntlich signifikante Veränderungen des Klimas (Temperaturanstieg und Veränderung in der Regenverteilung) verursachen.

Abbildung 1.13 gibt eine vereinfachte Darstellung des S-Kreislaufes und illustriert den siginifikanten Einfluss der zivilisatorischen Emissionen.

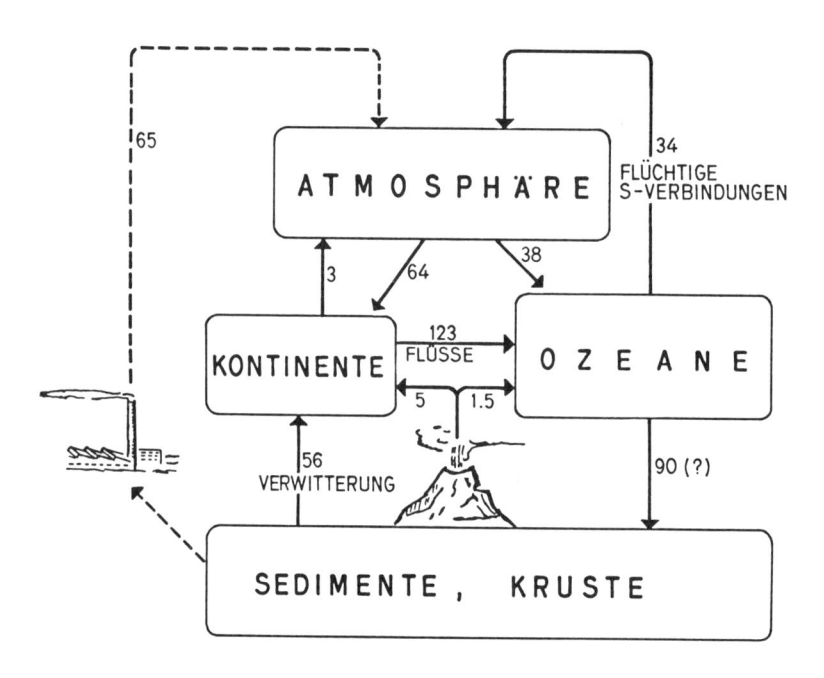

Abbildung 1.13
Der Schwefelkreislauf mit globalen Materieflüssen (Millionen Tonnen pro Jahr)
Die Verwitterung von S-haltigen Mineralien, (vor allem Gips, $CaSO_4$ und Pyrit, FeS_2) und die Rezirkulation von flüchtigen S-Verbindungen (vor allem Schwefelwasserstoff und Dimethylschwefel) stellen die natürlichen Segmente der Kreisläufe dar. Die zivilisatorisch bedingten Emissionen übersteigen die natürlichen Abgänge in der Atmosphäre.
(Das Kreislaufschema wurde modifiziert von Berner übernommen, die Zahlen stammen hauptsächlich von Rodhe, 1983)

Literatur

Allgemein

BERNER, E.K. und BERNER, R.A.; *Global Water Cycle Geochemistry and Environment*, Prentice Hall, 1987.
Ein ausgezeichneter, leicht verständlicher Überblick über die wichtigsten Prozesse.

BROECKER, W.S. und PENG, T.H.; *Tracers in the Sea*, Columbia University, 1983.
Eine faszinierende, der Forschung nahestehende Lektüre über die Prozesse, die die Zusammensetzung der Meere regulieren.

BUTLER, J.N.; CO_2 *Equilibria and their Applications*, 259 Seiten, Addison Wesley Publ., 1982.

DREVER, J.I.; *Geochemistry of Natural Waters*, Prentice Hall, Englewood, 1982.
Eine einfache und gut verständliche Darstellung der Geochemie der Gewässer, insbesondere der Genese der Gewässer als Folge der chemischen Verwitterungsprozesse.

FABIAN, P.; *Atmosphäre und Umwelt*, Springer, 1984.
Leicht verständlicher Überblick über chemische Prozesse und menschliche Eingriffe.

GARRELS, R.M. und CHRIST, C.; *Minerals Solutions and Equilibria*, Harper and Row, New York, 1965.
Äusserst instruktive und didaktisch geschickte Darstellung aus der Sicht des Geologen.

HAHN, H.H.; *Wassertechnologie; Fällung, Flockung, Separation*, Springer, Berlin, 1987.
Eine die chemischen Grundlagen berücksichtigende gut verständliche Einführung in die Wassertechnologie.

KUMMERT, R. und STUMM, W.; *Gewässer als Ökosysteme*; Grundlagen des Gewässerschutzes, 2. Auflage, Teubner, Stuttgart, 1989.

Sehr elementare Darstellung, um Verständnis für die interdependenten biologischen, chemischen und physikalischen Prozesse in einem Gewässerökosystem zu wecken.

MOREL, F.; *Principles of Aquatic Chemistry*, Wiley Interscience, New York, 1983.
Eine abstrakte, mathematisch rigorose Darstellung der Gewässerchemie.

SEINFELD, J.H.; *Atmospheric Chemistry and Physics of Air Pollution*, 740 Seiten, Wiley-Interscience, New York, 1985.
Ausführliches Lehrbuch.

SPOSITO, G.; *The Surface Chemistry of Soils*, 234 Seiten, Oxford University Press, New York, 1984.

SPOSITO, G.; *The Chemistry of Soils*, Oxford University Press, New York, 1989.
Ein einfach verständliches Lehrbuch der Bodenchemie und der Chemie des im Kontakt mit dem Boden stehenden Wassers.

STUMM, W. und MORGAN, J.J.; *Aquatic Chemistry*, 2. Auflage, 800 Seiten, Wiley-Interscience, New York, 1981.
Ausführliches Lehrbuch der Gewässerchemie.

STUMM, W. (ed.); *Chemical Processes in Lakes*, 425 Seiten, Wiley-Interscience, New York, 1985.
Kapitel über Transportmodelle chemischer Substanzen (organische und Metalle) in Seen; Kopplung der Kreisläufe reaktiver Elemente; Sedimentationsprozesse; Isotopen-Geochemie und Seenrestaurierung.

STUMM W. (ed.); *Aquatic Surface Chemistry; chemical processes at the particle-water interface*, Wiley-Interscience, New York, 1987.
Beschreibung der Grenzflächenprozesse von Bedeutung in natürlichen Gewässern aus chemischer Sicht.

Appendix Kapitel 1

Tabelle A.1   Konzentrationseinheiten
Tabelle A.2   Physikalische Quantitäten
Tabelle A.3   Nützliche Umrechnungsfaktoren
Tabelle A.4   Wichtige Konstanten
Tabelle A.5   Das Erde – Hydrosphäre-System
Tabelle A.6   Das Periodische System der Elemente

Tabelle A.1 Konzentrationseinheiten

Bezeichnung	Symbole	Einheiten	Definition
Lösungen			
Molar	M, mM, μM	mol liter^{-1}	Anzahl Mole einer Spezies per Liter Lösung pX = -log[X] (neg. log$_{10}$ einer molaren Konzentration von X) Wir verwenden eine eckige Klammer [ ], um Konzentrationen und eine geschweifte Klammer { }, um Aktivitäten auszudrücken; in beiden Fällen ist die Einheit [M].
Molal	m, mm, μm	mol kg^{-1}	Anzahl Mole einer Spezies pro kg Lösungsmittel. Konzentrationen in der molalen Skala sind druck- und temperaturunabhängig. Ozeanographen benutzen häufig die Einheiten Mol kg^{-1} Meerwasser (welche ebenfalls druck- und temperaturunabhängig ist. (Bei 20° C und einem Salzgehalt von 3 % ist der Unterschied zwischen molarer und molaler Konzentration weniger als 1 %.)
Equivalent per Liter	eq liter^{-1} μeq Liter^{-1}	equiv. liter^{-1}	Mol Ladungseinheiten per Liter Lösung (= 96′500 Coulombs Liter^{-1}), 1 M CO_3^{2-} = 2 eq ℓ^{-1}. (Statt eq wird auch val als Abkürzung gebraucht.)
Mol Fraktion	x_i	—	Anzahl Mole einer Spezies pro totale Anzahl Mole im System (ausgezeichnete thermodynamische Skala).
Gase Atmosphäre			
Partialdruck	p_i	atm, bar, Pa	1 atm = 1.013 bar = 1.013 × 10^5 Pa (Pascal)
Parts per Million by volume		ppm(v) Luft	Konzentration der Spezies; in ppm = $\frac{c_i}{c}$ × 10^6, wobei c_i und c Mole Spezies i und Mole Luft bei einem bestimmten Druck und einer bestimmten Temperatur sind. 1 ppm = 10^{-6} atm = 2.46 × 10^{13} Moleküle cm^{-3} = 40.9 × (MW) μg m^{-3} (für Luft bei 1 atm und 25° C). MW = Molekulargewicht.
Parts per Billion by volume		ppb(v)	= $\frac{c_i}{c}$ × 10^9

Tabelle A.2 Physikalische Quantitäten

	Einheit	Symbol
Internationale Einheiten		
Länge	meter	m
Masse	kilogramm	kg
Zeit	sekunde	s
Elektrischer Strom	ampère	A
Temperatur	Kelvin	K
Lichtintensität	Candela	Cd
Menge Material	mol	mol
Abgeleitete Einheiten		
Kraft	newton	$N = kg\, m\, s^{-2}$
Energie, Arbeit	joule	$J = N\, m$
Wärme		
Druck	pascal	$1\, Pa = N\, m^{-2}$
Leistung	watt	$W = J\, s^{-1}$
Elektrische Ladung	coulomb	$C = A\, s$
Elektrisches Potential	volt	$V = W\, A^{-1}$
Elektrische Kapazität	farad	$F = As\, V^{-1}$
Elektrischer Widerstand	ohm	$\Omega = V\, A^{-1}$
Frequenz	hertz	$Hz = s^{-1}$
Leitfähigkeit	siemens	$S = A\, V^{-1}$

Tabelle A.3 Nützliche Umrechnungsfaktoren

Energie, Arbeit, Wärme
1 joule = 1 Volt-Coulomb = 1 newton meter
 = 1 Watt-second = 2.7778×10^{-7} Kilowatt-Stunden
 = 10^7 erg
 = 9.9×10^{-3} Liter Atmosphäre
 = 0.239 Kalorie
 = 1.0365×10^{-5} volt-faraday
 = 6.242×10^{18} eV
 = 9.484×10^{-4} BTU (British thermal unit)
 ≈ 3×10^{-8} kg Kohleäquivalente

1 watt = 1 kg m^{2}s^{-3}
 = 2.39×10^{-4} kcal s^{-1} = 0.860 kcal h^{-1}

Entropie (S)
1 entropy Einheit, cal mol^{-1} K^{-1} = 4.184 J mol^{-1} K^{-1}

Druck
1 atm = 760 torr = 760 mm Hg
 = 1.013×10^5 N m^{-2} = 1.013×10^5 Pa (Pascal)
 = 1.013 bar

Coulombische Kraft

Das Coulomb'sche Gesetz der elektrostatischen Wechselwirkung wird in SI Einheiten geschrieben als

$$F = \frac{q_1 \times q_2}{4\pi\varepsilon\varepsilon_0 d^2} \qquad (1)$$

Die Ladungen q_1 und q_2 werden in Coulombs (C), die Distanz in Metern (m), die Kraft in Newtons (N) ausgedrückt, die dielektrische Konstante ε ist dimensionslos. Die Permittivität in Vakuum ist $\varepsilon_0 = 8.854 \times 10^{-12}$ C^2 m^{-1} J^{-1}. Um eine coulomb'sche Energie E auszurechnen gilt:

$$E(\text{joules}) = \frac{q_1 \times q_2}{4\pi\varepsilon\varepsilon_0 d} \qquad (2)$$

Tabelle A.4 Wichtige Konstanten

Avogadro's Zahl ($^{12}C = 12.000...$) N_A	$= 6.022 \times 10^{23}$ mol^{-1}
Elektronen-Ladung e	$= 4.803 \times 10^{-10}$ abs esu
(= Ladung eines Protons)	$= 1.602 \times 10^{-19}$ C
1 Faraday	$= 96'490$ C mol^{-1}
	(= elektr. Ladung von 1 mol (Elektron))
Masse eines Elektrons m	$= 9.1091 \times 10^{-31}$ kg
Permittivität im Vakuum, ε_o	$= 8.854 \times 10^{-12}$ C^2 m^{-1} J^{-1}
Gas-Konstante, R	$= 8.314$ J mol^{-1} K^{-1}
	$= 0.082057$ liter atm grad^{-1} mol^{-1}
	$= 1.987$ cal grad^{-1} mol^{-1}
Molar Volumen	
(ideales Gas 0° C, 1 atm)	$= 22.414 \times 10^3$ cm^3 mol^{-1}
Planck-Konstante, h	$= 6.626 \times 10^{-34}$ J s
Boltzmann-Konstante, k	$= 1.3805 \times 10^{-23}$ J K^{-1}
R ℓn 10	$= 19.14$ J mol^{-1} K^{-1}
$RT_{298.15}$ ℓn χ	$= 5706.6 \log \chi$ J mol^{-1} oder
	$1364.1 \log \chi$ cal mol^{-1}
RTF^{-1} ℓn 10	$= 59.16$ mV bei 298.15 K
RTF^{-1} ℓn χ	$= 0.05916 \log \chi$, volt bei 298.15 K

Tabelle A.5 Das Erde – Hydrosphäre-System

Erdoberfläche	5.1×10^{14} m^2
Oberfläche der Ozeane	3.6×10^{14} m^2
Landfläche	1.5×10^{14} m^2
atmosphärische Masse	52×10^{17} kg
ozeanische Masse	$13'700 \times 10^{17}$ kg
Porenwasser in Gesteinen	$3'200 \times 10^{17}$ kg
Wasser in Form von Eis	165×10^{17} kg
Wasser in Seen und Flüssen	0.34×10^{17} kg
Wasser in der Atmosphäre	0.105×10^{17} kg
Ablauf aller Flüsse	0.32×10^{17} kg Jahr^{-1}
Verdampfung = Niederschlag	4.5×10^{17} kg Jahr^{-1}

Tabelle A.6 Periodische Tabelle der Elemente

Atomzahl
Symbol
Atomgewicht

	IA	IIA	IIIB	IVB	VB	VIB	VIIB	VIII			IB	IIB	IIIA	IVA	VA	VIA	VIIA	O
1	+1 1 H 1.0079																	2 He 4.003
2	+1 3 Li 6.941	+2 4 Be 9.012											+3 5 B 10.81	+4 6 C 12.011	+5 7 +3 N −3 14.007	8 O −2 15.999	+7 9 +5 +3 +1 F −1 18.998	10 Ne 20.18
3	+1 11 Na 22.99	+2 12 Mg 24.30											+3 13 Al 26.98	+4 14 Si 28.08	+5 15 +3 P −3 30.97	+6 16 +4 S −2 32.06	+7 17 +5 +3 +1 Cl −1 35.45	18 Ar 39.95
4	+1 19 K 39.10	+2 20 Ca 40.08	21 Sc 44.96	22 Ti 47.90	23 V 50.94	+6 24 +3 Cr 52.00	+7 25 +4 +2 Mn 54.94	+3 26 +2 Fe 55.85	+3 27 +2 Co 58.93	+3 28 +2 Ni 58.71	+2 29 +1 Cu 63.55	+2 30 Zn 65.38	+3 31 Ga 69.72	+4 32 Ge 72.59	+5 33 +3 As 74.92	+6 34 +4 Se −2 78.96	+7 35 +5 +3 +1 Br −1 79.90	36 Kr 83.80
5	+1 37 Rb 85.47	+2 38 Sr 87.62	39 Y 88.91	40 Zr 91.22	41 Nb 92.91	42 Mo 95.94	43 Tc 98.91	44 Ru 101.07	45 Rh 102.91	46 Pd 106.4	+1 47 Ag 107.87	+2 48 Cd 112.40	+3 49 In 114.82	+2 50 Sn 118.69	+5 51 +3 Sb 121.75	+6 52 +4 Te −2 127.60	+7 53 +5 +3 +1 I −1 126.90	54 Xe 131.30
6	+1 55 Cs 132.91	+2 56 Ba 137.34	57 La 138.91	72 Hf 178.49	73 Ta 180.95	74 W 183.85	75 Re 186.2	76 Os 190.2	77 Ir 192.22	78 Pt 195.09	79 Au 196.97	+2 80 +1 Hg 200.6	+1 81 Tl 204.4	+4 82 +2 Pb 207.2	+5 83 +3 Bi 209.0	+6 84 +4 Po (210)	85 At (210)	86 Rn (222)
7	+1 87 Fr (223)	+2 88 Ra 226.0	89 Ac (227)	104 Ku*	105 Ha*													

Lanthanum Serie

58 Ce 140.12	59 Pr 140.9	60 Nd 144.24	61 Pm (147)	62 Sm 150.4	63 Eu 151.96	64 Gd 157.2	65 Tb 158.93	66 Dy 162.50	67 Ho 164.93	68 Er 167.26	69 Tm 168.93	70 Yb 173.04	71 Lu 174.97

Actinium Serie

90 Th 232.0	91 Pa 231.0	92 U 238.0	93 Np 237.0	94 Pu (242)	95 Am (243)	96 Cm (247)	97 Bk (247)	98 Cf (247)	99 Es (254)	100 Fm (253)	101 Md (256)	102 No (254)	103 Lr (257)

Übungsaufgaben

1) *Berechne auf Grund der Zusammensetzung unserer Atmosphäre 0.03 % per Volumen CO_2, 21 % O_2, 78 % N_2 die globale Menge (mole) von CO_2, N_2, O_2 und vgl. das Resultat mit dem der Abbildung 1.12.* (Lösungshinweis: Die Erdoberfläche steht unter einem Druck von ca. 1 atm ($\cong$ 1 kg cm^{-2}). Die Zusammensetzung der Atmosphäre in mol cm^{-2} ergibt sich, wenn man berücksichtigt, dass das Molekulargewicht der "Luft" (4 Volumenteile N_2 und 1 Volumenteil O_2) ca. 29 g mol^{-1} beträgt. Aus den Molfraktionen der Gasbestandteile und der Oberfläche der Erde (Tabelle A.5) lässt sich die globale Menge der einzelnen Gase berechnen.

2) *Wenn wir Menschen bis jetzt 2×10^{16} mole fossile Brennstoffe (durchschnittliche Zusammensetzung "CH_2") verbrannt haben, wie verändert sich die Zusammensetzung der Atmosphäre (wenn man zuerst annimmt, dass keine weiteren Rückkopplungsreaktionen vorkommen)?* (In Wirklichkeit wurde etwa 50 % des produzierten CO_2 im Meer absorbiert.)

3) Die Atmosphäre enthält ca. 0.2 % (Gewicht) Wasserdampf. *Wenn es im Durchschnitt 100 cm pro Jahr regnet, welches ist die Aufenthaltszeit des Wassers in der Atmosphäre?*

4) *Welches ist die Löslichkeit des O_2 aus Luft im Zürichsee bei 10° C?* Berücksichtige, dass der See 400 m über Meer liegt.

5) *Leite eine Gleichung ab, die es ermöglicht, aus der Zusammensetzung eines Flusswassers und der jährlichen Abflussmenge, die Erosionsrate im Einzugsgebiet des Flusses zu berechnen.*

6) *Warum verläuft die Linie für die Korrelation zwischen NO_3^- und Phosphat-Konzentrationen im Atlantik durch den Nullpunkt und im Zürichsee bei einem positiven Ordinatenabschnitt?*

7) *Warum ist das O_2-Reservoir in Abbildung 1.10 so viel kleiner als das CH_2O-Reservoir?*

8) *Wieso führt die Oxidation einer Substanz in der Regel zu einer potentiellen Säure?*

Kapitel 2

Säuren und Basen

2.1 Einleitung

Wie wir im vorhergehenden Kapitel gesehen haben, ist die Zusammensetzung natürlicher Gewässer zu einem guten Teil auf die Wechselwirkung zwischen Säuren und Basen zurückzuführen. Die H^+-Ionenkonzentration, $[H^+]$, wird durch das Puffersystem der Gewässer, insbesondere durch CO_3^{2-}, HCO_3^- und CO_2 reguliert und konstant (pH 6 – 9) gehalten. Der pH wird ebenfalls beeinflusst durch biologische Prozesse (Photosynthese, Respiration); der pH andererseits ist ein wichtiger physiologischer Parameter, welcher das Wachstum vieler (Mikro)organismen beeinflusst. Da die Löslichkeit der Carbonat-, Oxid- und Silikatmineralien von der H^+-Ionenkonzentration abhängt, sind auch diese festen Phasen an der (langzeitlichen) pH-Regulierung und dementsprechend auch an der Regulierung der Konzentrationen wichtiger gelöster Kationen und Anionen in den natürlichen Gewässern beteiligt. Ebenfalls in Lösung vorhanden sind kleinere Konzentrationen anderer Säuren und Basen, wie z.B. Borsäure, Kieselsäure, Ammonium-, Phosphat- und Arsenat-Ionen sowie verschiedene organische Säuren. Starke Säuren werden durch Vulkane und heisse Quellen (HCl, SO_2) sowie durch industrielle Verunreinigungen in die Gewässersysteme eingetragen. Von besonderer Bedeutung sind in vielen Regionen die atmosphärischen Depositionen ("saurer Regen"); die starken Säuren (H_2SO_4, HNO_3, HCl) können in vielen Wasser- und Bodensystemen die delikate Protonen-Balance stören.

Wir diskutieren in diesem Kapitel relativ ausführlich und grundsätzlich die Säure-Base-Reaktionen. Da die Protonen-Übertragungen in der Regel sehr schnell sind, eignen sich diese Reaktionen, um uns mit relativ einfachen chemischen Gleichgewichten auseinanderzusetzen. Dementsprechend diskutieren wir verschiedene graphische und numerische Methoden, um die Gleichgewichtszusammensetzung einfacher Säure-Base-Systeme auszurechnen. Die graphische Methode ermöglicht recht anschaulich die Interdependenz der verschiedenen Spezies vom pH als "Meistervariable" darzustellen und daraus die Säure-Base-Titrationskurve abzuleiten.

Die Auseinandersetzung mit diesen Methoden ist hier relativ ausführlich, weil in späteren Kapiteln dieses Verständnis für die Gleichgewichtszusammenhänge, auch für die etwas weniger einfachen Carbonat- und heterogenen Systeme (Gas-Lösung und feste Phase-Lösung), vorausgesetzt wird. Wir benutzen am Ende des Kapitels die Gelegenheit, die wichtigsten Aktivitäts- und pH-Konventionen einzuführen.

2.2 Säure-Base Theorie

Das Proton H^+ hat unter den Kationen eine Sonderstellung. Es besteht aus einem Nucleus und hat dementsprechend eine sehr grosse positive Ladungsdichte. Dementsprechend werden Protonen durch negative Elektronenwolken der Orbitals anderer Atome angezogen. Verschiedene solche Orbitals stehen in gegenseitigem Wettbewerb für die Bindung des Protons. Proton-Transfer-Reaktionen sind von besonderer Bedeutung in wässriger Lösung; aber sie erfolgen auch in vielen nichtwässrigen Lösungen. Proton-Übertragungen, vor allem in wässriger Lösung, sind sehr schnell.

Entsprechend der *Brønsted-Theorie* werden bekanntlich Säuren als Protonenspender und Basen als Protonenakzeptoren betrachtet:

$$\begin{array}{rcl} \text{Säure}_1 & \rightleftarrows & \text{Base}_1 + \text{Proton} \\ \text{Proton} + \text{Base}_2 & \rightleftarrows & \text{Säure}_2 \end{array} \qquad (1)$$

$$\text{Säure}_1 + \text{Base}_2 \rightleftarrows \text{Säure}_2 + \text{Base}_1 \qquad (2)$$

Allgemein erfolgt der Protontransfer (Protolyse) zwischen konjugierten Säure-Base Paaren:

Gleichung (g) (Tabelle 2.1) illustriert die Selbstionisation des Wassers – sie wird oft als Dissoziation des Wassers bezeichnet.

$$H_2O + H_2O \rightleftarrows H_3O^+ + OH^- \qquad (3)$$

Das Proton liegt in wässriger Lösung immer hydratisiert vor; die Assoziation mit einem oder mehreren Molekülen erfolgt durch Wasserstoffbrückenbildung. Man schreibt H_3O^+ oder abgekürzt H^+ für das hydratisierte Proton. Auch das OH^- ist immer im Wasser hydratisiert; ebenso treten Metallionen in wässriger Lösung immer als Aquokomplexe auf.

Tabelle 2.1 Brønsted Säure – Base

	Säure$_1$(A$_1$)	+ Base$_2$(B$_2$) (Lösung)	= Säure$_2$(A$_2$)	+ Base$_1$(B$_1$)	
Perchlorsäure	$HClO_4$	+ H_2O	= H_3O^+	+ ClO_4^-	a
Kohlensäure	H_2CO_3	+ H_2O	= H_3O^+	+ HCO_3^-	b
Bicarbonat	HCO_3^-	+ H_2O	= H_3O^+	+ CO_3^{2-}	c
Ammonium	NH_4^+	+ H_2O	= H_3O^+	+ NH_3	d
				(1)	
Ammonium	NH_4^+	+ C_2H_5OH	= $C_2H_5OH_2^+$	+ NH_3	e
Essigsäure *	HAc	+ NH_3	= NH_4^+	+ Ac^-	f
Wasser	H_2O	+ H_2O	= H_3O^+	+ OH^-	g
Wasser	H_2O	+ NH_3	= NH_4^+	+ OH^-	h

* HAc und Ac$^-$ sind Abkürzungen für Essigsäure und Acetat-Ion.

Für die Reaktion der Basen gilt:

	B$_1$	+ A$_2$ (Lösung)	= B$_2$	+ A$_1$	
Ammoniak	NH_3	+ H_2O	= OH^-	+ NH_4^+	a
Cyanid	CN^-	+ H_2O	= OH^-	+ HCN	b
Bicarbonat	HCO_3^-	+ H_2O	= OH^-	+ H_2CO_3	c
Carbonat	CO_3^{2-}	+ H_2O	= OH^-	+ HCO_3^-	d
				(2)	
Ammoniak	NH_3	+ C_2H_5OH	= $C_2H_5O^-$	+ NH_4^+	e
Amin	RNH_2	+ HAc	= Ac^-	+ RNH_3^+	f
Hydroxid	OH^-	+ NH_3	= NH_2^-	+ H_2O	g

Reaktionen von Salzbestandteilen mit Wasser (2d, 2e, 3b, 3c, 3d, Tabelle 2.1) werden oft auch als *Hydrolyse* bezeichnet. Dieser Begriff ist im Rahmen der Brønsted-Theorie nicht notwendig, da grundsätzlich kein Unterschied besteht zwischen der Protolyse eines Moleküls und derjenigen eines Ions. Dies gilt auch für die sogenannte Hydrolyse der Aquo-Metallionen. Hydratisierte Metallionen sind Säuren, z.B.

$$[Al(H_2O)_6]^{3+} + H_2O \rightleftarrows H_3O^+ + [Al\,OH(H_2O)_5]^{2+} \qquad (4)$$

Die Acidität (Tendenz Protonen abzugeben) des koordinierten H_2O ist grösser als die des H_2O als Lösungsmittel, weil – entsprechend einem vereinfachten Modell – Protonen der gebundenen Aquoionen durch das positiv geladene Zentralion (Immobilisierung des einsamen Elektronenpaars des Hydrat-H_2O-Moleküls) abgestossen werden; dementsprechend nimmt die Acidität des koordinierten Wassers mit zunehmender Ladung und abnehmendem Radius des Zentralions zu.

Viele Säuren können mehr als ein Proton abgeben (H_2CO_3, H_3PO_4, $[Al(H_2O)_6]^{3+}$) und viele Basen mehr als ein Proton aufnehmen (OH^-, CO_3^{2-}). Man spricht von *polyprotischen* Säuren und Basen. Viele wichtige Säuren-Basen der Systeme sind polymer; z.B. Proteine sind *polyelektrolytische Säuren* oder Basen und enthalten eine grosse Anzahl von Säure- oder Basegruppen.

Das *Lewis-Konzept* interpretiert die Kombination von Säuren mit Basen im Sinne der Bildung einer koordinativen kovalenten Bindung (der Strich in diesen Bindungen bedeutet ein Elektronenpaar):

$$H^+ + {}^-_-\!O\!-\!H^- \rightleftarrows H-\overline{\underline{O}}-H \qquad (5)$$

Leerer   Einsames   Elektronenpaar
Orbital   Elektronenpaar

Eine Lewis-Säure kann mit einem einsamen Elektronenpaar einer Lewis-Base eine Elektronenpaarbindung eingehen. Lewis-Basen sind auch Brønsted-Basen. Zusätzlich zu Protonenspendern sind Metallionen, saure Oxide oder Atome Lewis-Säuren:

$$BF_3 + {}^-NH_3 \rightleftarrows NH_3\!-\!BF_3 \qquad (6)$$

Bei der Besprechung der Koordinationschemie der Metalle werden wir auf das Lewis-Konzept zurückkommen.

2.3 Säuren und Basen: die Stärke einer Säure oder Base

Ein rationelles Mass für die Stärke einer Säure HA relativ zu H_2O als Protonakzeptor ist gegeben durch die Gleichgewichtskonstante des Protontransfers:

$$HA + H_2O = H_3O^+ + A^-; \quad K_1 \qquad (7)*$$

welcher auch im Sinne der Teilreaktionen:

$$HA = H^+ + A^-; \quad K_{HA} \qquad (8)$$

$$H_2O + H^+ = H_3O^+; \quad K_2 \qquad (9)$$

Da die Konzentration (Aktivität) des Wassers in verdünnter Lösung konstant ist (~ 55 M), kann die Hydratation des Protons (8) bei der Definition des Säure-Base-Gleichgewichtes vernachlässigt werden. Die thermodynamische Konvention setzt die freie Bindungsenthalpie (ΔG^0) für Reaktion (9) gleich Null, d.h. $K_2 = 1$.

Dementsprechend gilt für die Definition der Stärke einer Säure:

$$K_{HA} = K_1 = K_{HA} \cdot K_2 = \frac{\{H^+\}\{A^-\}}{\{HA\}} \qquad (10)$$

Nach Umformung:

$$pH = pK_{HA} + \log \frac{\{A^-\}}{\{HA\}} \qquad (11)$$

---

* Wir verwenden hier und nachfolgend häufig das Gleichheitszeichen anstelle des Zeichens für die Vorwärts- und Rückwärtsreaktion $\rightleftarrows$.

Selbstionisation des Wassers
Die Autoprotolyse des Wassers,

$$H_2O + H_2O = H_3O^+ + OH^- \qquad (3)$$

muss in allen wässrigen Lösungen berücksichtigt werden. Das Massenwirkungsgesetz von (3) – man spricht vom Ionenprodukt des Wassers – ist definiert als

$$K_W = \{H_3O^+\} \cdot \{OH^-\} \equiv \{H^+\}\{OH^-\} \qquad (12)$$

pH
Bekanntlich ist der pH definiert als

$$pH = -\log\{H_3O^+\} = -\log\{H^+\}$$

Wir kommen auf die Definition des pH in Kapitel 2.9 zurück. In logarithmischer Form lautet Gleichung (12)

$$pH + pOH = pK_W$$

Bei 25°C und 1 atm ist $K_W = 1.008 \times 10^{-14}$, und pH = 7.00 entspricht der Neutralität $\{H^+\} = \{OH^-\}$ in reinem Wasser.

Die Gleichung 12 definiert auch die Beziehung zwischen der Aciditäts- und Basizitätskonstante eines konjugierten Säure-Base-Paares; z.B. für HCN-CN$^-$-Paar ist die Basizitätskonstante gegeben durch

$$CN^- + H_2O = OH^- + HCN \; ; \; K_B = \frac{\{OH^-\}\{HCN\}}{\{CN^-\}} \qquad (13)$$

und die Aciditätskonstante definiert als

$$HCN + H_2O = H_3O^+ + CN^- \; ; \; K_A = \frac{\{H^+\}\{CN^-\}}{\{HCN\}} \qquad (14)$$

$$K_A = \frac{\{H^+\}\{CN^-\}}{\{HCN\}} = \frac{\{H^+\}\{OH^-\}}{K_B} \text{ oder } K_W = K_A \cdot K_B \qquad (15)$$

Tabelle 2.2 Ionenprodukt des Wassers

°C	K_W	pK_W
0	0.12×10^{-14}	14.93
15	0.45×10^{-14}	14.35
20	0.68×10^{-14}	14.17
25	1.01×10^{-14}	14.00
30	1.47×10^{-14}	13.83
50	5.48×10^{-14}	13.26

Für Meerwasser (34.82 % Salinität, 25° C) haben C. Culberson und R.M. Pytkowicz (Mar. Chem. *1*, 309, 1973) bestimmt:

$$\log [H^+][OH^-] = -13.199.$$

Die Druckabhängigkeit (bei 15° C und einer ionalen Stärke I = 0.1) ist $K_{W(p)}/K_{W(1)}$:

für 200 atm = 1.2,
für 600 atm = 1.62, und
für 1000 atm = 2.19

(J. Solution Chem. *1*, 309, 1972).

Tabelle 2.3 Aciditätskonstanten und Basizitätskonstanten
(in wässriger Lösung 25° C)

Säure		–Log Aciditätskonstante pK (annähernd)		–Log Basizitätskonstante pK (annähernd)
$HClO_4$	Perchlorsäure	– 7	ClO_4^-	21
HCl	Salzsäure	~ – 3	Cl^-	17
H_2SO_4	Schwefelsäure	~ – 3	HSO_4^-	17
HNO_3	Salpetersäure	– 1	NO_3^-	15
H_3O^+	Hydronium Ion	0	H_2O	14
HSO_4^-	Bisulfat	1.9	SO_4^{2-}	12.1
H_3PO_4	Phosphorsäure	2.1	$H_2PO_4^-$	11.9
$[Fe(H_2O)_6]^{3+}$	Aquo-Eisen(III)ion	2.2	$[Fe(H_2O)_5(OH)]^{2+}$	11.8
CH_3COOH	Essigsäure	4.7	CH_3COO^-	9.3
$[Al(H_2O)_6]^{3+}$	Aquo-Aluminiumion	4.9	$[Al(H_2O)_5(OH)]^{2+}$	9.1
$H_2CO_3^*$	Kohlensäure *	6.3	HCO_3^-	7.7
H_2S	Schwefelwasserstoff	7.1	HS^-	6.9
$H_2PO_4^-$	Dihydrogen Phosphat	7.2	HPO_4^{2-}	6.8
$HOCl$	Unterchlorige Säure	7.6	OCl^-	6.4
HCN	Blausäure	9.2	CN^-	4.8
H_3BO_3	Borsäure	9.3	$B(OH)_4^-$	4.7
NH_4^+	Ammonium Ion	9.3	NH_3	4.7
$Si(OH)_4$	O-Kieselsäure	9.5	$SiO(OH)_3^-$	4.5
HCO_3^-	Bicarbonat	10.3	CO_3^{2-}	3.7
H_2O_2	Wasserstoffperoxid	11.7	HO_2^-	2.3
$SiO(OH)_3^-$	Silicat	12.6	$SiO_2(OH)_2^{2-}$	1.4
HS^-	Hydrogensulfid	~ 14	S^{2-}	~ 0
H_2O	Wasser **	14	OH^-	0
NH_3	Ammoniak	~ 23	NH_2^-	9
OH^-	Hydroxid–Ion	~ 24	O^{2-}	~ – 10
CH_4	Methan	~ 34	CH_3^-	~ – 20

* Dies ist die zusammengesetzte Aciditätskonstante für die analytische Summe von
$CO_2 \cdot aq$ und H_2CO_3 ($[H_2CO_3^*] = [CO_2 \cdot aq] + [H_2CO_3]$).

** Die hier angegebene "Aciditätskonstante" beruht auf der Konvention $\{H_2O\} = 1$. (Damit die Konstante die gleiche Dimension [M] erhält wie die anderen Konstanten, muss die angegebene Konstante durch $\{H_2O\} = 55.5$ dividiert werden. Daraus ergibt sich pK' (Wasser) = 15.74.

2.4 "Zusammengesetzte" Aciditätskonstante

Es ist nicht immer möglich, eine Protolysereaktion rigoros zu definieren. Beispielsweise ist es schwierig, zwischen $CO_2(aq)$ und

H_2CO_3 zu unterscheiden. Die Gleichgewichte sind:

$$H_2CO_3 = CO_2(aq) + H_2O \qquad K = \frac{\{CO_2 \cdot aq\}}{\{H_2CO_3\}} \qquad (16)$$

$$H_2CO_3 = H^+ + HCO_3^- \qquad K_{H_2CO_3} = \frac{\{H^+\}\{HCO_3^-\}}{\{H_2CO_3\}} \qquad (17)$$

und die Kombination von (16) und (17) ergibt:

$$\frac{\{H^+\}\{HCO_3^-\}}{\{H_2CO_3\} + \{CO_2 \cdot (aq)\}} = \frac{K_{H_2CO_3}}{1 + K} = K_{H_2CO_3^*} \qquad (18)$$

wobei $K_{H_2CO_3^*}$ die "zusammengesetzte" (composite) Aziditätskonstante ist. Wir definieren für die analytische Summe von

$$[H_2CO_3] + [CO_2 \cdot (aq)] = [H_2CO_3^*]$$

$H_2CO_3^*$ ist das, was man landläufig als Kohlensäure bezeichnet. Die "wahre" Kohlensäure H_2CO_3 ist eine viel stärkere Säure ($pK_{H_2CO_3}$ = 3.8) als die "zusammengesetzte" $H_2CO_3^*$ ($pK_{H_2CO_3^*}$ = 6.3), weil nur etwa 0.3 % des gelösten CO_2 in Form von H_2CO_3 vorliegt (25° C).

2.5 *Gleichgewichtsrechnungen*

Die Berechnung der Gleichgewichtsbeziehungen der Konzentration oder Aktivitäten eines Säure-Basesystems ist ein mathematisches Problem, das exakt und systematisch lösbar ist. Jedes Säure-Base-Gleichgewichtssystem kann anhand einer Anzahl von grundlegenden Gleichungen beschrieben werden.

Vorgehen beim Lösen von Gleichgewichtsproblemen
Das systematische Vorgehen kann wie folgt illustriert werden:

Beispiel 2.1:
Welches ist der pH einer 5 × 10⁻⁴ M-Lösung von Borsäure (Borsäure: H_3BO_3 oder $B(OH)_3$)?

Wir brauchen:

1. Ein *Rezept*, wie die Lösung zusammengesetzt ist (5×10^{-4} mol Borsäure pro Liter Lösung); ein kleiner Teil davon protolysiert in Borat $B(OH)_4^-$. Um die Schreibweise zu vereinfachen, setzen wir $HB = H_3BO_3$, $B^- = B(OH)_4^-$ $H_3BO_3 + H_2O \rightleftharpoons H^+ + B(OH)_4^-$

   a) Eine Konzentrationsbedingung (mol Balance):

   $$[HB]_T = C_T = [HB] + [B^-] = 5 \times 10^{-4} \, M \qquad (i)$$

   b) Eine Ladungsbalance (Elektroneutralität) Equivalentsumme der Kationen = Equivalentsumme der Anionen):

   $$[H^+] = [B^-] + [OH]^- \qquad (ii)$$

2. Eine Liste der *Spezies in Lösung*:

   (H_2O), H^+, OH^-, HB, B^-

   Neben H_2O haben wir vier Spezies.

3. Eine Liste von *unabhängigen Gleichgewichtsreaktionen* mit ihren Gleichgewichtskonstanten *

   $$H_2O = H^+ + OH^-; \quad K_W = [H^+][OH^-] = 10^{-14} \, (25° \, C) \qquad (iii)$$

   $$HB = H^+ + B^-; \quad K_1 = \frac{[H^+][B^-]}{[HB]} = 5 \times 10^{-10} \qquad (iv)$$

Es sind in diesem Gleichgewichtsproblem vier Unbekannte (die Konzentration der vier Spezies). Es liegen vier Gleichungen vor.

---

* Wir setzen in diesen Übungsbeispielen vorerst Aktivitäten = Konzentrationen. Die Rechnungen gelten für verdünnte Lösungen. Wir werden später illustrieren, wie Aktivitätskorrekturen vorgenommen werden. Wie in Tabelle A.1 im Kapitel 1 angegeben ist, verwenden wir die eckige Klammer [ ] für Konzentrationen und die geschweifte Klammer { } für Aktivitäten, wobei in beiden Fällen die Einheit M (mol ℓ^{-1}) gebraucht wird. Da Gleichgewichtskonstanten häufig für 25° C angegeben werden, verwenden wir für viele Rechnungsbeispiele diese Temperatur; im Kapitel 5.3 illustrieren wir, wie mit Hilfe thermodynamischer Daten eine Abschätzung der K-Werte bei anderen Temperaturen vorgenommen werden kann.

Das Problem kann exakt gelöst werden: mit Hilfe des Computers oder numerisch z.B. können wir [OH$^-$] in Gleichungen (ii) und (iii) eliminieren und bekommen nach dieser Substitution:

$$[H^+] = K_W/([H^+] - [B^-]) \qquad \text{(v)}$$

Wir lösen Gleichung (i) für [HB] und substituieren in Gleichung (iv), dabei eliminieren wir [HB]:

$$[H^+][B^-] = K_1(C_T - [B^-]) \qquad \text{(vi)}$$

Jetzt lösen wir Gleichung (v) für [B$^-$] und setzen das Resultat in Gleichung (vi), um eine Gleichung in [H$^+$] zu erhalten (vgl. Gleichung (6) in Tabelle 2.4):

$$[H^+]^3 + K_1[H^+]^2 - [H^+](C_T K_1 + K_W) - K_1 K_W = 0 \qquad \text{(vii)}$$

Die Methode des bequemen Rechners ist, eine polynomische Gleichung durch Probieren (Trial and Error) zu lösen. Ein Näherungswert wird eingesetzt und durch sukzessive Iterationen verbessert. Programmierbare Taschenrechner sind oft nützlich. Newton-Raphson- und Computermethoden stehen ebenfalls zur Verfügung.

Durch Ausprobieren erhält man [H$^+$] = 6.1 × 10^{-7} M (pH = 6.21); aus Gleichung (iii) [OH$^-$] = 1.64 × 10^{-8} M; (iv) Gleichung (v) ergibt [B$^-$] = 5.94 × 10^{-7} M; und dann aus Gleichung (i) [HB] = 4.99 × 10^{-4} M. Die exakten Gleichungen für die Gleichgewichte von Säuren und Basen sind in Tabelle 2.4 gegeben.

Protonen-Balance anstelle der Ladungsbalance
Die Zusammensetzung der Lösung kann auch – anstelle der Ladungsbalance – durch eine Protonenbalance ausgedrückt werden. Ein Überschuss von (gebundenen oder freien) Protonen, gegenüber einen Referenzzustand, ist gleich dem Defizit an Protonen. Der Referenzzustand ist HB, H$_2$O. Dementsprechend gilt:

$$[H^+] = [B^-] + [OH^-] \qquad \text{(iia)}$$

Andererseits kann man auch eine Molbalance für totale (gebundene und freie) Protonen angeben:

Tabelle 2.4 [H$^+$] von reinen wässrigen Säuren, Basen oder Ampholyten

	Säure		Base
I. Monoprotische Spezies[1]	HA	A H$^+$	OH$^-$
Gleichgewichtskonstante[2]	$[H^+][A]/[HA] = K$		(1)
	$[H^+][OH^-] = K_W$		(2)
Konzentrationsbedingung	$[HA] + [A] = C$		(3)
Protonenbalance[3]	$[H^+] = [A] + [OH^-]$ (4)		$[HA] + [H^+] = [OH^-]$ (5)
Exakte Lösung	$[H^+]^3 + [H^+]^2 K - [H^+](CK + K_W) - KK_W = 0$ (6)		$[H^+]^3 + [H^+]^2(C + K) - [H^+]K_W - KK_W = 0$ (7)

	Säure (H$_2$X)	Ampholyt (NaHX)	Base (Na$_2$X)
II. Diprotische Spezies[1]	H$_2$X HX X H$^+$		OH$^-$
Gleichgewichtskonstante[2]	$[H^+][HX]/[H_2X] = K_1$		(8)
	$[H^+][X]/[HX] = K_2$		(9)
	$[H^+][OH^-] = K_W$		(2)
Konzentrationsbedingung	$[H_2X] + [HX] + [X] = C$		(10)
Protonenbalance[3]	$[H^+] = [HX] + 2[X] + [OH^-]$ (11)	$[H_2X] + [H^+] = [X] + [OH^-]$ (12)	$2[H_2X] + [HX] + [H^+] = [OH^-]$ (13)
Exakte Lösung	$[H^+]^4 + [H^+]^3 K_1 + [H^+]^2 \times$ $([H^+]^2 - CK_1 - K_W) -$ $[H^+]K_1(2CK_2 + K_W) -$ $K_1 K_2 K_W = 0$ (14)	$[H^+]^4 + [H^+]^3(C + K_1) + [H^+]^2 \times$ $(K_1 K_2 - K_W) -$ $[H^+]K_1(CK_2 + K_W) -$ $K_1 K_2 K_W = 0$ (15)	$[H^+]^4 + [H^+]^3(2C + K_1) + [H^+]^2 \times$ $(CK_1 + K_1 K_2 - K_W) -$ $K_1 K_W [H^+] - K_1 K_2 K_W = 0$ (16)

[1] Ladungen der Spezies werden einfachheitshalber weggelassen. Die angegebenen Gleichungen sind unabhängig vom Ladungstyp der Säure.
[2] Gleichgewichtskonstanten sind entweder als $^c K$ oder im Sinne des konstant ionischen Mediums definiert (vgl. Appendix 2).
[3] Anstelle der Protonenbalance kann auch die Elektroneutralität benutzt werden. Na in NaHX oder Na$_2$X symbolisiert ein nicht-protolysierbares Kation.

$$\text{TOTH} = [H^+] - [OH^-] + [HB] = 5 \times 10^{-4} \text{ M} \qquad \text{(iib)}$$

Tableaux

Um Gleichgewichtsprobleme (Säure-Base- wie auch später Löslichkeits-, Komplexbildungs- und Redoxprobleme) systematisch zu lösen, können Tableaux aufgestellt werden, in denen die Spezies des jeweiligen Systems durch einen Satz geeigneter Komponenten ausgedrückt werden. Das Tableau enthält in kompakter und übersichtlicher Form alle nützlichen Informationen, um die Konzentration der einzelnen Spezies zu berechnen; Tableaux sind bei der Computerberechnung von Gleichgewichten sehr praktisch. Die Idee der Tableaux stammt von F.M.M. Morel (*Principles of Aquatic Chemistry*, Wiley-Interscience New York, 1983).

Die Komponenten des Systems liefern die stöchiometrische Zusammensetzung:
- Die Massenbilanzen der Komponenten ergeben das Zusammensetzungs"rezept" der Lösung. Diese Bedingung entspricht dem grundsätzlichen Prinzip der Massenerhaltung im System.
- Jede Spezies wird durch eine stöchiometrische Reaktion aus den Komponenten gebildet. Für jede dieser Reaktionen kann eine Gleichgewichtskonstante angegeben werden.

Die Anzahl Komponenten ist die minimale Anzahl, die zu einer vollständigen Beschreibung des Systems nötig ist; diese Anzahl entspricht der Anzahl Spezies minus die Anzahl unabhängiger Reaktionen. Ein System kann durch verschiedene Komponentensätze beschrieben werden; die stöchiometrischen Reaktionen müssen entsprechend formuliert werden.

Die Aufstellung des Tableaus wird anhand von Beispiel 2.1 demonstriert: Das "Rezept" der Lösung ist gegeben durch die Bedingung:

$$[HB]_T = 5 \times 10^{-4} \text{ M}$$

Die Spezies in Lösung sind: H_2O, H^+, OH^-, HB, B^-, d.h. mit H_2O 5 Spezies.

Mögliche unabhängige Reaktionen sind:

$$H^+ + OH^- = H_2O \qquad \text{(i)}$$
$$HB = H^+ + B^- \qquad \text{(ii)}$$

Weitere Reaktionen wie zum Beispiel

$$HB + OH^- = H_2O + B^- \qquad \text{(iii)}$$

können offensichtlich durch eine lineare Kombination aus den Gleichungen (i) und (ii) erhalten werden.

D.h. es werden hier insgesamt 3 Komponenten benötigt (5 Spezies – 2 unabhängige Reaktionen).

Als geeignete Komponenten können H_2O, H^+ und B^- gewählt werden, die auch Spezies sind. Die übrigen Spezies können in Funktion dieser Komponenten ausgedrückt werden, nämlich

$$HB = H^+ + B^- \qquad \text{(ii)}$$
$$OH^- = H_2O - H^+ \qquad \text{(iv)}$$

Im Tableau werden nun zuerst für jede Spezies die entsprechenden stöchiometrischen Koeffizienten eingesetzt:

Tableau 2.1a)

Komponenten:		B^-	H^+	H_2O
Spezies:	B^-	1		
	HB	1	1	
	H_2O			1
	OH^-		−1	1
	H^+		1	

Die Massenbilanzen (Summe jeder Kolonne) jeder Komponente ergeben:

$$\text{Tot B} = [B^-] + [HB] = 5 \times 10^{-4}\ M \qquad \text{(v)}$$
$$\text{Tot H} = [HB] + [H^+] - [OH^-] = 5 \times 10^{-4}\ M \qquad \text{(vi)}$$
$$\text{tot } H_2O = [H_2O] + [OH^-] = 55.5\ M \qquad \text{(vii)}$$

Tot H_2O ist in einer verdünnten wässrigen Lösung immer 55.5 M, so dass die Angabe von H_2O als Komponente und Spezies überflüssig ist. H_2O ist implizit in den Reaktionen enthalten; wir setzen entsprechend den thermodynamischen Konventionen die Aktivität von H_2O $\{H_2O\} \equiv 1$.

Für jede Reaktion kann eine Gleichgewichtskonstante eingesetzt werden, nämlich: die Reaktion (ii) entspricht der Säurekonstante

$$K = \frac{[H^+][B^-]}{[HB]} \qquad \text{(viii)}$$

und

$$[HB] = [H^+][B^-] \cdot K^{-1}$$

Für OH^- gilt:

$$K_W = [H^+][OH^-]$$

und

$$[OH^-] = K_W [H^+]^{-1} \{H_2O\}$$

Für Spezies, die gleichzeitig Komponenten sind, ist die Gleichgewichtskonstante = 1.

Das vereinfachte Tableau mit den Konstanten sieht nun folgendermassen aus:

Tableau 2.1b)

Komponenten:		B^-	H^+	log K
Spezies:	B^-	1		0
	HB	1	1	9.2
	OH^-		−1	−14.0
	H^+		1	0
Zusammensetzungsrezept:				
	$(HB)_{tot}$	1	1	5×10^{-4} M

Aus jeder Zeile lässt sich der entsprechende Ausdruck für die Konzentration der Spezies ablesen:

$[B^-] = [B^-]$ (ix)
$[HB] = 10^{9.2} [B^-] \cdot [H^+]$ (x)
$[OH^-] = 10^{-14} [H^+]^{-1}$ (xi)
$[H^+] = [H^+]$ (xii)

Das gleiche System kann auch durch einen anderen Satz von Komponenten dargestellt werden, z.B.: HB, H^+

Tableau 2.1c)

Komponenten:		HB	H^+	log K
Spezies:	B^-	1	−1	−9.2
	HB	1	0	0
	OH^-	0	−1	−14.0
	H^+	0	1	0
Zusammensetzungsrezept:				
	$(HB)_{tot}$	1	0	5×10^{-4} M

Die Massenbilanzen sind dann:

Tot HB = $[B^-] + [HB^-]$ = 5×10^{-4} (xiii)
Tot H = $[H^+] - [OH^-] - [B^-]$ = 0 (xiv)

Man beachte, dass in diesem Fall Tot H = 0 gesetzt wird, weil die zugegebenen H^+ in HB enthalten sind.

Beispiel 2.2:
pH einer starken Säure

Welches ist die Zusammensetzung einer wässrigen Lösung von 2×10^{-4} M HCl (25° C)? Üblicherweise würde man hier voraussetzen, dass HCl eine starke Säure ist (annähernd vollständig protolysiert) und dass demnach $[H^+] = 2 \times 10^{-4}$ M und $[Cl^-] = 2 \times 10^{-4}$ M. Wir möchten aber zeigen, dass das Problem systematisch gelöst werden kann (wie das etwa der Computer routinemässig tun würde). Die Angabe ist analog zur vorgehenden. Das Tableau lautet:

Tableau 2.2 Starke Säure HCl

Komponenten:		H^+	Cl^-	log K
Spezies:	H^+	1		
	OH^-	−1		−14
	HCl	1	1	−3
	Cl^-		1	
[HCl]$_{tot}$		1	1	2×10^{-4} M

Die vier Gleichungen sind:

$$\text{TOTH} = [H^+] - [OH^-] + [HCl] = 2 \times 10^{-4} \text{ M} \quad (i)$$
$$\text{TOTCl} = [HCl] + [Cl^-] = 2 \times 10^{-4} \text{ M} \quad (ii)$$
$$[OH^-] = 10^{-14} [H^+]^{-1} \quad (iii)$$
$$[HCl] = 10^{-3} [H^+][Cl^-] \quad (iv)$$

Gleichung (i) kann auch aus der Kombination der Ladungsbalance:

$$[H^+] = [Cl^-] + [OH^-] \quad (v)$$

und Gleichung (ii) erhalten werden.

Die genaue numerische Lösung für $[H^+]$ entspricht Gleichung (6) aus Tabelle 2.4.

Lösungen:

$$[H^+] = 2.0 \times 10^{-4} \text{ M}, \quad [HCl] = 4 \times 10^{-11} \text{ M}$$
$$[Cl^-] = 2.0 \times 10^{-4} \text{ M}$$

Offensichtlich ist $[H^+] \gg [OH^-]$. Dementsprechend reduziert sich die Ladungsbalance (v) zu $[H^+] = [Cl^-]$. Dementsprechend kann eine starke Säure (K > 1) als vollständig protolysiert betrachtet werden.

2.6 pH als Mastervariable
Doppelt-logarithmische graphische Auftragung zur Darstellung und Lösung von Gleichgewichtsproblemen

Die graphische Darstellung von Gleichgewichtsbeziehungen wurde von Bjerrum 1914 eingeführt und später von Sillén popularisiert.

Zur Einführung, ein einfaches Beispiel der Darstellung eines monoprotischen Säure-Base-Systems. Für die Säure HA gelte eine Gleichgewichtskonstante, gültig für Konzentrationen:

$$K = \frac{[H^+][A^-]}{[HA]} \tag{19}$$

Wir berechnen für eine totale Konzentration von 10^{-3} M, oder

$$C_T = 10^{-3} \text{ M} = [HA] + [A^-] \tag{20}$$

Ebenfalls gilt das Ionenprodukt von H_2O:

$$[H^+][OH^-] = K_W = 10^{-14} \, (25° \text{ C}) \tag{21}$$

Für die graphische Darstellung tragen wir entsprechend den drei Gleichungen (19 – 21) die Logarithmen der Gleichgewichtskonzentrationen der einzelnen Spezies, H^+, OH^-, HA und A^- als Funktion der wichtigsten Kontrollvariablen des pH auf.

Die Kombination von (19) und (20) ergibt:

$$[HA] = \frac{C_T [H^+]}{K + [H^+]} \tag{22a}$$

und

$$[A^-] = \frac{C_T K}{K + [H^+]} \tag{22b}$$

Es ist praktisch, vorerst die Asymptoten der logarithmischen Konzentration der einzelnen Spezies gegen pH aufzutragen und die Neigung der einzelnen Kurven zu bestimmen. Wir illustrieren hier vorerst für $K = 10^{-6}$ (siehe Abbildung 2.1).

Wir berechnen aus (21) und (22) zuerst die Asymptoten für die Beziehung pH < pK (oder [H⁺] >> K):

$$\log [HA] = \log C_T \qquad (23)$$

$$\log [A^-] = \log C_T - pK + pH \qquad (24)$$

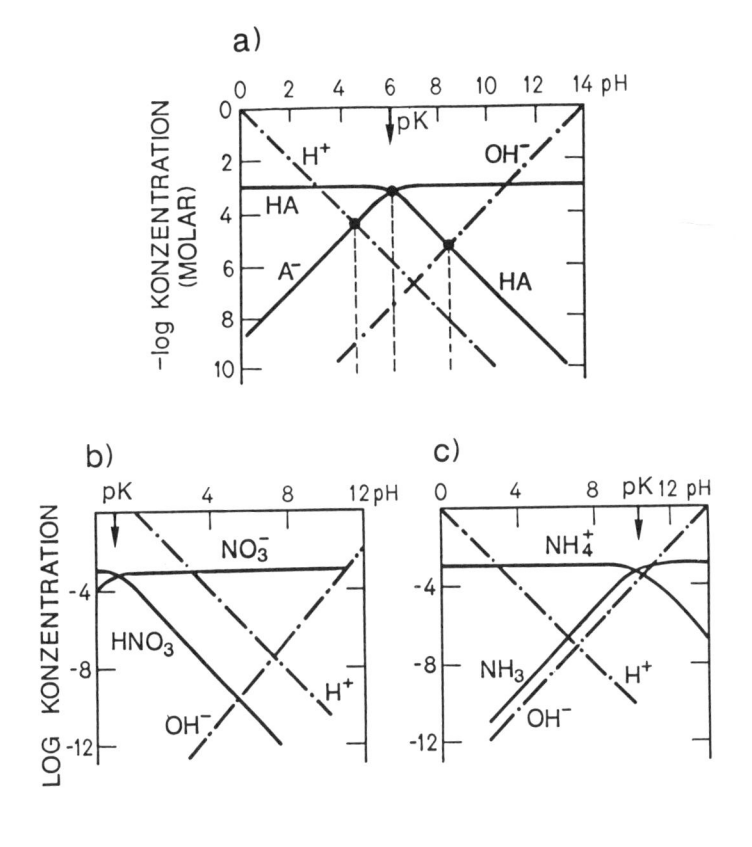

Abbildung 2.1

a) Konstruktion des doppeltlogarithmischen Diagramms eines monoprotischen Säure-Base-Systems ($[HA] + [A^-] = 10^{-3}$ M; pK = 6).
Eine 10^{-3} M HA-Lösung ist charakterisiert durch die Ladungsneutralität $[H^+] = [A^-] + [OH^-]$, oder $[H^+] \cong [A^-]$.
Eine 10^{-3} M NaA-Lösung wäre charakterisiert durch die Bedingung $[Na^+] + [H^+] = [A^-] + [OH^-]$. Da $[Na^+] = [HA] + [A^-]$ ergibt sich für diese Lösung die Bedingung $[HA] + [H^+] = [OH^-]$, oder $[HA] \cong [OH^-]$.

b), c) Zum Vergleich doppeltlogarithmische Gleichgewichtsdiagramme für eine starke Säure (HNO_3) und eine schwache Säure (NH_4^+); in beiden Fällen liegt eine totale Konzentration von 10^{-3} M vor.

Daraus folgt d log [A⁻] / dpH = 1; d.h. die Neigung der log [A⁻]-Linie bezüglich pH ist im Bereich pH < pK gleich +1. Für den Bereich pH > pK (oder K >> [H⁺]) gelten:

$$\log [A^-] = \log C_T \qquad (25)$$

$$\log [HA] = \log C_T - pH + pK \qquad (26)$$

d.h. d log [HA] / dpH = −1.

Die beiden asympthotischen Geraden von log [A] und log [HA] schneiden die (horizontale) log C_T-Gerade am Punkt bei dem pH = pK. Die so gezeichneten Kurven stimmen nicht genau im Bereich pH = pK. In diesem Punkt sind log [HA = log [A⁻] = log C_T / 2. Die beiden Kurven überschneiden sich auf der Ordinate an einem Punkt, der (log C_T − log 2) oder 0.3 Einheiten unter der Linie von log C_T liegt. Das Diagramm wird vervollständigt durch die Eintragung der Linien von log [H⁺] und log [OH⁻], entsprechend dem Ionenprodukt des Wassers.

Die Gleichgewichtszusammensetzung kann aus dem Diagramm abgelesen werden; sie erfolgt unter Berücksichtigung, dass die Protonenbedingung (Elektroneutralität) gilt:

$$[H^+] = [A^-] + [OH^-] \qquad (27)$$

(27) ist erfüllt bei der Kreuzung der Linien für [A⁻] und [H⁺]; an diesem Punkt ist offensichtlich [A⁻] >> [OH⁻]; und [OH⁻] kann vernachlässigt werden. Dort wo Gleichung (27) oder [H⁺] = [A⁻] gilt, können die Gleichgewichtskonzentrationen aller Spezies abgelesen werden:

$$-\log [H^+] = -\log [A^-] = 4.5; \quad -\log [HA] = 3.0$$

Das Resultat kann mit einer Genauigkeit von ca. 0.05 logarithmischen Einheiten abgelesen werden; d.h. der relative Fehler ist kleiner als 10 %.

Die gleiche graphische Darstellung kann gebraucht werden, um die Gleichgewichtszusammensetzung einer 10^{-3}-M-Lösung von NaA zu berechnen. In diesem Fall ist die Protonenbalance:

$$[HA] + [H^+] = [OH^-] \qquad (28)$$

Gleichung (28) kann auch aus der Elektroneutralität abgeleitet werden:

$$[Na^+] + [H^+] = [A^-] + [OH^-] \qquad (28a)$$

Da in einer 10^{-3} M NaA-Lösung

$$[Na^+] = [HA] + [A^-] = 10^{-3} \text{ M} \qquad (28b)$$

kann $[Na^+]$ in (28a) substituiert werden durch $[HA] + [A^-]$.

Diese Bedingung ist erfüllt bei der Kreuzung von $[HA] = [OH^-]$ ($[H^+]$ ist ca.1000 mal kleiner als [HA] und kann neben [HA] vernachlässigt werden.) Die Gleichgewichtszusammensetzung ist $-\log [H^+] = 8.5$; $-\log [HA] = 5.5$ und $-\log [A^-] = 3.0$.

Wie wir nachher noch sehen werden, sind die Bedingungen der Protonenbalance der Gleichung (27) (einer reinen HA-Lösung) und der Protonenbalance der Gleichung (28) (einer NaA-Lösung) für die Konstruktion einer Titrationskurve (alkalimetrische Titration einer HA-Lösung mit starker Base oder acidimetrische Titration einer Na-Lösung mit starker Säure) anwendbar.

Zweiprotonige Säure:zweiprotonig
Die graphische Methode hat besonders Vorteile für kompliziertere Gleichgewichte. Abbildung 2.2 illustriert ein logarithmisches Gleichgewichtsdiagramm für die zweiprotonige Säure Schwefel-Wasserstoff, H_2S ($pK_1 = 7.0$, $pK_2 = 13.0$, 25°C). (Der experimentelle Wert von pK_2 ist unsicher; er variiert zwischen 13 und 15 bei 25° C.) (Schwefelwasserstoff wird als nicht-flüchtige Verbindung behandelt). Man hat zusätzlich zur Konzentrationsbedingung ($S_T = [H_2S] + [HS^-] + [S^{2-}] = 10^{-3.5}$ M) folgende Abhängigkeiten von H_2S, HS^- und S^{2-} von S_T und $[H^+]$:

$$[H_2S] = \frac{S_T}{1 + K_1/[H^+] + K_1 K_2/[H^+]^2} \qquad (29)$$

$$[HS^-] = \frac{S_T}{[H^+]/K_1 + 1 + K_2/[H^+]} \qquad (30)$$

$$[S^{2-}] = \frac{S_T}{[H^+]^2/K_1K_2 + [H^+]/K_2 + 1} \qquad (31)$$

Gleichung (29) kann als Sequenz von drei linearen Asymptoten doppelt-logarthmisch aufgetragen werden; für die drei pH-Bereiche gelten:

I: $\quad pH < pK_1 < pK_2; \quad \log[H_2S] = \log S_T$

$$\frac{d \log[H_2S]}{d\, pH} = 0 \qquad (32)$$

II: $\quad pK_1 < pH < pK_2; \quad \log[H_2S] = pK_1 + \log S_T - pH$

$$\frac{d \log[H_2S]}{d\, pH} = -1 \qquad (33)$$

III: $\quad pK_1 < pK_2 < pH; \quad \log[H_2S] = pK_1 + pK_2 + \log S_T - 2\,pH$

$$\frac{d \log[H_2S]}{d\, pH} = -2 \qquad (34)$$

Diese drei logarithmischen linearen Asymptoten haben Neigungen von 0, −1 und −2. Ähnlich können die Geraden für die Gleichungen (30) und (31) konstruiert werden. Die unteren Segmente mit Neigungen von −2 oder +2 sind meistens nicht mehr sehr wichtig, da sie bei sehr tiefen Konzentrationen vorkommen. Diagramme, wie z.B. dasjenige von Abbildung 2.2, geben eine Übersicht der Gleichgewichtszusammensetzung als Funktion des pH. Resultate für spezifische Protonenbedingungen sind in Abbildung 2.2 angegeben.

Starke Säure
Zur Illustration des Beispiels 2.2 (pH einer starken Säure, HCl) sind in Abbildung 2.3 die Gleichgewichtsbedingungen für HCl und ihr Salz (NaCl) dargestellt.

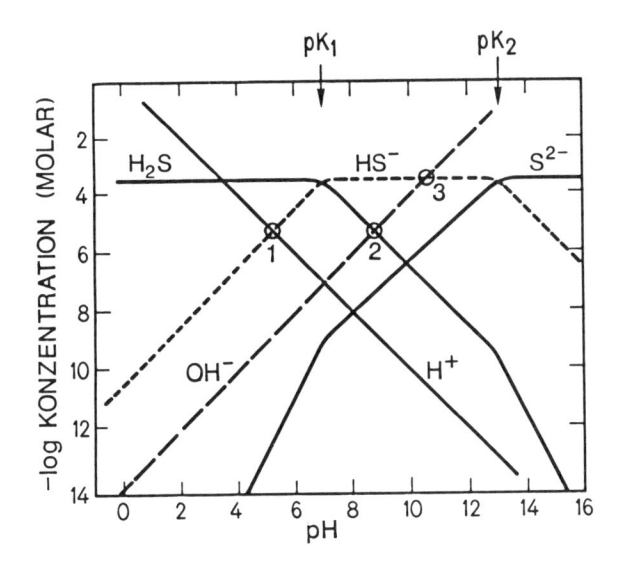

Abbildung 2.2
Gleichgewichtsdiagramm für das System einer zweiprotonigen Säure
Bedingungen:
1) Lösung von H_2S: $[H^+] = [HS^-] + 2[S^{2-}] + [OH^-]$
2) Lösung von NaHS: $[H_2S] + [H^+] = [S^{2-}] + [OH^-]$
3) Lösung von Na_2S: $2[H_2S] + [HS^-] + [H^+] = [OH^-]$

Gleichgewichtszusammensetzung:
1) pH = pHS^- = 5.3; pH_2S = 3.5; pS^{2-} = 12.3
2) pH = 8.7; pH_2S = 5.3; pS^{2-} = 7.5; pHS^- = 3.5
3) pH = 10.5; pS^{2-} = 5.8; pH_2S = 7; pHS^- = 3.5

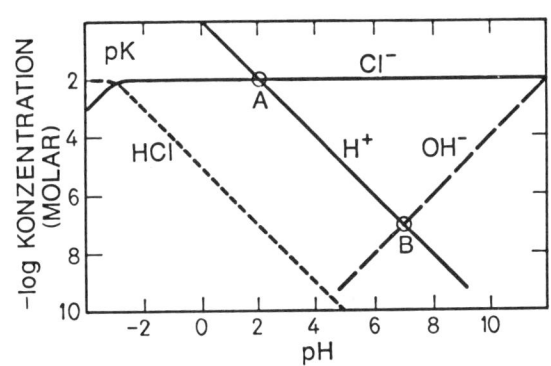

Abbildung 2.3
Gleichgewichtsdiagramm für starke Säure, HCl (K = 10^3) / 25°C
A: 10^{-2} M HCl; $[H^+] = [Cl^-] = 10^{-2}$ M, [HCl] = 10^{-7} M.
B: 10^{-2} M NaCl; $[H^+] = [OH^-] = 10^{-7}$ M, $[Cl^-] = 10^{-2}$ M, [HCl] = 10^{-12} M.
Punkt A entspricht der Elektroneutralität einer 10^{-2} M HCL-Lösung;
Punkt B entspricht der Elektroneutralität einer 10^{-2} M NaCl-Lösung.

Weitere Rechnungsbeispiele.

Beispiel 2.3:

Welches ist die Gleichgewichtszusammensetzung einer $10^{-4.5}$ M Natriumacetatlösung, NaAc? (CH_3COOH = HAc).

1. Die Konzentrationsbedingungen:

$$\text{TOTAc} = C_o = 10^{-4.5} \text{ M} = [HA_c] + [Ac^-] = [Na^+] \tag{i}$$

2. Die Spezies in Lösung:

$$([H_2O]), HAc, Ac^-, OH^-, H^+, Na^+ \tag{ii}$$

Davon sind bekannt: $[H_2O]$ und $[Na^+]$.

3. Die Gleichgewichtskonstanten:

$$\frac{[H^+][Ac^-]}{[HAc]} = K = 10^{-4.7} \text{ oder:}$$

$$\frac{[HAc][OH^-]}{[Ac^-]} = K_B = 10^{-9.3} \tag{iii}$$

$$[H^+][OH^-] = K_W = 10^{-14} \tag{iv}$$

4. Die Protonenbalance oder Elektroneutralität: Der Referenzzustand ist H_2O und NaAc. Demnach:

$$[HAc] + [H^+] = [OH^-] \tag{v}$$

Gleichung (v) lässt sich auch ableiten aus der Elektroneutralität:

$$[Na^+] + [H^+] = [Ac^-] + [OH^-] \tag{vb}$$

Da entsprechend (i) $[Na^+] = [HAc] + [Ac^-]$, kann daraus Gleichung (v) erhalten werden.

Wir haben vier Gleichungen für die Konzentration der vier unbekannten Spezies. Numerisch ergibt sich (entsprechend Gleichung 7 von Tabelle 2.4) $[H^+] = 10^{-7.2}$. Daraus folgt $[HAc] = 10^{-7.01}$ und $[Ac^-] = 10^{-4.51}$. Dieses Resultat kann auch durch Vereinfachung erhalten werden, wenn man berücksichtigt, dass $[Ac^-] > [HAc]$ und demnach $[Ac^-] \approx C_0$.

Zur Illustration sei auch noch das Tableau aufgeführt. Als Komponenten wählen wir H^+ und Ac^-. Die graphische Darstellung ist in Abbildung 2.4 wiedergegeben.

Tableau 2.3

Komponenten:		H+	Ac−	log K
Spezies:	H+	1		
	OH−	−1		−14
	HAc	1	1	4.7
	Ac−		1	
Zusammensetzungsrezept:				
(Ac)$_{tot}$			1	$10^{-4.5}$ M

Aus dem Tableau können wir ablesen:

$$\text{TOTH} = [H^+] - [OH^-] + [HAc] = 0$$
$$\text{TOTAc} = [Ac^-] + [HAc] = 10^{-4.5}\ M$$
$$[OH^-] = 10^{-14} [H^+]^{-1}$$
$$[HAc] = 10^{4.7} [H^+][Ac^-]$$

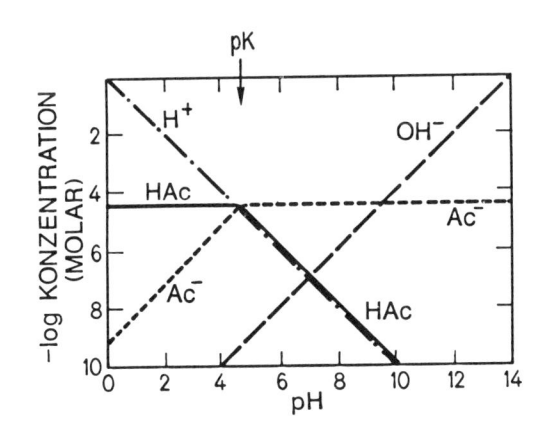

Abbildung 2.4
Gleichgewichtszusammensetzung von $10^{-4.5}$ M Natriumacetat
Protonbedingung: $[HAc] + [H^+] = [OH^-]$; $[H^+] = 10^{-7.2}$ M; $[HAc] = 10^{-4.5}$ M. In diesem Fall kann in der Protonbedingung keine Vereinfachung vorgenommen werden. Man muss vom Schnittpunkt der $[OH^-]$- und $[H^+]$-Linie etwas nach rechts gehen, um die Protonenbedingung zu erfüllen und um den pH einer $10^{-4.5}$ M NaAc-Lösung zu erhalten.

Beispiel 2.4:
Zweiprotoniges System: Ampholyt
Gleichgewichtszusammensetzung einer $10^{-3.7}$ M
Säure-Base:Ampholyt

Natriumhydrogenphthalatlösung ($C_6H_4 \diagdown_{COONa}^{COOH}$ = NaHP):

1. Konzentrationsbedingung:

$$\text{TOTP} = C_0 = [H_2P] + [HP^-] + [P^{2-}] = [Na^+] \tag{i}$$

2. Spezies: H_2P, HP^-, P^{2-}, H^+, OH^-, Na^+ (ii)

3. Gleichgewichtskonstanten (25° C):

$$\begin{aligned}
[H^+][HP^-] / [H_2P] &= K_1 = 10^{-2.95}; \\
[H^+][P^{2-}] / [HP^-] &= K_2 = 10^{-5.4} \\
[H^+][OH] &= K_W = 10^{-14}
\end{aligned} \tag{iii}$$

4. Protonenbalance (Referenz: H_2O, NaHP):

$$[H_2P] + [H^+] = [P^{2-}] + [OH^-].$$

Die Lösung der Gleichung (15) aus Tabelle 2.4 gibt pH = 4.55. Das Tableau für das gleiche Problem gibt ebenfalls die 5 unabhängigen Gleichungen, um die Aufgabe zu lösen:

Tableau 2.4 Natriumhydrogenphthalat

Komponenten:		H^+	HP^-	K
Spezies:	H^+	1		
	H_2P	1	1	2.95
	HP^-		1	
	P^{2-}	−1	1	−5.41
	OH^-	−1		−14
Zusammensetzung:			1	$[HP^-]_T = 2 \times 10^{-4}$ M

Die fünf Gleichungen sind:

$$\text{TOTH} = [H^+] + [H_2P] - [P^{2-}] - [OH^-] = 0$$
$$\text{TOTHP} = [H_2P] + [HP^-] + [P^{2-}] = 10^{-3.7} \text{ M}$$
$$[H_2P] = [H^+][HP^-] \times 10^{2.95}$$
$$[P^{2-}] = [H^+]^{-1}[HP^-] \times 10^{-5.41}$$
$$[OH^-] = [H^+]^{-1} \times 10^{-14}$$

Beispiel 2.5:
Flüchtige Base; heterogenes Gas-Wasser-Gleichgewicht

Schätze den pH einer Lösung, die in Gleichgewicht ist mit der Gasphase, deren Zusammensetzung durch einen Partialdruck $p_{NH_3} = 10^{-4}$ atm charakterisiert ist.

Die Konzentrationsbedingung ist gegeben durch:

$$p_{NH_3} = 10^{-4} \text{ atm} \tag{i}$$

Die Spezies sind: NH_3 (g), NH_3(aq), NH_4^+, H^+, OH^- (ii)

Die Gleichgewichtskonstanten (25° C):

$$NH_3(g) = NH_3(aq); \quad \frac{[NH_3(aq)]}{p_{NH_3}} = K_H = 10^{1.75} \tag{iii}$$

$$NH_4^+ = NH_3(aq) + H^+; \quad \frac{[NH_3(aq)][H^+]}{[NH_4^+]} = 10^{-9.5} \tag{iv}$$

$$[H^+][OH^-] = 10^{-14} \tag{v}$$

Die Protonenbalance ist (Referenz NH_3(aq), H_2O):

$$[H^+] + [NH_4^+] = [OH^-]$$

Gleichungen (ii) – (v) erlaubt die Berechnung der Konzentration der vier Spezies. Der pH der Lösung berechnet sich als pH ≅ 10.5

Tableau 2.5 Ammoniak (g) – Wasser

Komponenten:		H^+	NH_3	log K
Spezies:	H^+	1		
	OH^-	-1		-14
	NH_4^+	1	1	11.05
	NH_3 (g)		1	
	NH_3 (aq)		1	1.75
Zusammensetzung:				
	$p_{NH_3} = 10^{-4}$ atm			

$$\text{TOTH} = [H^+] - [OH^-] + [NH_4^+] = 0 \tag{vi}$$

$$\text{TOTNH}_3 = [NH_3\,(g)] + [NH_3\,(aq)] + [NH_4^+] = ? \tag{vii}$$

$$[OH^-] = 10^{-14}\,[H^+]^{-1} \tag{viii}$$

$$[NH_4^+] = [H^+]\,[NH_3\,(aq)] \times 10^{9.3} \tag{ix}$$

$$[NH_3\,(aq)] = 10^{1.75}\,p_{NH_3} \tag{x}$$

Gleichung (vii) kann nicht verwendet werden, da die totale Menge im System nicht bekannt ist. Die Konzentrationsangabe, die die Zusammensetzung des "offenen" Systems bestimmt, ist die Angabe von p_{NH_3}, respektiv von $[NH_3(g)]$.

Beispiel 2.6:
Mischung von Säure und konjugierter Base

1. Welches ist der pH einer Lösung, zu der ursprünglich Konzentrationen von 10^{-3} m NH_4Cl und 2×10^{-4} m NH_3 per Liter zugegeben wurden?

Konzentrationsbedingung:

$$[NH_4^+] + [NH_3] = C_{o[NH_4^+ Cl]} + C_{o[NH_3]} = 1.2 \times 10^{-3}\,M \tag{i}$$

Spezies: NH_4^+, NH_3, H^+, OH^- \hfill (ii)

Elektroneutralität: $[NH_4^+] = [Cl^-] + [OH^-] - [H^+]$ \hfill (iii)

oder:

Protonenbalance (Referenz: H_2O, NH_3):

$$[NH_4^+] + [H^+] - [OH^-] = C_{o_{NH_4Cl}} \tag{iv}$$

Massenwirkungsgesetz:

$$[H^+] = K\frac{[NH_4^+]}{[NH_3]}; \quad K = 10^{-9.3} \qquad (v)$$

Da $[Cl^-] = C_{o[NH_4Cl]}$, folgt aus (i) und (ii):

$$[NH_3] = C_{o[NH_3]} - [OH^-] + [H^+]; \text{ und aus (v):} \qquad (vi)$$

$$[H^+] = K\frac{C_{o[NH_4Cl]} + [OH^-] - [H^+]}{C_{o[NH_3]} - [OH^-] + [H^+]} \qquad (vii)$$

In diesem Fall können $[OH^-]$ und $[H^+]$ in Zähler und Nenner vernachlässigt werden. Man erhält $H^+ = 2.5 \times 10^{-9}$; pH = 8.6, $[NH_4^+] \approx 10^{-3}$ M, $[NH_3] \approx 2 \times 10^{-4}$ M.

2.7 Säure-Base-Titrationskurven

Bei der Titration einer wässrigen Lösung einer Säure HA, angenommen wird eine Aciditätskonstante von 10^{-6}, der Konzentration C mol pro Liter mit einer starken Base, z.B. NaOH, der Konzentration C_B ergibt sich die Titrationskurve – die Beziehung zwischen pH und der Konzentration der zugegebenen Base – aus der Elektroneutralität (oder der Protonbedingung):

$$[Na^+] + [H^+] = [A^-] + [OH^-] \qquad (35)$$

oder
$$C_B = [A^-] + [OH^-] - [H^+] = [Na^+]$$

Mit dieser Gleichung und den logarithmischen Konzentrations-pH-Diagrammen kann die Titrationskurve konstruiert werden. In Abbildung 2.5 ist der pH als eine Funktion der Äquivalenz-Fraktion der Titrationsbase, f, aufgezeichnet:

$$f = \frac{C_B}{C} = \frac{[Na^+]}{C} \qquad (36)$$

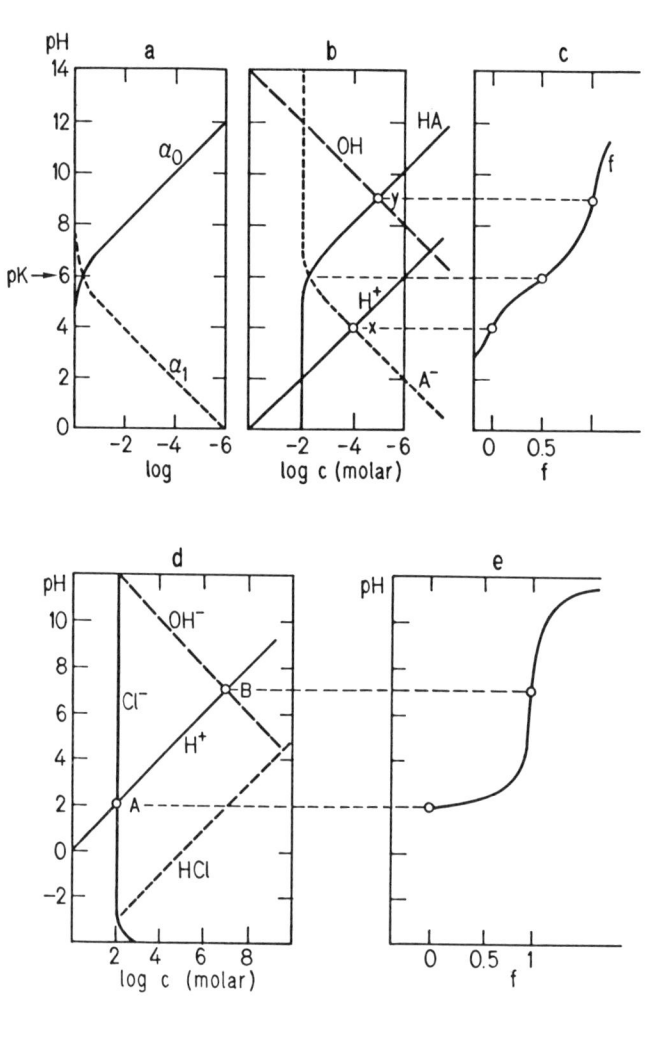

Abbildung 2.5

a, b, c Die Titrationskurve der Säure HA mit einer starken Base (z.B. NaOH) oder die Titration von der Base A^- (z.B. NaA) mit einer starken Säure steht in Beziehung zur Gleichgewichtsverteilung der Säure-Base-Spezies. α_0 und α_1 sind die Molfraktionen von HA und A^-;

α_0 = [HA] / ([HA] + [A^-]);
α_1 = [A^-] / ([HA] + [A^-]).

Die Punkte x und y entsprechen den Äquivalenzpunkten der alkalimetrischen oder acidimetrischen Titrationskurve. Die Titrationskurve, Abbildung c, kann halbquantitativ mit Hilfe der Punkte x und y und pK = pH konstruiert werden. Die genaue Titrationskurve folgt anhand Gleichung (37) oder (44) aus den Aufzeichnungen in Abbildung a und b.

d, e Die Titrationskurve einer starken Säure (Beispiel 10^{-2} M HCl; vgl. Abbildung 2.3) mit einer starken Base

Gleichung (35) kann rearrangiert werden zu:

$$C_B = C\alpha_1 + [OH^-] - [H^+] \tag{37}$$

wobei $\alpha_1 = [A^-] / C = K / (K + [H^+])$,

$$f = \frac{C_B}{C} = \alpha_1 + \frac{[OH^-] - [H^+]}{C} \tag{38}$$

Durch die Zugabe von V ml Base zu V_0 ml der Lösung der Konzentration C_0 (Anfangskonzentration) muss C in obiger Gleichung ersetzt werden durch:

$$C = C_0 V_0 / (V + V_0) \tag{39}$$

Für die Titration einer C-molaren Lösung einer konjugierten Base, z.B. KA, mit einer starken Säure, z.B. HCl der Konzentration C_A, ergibt sich die Titrationskurve ebenfalls aus der Elektroneutralitätsbedingung oder der Protonenbalance:

$$[K^+] + [H^+] = [A^-] + [OH^-] + [Cl^-] \tag{40}$$

$$C + [H^+] = [A^-] + [OH^-] + C_A \tag{41}$$

$$C_A = [HA] + [H^+] - [OH^-] \tag{42}$$

$$C_A = C\alpha_0 + [H^+] - [OH^-] \tag{43}$$

wobei $\alpha_0 = [HA] / C = [H^+] / (K + [H^+])$.

Die Äquivalenz-Fraktion der zugegebenen starken Säure, $g = C_A/C$, ergibt sich als:

$$g = \frac{C_A}{C} = \alpha_0 + \frac{[H^+] - [OH^-]}{C} \tag{44}$$

Die Kombination von (38) mit (44) ergibt $g = 1 - f$.

Die Gleichungen (37) und (43) können verallgemeinert werden zu:

$$C_B - C_A = C\alpha_1 + [OH^-] - [H^+] \tag{45}$$

oder:

$$C_A - C_B = C\alpha_0 + [H^+] - [OH^-]$$

Multiprotonige Säuren und Basen
Die gleichen Prinzipien gelten auch:

$$C_B = C(\alpha_1 + 2\alpha_2) + [OH^-] - [H^+] \qquad (46)$$

$$f = \frac{C_B}{C} = \alpha_1 + 2\alpha_2 + \frac{[OH^-] - [H^+]}{C} \qquad (47)$$

wobei die α-Werte definiert sind als $\alpha_0 = [H_2A]/C$;

$\alpha_1 = [HA^-]/C$ und $\alpha_2 = [A^{2-}]/C$

Ebenfalls gilt:

$$g = 2 - f = \frac{C_A}{C} = 2\alpha_0 + \alpha_1 + \frac{[H^+] - [OH^-]}{C} \qquad (48)$$

Die Pufferintensität ist definiert als:

$$\beta = \frac{dC_B}{dpH} = -\frac{dC_A}{dpH} \qquad (49)$$

wobei d C_B und d C_A die Anzahl mole pro Liter von zugegebener starker Säure oder Base sind, die notwendig sind, um eine pH-Veränderung von d pH hervorzurufen. Dementsprechend ist die Pufferintensität gegeben durch die jeweilige reziproke Neigung der Titrationskurve (pH vs. C_B) (vgl. Kapitel 3.9).

2.8 Säure- und Basen-Neutralisierungskapazität

Operationell können wir eine *Basen-Neutralisierungskapazität* (auf Englisch: BNC = Base Neutralizing Capacity) definieren; sie entspricht der Äquivalentsumme aller in der Lösung vorhandenen Säuren, die bis zu einem Äquivalenzpunkt titriert werden. Ähnlich wird die *Säuren-Neutralisierungskapazität* – man spricht bei natürlichen Gewässern von Säurebindungsvermögen oder Alkalinität (oder auf Englisch: ANC = Acid Neutralizing Capacity) – durch Titration mit einer starken Säure bis zu einem ausgewählten Äquivalenzpunkt bestimmt.

Die Basen- und Säuren-Neutralisierungskapazität kann konzeptuell rigoros durch eine Protonensumme, TOTH definiert werden bezüglich eines Referenzzustandes. Der Protonen-Referenzzustand entspricht demjenigen an einem der Äquivalenzpunkte. Die BNC misst die Konzentration aller Spezies, welche Protonen in Überschuss zum Referenzzustand besitzen, minus die Konzentration der Spezies, die weniger Protonen als der Referenzzustand aufweisen. Beispielsweise gilt für das HA-A-System der Abbildung 2.5a, b, c für den Referenzzustand (H_2O, A^- entsprechend Punkt y):

$$BNC = [HA] + [H^+] - [OH^-] \tag{50}$$

oder für die Säuren-Neutralisierungskapazität (ANC) bezüglich des Referenzzustandes (HA, H_2O):

$$ANC = [A^-] + [OH^-] - [H^+] \tag{51}$$

Oder, bei einem Karbonatsystem mit den Spezies $H_2CO_3^*$, HCO_3^- und CO_3^{2-}, gilt für das Referenzsystem ($H_2CO_3^*$, H_2O):

$$ANC = \text{Alkalinität} = [HCO_3^-] + 2\,[CO_3^{2-}] + [OH^-] - [H^+] \tag{52}$$

Wir wollen im Kapitel 3 zu diesen Definitionen zurückkehren.

ANC (Alkalinität) und BNC (Acidität) sind in allen wässrigen Lösungen wertvolle Kapazitätsfaktoren, die meist experimentell leicht messbar (acidimetrische und alkalimetrische Titrationen) sind. Es sind Parameter, die im Unterschied der Aktivitäten von Einzelspezies unabhängig von der ionalen Stärke der Lösung und temperatur- und druckunabhängig sind.

2.9 pH- und Aktivitätskonventionen

In der Theorie der idealen Lösungen wird vorausgesetzt, dass keine Wechselwirkungen zwischen den einzelnen gelösten Spezies auftreten. Elektrolytlösungen entsprechen meistens nicht diesem idealen Verhalten. Verschiedene Wechselwirkungen treten zwischen gelösten Spezies auf, nämlich elektrostatische Effekte (Anziehung von Ionen bei ungleicher Ladung und Abtossung bei gleicher Ladung), kovalente Bindung, London-Van-der-Waals-Wechselwirkungen, und bei hohen Konzentrationen Volumenexklusionseffekte. Diese nicht-idealen Effekte (in verdünnten Elektrolytlösungen vor allem elektrostatische Wechselwirkungen) werden mit Hilfe von Aktivitätskoeffizienten berücksichtigt.

Die chemische Aktivität einer gelösten Spezies A, {A}, steht in folgender Beziehung zur Konzentration [A]:

$$\mu_A = k_A + RT \ln \{A\} = k_A + RT \ln [A] + RT \ln f_A \qquad (53)$$

wobei μ_A das chemische Potential der gelösten Spezies A, und k_A eine Konstante darstellt, welche der verwendeten Konzentrationsskala (mol Liter^{-1} oder mol Kilogramm^{-1}) entspricht; wenn {A} = 1, ist $\mu_A = k_A$.

Jede Aktivität kann als Produkt einer Konzentration und eines Aktivitätskoeffizienten geschrieben werden. Zwei Aktivitätskonventionen sind besonders nützlich:

1. *Die Aktivitätsskala für unendliche Verdünnung*
   Diese Konvention beruht darauf, dass der Aktivitätskoeffizient $f_A = \{A\} / [A]$ eins wird bei unendlicher Verdünnung:

$$f_A \rightarrow 1 \text{ wenn } (C_A + \sum_i C_i) \rightarrow 0 \qquad (54)$$

   wobei C die Konzentration in molaren oder molalen Einheiten ist.

2. *Die Aktivitätsskala für ein konstantes Ionen-Medium*
   Diese Konvention kann angewendet werden für Lösungen, die eine überwältigende ("swamping") Konzentration inerter Elektrolyte enthalten, um ein Medium konstanter Zusammensetzung

aufrechtzuerhalten. Der Aktivitätskoeffizient $f'_A = \{A\}/[A]$ wird Eins, falls die Lösung die Zusammensetzung des konstanten Ionenmediums erreicht:

$$f'_A \to 1, \quad \text{wenn } C_A \to 0 \text{ und } \Sigma_i\, C_i = \text{konstant} \tag{55}$$

Wenn die Konzentration der Elektrolyte im Ionenmedium etwa 10 Mal grösser ist, als die der Spezies A, dann weicht der Aktivitätskoeffizient f'_A nicht wesentlich von 1 ab. Wie Gleichung (53) zeigt, verändert sich bei der Konvention des konstanten Ionenmediums lediglich k_A.:

$$\mu_A = k'_A + RT \ln [A] \tag{56}$$

Beide Aktivitätsskalen sind thermodynamisch gleichwertig.

pH-Skalen ph:Skalen
Folgende Definitionen werden verwendet:

i) Skala unendlicher Verdünnung:

$$p^aH = -\log \{H^+\} = -\log [H^+] \; -\log f_{H^+} \tag{57a}$$

ii) Konstantes ionales Medium:

$$p^cH = -\log [H^+] \tag{57b}$$

iii) Eine operationelle Definition. Der gemessene pH wird mit einem Standard (ursprünglich National Bureau of Standards, NBS, USA) verglichen. Dieses Verfahren wird von der International Union of Pure and Applied Chemistry (IUPAC) empfohlen. Dieser pH entspricht eher dem p^aH (57a); die $\{H^+\}$ kann aber nicht rigoros gemessen werden, wegen des Flüssigkontaktpotentials (liquid junction) und weil ohne nicht-thermodynamische Annahmen die Aktivität eines Einzelions nicht gemessen werden kann. p^cH wird in bezug auf die Konzentration einer verdünnten starken Säure (H^+-Konzentration) in Gegenwart eines Inertelektrolyten geeicht; p^cH wird am pH-Meter gleich $-\log [H^+]$ gesetzt; z.B. pH = 3.00 für eine 1.00×10^{-3} M-Lösung von $HClO_4$ in Gegenwart eines Inert-Elektrolyten.

Tabelle 2.5 Aktivitätskoeffizient individueller Ionen

Annäherung	Gleichung *		Anwendbarkeit (Ionenstärke) [M]
Debye-Hückel (vereinfacht)	$\log f = -AZ^2\sqrt{I}$	(1)	$< 10^{-2.3}$
Debye-Hückel	$= -AZ^2 \dfrac{\sqrt{I}}{1 + Ba\sqrt{I}}$	(2)	$< 10^{-1}$
Güntelberg	$= -AZ^2 \dfrac{\sqrt{I}}{1 + \sqrt{I}}$	(3)	$< 10^{-1}$ nützlich in Lösungen mehrerer Elektrolyten
Davies	$= -AZ^2 \left(\dfrac{\sqrt{I}}{1 + \sqrt{I}} - 0.2I \right)$	(4)**	< 0.5

* I (Ionenstärke) $= \frac{1}{2}\Sigma C_i Z_i^2$;
$A = 1.82 \times 10^6 (\varepsilon T)^{-3/2}$, (wobei ε = dielektrische Konstante);
$A \approx 0.5$ für Wasser 25° C;
Z = Ladung des Ions;
$B = 50.3 (\varepsilon T)^{-1/2}$;
$B \approx 0.33$ in Wasser bei 25° C;
a = ajustierbarer Parameter (Ångström Einheit) abhängig von der Grösse des Ions (siehe Tabelle 2.6).

** Davies hat später 0.3 (anstelle von 0.2) als Korrekturfaktor verwendet.

Die Konzentration der Säure kann mit Hilfe einer alkalimetrischen Titration genau bestimmt werden.

Aktivitätskoeffizienten

Die verschiedenen Gleichungen zur Abschätzung individueller Aktivitätskoeffizienten sind in Tabelle 2.5 zusammengefasst.

Tabelle 2.6 Parameter a und Aktivitätskoeffizient individueller Ionen

Ionendurchmesser Parameter, a, Ångströms = 10^{-8} cm*	Ion	Aktivitätskoeffizient berechnet mit Gleichung (2) der Tabelle 2.7 für				
		$I = 10^{-4}$	10^{-3}	10^{-2}	0.05	10^{-1}
9	H^+	0.99	0.97	0.91	0.86	0.83
	$Al^{3+}, Fe^{3+}, La^{3+}, Ce^{3+}$	0.90	0.74	0.44	0.24	0.18
8	Mg^{2+}, Be^{2+}	0.96	0.87	0.69	0.52	0.45
6	$Ca^{2+}, Zn^{2+}, Cu^{2+}, Sn^{2+}, Mn^{2+}, Fe^{2+}$	0.96	0.87	0.68	0.48	0.40
5	$Ba^{2+}, Sr^{2+}, Pb^{2+}, CO_3^{2-}$	0.96	0.87	0.67	0.46	0.39
4	$Na^+, HCO_3^-, H_2PO_4^-, CH_3COO^-$	0.99	0.96	0.90	0.81	0.77
	SO_4^{2-}, HPO_4^{2-}	0.96	0.87	0.66	0.44	0.36
	PO_4^{3-}	0.90	0.72	0.40	0.16	0.10
3	$K^+, Ag^+, NH_4^+, OH^-, Cl^-, ClO_4^-, NO_3^-, I^-, HS^-$	0.99	0.96	0.90	0.80	0.76

* Nach J. Kielland, J.Am. Chem. Soc., *59*, 1675 (1937)

Aciditätskonstanten, Gleichgewichtskonstanten

Drei Konventionen sind in Gebrauch:

1. Basierend auf der Skala der unendlichen Verdünnung:

$$K = \frac{\{H^+\}\{B\}}{\{HB\}} \qquad (57)$$

In dieser und der nachfolgenden Gleichung werden die Ladungen weggelassen; B kann eine Base irgendeiner Ladung sein.

2. Basierend auf der Skala des konstanten ionalen Mediums:

$$^cK = \frac{[H^+][B]}{[HB]} \qquad (58)$$

3. Eine "gemischte" Konstante. Diese Skala

$$K' = \frac{\{H^+\} [B]}{[HB]} \qquad (59)$$

ist nützlich, wenn der pH entsprechend der IUPAC-Konvention (pH ≈ p^{a}H) gemessen wird, während die andern Spezies in Konzentration angegeben werden.

Tabellarische Kompilationen geben häufig die Konstanten im Sinne der Gleichung (57) (extrapoliert zu I = 0) oder im Sinne von Gleichung (59) wieder. Für die Gleichgewichtsrechnungen ist es häufig praktisch, wenn in der Rechnung Konzentrationen verwendet werden; dann werden die zu benützenden K-Werte auf die gegebene ionale Stärke umgerechnet. Zum Beispiel kann K' (im Sinne von Gleichung (59)) aus K (Gleichung (57)) für eine bestimmte ionale Stärke berechnet werden. Mit Hilfe der Güntelberg Aktivitätskorrektur (Gleichung (3), Tabelle 2.4):

$$pK' = pK + \frac{0.5 (Z_{HB}^2 - Z_B^2) \sqrt{I}}{1 + \sqrt{I}} \qquad (60)$$

z.B. ergibt sich für die erste Acidätskonstante der Phosphorsäure H_3PO_4, bei einer ionalen Stärke von 0.03, eine Korrektur von −0.07 logarithmischen Einheiten:

$$pK_1' = pK_1 - 0.07.$$

2.10 Saure atmosphärische Niederschläge

Die Atmosphäre ist ein effizientes Förderband für den Transport von Schadstoffen – insbesondere von sauren Komponenten – welche die aquatischen und terrestrischen Ökosysteme beeinträchtigen können.

Die Entstehung des sauren Regens ist schematisch in Abbildung 2.6 wiedergegeben. Einige Wechselwirkungen mit der terrestrischen und aquatischen Umwelt sind in der Abbildung illustriert.

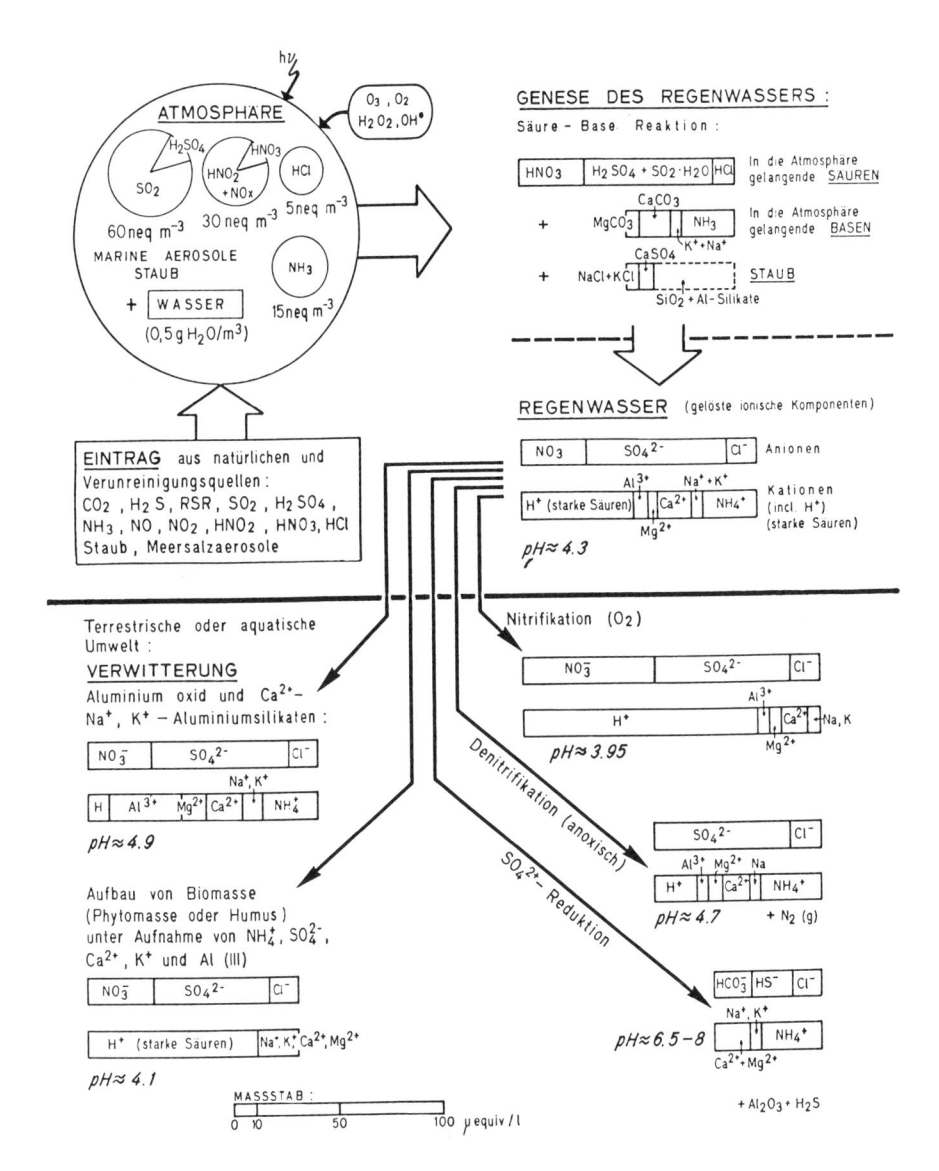

Abbildung 2.6
Durch die Oxidation von S und N, hauptsächlich aus fossilen Brennstoffen, entstehen in der Atmosphäre (Gasphase, Aerosole, Wassertröpfchen der Wolken und des Nebels) neben CO_2, S- und N-Oxide, welche nach teilweiser Oxidation zu einer Säure-Base-Wechselwirkung führen. Das Ausmass der Aufnahme der verschiedenen gasförmigen Aerosolkomponenten im atmosphärischen Wasser hängt von vielen Faktoren ab (für unsere Darstellung haben wir eine Ausbeute von 50 % für SO_4^{2-} und NO_3^-, von 80 % für NH_3 und 100 % für HCl angenommen). Die Entstehung des sauren Regenwassers ist oben rechts als Säure-Base-Titration dargestellt. Verschiedene Wechselwirkungen, insbesondere Veränderungen in der Acidität des Regenwassers mit der terrestrischen und aquatischen Umwelt sind im unteren Teil der Abbildung wiedergegeben.

Die in die Luft eingetragenen Schadstoffe, insbesondere die bei der Verbrennung fossiler Brennstoffe entstehenden Schwefeldioxide und Stickoxide, werden im unteren Teil der Atmosphäre durch verschiedene Prozesse (hauptsächlich Oxidations- und pho-tochemische Prozesse) umgewandelt. Dabei entstehen, z.T. weit weg von den Emissionsquellen, Schwefelsäure und Salpetersäure. Photochemisch werden, insbesondere beeinflusst durch Stickoxide und Kohlenwasserstoffe (Autoabgase), Ozon, andere Photooxidantien (z.B. organische Peroxide) und Aerosole (Smog-Partikel) gebildet.

Die Zusammensetzung des Regenwassers (oder auch des Nebels) wird hauptsächlich durch die Konzentration der starken Säuren HNO_3, H_2SO_4, HCl und der basischen Komponenten Ammoniak und Carbonate bestimmt. Das natürliche Gleichgewicht mit CO_2 in der Luft und die Anwesenheit kleinerer Konzentrationen anderer Säuren (z.B. organische Säuren) tragen ebenfalls zur Säure-Base-Balance bei. Die Zusammensetzung des Regenwassers und der resultierende pH-Wert können anhand eines einfachen Beispiels gezeigt werden:

Beispiel 2.7:
pH:im Regenwasser
Die Zusammensetzung eines Regenwassers wird durch die Auflösung folgender Komponenten bestimmt:

$2 \cdot 10^{-5}$ M HNO_3
$3 \cdot 10^{-5}$ M H_2SO_4
$1 \cdot 10^{-5}$ M HCl
$2 \cdot 10^{-5}$ M NH_3

Regenwasser:pH
Welches ist der resultierende pH? (In erster Näherung werden hier die Carbonatspezies vernachlässigt.)

Dieses Beispiel entspricht einer Kombination von Beispiel 2.2 (starker Säure) und Beispiel 2.6 (NH_3).

Die Elektroneutralität ist in dieser Lösung gegeben durch:

$$[H^+] + [NH_4^+] = [NO_3^-] + 2[SO_4^{2-}] + [Cl^-] + [OH^-]$$

Da HNO_3, H_2SO_4 und HCl alle sehr starke Säuren sind, wird die Summe

$$[NO_3^-] + 2[SO_4^{2-}] + [Cl^-] = \Sigma An^-$$

dargestellt (Abbildung 2.7).

Der pH ergibt sich aus der Elektroneutralitätsbedingung: pH = 4.19. Ohne NH_4^+ wäre der pH = 4.05.

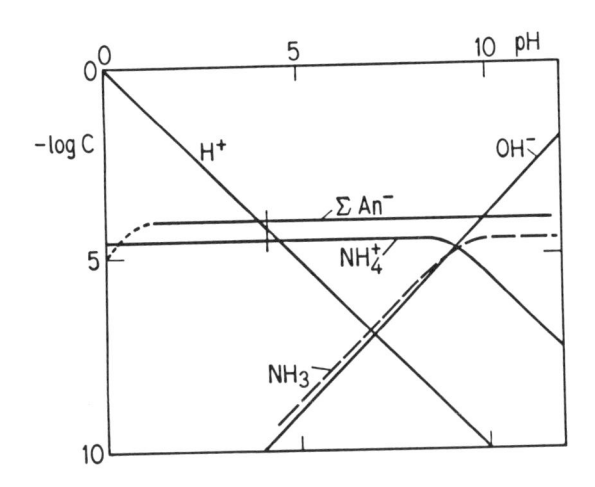

Abbildung 2.7
Beispiel für Zusammensetzung und pH eines Regenwassers
Die Elektroneutralität $[H^+] + [NH_4^+] = \Sigma An^-$ definiert die Zusammensetzung (vertikaler Strich).

Ähnlich wie in diesem Beispiel wird in vielen Fällen der pH des Regenwassers (oder des Nebels) durch das Ausmass der Neutralisierung der starken Säuren durch Ammoniak bestimmt (Abbildung 2.8). In den meisten Fällen besteht der überwiegende Anteil der Kationen im Regenwasser aus Protonen und Ammoniumionen; nicht dargestellt sind die übrigen Kationen (Ca^{2+}, Mg^{2+}, Na^+, K^+ etc.), welche die Ionenbalance ergänzen würden.

Nebel
Bei der Bildung des Nebels kondensieren aus wassergesättigter Luft Wassertröpfchen an vorhandenen Aerosolteilchen; dabei können sich Aerosolkomponenten in den Nebeltröpfchen lösen. Die Nebeltröpfchen (ca. 10 – 50 µm Durchmesser) sind viel kleiner als

Regentropfen, und der Flüssigkeitsgehalt des Nebels beträgt grössenordnungsmässig ca. 0.1 g/m³, so dass im Nebel grössere Konzentrationen zu erwarten sind als im Regen. Im Gegensatz zu Regenwolken, die oft über Hunderte von Kilometern transportiert wer-

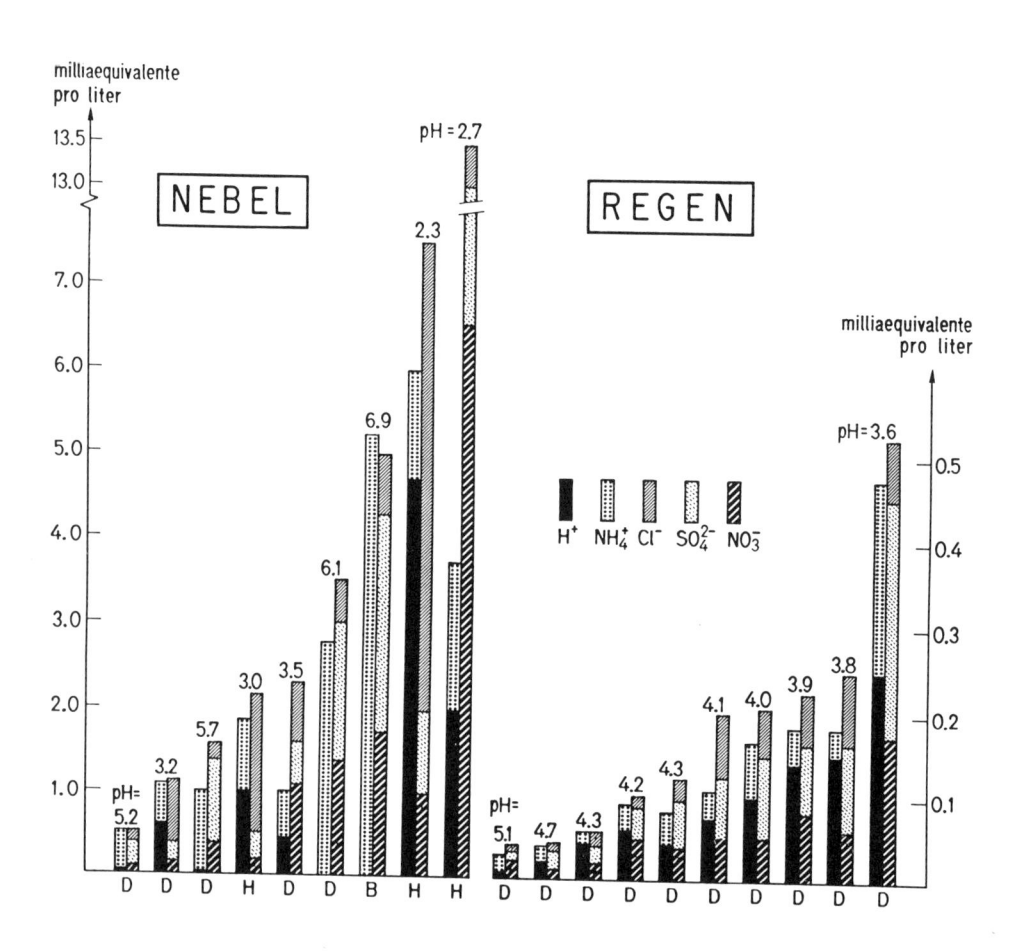

Abbildung 2.8
Vergleich einiger Regen- und Nebelanalysen (1984) bei Zürich
Die Regenanalysen stammen aus Dübendorf. Die Nebelproben wurden in Dübendorf oder in der weiteren Umgebung von Zürich erhoben:
D = Dübendorf,
H = Hochnebel,
B = Bodennebel.
Man beachte die Unterschiede für Nebel und Regen im Ordinatenmassstab. Bei Regen beträgt die Äquivalentsumme der Ionen 0,05–0,5 Milliäquivalente pro Liter, beim Nebel wird die Konzentration der Schadstoffe um ein bis zwei Grössenordnungen grösser.

den und dabei aus weiten Gebieten Gase und Aerosole aufnehmen können, wiederspiegelt die Nebelzusammensetzung eher die lokalen Verhältnisse, da der Nebel meist in tieferen Luftschichten gebildet wird. Die Konzentrationen im Nebel sind 10 – 100 Mal grösser als im Regenwasser (Abbildung 2.8). Das Ausmass der Neutralisierung der starken Säuren hängt auch hier wesentlich von der Ammoniakkonzentration ab.

Saure atmosphärische Depositionen und Auswirkungen der Luftschadstoffe auf terrestrische und aquatische Ökosysteme
Verschiedene Prozesse tragen zur Deposition saurer Komponenten aus der Atmosphäre bei:
- Die *nasse Deposition* erfolgt durch Regen- und Schneefall; dadurch werden gelöste Gase und suspendierte Aerosole an die Vegetationsoberflächen gebracht.
- Nebel- und Wolkentröpfchen, die meistens viel höhere Konzentrationen von Schadstoffen als Regenwasser enthalten, werden durch Nadeln und Blätter eingefangen. Durch teilweise nachträgliche Verdunstung können die Schadstoffe noch aufkonzentriert werden. Die Einträge von Schadstoffen auf die Vegetation durch diese Vorgänge können je nach Standort wesentlich sein.
- *Trockendeposition* erfolgt durch die direkte Absorption von Gasen (SO_2, HNO_3, HCl, NH_3, flüchtige organische Verbindungen etc.) und durch die Impaktion und Interzeption von Aerosolen. Es wurde geschätzt, dass bei Wäldern etwa die Hälfte der Depositionen von SO_4^{2-}, NO_3^-, H^+ als Trockendeposition erfolgt. Die Messung der Trockendeposition ist aber mit grossen Schwierigkeiten verbunden, weil das Ausmass der Deposition sehr stark von den Eigenschaften der Rezeptoroberfläche (Vegetationsoberfläche, Wasser, Kunststoffoberfläche etc.) abhängt.
- Die sauren Depositionen können vor allem in kalkarmen Böden den Boden versauern und die Auswaschung der Basenkationen (Ca^{2+}, K^+) bewirken. Das bei tiefem pH freiwerdende Aluminium kann die Baumwurzeln beschädigen.
- Atmosphärische Depositionen bringen grössere Mengen von Schadstoffen, insbesondere Schwermetalle und organische Verunreinigungen, in die Gewässer.

Übungsaufgaben

1) Ein Regenwasser enthält folgende Verunreinigungen:
   NO_3^-: 2 mg/ℓ (als Nitrat); Cl^-: 0.7 mg/ℓ
   SO_4^{2-}: 3.1 mg/ℓ (als Sulfat); Ca^{2+}: 0.65 mg/ℓ
   Mg^{2+}: 0.1 mg/ℓ; NH_4^+: 0.6 mg/ℓ (als NH_4^+)
   Na^+: 0.1 mg/ℓ; K^+: 0.05 mg/ℓ
   Der gemessene pH beträgt 4.3 ([H^+] = 5×10^{-5} M).

   a) *Erstelle eine Kationen-Anionen Balance des Regenwassers (Kationen vs Anionen als Mikroäquivalente/ℓ [Mikromole Ladungseinheiten/ℓ]).*

   b) *Berechne die Konzentrationen von Säuren und Basen, die in der Atmosphäre die Zusammensetzung des Regenwassers verursacht haben.*

   c) *Bis jetzt ist nicht berücksichtigt worden, dass das Regenwasser auch 4.4 mg/ℓ CO_2 (als CO_2) enthält. Hat dieses CO_2 einen Einfluss auf die Ionenbalance?*

2) Ein Liter Regenwasser enthält 10^{-5} mol HCl, 5×10^{-6} mol H_2SO_4 und 10^{-5} mol HNO_3, und zusätzlich 10 μmol (1 μmol = 10^{-6} mol) einer flüchtigen organischen Säure, die eine Aciditätskonstante $K_a = 10^{-6}$ aufweist.

   a) *Berechne zuerst den pH-Wert, den das Regenwasser haben würde, wenn es nur diese starken Säuren enthielte.*

   b) *Schätze ab, inwiefern die Gegenwart der organischen Säure den pH des Regenwassers beeinflusst. Wie könnte man eine genaue Rechnung machen?*

   c) *Wie könnte man die starken (anorganischen) und die schwachen Säuren analytisch unterscheiden?*

3) In Fisch-Toxizitätsuntersuchungen hat man bestimmt, dass 0.1 mg NH_3/ℓ (als N) innert einer Stunde zu einer Fischvergiftung führt.
   Welches ist der maximal mögliche pH-Wert, den ein Gewässer

aufweisen darf, das 2 mg/ℓ Ammonium-Stickstoff ($N_T = [NH_4^+ +$ $[NH_3]$) enthält, ohne eine Fischvergiftung hervorzurufen?

4) *Ordne die folgenden reinen Lösungen mit steigendem pH (Konstanten in Tabelle 2.3):*
    10^{-6} M HCl
    10^{-4} M NH_4Cl
    10^{-3} M H_3BO_3
    H_2O
    10^{-4} M NH_3
    10^{-5} M NaCl
    10^{-4} M NaCN

5) *Konstruiere ein doppelt-logarithmisches Diagramm, um die Gleichgewichtsbeziehungen einer $10^{-3.7}$ M Lösung von Natriumhydrogenphthalat (Beispiel 2.4) darzustellen.*

6) Die dreiprotonige Phosphorsäure (H_3PO_4) hat pK_a-Werte 2.1, 7.2 und 12.3.
   Wie kann man vorgehen, um daraus Pufferlösungen für pH 2.5 und 7.0 herzustellen?

7) *Skizziere die Titrationskurve folgender Systeme qualitativ:*
   – *alkalimetrische Titration von NH_4^+ (K = 10^{-9})*
   – *acidimetrische Titration von OCl^- ($K_B = 10^{-6.4}$)*
   – *alkalimetrische Titration von H_2S ($K_1 = 10^{-7}$, $K_2 = 10^{-13}$)*

8) *Welches ist die Gleichgewichtszusammensetzung einer 10^{-5} M NH_4Cl-Lösung?*

9) *Welches ist die Zusammensetzung einer 10^{-4} M wässrigen Lösung von Natriumhydrogensulfid, NaHS, (25° C)? Konstruiere ein Gleichgewichtsdiagramm für dieses System. (Konstanten in Tabelle 2.3.)*

10) Unterchlorige Säure hat eine Acidätskonstante von 3×10^{-8}. Da HOCl im Gegensatz zu OCl^- die Bakterien effizient abtötet, ist die Desinfektion bei verschiedenen pH-Werten verschieden effizient.

   a) *Skizziere wie die Desinfektionswirkung einer Chlorlösung vom pH abhängt.* Chlor wird als Cl_2 dem Wasser zugegeben und disproportioniert zu unterchloriger Säure und Cl^--Ionen.

$$Cl_2 + H_2O = HOCl + H^+ + Cl^-$$

b) *Skizziere qualitativ wie ein Titrationskurve von reiner unterchloriger Säure mit einer starken Base aussehen würde.*

11) Ein Regenwasser enthält ca. 30 µM HNO_3, 50 µM H_2SO_4 und 50 µM NH_4^+. *Skizziere die Titrationskurve mit NaOH (CO_2) wird vor der Titration ausgeblasen). In welchem pH-Bereich ist dieses Wasser bei der Titration mit Base gepuffert?*

12) *Wie verändert sich der pH einer 10^{-4} M NH_4Cl Lösung, wenn 10^{-2} mol pro Liter Na_2SO_4 als inerter Elektrolyt zugegeben wird?* (Die Güntelberg-Annäherung kann für die Korrektur der Aktivitäten verwendet werden.)

Kapitel 3

Carbonat-Gleichgewichte

3.1 Einleitung

Kohlendioxid stand in Abbildung 1.10 im Zentrum der geochemischen Kreisläufe. Obschon es in der Atmosphäre ein sehr kleines Reservoir darstellt (Tabelle 1.5), spielt es, wie wir gesehen haben, eine zentrale Rolle in der Biosphäre und in vielen geochemischen Prozessen, welche Gesteine auflösen und Mineralien bilden. Bei der Photosynthese wird CO_2 aus der Atmosphäre aufgenommen und in Biomasse umgewandelt. Respiration durch aquatische und terrestrische Organismen führt zur Rückführung des CO_2. In der Hydrosphäre wird ein wesentlicher Teil des Kohlenstoffs als $CaCO_3$ transportiert. Das $CaCO_3$ wird in den Seen und Meeren ausgefällt. Die Verbrennung von Kohlenstoff aus dem Kohlenstoffreservoir der Sedimente führt zur Erhöhung des CO_2-Gehaltes der Atmosphäre (Kapitel 1.6).

Wir werden uns in diesem Kapitel systematisch mit dem aquatischen Carbonatsystem auseinandersetzen, wobei vorerst die Behandlung von Gleichgewichten im Vordergrund steht und wir an die Säure-Base-Gleichgewichte – H_2CO_3 als wichtigste Säure und HCO_3^- und CO_3^{2-} als wichtigste Basen – in natürlichen Gewässern anknüpfen können. Wie wir sehen werden, ist es besonders wichtig, Überlegungen über die acidimetrischen und alkalimetrischen Titrationskurven natürlicher Gewässer anzustellen und das Säurebindungsvermögen (Alkalinität) und die Basenneutralisierungskapazität (Acidität) als quantitative Parameter zu definieren.

Auch in diesem Kapitel gehen wir davon aus, dass sich die Gleichgewichte relativ schnell einstellen. Wir werden später (Kapitel 5) auf die Geschwindigkeit der Reaktion $CO_2 \cdot aq \rightleftarrows H_2CO_3^*$ eingehen und Überlegungen über den Gastransfer Wasser-Atmosphäre anstellen. Ebenfalls werden wir uns dann über die Geschwindigkeit der Bildung und Auflösung von $CaCO_3$ äussern.

Die Kohlensäure ist eine flüchtige Säure, und es ist wichtig zu unterscheiden zwischen sogenannten *offenen Systemen* (Systemen, die den Austausch von Materie mit der Umwelt zulassen, z.B. Wasser im Kontakt und Gleichgewicht mit der Gasphase) und dem *geschlossenen System* (das keinen Austausch von Materie mit der Umwelt zulässt, z.B. $H_2CO_3^*$ wird als nicht flüchtig betrachtet).

Bei den nachfolgend aufgeführten Betrachtungen geht es zuerst darum, einfache chemische Modelle in mathematisch lösbare Probleme umzuwandeln. Gleichgewichtskonstanten für das Carbonatsystem sind in Tabelle 3.1 zusammengestellt.

Tabelle 3.1 Gleichgewichtskonstanten für Karbonat-Gleichgewichte und $CaCO_3$-Auflösung

		\-log K					
		5°C	10°C	15°C	20°C	25°C	40°C
$CaCO_3(s)$	$= Ca^{2+} + CO_3^{2-}$	8.35	8.36	8.37	8.39	8.42	8.53
$CaCO_3(s) + H^+$	$= HCO_3^- + Ca^{2+}$	−2.22	−2.13	−2.06	−1.99	−1.99	−1.69
$H_2CO_3^*$	$= H^+ + HCO_3^-$	6.52	6.46	6.42	6.38	6.35	6.30
$CO_2(g) + H_2O$	$= H_2CO_3^*$	1.20	1.27	1.34	1.41	1.47	1.64
HCO_3^-	$= H^+ + CO_3^{2-}$	10.56	10.49	10.43	10.38	10.33	10.22

3.2 *Das offene System* – Wasser im Gleichgewicht mit dem CO_2 der Gasphase

1. "Pristines Regenwasser"

Wir setzen Wasser zuerst ins Gleichgewicht mit dem CO_2 der Atmosphäre und fragen uns: Wie ist die Zusammensetzung eines Wassers im Gleichgewicht mit dem CO_2 der Atmosphäre (3×10^{-2} Vol-%)?

Folgende Spezies stehen im Gleichgewicht: H^+, HCO_3^-, CO_3^{2-}, $H_2CO_3^*$, OH^-. Um die Konzentration dieser 5 Spezies auszurechnen, müssen folgende 5 Gleichungen gelöst werden:

$$[H_2CO_3^*] = K_H p_{CO_2} \qquad K_H = 3 \times 10^{-2} \text{ atm}^{-1} \text{ M} \qquad (1)$$

$$[H^+][HCO_3^-]/[H_2CO_3^*] = K_1; \quad K_1 = 5 \times 10^{-7} \qquad (2)$$

$$[H^+][CO_3^{2-}]/[HCO_3^-] = K_2 \quad K_2 = 5 \times 10^{-11} \qquad (3)$$

$$[H^+][OH^-] = K_W; \qquad K_W = 10^{-14} \qquad (4)$$

plus die Ladungsbalance (Protonenbalance)

$$[H^+] = [HCO_3^-] + 2[CO_3^{2-}] + [OH^-] \qquad (5)$$

(die Gleichgewichtskonstanten gelten für 25° C; sie sind nicht aktivitätskorrigiert.)

Anmerkung: $[H_2CO_3^*]$ ist die analytische Summe von $[CO_2 \cdot aq]$ und der "wahren" Kohlensäure $[H_2CO_3]$:

$$[H_2CO_3^*] = [CO_2 \cdot aq] + [H_2CO_3] \text{ (vgl. Kapitel 2.4).}$$

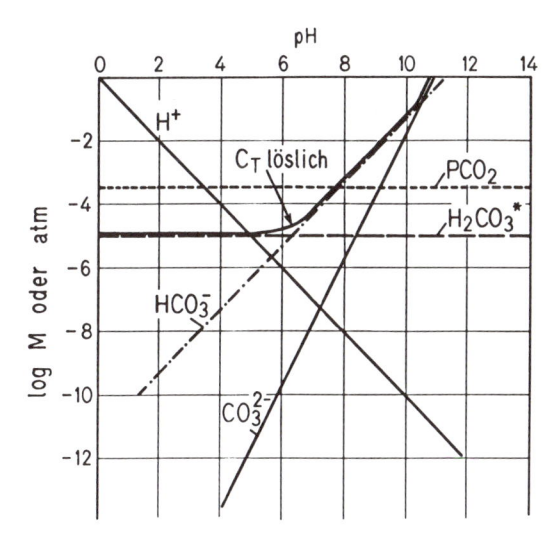

Abbildung 3.1
Carbonatspezies im Gleichgewicht mit dem CO_2 der Atmosphäre
Falls keine Säure oder Base zugegeben wird, ist das System, z.B. ein pristines Regenwasser, durch die Elektroneutralitätsbedingung oder die Protonenbalance $[H^+] \cong [HCO_3^-]$ (vgl. Gleichung (15)) definiert. Ausgezogene dicke Linie $C_T = [H_2CO_3^*] + [HCO_3^-] + [CO_3^{2-}]$.

In Abbildung 3.1 sind die Gleichungen (1 – 4) doppelt-logarithmisch aufgetragen; sie zeigen wie die Zusammensetzung eines Wassers vom pH (bei konstantem Partialdruck vom $CO_2 = 3 \times 10^{-4}$ atm) abhängt. Die Beziehung (5), die Ladungsbalance oder Protonenbalance, gibt die Zusammensetzung des Wassers, falls keine andere Säure oder Base zugegeben wurde.

Das Resultat kann aus dem Diagramm abgelesen werden oder wird durch die simultane Lösung der Gleichungen (1 – 5) erhalten:

pH $= 5.7$
$[H_2CO_3^*] = 10^{-5}$ M
$[HCO_3^-] = 2 \times 10^{-6}$ M
$[CO_3^{2-}] = 6 \times 10^{-11}$ M

Konstruktion der Abbildung 3.1
Logarithmieren der Gleichung (1) ergibt:

$$\log [H_2CO_3^*] = \log K_H + \log p_{CO_2} \qquad (6)$$

$$= -1.5 + (-3.5) = -5.0$$

Diese Linie kann als "horizontale" Linie eingezeichnet werden. Die Konstanz des $[H_2CO_3^*]$ bedeutet, dass *bei Gleichgewicht* mit der Atmosphäre, die Kohlensäurekonzentration unabhängig vom pH ist. Die HCO_3^--Konzentration ergibt sich aus Gleichung (2) (und in Kombination mit Gleichung (1)):

$$[HCO_3^-] = (K_1/[H^+]) [H_2CO_3^*] \qquad (7a)$$

$$\log [HCO_3^-] = \log K_1 + pH + \log [H_2CO_3^*] \qquad (7b)$$

$$= 6.3 + pH - 5.0 \qquad (7c)$$

Aus Gleichung (7) folgt, dass $d \log [HCO_3^-] / d\, pH = +1$ und dass $\log [HCO_3^-] = \log [H_2CO_3^*]$ wenn $pH = -\log K_1 = pK_1$ ist. Das heisst, dass die Linie für $\log [HCO_3^-]$ im doppelt logarithmischen Diagramm (mit gleichen Abszissen- und Ordinatenskalen) vs pH eine Steigung von +1 hat und die Linie für $\log [H_2CO_3^*]$ bei $pH = pK_1$ schneidet. Ähnlich ergibt sich für $[CO_3^{2-}]$ aus Gleichung (3) (in Kombination mit (1) und (2)).

$$\log [CO_3^{2-}] = \log (K_2 / [H^+]) + \log [HCO_3^-] \qquad (8)$$

und in Kombination mit (7b):

$$\log [CO_3^{2-}] = \log (K_2 K_1 / [H^+]^2) + \log [H_2CO_3^*] \qquad (9)$$

$$= \log K_2 + \log K_1 + 2\, pH + \log [H_2CO_3^*]$$

$$= -10.3 - 6.3 + 2\, pH - 5.0$$

d.h. die Linie für $\log [CO_3^{2-}]$ vs pH ist gegeben durch eine Gerade mit Neigung +2 und einem Schnittpunkt mit der $\log [H_2CO_3^*]$-Linie wenn $2\, pH = pK_1 + pK_2$ oder pH = 8.3 ist.

Mit Gleichung (5) definieren wir auch die Linien für $\log [H^+]$ und $\log [OH^-]$. Die Linien im doppelt-logarithmischen Diagramm (entsprechend Gleichungen (1 – 4)) entsprechen jedem natürlichen Wasser im Gleichgewicht mit dem CO_2 der Atmosphäre. Falls keine Säure oder Base dem System zugefügt sind (z.B. "pristines" Regenwasser) gelten die Bedingungen der Ladungsneutralität. Bei Zugabe von Säure (z.B. HNO_3 oder H_2SO_4 aus atmosphärischen Verunreinigungen oder von Base z.B. NH_3) ergeben sich die Verhältnisse bei andern pH-Werten.

Tableau

Die Beziehungen des offenen CO_2-Gleichgewichtssystems können auch übersichtlich mit Hilfe eines Tableaus dargestellt werden, wobei H^+ und $CO_2(g)$ als Komponenten gewählt werden.

Tableau 3.1 Offenes CO_2–System

Kompontenten:		H^+	$CO_2(g)$	log K (25° C)
Spezies:	H^+	1		
	OH^-	−1		−14.0
	$H_2CO_3^*$		1	− 1.5
	HCO_3^-	−1	1	−7.8
	CO_3^{2-}	−2	1	−18.1
	$CO_2(g)$		1	
Konzentrationsbedingung:			1	$p_{CO_2} = 10^{-3.5}$ atm

Mol-Balance:

$$TOTH = [H^+] - [OH^-] - [HCO_3^-] - 2[CO_3^{2-}] = 0 \quad (i)$$

Da p_{CO_2}, der Partialdruck von CO_2, konstant ist, ist die totale Carbonatkonzentration TOT CO_2 vorerst unbekannt.

Gleichgewichte:

$$[OH^-] = 10^{-14} [H^+]^{-1} \quad (ii)$$

$$[H_2CO_3^*] = 10^{-1.5}\, p_{CO_2} \quad (iii)$$

$$[HCO_3^-] = 10^{-7.8} [H^+]^{-1} p_{CO_2} \quad (iv)*$$

$$[CO_3^{2-}] = 10^{-18.1} [H^+]^{-2} p_{CO_2} \quad (v)**$$

* Gleichung (iv) ergibt sich aus der Summierung der Gleichgewichte:

$$HCO_3^- + H^+ = H_2CO_3^*; \quad K_1^{-1} = 10^{6.3} \quad (iv\ a)$$

$$H_2CO_3^* = CO_2(g) + H_2O; \quad K_H^{-1} = 10^{1.5} \quad (iv\ b)$$

$$HCO_3^- + H^+ = CO_2(g) + H_2O; \quad (K_1 \cdot K_H)^{-1} = 10^{7.8} \quad (iv)$$

** Gleichung (v) ergibt aus der Summierung der Gleichgewichte:

$HCO_3^- + H^+ = H_2CO_3^*;$ $\quad K_1^{-1} = 10^{6.3}$ (iv a)

$H_2CO_3^* = CO_2(g) + H_2O;$ $\quad K_H^{-1} = 10^{1.5}$ (iv b)

$CO_3^{2-} + H^+ = HCO_3^-;$ $\quad K_2^{-1} = 10^{10.3}$ (v b)

$CO_3^{2-} + 2H^+ = CO_2(g) + H_2O;$ $\quad (K_1 K_H K_2)^{-1} = 10^{18.1}$ (v)

2. Wasser im Gleichgewicht mit der Atmosphäre – "Regenwasser" plus Säure und Base

Die Beziehungen in Abbildung 3.1 gelten natürlich auch wenn Säure oder Base zugegeben wird. Dann gilt allerdings eine andere Ladungsbalance (Protonenbalance), aber für jeden pH kann die Zusammensetzung abgelesen werden; das Tableau muss ergänzt werden durch eine Komponente für die Base (z.B. Na^+ für NaOH oder Cl^- für HCl). Die Elektroneutralitätsbedingung entsprechend der Mol-Protonenbalance lautet dann:

$$\text{TOTH} = [H^+] - [OH^-] - [HCO_3^-] - 2[CO_3^{2-}]$$
$$= -[Na^+] + [Cl^-] \quad (10)$$

$$\text{TOTH} = [H^+] - [OH^-] - [HCO_3^-] - 2[CO_3^{2-}]$$
$$= -C_B + C_A \quad (11)$$

wenn C_B äquivalent der Konzentration eines "Basen"-Kations und C_A äquivalent der Konzentration eines "Säure"-Anions (Anion einer starken Säure) ist. Die Gleichungen (10) und (11) definieren die Basenneutralisierungskapazität (BNC) (vgl. Kapitel 2.8 und 3.5). Entsprechend gilt hier die Säureneutralisierungskapazität (ANC):

$$[\text{Alkalinität}] = [\text{ANC}] = -\text{TOTH} = C_B - C_A =$$
$$[HCO_3^-] + 2[CO_3^{2-}] + [OH^-] - [H^+] \quad (12)$$

Jedes natürliche Wasser im Gleichgewicht mit dem CO_2 der Atmosphäre kann im Sinne der Abbildung 3.1 verstanden werden als ein Wasser, das mit dem CO_2 im Gleichgewicht steht und das sowohl mit Basen (den Basen der Gesteine) und mit Säuren (HCl, HNO$_3$, H$_2$SO$_4$) reagiert hat.

Beispiel 3.1:
Welches ist die Abhängigkeit von [H$_2$CO$_3^*$], [HCO$_3^-$] und [CO$_3^{2-}$] vom pH in einem Meerwasser im Gleichgewicht mit der Atmosphäre (20° C)? Die Gleichungen (1 – 5) können verwendet werden. Wir brauchen hingegen aktivitätskorrigierte Konstanten. Für Meerwasser (35‰ Salinität) und für 20° C gelten:

$$\frac{[H_2CO_3^*]}{p_{CO_2}} = 10^{-1.47} = {}^cK_H \quad (13)$$

$$\frac{\{H^+\}[HCO_3^-{}_T]}{[H_2CO_3^*]} = 10^{-6.03} = K_1' \quad (14)$$

$$\frac{\{H^+\}[CO_3^{2-}]}{[HCO_3^-{}_T]} = 10^{-9.18} = K_2' \quad (15)$$

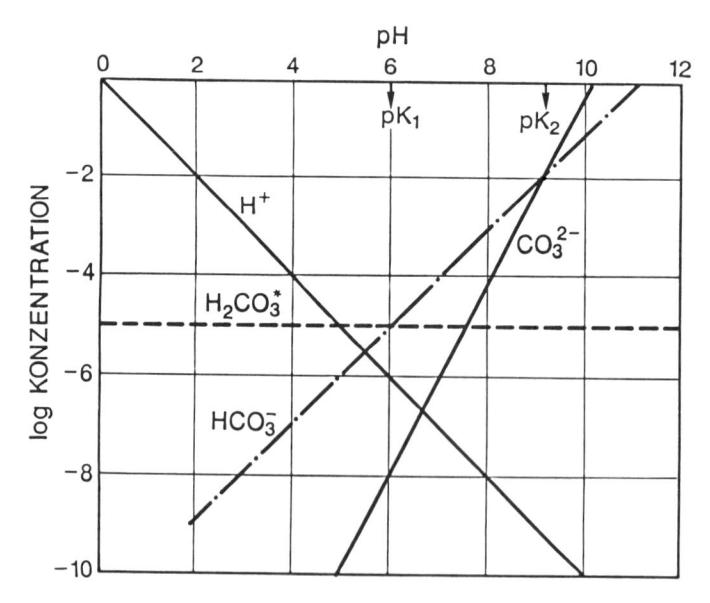

Abbildung 3.2
Die Gleichgewichtsverteilung der Carbonat-Spezies im Meerwasser (20°C) im Gleichgewicht mit der Atmosphäre ($p_{CO_2} = 10^{-3.5}$ atm)
Ein Vergleich mit Abbildung 3.1 illustriert den Einfluss der Meerwasserionen (35 ‰ Salinität entspricht ungefähr 35 g Salz pro kg Meerwasser) auf die Gleichgewichtsverteilung.

Die Konstanten, die hier zitiert sind, berücksichtigen dass bei den hohen Salzkonzentrationen im Meerwasser Komplexbildungen von HCO_3^- und CO_3^{2-} mit Ionen des Mediums, z.B. $MgCO_3$, $NaCO_3^-$, stattfinden können. Dementsprechend sind die mit einem Suffix T versehenen Konzentrationen (in Gleichung (14) und (15)) definiert als:

$$[CO_3^{2-}]_T = [CO_3^{2-}] + [MgCO_3] + [CaCO_3] + [NaCO_3^-] \tag{16}$$

Die Gleichgewichtsbeziehungen sind in Abbildung 3.2 aufgezeichnet.

3.3 Die Auflösung von $CaCO_3$ (Calcit) im offenen System

Mehr als 80 % der gelösten Bestandteile eines typischen Sees in kalkhaltiger Umgebung lassen sich durch die Carbonat-Gleichgewichte und die Auflösung des Kalks ($CaCO_3$, Calcit) erklären:

$$CaCO_3 + CO_2(g) + H_2O \rightleftarrows Ca^{2+} + 2\,HCO_3^- \tag{17}$$

Wir stellen uns folgendes Problem: Wie löslich ist Calcit im Gleichgewicht mit der Atmosphäre (CO_2-Gehalt von 3×10^{-2} %) und welches ist die Zusammensetzung des Wassers?

Lösungsweg:
Folgende Spezies stehen im Gleichgewicht: Ca^{2+}, H^+, HCO_3^-, CO_3^{2-}, OH^-, $H_2CO_3^*$ und $CO_2(g)$. Um die Konzentration der 6 Spezies in Lösung auszurechnen, müssen wir zusätzlich zu den vier Gleichungen (1 – 4) das Löslichkeitsprodukt von $CaCO_3$ und die Ladungsbalance berücksichtigen:

$$[Ca^{2+}][CO_3^{2-}] = K_{s0}; \quad K_{s0} = 5 \times 10^{-9} \; (25°C) \tag{18}$$

Ladungsbalance (oder Protonenbalance):

$$[H^+] + 2[Ca^{2+}] = [HCO_3^-] + 2[CO_3^{2-}] + [OH^-] \tag{19}$$

Das Resultat ablesbar aus Abbildung 3.3 (oder berechnet via Computer, der simultan die Gleichungen (1 – 4) und (18, 19) löst), lautet:

pH   = 8.3
$[H_2CO_3^*]$ = 10^{-5} M
$[HCO_3^-]$ = 1.0×10^{-3} M
$[Ca^{2+}]$ = 5×10^{-4} M
$[CO_3^{2-}]$ = 1.6×10^{-5} M

Abbildung 3.3 besteht aus der Superponierung der Abbildung 3.1 mit den Linien der Gleichungen (18) und (19). Die Linie für log $[Ca^{2+}]$ muss die Linie log $[CO_3^{2-}]$ schneiden bei $[Ca^{2+}]$ = $[CO_3^{2-}]$ = $(K_{s0})^{1/2}$. Da das Produkt von $[Ca^{2+}]$ und von $[CO_3^{2-}]$ konstant sein muss, ergibt sich für die Linie von log $[Ca^{2+}]$ eine Gerade mit der Neigung d log $[Ca^{2+}]$ / d pH = −2.

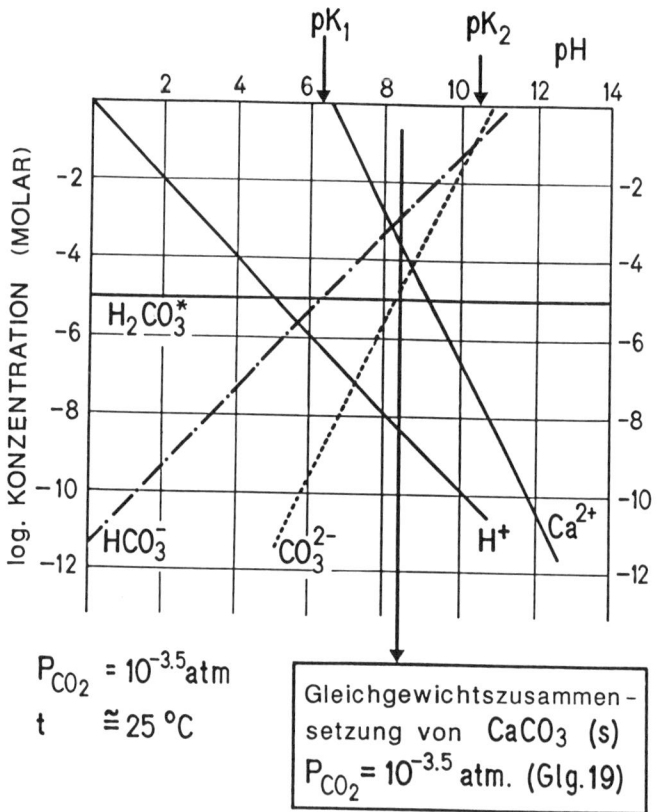

Abbildung 3.3
Die pH-Abhängigkeit der Konzentration der Carbonatspezies in einem offenen Gleichgewichtssystem CO_2 (g) (P_{CO_2} = $10^{-3.5}$ atm), H_2O (ℓ) und $CaCO_3$(s) (Calcit) Falls keine Säure oder Base zugegeben wird, ist die Gleichgewichtszusammensetzung entlang dem eingezeichneten Pfeil.

Die 6 Geraden ergeben die Gleichgewichts-Zusammensetzung von jedem Wasser, das mit der Atmosphäre und festem Calcit ($CaCO_3$) in Kontakt ist; die Veränderung des pH wird durch Zugabe von Säure oder Base hervorgerufen. Die Ladungsbalance der Gleichung (19) entspricht der Zusammensetzung eines Gleichgewichtssystems, das nur aus CO_2 (Gas), H_2O, und $CaCO_3$ besteht. Die Ladungsbalance ist vereinfacht: $2\,[Ca^{2+}] \cong [HCO_3^-]$ oder $\log [Ca^{2+}] = \log [HCO_3^-] - 0.3$. Abbildung 3.3 illustriert die starke pH-Abhängigkeit des löslichen Ca^{2+}.

Tableau 3.2 Offenes CO_2–System mit $CaCO_3(s)$

Komponenten:		H^+	$CO_2(g)$	$CaCO_3$	log K
Spezies:	H^+	1			
	OH^-	−1			−14.0
	$H_2CO_3^*$		1		−1.5
	HCO_3^-	−1	1		−7.8
	CO_3^{2-}	−2	1		−18.1
	Ca^{2+}	2	−1	1	9.8
$CO_2(g)$			1		$p_{CO_2} = 10^{-3.5}$
$CaCO_3$				1	$\{CaCO_3\} = 1$

Die Mol-Balancegleichungen sind:

$$\text{TOTH} = [H^+] - [OH^-] - [HCO_3^-] - 2\,[CO_3^{2-}] + 2\,[Ca^{2+}] = 0 \qquad (20)$$

$$p_{CO_2} = 10^{-3.5} \text{ atm} \qquad (21)$$

Gleichung (20) entspricht auch der Ladungsneutralität. Die in den horizontalen Linien des Tableaus wiedergegebenen Gleichgewichte entsprechen den Gleichungen (1 − 4) und (18) oder Kombinationen davon:

$$[H_2CO_3^*] = K_H \cdot p_{CO_2} = 10^{-1.5}\,p_{CO_2} \qquad (22)$$

$$[HCO_3^-] = K_1 K_H\, p_{CO_2}\,[H^+]^{-1} = 10^{-7.8}\,p_{CO_2}\,[H^+]^{-1} \qquad (23)$$

Gleichung (23) ergibt sich aus der Summierung von:

$$HCO_3^- + H^+ = H_2CO_3^*; \qquad K_1^{-1} \text{ und:}$$

$$H_2CO_3^* = CO_2(g) + H_2O; \qquad K_H^{-1}$$

Die Gleichung für CO_3^{2-} ist (vgl. Gleichung (v) in Tableau 3.1):

$$[CO_3^{2-}] = K_1 K_2 K_H [H^+]^{-2} p_{CO_2} = 10^{-18.1} [H^+]^{-2} p_{CO_2} \qquad (24)$$

Die Gleichung für Ca^{2+} ergibt sich aus der Summierung folgender Gleichungen:

$$\begin{array}{lll}
CaCO_3(s) & = Ca^{2+} + CO_3^{2-}; K_{s0} & = 10^{-8.3} \\
CO_3^{2-} + 2 H^+ & = CO_2(g) + H_2O; (K_1 K_2 K_H)^{-1} & = 10^{18.1} \\
\hline
CaCO_3(s) + 2 H^+ & = CO_2(g) + H_2O + Ca^{2+} & K = 10^{9.8}
\end{array}$$

$$\frac{[Ca^{2+}] p_{CO_2}}{[H^+]^2} = 10^{9.8}$$

oder:

$$[Ca^{2+}] = 10^{9.8} [H^+]^2 (p_{CO_2})^{-1} \qquad (25)$$

Die Löslichkeit von $CaCO_3$ wird im Kapitel 7 ausführlicher behandelt.

Anwendung auf natürliche Systeme

Das hier vorgestellte Gleichgewichtsmodell für die drei Phasen $CO_2(g)$, $H_2O(\ell)$ und $CaCO_3(s)$ (Calcit) ist eines der wichtigsten Modelle zur Illustration der Zusammensetzung natürlicher Gewässer (inkl. Meer).

In Abbildung 3.4 sind die HCO_3^-- und Ca^{2+}-Konzentrationen verschiedener Flüsse der Welt gegeneinander aufgetragen. Die ausgezogenen Linien entsprechen (1) der Elektroneutralität der wichtigsten Spezies in diesen Flüssen:

$$2\,[Ca^{2+}] = [HCO_3^-] \tag{26}$$

und (2) der Löslichkeit des $CaCO_3$ (Calcit):

$$CaCO_3\,(s) + CO_2(g) + H_2O \rightleftarrows Ca^{2+} + 2\,HCO_3^- \tag{27}$$

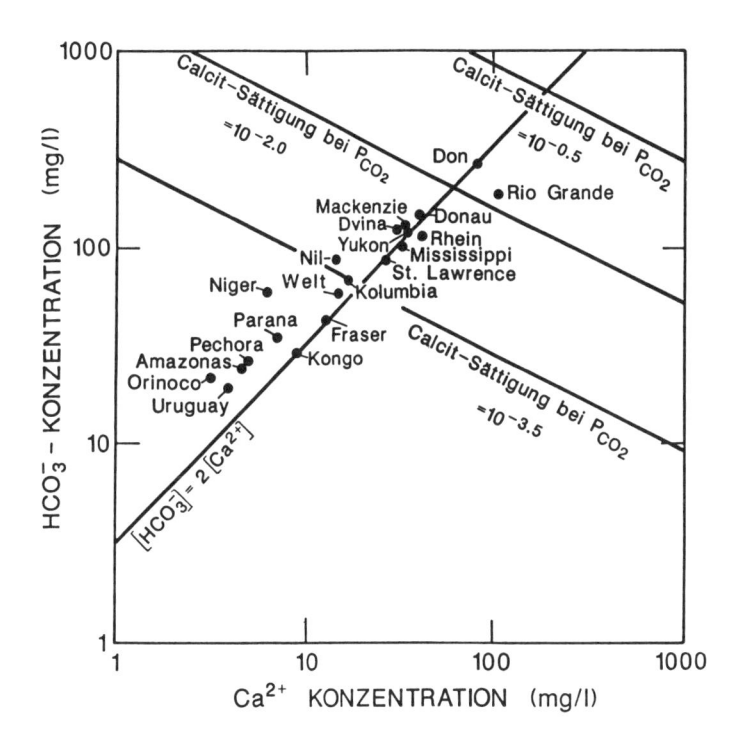

Abbildung 3.4
Die Beziehungen zwischen den Konzentrationen von HCO_3^- und Ca^{2+} für verschiedene Flüsse der Welt. Viele Flüsse sind einerseits durch die Elektroneutralität $2\,[Ca^{2+}] \cong [HCO_3^-]$ und andererseits durch die Sättigung mit $CaCO_3$ (Calcit) charakterisiert; der damit im Gleichgewicht stehende Partialdruck von CO_2 [atm] ist aber häufig höher als der der Atmosphäre.
(Modifiziert nach H..D. Holland, *The Chemistry of the Atmosphere and Oceans*, Wiley-Interscience, New York, 1978)

Die Gleichgewichtsbeziehung (27) ergibt sich aus der Summierung folgender Reaktionen:

$$CaCO_3(s) = Ca^{2+} + CO_3^{2-}; \quad K_{S0} = 10^{-8.3} \ (25°\ C)$$

$$CO_3^{2-} + H^+ = HCO_3^-; \quad K_2^{-1} = 10^{10.3}$$

$$CO_2(g) + H_2O = H_2CO_3^*; \quad K_H = 10^{-1.5}$$

$$H_2CO_3^* = H^+ + HCO_3^-; \quad K_1 = 10^{-6.3}$$

als:

$$[Ca^{2+}][HCO_3^{-2}]^2 / p_{CO_2} = K_{S0} K_H K_1 K_2^{-1} = 10^{-5.8} \qquad (28)$$

In einem log $[HCO_3^-]$ vs. log $[Ca^{2+}]$ ergibt sich für jeden p_{CO_2} eine Gerade mit einer Neigung von d log $[HCO_3^-]$ / d log $[Ca^{2+}]$ = –0.5.

Offensichtlich sind viele salzarme Flüsse gegenüber $CaCO_3$ untersättigt; viele andere Flüsse erreichen aber eine Sättigung bei CO_2-Partialdrucken zwischen $10^{-3.5}$ und 10^{-2} atm. Wegen der organischen Belastung der Flüsse (Respiration organischen Materials zu CO_2) und dem Zutritt von Grundwasser mit höherem p_{CO_2} sind viele Flüsse durch einen höheren p_{CO_2}-Druck als der Atmosphäre charakterisiert.

3.4 Das "geschlossene Carbonatsystem"

Abbildung 3.5 illustriert schematisch die Begriffe "offene" und "geschlossene" Systeme.

In einem geschlossenen Carbonatsystem ist die Gesamtsumme des anorganischen Kohlenstoffs konstant. Wenn sich das geschlossene System auf die wässrige Phase bezieht, bedeutet das, dass das $H_2CO_3^*$ als eine nicht-flüchtige Säure betrachtet wird, und dass gegenüber der Atmosphäre kein CO_2 ausgetauscht wird (Abbildung 3.5b). Es besteht eine konstante Mol-Balance für die Carbonatspezies in Lösung:

$$TOTC = C_T = [H_2CO_3^*] + [HCO_3^-] + [CO_3^{2-}] \tag{29}$$

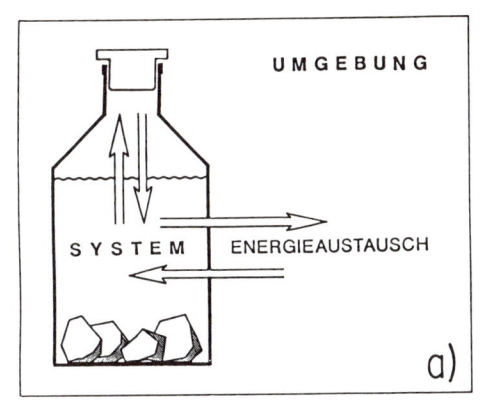

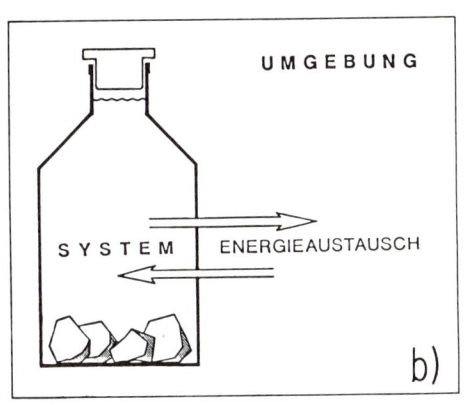

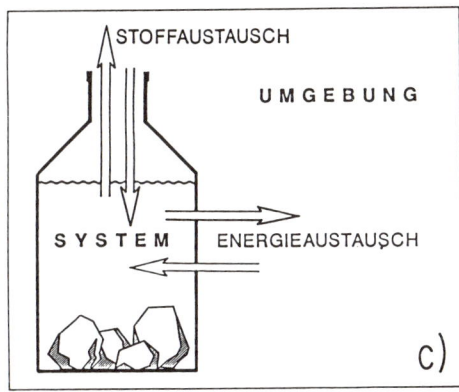

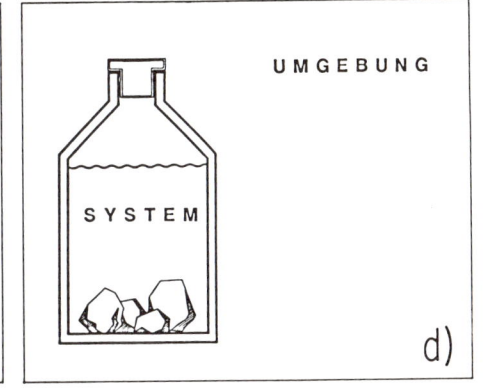

Abbildung 3.5
Zur Definition offener und geschlossener Systeme
a), b) geschlossene Systeme
Innerhalb des geschlossenen Systems kann ein Stoffaustausch, z.B. zwischen Wasser und Gasphase (Beispiel a), stattfinden. Die totale Konzentration innerhalb des Systems bleibt konstant. Häufig wird ein aquatisches System als geschlossen betrachtet, wenn die Wasserphase gegenüber der Gasphase abgeschlossen ist oder als abgeschlossen betrachtet wird, d.h. es findet kein Austausch mit der Gasphase statt (Beispiel b); man behandelt z.B. das $H_2CO_3^*$ oder das NH_3 wie wenn es nicht-flüchtig wäre.
Das offene System ermöglicht den Stoffaustausch mit der Umgebung (Beispiel c). So ist z.B. ein Wasser im Gleichgewicht mit der Atmosphäre charakterisiert durch einen konstanten Partialdruck von CO_2, p_{CO_2}. Ein isoliertes System (Beispiel d) besitzt weder Stoff- noch Energieaustausch mit der Umwelt. Eine Thermosflasche symbolisiert ein solches System.

"Geschlossene" und "offene" Systeme sind Modelle, mit denen die realen Systeme verglichen werden müssen. Ein Fluss im Austausch mit der Atmosphäre wird eher als offenes System modelliert, während ein Grundwasser oder ein Wasser in einem Leitungsnetz in erster Annäherung behandelt werden kann, wie wenn es geschlossen wäre. Ebenso wird ein Wasser, das wir im Labor titrieren, häufig während der kurzen Zeit wenig CO_2 mit der Umgebung austauschen und dementsprechend eher als geschlossenes System modelliert.

Fünf Spezies, $H_2CO_3^*$, HCO_3^-, CO_3^{2-} und H^+ und OH^- stehen miteinander im Gleichgewicht. Es braucht fünf Gleichungen um das System zu definieren. Wir behalten die Konvention, $H_2CO_3^*$ als analytische Summe von $CO_2 \cdot aq$ und wahrer Kohlensäure H_2CO_3 zu betrachten.

Konstruktion eines doppelt-logarithmischen Gleichgewichts-Diagramm für ein 10^{-3} M-Carbonatsystem

Spezies: $H_2CO_3^*$, HCO_3^-, CO_3^{2-}, H^+, OH^-.

Gleichgewichtskonstanten:

$$\frac{[H^+][HCO_3^-]}{[H_2CO_3^*]} = K_1 = 10^{-6.3} \; (25°\,C,\, I = 0) \tag{30}$$

$$\frac{[H^+][CO_3^{2-}]}{[HCO_3^-]} = K_2 = 10^{-10.3} \tag{31}$$

$$[H^+] \cdot [OH^-] = K_W = 10^{-14.0} \tag{32}$$

Mol-Balance

$$TOTC = C_T = [H_2CO_3^*] + [HCO_3^-] + [CO_3^{2-}] = 10^{-3} \, M \tag{33}$$

Ladungsbalance oder Protonenbalance (Referenz: $H_2CO_3^*$, H_2O) je nachdem wie das System zusammengesetzt ist. Z.B. gilt für die Protonenbalance (entsprechend der Elektroneutralität):

$$-TOTH = [HCO_3^-] + 2[CO_3^{2-}] + [OH^-] - [H^+] = C_B - C_A \tag{34}$$

Wir können Gleichung (34) im Sinne der Gleichgewichtskonstanten (30 – 32) umformen in:

$$C_T = [H_2CO_3^*]\left[1 + \frac{K_1}{[H^+]} + \frac{K_1K_2}{[H^+]^2}\right] = [H_2CO_3^*]\,\alpha_0^{-1} \quad (35)$$

$$C_T = [HCO_3^-]\left[\frac{[H^+]}{K_1} + 1 + \frac{[K_2]}{[H^+]}\right] = [HCO_3^-]\,\alpha_1^{-1} \quad (36)$$

$$C_T = [CO_3^{2-}]\left[\frac{[H^+]^2}{K_1K_2} + \frac{[H^+]}{K_2} + 1\right] = [CO_3^{2-}]\,\alpha_2^{-1} \quad (37)$$

Der Ausdruck in der eckigen Klammer auf der rechten Seite der Gleichungen (35 – 37) wurde jeweils α_0^{-1}, α_1^{-1} und α_2^{-1} gleichgesetzt.

Diese α-Werte (Verteilungskoeffizienten) geben die pH-Abhängigkeit der Karbonatspezies wieder, so dass:

$$[H_2CO_3^*] = C_T\,\alpha_0 \quad (38)$$

$$[HCO_3^-] = C_T\,\alpha_1 \quad (39)$$

$$[CO_3^{2-}] = C_T\,\alpha_2 \quad (40)$$

Die Gleichungen (35 – 37) und (38 – 40) können wiederum in einem doppelt-logarithmischen Graph als lineare Asymptoten in verschiedenen Bereichen des pH aufgetragen werden. Z.B. gelten für die Gleichung (35) innerhalb folgender pH-Bereiche die Beziehungen:

I: $pH < pK_1 < pK_2$; $\log [H_2CO_3^*] = \log C_T$
$d \log [H_2CO_3^*] / d\,pH = 0$ \quad (41)

II: $pK_1 < pH < pK_2$; $\log [H_2CO_3^*] = pK_1 + \log C_T - pH$
$d \log [H_2CO_3^*] / d\,pH = -1$ \quad (42)

III: $pK_1 < pK_2 < pH$; $\log [H_2CO_3^*] = pK_1 + pK_2 + \log C_T - 2\,pH$
$d \log [H_2CO_3^*] / d\,pH = -2$ \quad (43)

Diese linearen Asymptoten können einfach aufgetragen werden; sie wechseln ihre Neigung von 0 zu −1 und von −1 zu −2 bei den Werten pH = pK_1 und pH = pK_2.

Ähnliche Überlegungen gelten für die Darstellung von log $[HCO_3^-]$ vs. pH (Gleichung 36)) und von log $[CO_3^{2-}]$ vs. pH (Gleichung (37))

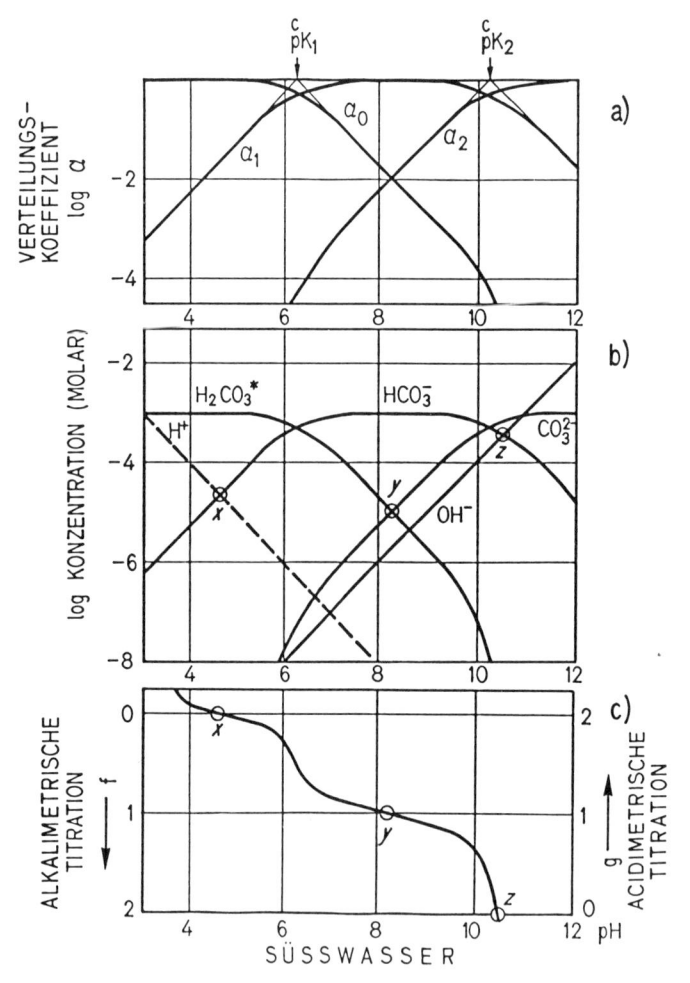

Abbildung 3.6
Verteilung der löslichen Spezies in einer Carbonatlösung
a) log α Verteilungskoeffizient (vgl. Gleichungen (35-37))
b) Gleichgewichtsdiagramm für 10^{-3} molare Carbonatlösung (C_T = $[H_2CO_3^*]$ + $[HCO_3^-]$ + $[CO_3^{2-}]$ = 10^{-3} M).
Die Äquivalenzpunkte einer 10^{-3} M Lösung von $H_2CO_3^*$ (= x), $NaHCO_3$ (= y) und Na_2CO_3 (= z) sind markiert.
c) Alkalimetrische oder acidimetrische Titrationskurve

(vgl. Abbildung 3.6b). Ebenfalls können die α-Werte als Funktion des pH aufgetragen werden (Abbildung 3.6a). Mit Hilfe der α-Werte kann für jedes C_T relativ schnell ein Diagramm gezeichnet werden (Abbildung 3.6b).

Die Sektionen mit den jeweiligen Neigungen +2 oder −2 sind meist nicht wichtig, da sie nur bei kleinen Konzentrationen auftreten. Das Diagramm in Abbildung 3.6b) ist sehr nützlich, weil es die Gleichgewichtsverteilung der Carbonatspezies als Funktion vom pH darstellt. Man kann auch die Elektroneutralitäts- oder Protonenbedingung ablesen, die den Bedingungen einer Kohlensäurelösung (Punkt x, Abbildung 3.6b); Gleichung (34)) einer NaHCO₃-Lösung (Referenz: HCO_3^-, H_2O) (Punkt y in Abbildung 3.6b)

$$[H_2CO_3^*] + [H^+] = [CO_3^{2-}] + [OH^-] \tag{44}$$

und einer Na₂CO₃- oder CaCO₃- Lösung (Punkt z) (Referenz: CO_3^{2-}, H_2O) entspricht:

$$2[H_2CO_3^*] + [HCO_3^-] + [H^+] = OH^- \tag{45}$$

Die Punkte x, y und z (Abbildung 3.6b) entsprechen den Endpunkten bei alkalimetrischen und acidimetrischen Titrationskurven.

Aufgabe 3.3:
Stelle ein Tableau für eine 10^{-4} M NaHCO₃-Lösung auf:

Tableau 3.3 NaHCO₃–Lösung (geschlossenes System)

Komponenten:		H^+	HCO_3^-	Na^+	log K
Spezies:	H^+	1			
	OH^-	−1			−14.0
	Na^+			1	
	$H_2CO_3^*$	1	1		6.3
	HCO_3^-		1		
	CO_3^{2-}	−1	1		−10.2
	NaHCO₃		1	1	$C_{TOT} = 10^{-4}$ M

$$\text{TOTH} = [H^+] - [OH^-] + [H_2CO_3] - [CO_3^{2-}] = 0 \qquad \text{(i)}$$

$$\text{TOTC} = C_T = [H_2CO_3^*] + [HCO_3^-] + [CO_3^{2-}] \qquad \text{(ii)}$$

$$= 10^{-4}\,M = [Na^+] \qquad \text{(iii)}$$

Gleichungen:

$$[OH^-] = 10^{-14}\,[H^+]^{-1} \qquad \text{(iv)}$$
$$[H_2CO_3^*] = 10^{6.3}\,[H^+]\,[HCO_3^-] \qquad \text{(v)}$$
$$[CO_3^{2-}] = 10^{-10.2}\,[H^+]^{-1}\,[HCO_3^-] \qquad \text{(vi)}$$

Meerwasser

Abbildung 3.7 gibt ein Gleichgewichtsdiagramm für Meerwasser, das zusätzlich zu 2.3×10^{-3} M Carbonatspezies 4.1×10^{-4} M Borsäure ($H_3BO_3 + B(OH)_4^-$) enthält. Die angegebenen pK-Werte (10° C) entsprechen dem Meerwasser $pK_1' = 6.1$, $pK_2' = 9.3$, $pK'_{H_3BO_3} = 8.8$.

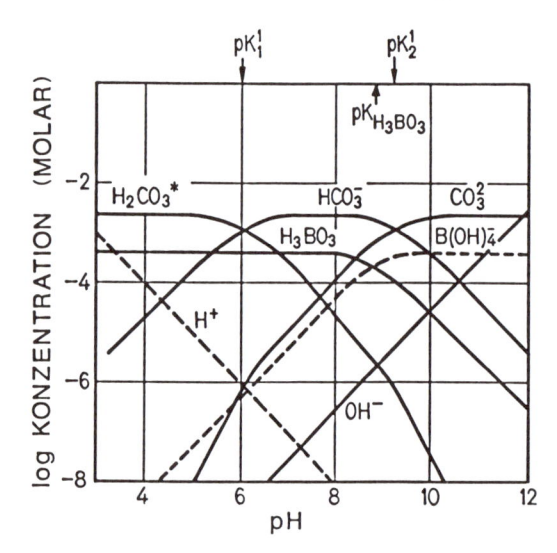

Abbildung 3.7
Gleichgewichtsdiagramm für Carbonat und Borat gültig für Meerwasser (10° C)

3.5 Alkalinität und Acidität

Konservative Parameter

Die acidimetrische oder alkalimetrische Titration eines Wassers zu einem vorgewählten Endpunkt gibt die Säure- oder Basenneutralisierungskapazität (Abbildung 3.8).

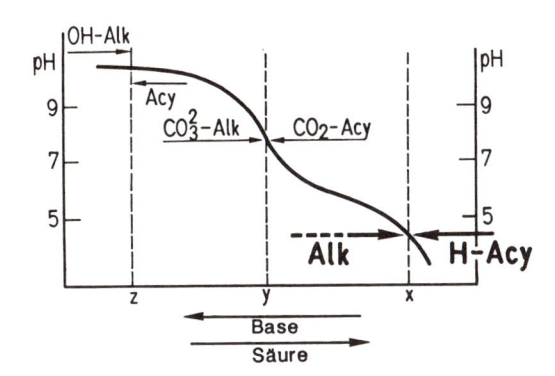

Abbildung 3.8
Die alkalimetrische und acidimetrische Titrationskurve
Je nach Endpunkt spricht man von Alkalinität und H-Acidität (H-Acy), von der CO_2-Acidität oder der CO_3^{2-}-Alkalinität oder der Acidität (Acy), oder der OH-Alkalinität. Die Äquivalenzpunkte x, y und z entsprechen den jeweiligen Protonenbedingungen (Abbildung 3.6) einer Lösung von Kohlensäure (x), von $NaHCO_3$ (y) oder von Na_2CO_3 (z).
Diese Darstellung entspricht derjenigen von Abbildung 3.6c) (um 90° gedreht).

Man spricht in der Wasserchemie von *Alkalinität* [Alk] (Carbonathärte) der Säureneutralisierungskapazität (ANC = Acid Neutralizing Capacity) und *Acidität* (BNC = Base Neutralizing Capacity). Diese konservativen Parameter können konzeptuell durch die Protonenbalance eines Carbonatsystems definiert werden (vgl. Kapitel 2.8):

$$[Alk] = [HCO_3^-] + 2\,[CO_3^{2-}] + [OH^-] - [H^+] \qquad (45)$$

Wenn $H_2CO_3^*$ und H_2O als Referenzzustand gewählt werden, enthält die rechte Seite von Gleichung (45), die äquivalente Konzentration der Spezies, die ein Proton weniger enthalten als die Referenzspezies minus die Konzentration von H^+ (das ein Proton mehr enthält als die Referenzspezies). In Gegenwart anderer Basen kann die Gleichung erweitert werden, z.B. in Gegenwart von Ammoniak und Borat (Referenz: NH_4^+ und $B(OH)_3$).

$$[Alk] = [HCO_3^-] + 2\,[CO_3^{2-}] + [OH^-] + [B(OH)_4^-] + [NH_3] - [H^+] \quad (46)$$

Dementsprechend kann die Acidität [Acy] (Referenzzustand: CO_3^{2-}, H_2O) definiert werden als:

$$[Acy] = 2\,[H_2CO_3^*] + [HCO_3^-] + [H^+] - [OH^-] \qquad (47)$$

Wie in Abbildung 3.7 illustriert, können je nach Referenzzustand auch andere Endpunkte gewählt werden.

Die Gleichungen (45 – 47) entsprechen konzeptionell rigorosen Definitionen. Alkalinität und Acidität sind konservative Parameter, die unabhängig vom Druck, Temperatur und ionaler Stärke sind. Die Alkalinität wird durch Zugabe einer Referenzspezies (CO_2, $H_2CO_3^*$) nicht verändert. Das ist praktisch bei Rechnungen, wo CO_2 durch Gasaustausch oder Photosynthese-Respiration dem Wasser zu- oder weggeführt wird.

Die CO_3^{2-}-Alk (Säure-Neutralisierungskapazität bis zum y-Endpunkt, Abbildung 3.8) darf nicht mit der Carbonatalkalinität (= $[HCO_3^-]) + 2\,[CO_3^{2-}]$), welche die Ozeanographen manchmal brauchen, verwechselt werden.

Alternative Definition der Alkalinität
Bei Berücksichtigung der Ladungsbalance eines typischen Wassers

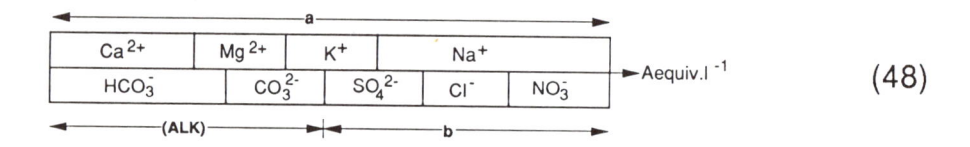

<table>
<tr><td colspan="4">Ca²⁺</td><td>Mg²⁺</td><td>K⁺</td><td colspan="2">Na⁺</td></tr>
<tr><td colspan="2">HCO₃⁻</td><td>CO₃²⁻</td><td>SO₄²⁻</td><td colspan="2">Cl⁻</td><td>NO₃⁻</td></tr>
</table>

$$\underbrace{}_{(ALK)} \quad \underbrace{}_{b} \qquad \text{Aequiv.}\,l^{-1} \qquad (48)$$

sieht man, dass [Alk] auch definiert werden kann als [Alk] = a – b (vgl. Gleichung (48)) oder:

$$\begin{aligned}[\text{Alk}] &= [HCO_3^-] + 2\,[CO_3^{2-}] + [OH^-] - [H^+] \\ &= [Na^+] + [K^+] + 2\,[Ca^{2+}] + 2\,[Mg^{2+}] - [Cl^-] - \\ &\quad 2\,[SO_4^{2-}] - [NO_3^-]\end{aligned} \qquad (49)$$

Wie Gleichung (49) illustriert, vergrössert jede Erhöhung der Konzentration eines "Basen-Kations", C_B, wie $[Na^+]$ oder $[K^+]$ oder $[Ca^{2+}]$ die Alkalinität, während die Zugabe eines "Säure-Anions", C_A, (das Anion einer starken Säure, wie z.B. Cl^-, SO_4^{2-}, NO_3^-) die Alkalinität vermindert.

Wie Abbildung 3.9 illustriert, führt die Aufnahme von mehr Kationen (K^+, Ca^{2+}) als Anionen (NO_3^-, SO_4^{2-}) durch Bäume (und Pflanzen) zu einer Verminderung der Alkalinität des Bodenwassers (oder zur Freisetzung von H^+-Ionen) und einer Erhöhung seiner Acidität. (Die Aufnahme von mehr Kationen als Anionen durch die Bäume und Pflanzen während ihres Wachstums führt zu einer Erhöhung ihrer "Alkalinität". Darum ist die Asche des Holzes alkalisch (Potasche).)

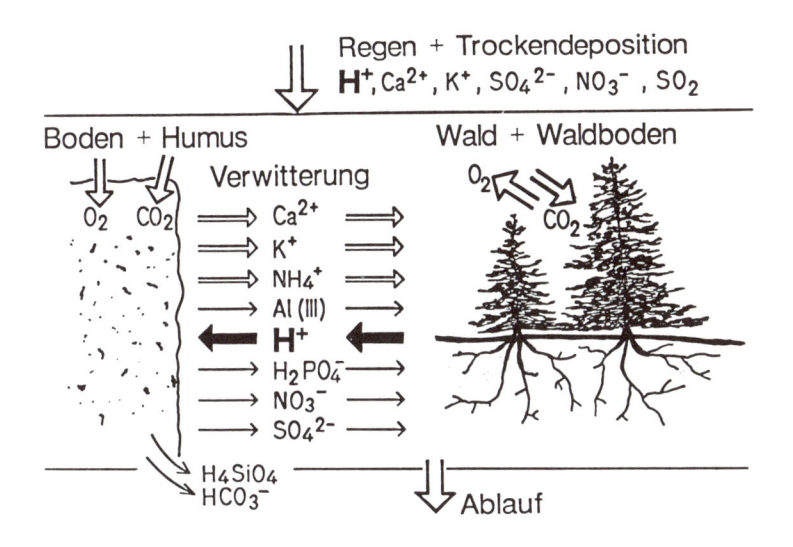

Abbildung 3.9
Freisetzung von H^+-Ionen bei den Wurzeln durch ein wachsendes Waldsystem

Durch die Aufnahme von Nährstoff-Kationen (im Überschuss von Anionen) werden H^+-Ionen freigesetzt. Diese H^+-Ionen beeinflussen die Verwitterung der Gesteine. Ein dynamisches Gleichgewicht zwischen den H^+-Ionen-Produktion und H-Ionen-Verbrauch kann durch saure atmosphärische Depositionen empfindlich gestört werden.

Die Pufferintensität – *(man spricht häufig auch von Pufferkapazität)*
Die Neigung einer Titrationskurve (z.B. pH vs Base) steht in Beziehung wie sensitiv der pH der Lösung auf Zugabe einer Base reagiert:

$$\beta_{pH} = d\,C_B / d\,pH = -d\,C_A / d\,pH \qquad (50)$$

wobei β = die Pufferintensität [Equiv pro pH-Einheit],
C_B und C_A = Konzentration einer starken Base oder Säure

Die Pufferintensität entspricht an jedem Punkt der reziproken Neigung der Titrationskurve (pH vs C_B); für ein Carbonatsystem ist sie bei pH = 8.3 am kleinsten (vgl. Abbildung 3.7). Wir werden im Kapitel 3.10 die Pufferintensität des Carbonatsystems ausführlicher besprechen. Das Prinzip der Pufferintensität kann auch auf andere Parameter als pH ausgedehnt werden, z.B. für Metalle

$$\beta_{pMe} = d\, C_L\, /\, d\, pMe \tag{51}$$

wobei C_L = Konzentration eines Liganden.

3.6 Grundwasser

"Grundwasser ist frei bewegliches Wasser, welches die Hohlräume im Untergrund zusammenhängend ausfüllt". So lautet die Definition gemäss DIN-Norm. Es entsteht durch Versickern von Niederschlagwasser oder durch Infiltration oberirdischer Gewässer. Nach mehr oder weniger langem Fliessweg tritt es wieder zutage als Quelle oder durch Exfiltration und speist oberirdische Gewässer.

Die grössten Grundwasserströme in der Schweiz z.B. befinden sich in den eiszeitlichen Schottern der Flusstäler des Mittellandes. Diese Ströme sind nicht zusammenhängend, sind nur unbedeutenden zeitlichen Wasserstands-, Konzentrations- und Temperaturschwankungen unterworfen und besitzen durch ihre Abschirmung durch den Bodenfilter meist Trinkwasserqualität.

Das Sickerwasser entsteht im allgemeinen durch die Versickerung von Niederschlägen. Als Tropfen oder Wasserfaden versickert es im wasserungesättigten Boden (Bodenwasser) und erreicht nach unterschiedlich langer Aufenthaltszeit den Grundwasserspiegel. In sandigen Verwitterungsgesteinen misst man Sickergeschwindigkeiten in der Grössenordnung von einigen Metern pro Tag, in sandig-lehmigem Material von einigen Metern pro Jahr. Der wasserungesättigte Untergrundbereich umfasst den Boden sowie gegebenenfalls darunterliegende Deckschichten und den wasserungesättigten Teil des Grundwasserleiters bis zur Grundwasseroberfläche. Gemeinsam ist in diesem Bereich das Vorkommen von festen Untergrundmaterialien, Haft- und Kapillarwasser und von Grundluft. Letztere enthält weniger Sauerstoff, dafür mehr Kohlendixod als die Atmosphäre (s. Abbildung 3.10). Der Kohlendioxidgehalt der Grundluft steigt auf das Zehn- bis Hundertfache der Aussenluft an. Zwischen der Grundluft, dem Grundwasser und den im Grundwasserträger enthaltenen Mineralien, insbesondere Calcit, herrscht oft annähernd ein Gleichgewicht.

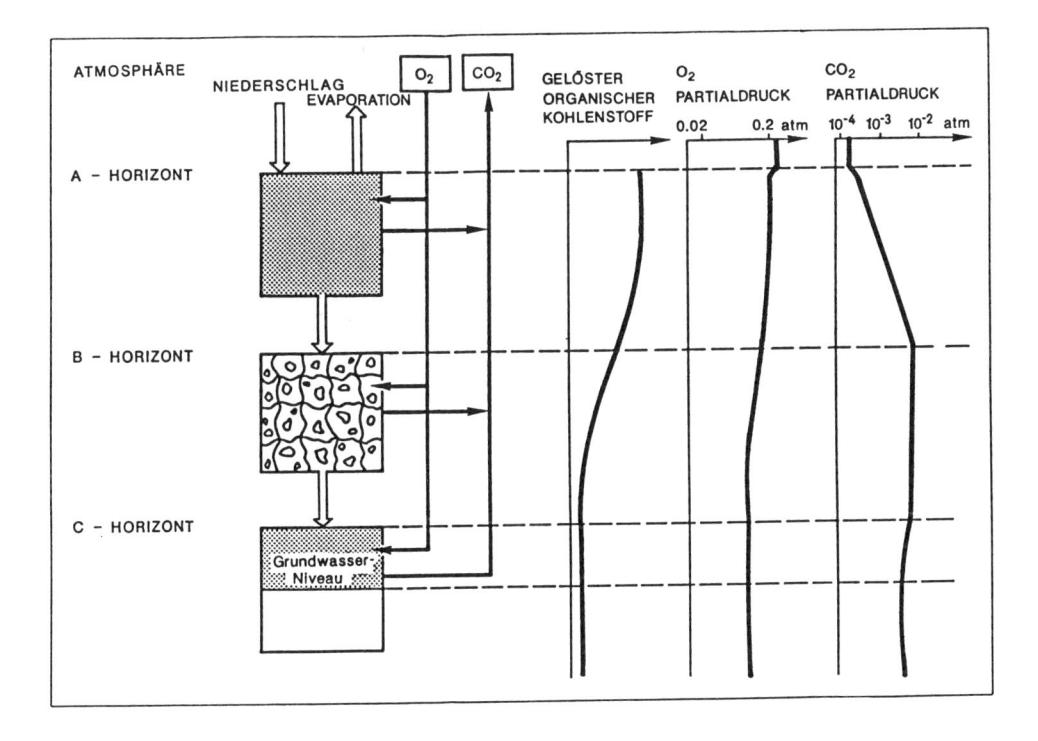

Abbildung 3.10
Konzentrationsverlauf einiger Komponenten bei der Versickerung ins Grundwasser
A-Horizont: Mineralisches und organisches Material. Anreicherung und Ausfällung von Salzen. Intensive Verwitterung. Anreicherung und Infiltration organischen Materials.
B-Horizont: Anreicherung der Produkte aus dem A-Horizont. Mittelstarke Verwitterung. Oxidation von organischem Material. Fällung von Eisen(III) und Mangan(IV).
C-Horizont: Schwache Verwitterung von Muttergestein. Löslichkeitsgleichgewicht.

Die chemische Zusammensetzung des Grundwassers wird durch die beschriebene mikrobielle Mineralisation organischer Wasserinhaltsstoffe bestimmt. Durch den erhöhten Kohlendioxidgehalt werden die chemischen Auflösungsprozesse des Calcites und anderer Gesteine erhöht und beschleunigt; je grösser der Kohlendioxidgehalt, je "agressiver" das Sicker- und Grundwasser, desto mehr Gestein wird aufgelöst, bis sich ein Lösungsgleichgewicht einstellt und desto härter wird das Wasser und desto grösser seine Alkalinität.

Beispiel 3.3:

Welches ist die Zusammensetzung eines mit Calcit im Gleichgewicht stehenden Grundwassers (10° C), wenn durch Respiration organischen Materials ein CO_2-Partialdruck hundert mal grösser als derjenige der Atmosphäre (Stationärzustand) aufrechterhalten wird. Das Beispiel entspricht dem offenen System, das im Kapitel 3.3 diskutiert wurde. Der einzige Unterschied ist der höhere p_{CO_2} und die tiefere Temperatur.

Die ionale Stärke des Grundwassers wird schätzungsweise etwa 0.01 betragen, und dementsprechend können die Gleichgewichtskonstanten korrigiert werden. Die Gleichgewichtskonstanten können aus Tabelle 3.1 entnommen werden. Die korrigierten Gleichgewichtskonstanten sind für $I = 10^{-2}$:

$$p^cK_1 = pK_1' - 0.5\ \sqrt{I}/(1+\sqrt{I}) = 6.46 - 0.05 = 6.41 \text{ und}$$
$$p^cK_2' = pK_2' - 1.5\ \sqrt{I}/(1+\sqrt{I}) = 10.49 - 0.14 = 10.35$$
$$p^cK_{s0} = pK_{s0} - 2\ \sqrt{I}/(1+\sqrt{I}) = 8.15 - 0.18 = 7.97$$

Die Henry-Konstante wird durch die ionale Stärke wenig beeinflusst: $\log K_H = 1.27$.

Ein graphisches Verfahren, ähnlich wie in Abbildung 3.3, liefert folgende Resultate:

$$\begin{aligned}
pH &= 7.02, \\
[HCO_3^-] &= 5.6 \times 10^{-3}\ M, \\
[Ca^{2+}] &= 2.8 \times 10^{-3}\ M, \\
[CO_3^{2-}] &= 2.8 \times 10^{-6}\ M, \\
[Alk] &= 5.6 \times 10^{-3}\ M, \\
I &= 8.4 \times 10^{-3}\ M.
\end{aligned}$$

Eine hundertfache Erhöhung des CO_2-Partialdruckes führt zu einer signifikanten Erhöhung der Härte und der Alkalinität. (Ohne Berücksichtigung von Effekten der ionalen Stärke und der Temperatur würde durch eine Verhundertfachung des CO_2-Partialdruckes eine Erhöhung von $[Ca^{2+}]$ und $[HCO_3^-]$ um das zehnfache erfolgen.)

3.7 Analytische Bestimmung der Alkalinität und der Acidität

Bestimmungen der Alkalinität bzw. der Acidität in einer natürlichen Wasserprobe sollen durch analytische Vorgänge möglichst richtig den theoretisch definierten Wert wiedergeben. Zu diesem Zweck werden Base-Titrationen verwendet, bei denen der Endpunkt auf verschiedene Arten bestimmt werden kann, nämlich durch einen vorgegebenen pH-Wert, durch eine Auswertung der Titrationskurve, durch einen Farbindikator und durch eine Linearisierung der Titrationskurve. Linearisierungsmethoden können sehr genaue Resultate ergeben; diese als Gran-plot bezeichneten Methoden werden im folgenden ausführlich beschrieben.

Bestimmung der Alkalinität
Der theoretische Endpunkt der Alkalinitätstitration ist gegeben durch:

$$[H^+] = [HCO_3^-] + 2[CO_3^{2-}] + [OH^-] \tag{52}$$

Der pH dieses theoretischen Endpunktes hängt von der Konzentration C_T der Carbonatspezies ab (Abbildung 3.11). D.h. die Titration auf einen vorgegebenen pH-Wert ergibt je nach C_T einen Fehler.

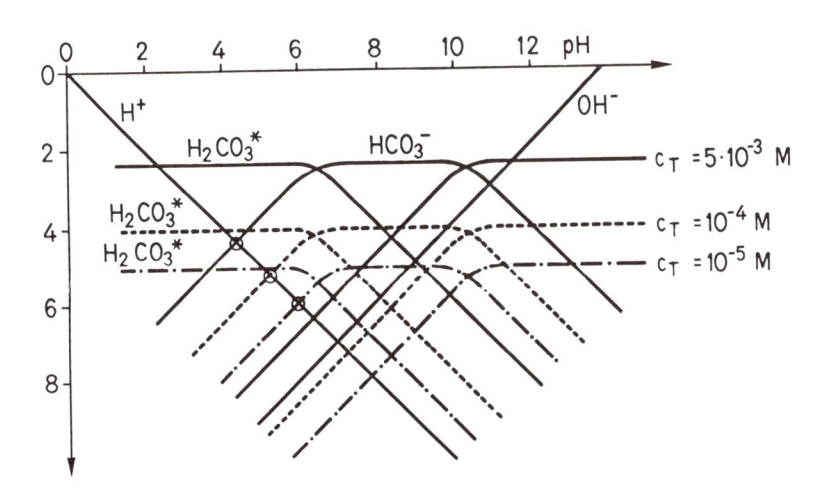

Abbildung 3.11
Abhängigkeit des pH-Wertes beim theoretischen Endpunkt der Alkalinitätstitration von der totalen Carbonatkonzentration C_T (berechnet unter der Voraussetzung C_T = konstant)

Eine Titration auf einen End-pH 4.3 oder 4.5, wie häufig in der Praxis vorgenommen, ist nur für Alk ≈ 1 − 8 × 10⁻³ M richtig.

Besonders für kleine Alk (Alk < 10⁻³ M) kann der Fehler durch Titration auf einen festen Endpunkt bedeutend sein. Man erhält eine genauere Endpunktbestimmung durch eine Linearisierung der Titrationskurve (Gran-plot). Man muss allerdings berücksichtigen, dass jede Linearisierung eine Näherung darstellt, die nur unter bestimmten Bedingungen (pH-Bereich, vernachlässigbare Spezies) gilt.

Bei der Titration mit einer starken Säure (HCl) mit Konzentration C_A gilt für den Äquivalenzpunkt:

$$v_0 \, c_0 = v_2 \times c_a^* \tag{53}$$

mit

c_a^* = Konzentration der zugegebenen Säure [mol/ℓ]
v_0 = Anfangsvolumen [ℓ]
v_2 = Volumen zugegebener Säure beim Äquivalenzpunkt
v = Volumen zugegebener Säure [ℓ]
c_0 = Alkalinität bei Anfang der Titration [mol/ℓ]

Die Punkte nach dem Äquivalenzpunkt der Titration ($v > v_2$) werden zur Berechnung der Alkalinität verwendet.

Für jeden Punkt der Titrationskurve gilt:

$$c_0 + [H^+] = [HCO_3^-] + 2\,[CO_3^{2-}] + [OH^-] + [Cl^-] \tag{54}$$

Unter der Voraussetzung, dass C_T in Lösung während der Titration gleich bleibt, (d.h. kein Austausch mit $CO_{2(g)}$ während der Titration) gilt

$$[HCO_3^-] = \alpha_1 \times C_T$$

$$[CO_3^{2-}] = \alpha_2 \times C_T \tag{55}$$

$$c_0 - c_a^* \times \frac{v}{v_0} = C_T\,(\alpha_1 + 2\,\alpha_2) + [OH^-] - [H^+]$$

C_T = totale Konzentration der Carbonatspezies

Eine Korrektur für die Volumenänderung durch die Säurezugabe muss gemacht werden:

$$\frac{c_o \cdot v_o}{(v_o + v)} - \frac{c_a^* \cdot v}{(v_o + v)} = \frac{C_T \cdot v_o}{(v_o + v)} \cdot (\alpha_1 + 2\alpha_2) + [OH^-] - [H^+] \quad (56)$$

Nach dem Äquivalenzpunkt, d.h. bei $v > v_2$, werden die HCO_3^- und CO_3^{2-}-Konzentrationen vernachlässigbar und es gilt dann: $\Delta C_A \cong \Delta H^+$; aus Gleichung (56) wird

$$\frac{c_a^* \cdot v}{(v_o + v)} - \frac{c_o v_o}{(v_o + v)} = \frac{c_a^* \cdot v}{(v_o + v)} - \frac{c_a^* \cdot v_2}{(v_o + v)} \cong [H^+] \quad (57)$$

Nach Umformung:

$$10^{-pH}(v_o + v) = c_a^* \cdot v - c_a^* \cdot v_2 \quad (58)$$

$F_1 = 10^{-pH}(v_o + v)$ ist eine lineare Funktion des zugegebenen Volumens. Durch Auftragung dieser Funktion gegen v und Extrapolation auf $F_1 = 0$ wird v_2, der Äquivalenzpunkt für die Alkalinität, erhalten (Abbildung 3.12).

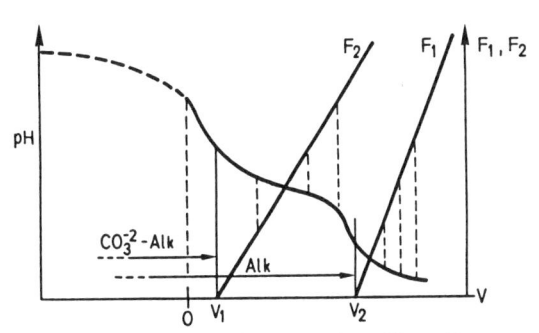

Abbildung 3.12
Titrationskurve des Carbonatsystems und entsprechende Gran-Funktionen
v_1 entspricht dem Endpunkt der CO_3-Alkalinität,
v_2 demjenigen der Alkalinität.

Aus der Titrationskurve kann auch die CO_3-Alkalinität bestimmt werden, für welche der theoretische Äquivalenzpunkt (der Referenzpunkt einer $NaHCO_3$-Lösung entspricht Gleichung (44)) gilt:

$$[H_2CO_3^*] + [H^+] = [CO_3^{2-}] + [OH^-] \tag{59}$$

und bei der Titration:

$$v_0 \cdot c_0' = v_1 \cdot c_a^* \tag{60}$$

    mit v_1 = Volumen zugegebener Säure beim Äquivalenzpunkt der CO_3-Alkalinität

Zur Bestimmung des Äquivalenzpunktes v_1 werden die Punkte der Titrationskurve im pH-Bereich ca. 4.5 – 8 verwendet; in diesem Teil der Titrationskurve gilt: $\Delta C_A \cong -\Delta HCO_3^- \cong \Delta H_2CO_3$

$$[HCO_3^-] \cong \frac{(c_0 \cdot v_0 - c_a^* \cdot v)}{(v_0 + v)} = \frac{c_a^*(v_2 - v)}{(v_0 + v)} \tag{61}$$

und

$$[H_2CO_3^*] \cong \frac{(v - v_1) \cdot c_a^*}{(v_0 + v)} \tag{62}$$

Durch Einsetzen in die Säurekonstante K_1 erhält man:

$$K_1 = \frac{c_a^*(v_2 - v) \cdot [H^+]}{(v - v_1) \cdot c_a^*} \tag{63}$$

und
$$10^{-pH}(v_2 - v) = K_1(v - v_1)$$

Nachdem in einem ersten Schritt v_2 berechnet wurde, wird die Funktion $F_2 = 10^{-pH}(v_2 - v)$ gegen v aufgetragen und v_1 durch Extrapolation auf $F_2 = 0$ bestimmt. Die Steigung dieser Geraden ergibt K_1 (Abbildung 3.12).

3.8 Bestimmung der Acidität

Bei Regenwasser und anderen atmosphärischen Depositionen muss die *H-Acidität* (Summe der starken Säuren) in Gegenwart schwacher Säuren (H_2CO_3, organische Säuren) bestimmt werden. Wegen der kleinen Konzentrationen (im Regenwasser typischerweise 10 – 100 µ mol H-Aci/ℓ) und des vorliegenden Gemisches starker und schwacher Säuren sind hier Gran-plots besonders geeignet, um die H-Acidität sowie auch die *totale Acidität* (Summe der starken und schwachen Säuren) zu bestimmen. *

Die H-Acidität wird vereinfacht ausgedrückt als:

$$\text{H-Aci} = [H^+] - [HCO_3^-] - 2[CO_3^{2-}] - [OH^-] - \Sigma n[\text{Org}^{n-}] \qquad (64)$$

und der theoretische Endpunkt:

$$[H^+] = [HCO_3^-] + 2[CO_3^{2-}] + [OH^-] + \Sigma n[\text{Org}^{n-}] \qquad (65)$$

D.h. es handelt sich um den gleichen Bezugspunkt wie beim Endpunkt der Alkalinitätstitration, der aber bei der Titration der H-Acidi-

---

* Exakte konzeptuelle Definitionen der Acidität und Vorschriften der analytischen Bestimmung wurden von C.A. Johnson und L. Sigg (Chimia *39*, 59 – 61, 1985) gegeben.

Als Referenzbedingungen für die H-Acy gelten: H_2O, H_2CO_3, SO_4^{2-}, NO_3^-, Cl^-, NO_2^-, F^-, HSO_3^-, NH_4^+, H_4SiO_4 und ΣH_nOrg (organische Säuren mit pKa <10). Die mineralische Acidität ist dann definiert als:

$[\text{H-Aci}] = [H^+] + [HSO_4^-] + [HNO_2] + [HF] + [H_2SO_3] - [OH^-] - [HCO_3^-] - 2[CO_3^{2-}] - [NH_3] - [H_3SiO_4^-] - \Sigma n[\text{Org}^{n-}]$

Häufig gilt in Regenproben $[\text{H-Aci}] \approx [H^+]$, in sauren Nebelproben können andere Komponenten wie HSO_4^- und H_2SO_3 wesentlich dazu beitragen. OH^-, CO_3^{2-}, NH_3 und $H_3SiO_4^-$ sind in sauren Proben üblicherweise vernachlässigbar.

Die totale Acidität umfasst alle Säuren mit pKa < ca.9.5. Sie wird in Bezug auf folgende Referenzbedingungen definiert: H_2O, CO_3^{2-}, SO_4^{2-}, NO_2^-, Cl^-, NO_3^-, F^-, SO_3^{2-}, NH_3, $H_3SiO_4^-$ und ΣOrg^{n-}.

$[\text{Aci}_T] = [H^+] + [HSO_4^-] + [HNO_2] + [HF] + [H_2SO_3] + [HSO_3^-] + [H_2CO_3] + [HCO_3^-] + [NH_4^+] + [H_4SiO_4] + \Sigma n[\text{HnOrg}] - [OH^-]$

Die Differenz $[\text{Aci}_T] - [\text{H-Aci}]$ ergibt die Summe der schwachen Säuren: NH_4^+ und die organischen Säuren sind neben dem CO_2-System die wichtigsten schwachen Säuren in Regenproben.

tät von der sauren Seite her angenähert wird. Bei der Titration z.B. eines Regenwassers wird der erste Abschnitt der Titrationskurve (pH < 5) zur Berechnung der H-Acidität verwendet. Die Linearisierung der Titrationskurve in diesem Abschnitt setzt voraus, dass nur H^+ titriert wird, d.h. dass keine anderen Säuren in diesem pH-Bereich dissoziieren; $\Delta c_B = \Delta H^+$.

$$v_o \cdot c_o = v_1 \cdot c_b^* \tag{66}$$

mit v_o = Anfangsvolumen der Wasserprobe
c_o = Anfangskonzentration der H-Aci
v_1 = Volumen zugegebener Base beim Äquivalenzpunkt
c_b^* = Konzentration der zugegebenen Base [mol/ℓ]

Für jeden Punkt der Titrationskurve gilt in diesem Abschnitt unter Berücksichtigung der Volumenkorrektur:

$$[H^+] = \frac{c_o \cdot v_o - v \cdot c_b^*}{(v_o + v)} = \frac{v_1 \cdot c_b^* - v \cdot c_b^*}{(v_o + v)} \tag{67}$$

und

$$10^{-pH}(v_o + v) = (v_1 - v) \cdot c_b^* \tag{68}$$

v = Volumen zugegebener Base

Man trägt $F_1 = 10^{-pH}(v_o + v)$ gegen v auf; die Extrapolation auf $F_1 = 0$ ergibt v_1 (Abbildung 3.13).

Bei dieser Bestimmung können Schwierigkeiten auftreten, wenn zum Beispiel grössere Konzentrationen einer Säure wie z.B. Ameisensäure mit einem pK_a-Wert im Bereich der Titration vorhanden sind.

Der Vergleich der erhaltenen Acidität mit dem Anfangs-pH-Wert sowie die Linearität der Gran-plots geben hier Hinweise auf mögliche Fehler.

Die totale Acidität umfasst alle starken und schwachen Säuren mit $pK_a \leq$ ca. 9.5. Dabei wird meistens die Probe mit einem Inertgas ausgeblasen, um CO_2 aus der Lösung zu entfernen und die Auflö-

REGENWASSER – PROBE

pH 4.26
freie Acidität = 51.8 μmol·ℓ$^{-1}$
totale " = 135.3 "
schwache " = 83.5 "

GRAN FUNKTIONEN
F_1, F_2

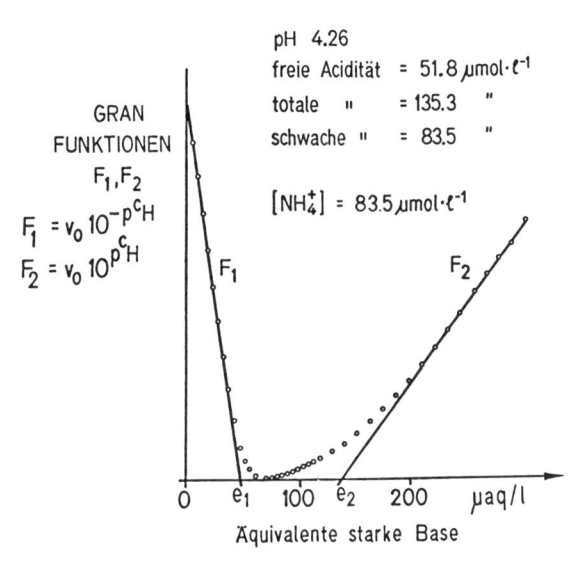

$F_1 = v_0 \, 10^{-pcH}$
$F_2 = v_0 \, 10^{pcH}$

$[NH_4^+]$ = 83.5 μmol·ℓ$^{-1}$

F_1 F_2

0   e_1 100 e_2 200   μaq/l
Äquivalente starke Base

Abbildung 3.13
Gran-Titration einer Regenwasserprobe
F_1 und F_2 sind die linearen Gran-Funktionen, die durch Extrapolation die Äquivalenzpunkte e_1 und e_2 ergeben. Der erste Äquivalenzpunkt e_1 ergibt die freie Acidität; der zweite Äquivalenzpunkt e_2 die totale Acidität. Die Differenz $[Aci_T] - [H-Aci]$ = 83.5 μaq/ℓ ergibt die Summe der schwachen Säuren; in diesem Fall entspricht sie der NH_4^+-Konzentration.

sung von CO_2 aus der Luft zu verhindern; bei Anwesenheit von CO_2 ergeben sich Schwierigkeiten wegen des hohen pK_a–Wertes von HCO_3^-. Nach dem entsprechenden Endpunkt (v_2) nimmt die OH^--Konzentration in der Lösung proportional zur Basenzugabe zu; $\Delta c_B \cong \Delta[OH^-]$

$$[OH^-] = \frac{v \cdot c_b^* - v_2 \cdot c_b^*}{(v_0 + v)} \qquad (69)$$

Mit

$$[OH^-] = \frac{K_w}{[H^+]}$$

ergibt sich:

$$(v_0 + v) \cdot 10^{pH} = \frac{1}{K_w} \cdot c_b^*(v - v_2)$$

Man trägt F_2 gegen v auf und erhält v_2 als Schnittpunkt mit der x-Achse.

3.9 Die Pufferintensität des Carbonatsystems

Wir haben (Gleichung (50)) die Pufferintensität eines Säure-Base-Systems

$$\beta_{pH} = dC_B/dpH = -dC_A/dpH \tag{70}$$

als die reziproke Neigung der Titrationskurve (pH vs C_B) kennengelernt. Die Pufferintensität kann demnach auch numerisch aus der Differenzierung der Gleichung, welche die Titrationskurve des Systems bezüglich pH definiert, ausgerechnet werden (Gleichung (35), Kapitel 2).

Für ein Ein-Protonen-Säure-Base-System HA/A⁻ gilt:

$$C_B = [A^-] + [OH^-] - [H^+] \tag{71}$$

$$\beta_{pH} = \frac{dC_B}{dpH} = \frac{d[A^-]}{dpH} + \frac{d[OH^-]}{dpH} - \frac{d[H^+]}{dpH} \tag{72}$$

Die Ableitung* führt zu

---

* Für Details siehe Stumm und Morgan, *Aquatic Chemistry 2nd ed.*, 160-163 (1981). Die Differenzierung der einzelnen Glieder der rechten Seite von Gleichung (72) ergeben:

$$\frac{d[A^-]}{dpH} = C_T \frac{d\alpha_1}{dpH} = C_T \frac{d[H^+]}{dpH} \frac{d\alpha_1}{d[H^+]} = 2.3\, \alpha_1 \alpha_0\, C_T = 2.3\frac{[HA][A^-]}{C_T} \tag{i}$$

$$\frac{d[OH^-]}{dpH} = \frac{-d[OH^-]}{-(1/2.3)\, d\ell n\, [OH^-]} = 2.3\,[OH^-] \tag{ii}$$

$$-\frac{d[H^+]}{dpH} = \frac{-d[H^+]}{-(1/2.3)\, d\ell n\, [H^+]} = 2.3\,[H^+] \tag{iii}$$

$$\beta_{pH} = 2.3 \left([H^+] + [OH^-] + \frac{[HA][A^-]}{[HA] + [A^-]} \right) \tag{73}$$

Das Maximum der Pufferintensität wird bei pH = pK erreicht.

Die Pufferintensität des geschlossenen (C_T = const) Carbonatsystems kann in guter Annäherung gegeben werden durch:

$$\beta_{pH} \cong 2.3 \left([H^+] + [OH^-] + \frac{[H_2CO_3^*][HCO_3^-]}{[H_2CO_3^*] + [HCO_3^-]} + \frac{[HCO_3^-][CO_3^{2-}]}{[HCO_3^-] + [CO_3^{2-}]} \right) \tag{74}$$

Im Nenner des letzten Summanden von Gleichung (73) kann je nachdem, ob pH < pK oder pH > pK, [HA] oder [A⁻] vernachlässigt werden. Das gleiche gilt auch für die beiden letzten Summanden in Gleichung (74). Die Berechnung der Pufferintensität ist besonders einfach, wenn man die doppelt-logarithmischen Diagramme beizieht. Man braucht zur Berechnung der Pufferintensität nur die Konzentration der Spezies, die im Diagramm mit der Neigung +1 oder −1 vorliegen, zu berücksichtigen. Also für das Ein-Protonen-Säure-Base-System ist für pH < pK

$$\log \beta_{pH} \cong \log 2.3 + \log [H^+] + \log [A^-] \tag{75a}$$

und für pH > pK

$$\log \beta_{pH} \cong \log 2.3 + \log [OH^-] + \log [HA] \tag{75b}$$

Für das Carbonatsystem ist in den jeweiligen pH-Bereichen

pH < pK_1

$$\log \beta_{pH} \approx \log 2.3 + \log [H^+] + \log [HCO_3^-] \tag{76a}$$

pK_1 < pH < pK_2

$$\log \beta_{pH} \approx \log 2.3 + \log [H_2CO_3^*] + \log [CO_3^{2-}] \tag{76b}$$

pH > pK$_2$

$$\log \beta_{pH} \approx \log 2.3 + \log [OH^-] + \log [HCO_3^-] \quad (76c)$$

Abbildung 3.14a) und b) geben die Pufferintensitäten des geschlossenen und offenen Carbonatsystems wieder. Man sieht daraus, dass das Carbonatsystem im typischen pH-Bereiche im Bereich natürlicher Gewässer pH = 7.5 – 8.5 relativ schlecht gepuffert ist. Die beiden Minima in β_{pH} (Figur 3.14a) entsprechen den Erdpunkten der alkalimetrischen oder acidimetrischen Titrationskurven (Punkte x und y in Abbildung 3.6). Man sieht ferner, dass im Äquivalenzpunkt z (entsprechend der Protonenbedingung einer äquimolaren Na$_2$CO$_3$-Lösung) die Pufferkapazität so hoch ist, dass in der Titrationskurve kein pH-Sprung auftreten kann.

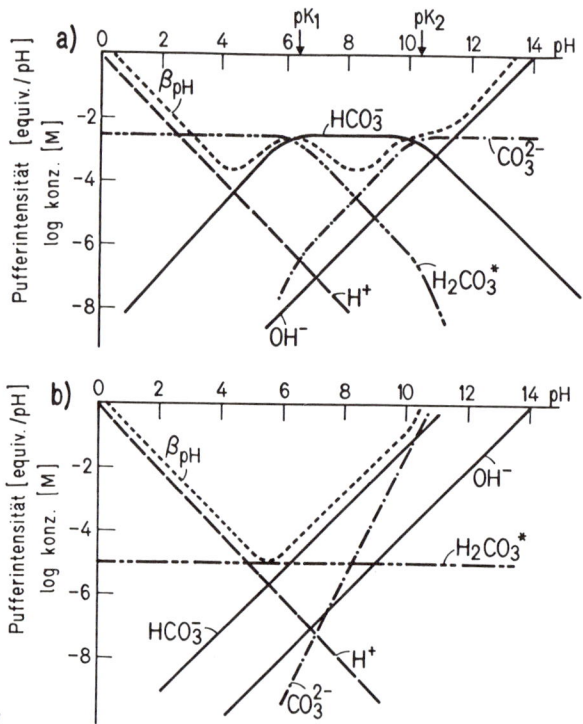

Abbildung 3.14
Pufferintensität des Carbonatsystems
a) geschlossenes System C_T = $10^{-2.5}$ M   (25° C)
b) offenes System p_{CO_2} = $10^{-3.5}$ atm   (25° C)
Die Pufferintensität β_{pH} ist proportional der Summe der Konzentration derjenigen Spezies, welche im doppelt-logarithmischen Diagramm mit der Neigung +1 und –1 auftreten.

Übungsaufgaben

1) Welches ist die ungefähre Zusammensetzung ($[H_2CO_3^*]$, $[HCO_3^-]$, $[CO_3^{2-}]$) und die Alkalinität eines Leitungswassers, dessen Analyse wie folgt lautet:

   C_T = $[H_2CO_3^*]$ + $[HCO_3^-]$ + $[CO_3^{2-}]$ = 2.6×10^{-3} M,
   pH = 7.5,
   Temperatur = 5° C.

   Bei 5° C können folgende Aciditätskonstanten der Kohlensäure benutzt werden:
   K_1 = 4×10^{-7},
   K_2 = 4×10^{-11}
   Das Ionenprodukt des Wassers ist $K_W = 4 \times 10^{-15}$.

2) Eine Lösung von H_2O, $CaCO_3(s)$ im Gleichgewicht mit CO_2 der Atmosphäre wird unter Beibehaltung dieses Gleichgewichtes isotherm (25° C) verdampft.
   a) *Nehmen pH und Alkalinität zu oder ab, oder bleiben sie konstant?*
   b) *Nimmt in dieser Lösung die Alkalinität zu oder ab, oder bleibt sie konstant, wenn man kleinere Mengen folgender Substanzen zugibt.:*
   i) NaOH;
   ii) NaCl;
   iii) HCl;
   iv) Na_2CO_3;
   v) $Ca(OH)_2$

3) Bei einem Grundwasser misst man im Feld pH 7.2; die Alkalinität wird als 4×10^{-3} M bestimmt.
   a) *Mit welchem CO_2-Partialdruck ist dieses Wasser im Gleichgewicht?*
   b) *Eine Probe dieses Wassers wird ins Labor genommen; der pH dieser Probe ist nach einigen Stunden 7.5. Wie ist dieser Unterschied zu erklären? Hat sich dabei die Alkalinität verändert?*

4) Bodenchemiker benützen folgende Gleichung für Bodenwasser:
   $\log [Ca^{2+}] + 2\,pH = K - \log p_{CO_2}$
   Unter welchen Bedingungen ist diese Gleichung gültig? Wie

kann die Konstante K durch bekannte Gleichgewichtskonstanten ausgedrückt werden?

5) Bachwasser, pH 8.3, wird mit HCl titriert. Bis pH 6.3 werden 1.0 mmol/ℓ HCl benötigt.
   Wie gross ist etwa die Alkalinität dieses Wassers?

6) *Wie gross ist die Alkalinität folgender Lösungen?*
   10^{-3} M NaOH
   10^{-3} M Na_2CO_3
   pH = 7.3, p_{CO_2} = $10^{-3.5}$ atm.
   pH = 5.0, $[HCO_3^-]$ = 10^{-5}
   destilliertes Wasser, pH = 7, pOH = 7.

7) Wasser aus dem Zürichsee hat:
   pH = 8.0, Alk = 2×10^{-3} mol/ℓ;
   Wasser aus einem Tessiner Bergsee hat:
   pH = 6.7, Alk = 7×10^{-5} mol/ℓ.
   Wie verändern sich Alkalinität und pH, wenn
   a) 1 ℓ Zürichseewasser mit 1 ℓ Regenwasser (pH = 4.0, H^+-Acidität = 10^{-4} mol/ℓ)
   b) 1 ℓ Wasser aus dem Tessiner Bergsee mit 1 ℓ Regenwasser (pH = 4.0, H^+-Acidität 10^{-4} mol/ℓ) gemischt wird?
   Was sagt dieses Experiment über die Empfindlichkeit dieser beiden Seen gegenüber sauren Niederschlägen aus?

8) Ein kleiner Weiher hat am Nachmittag einen pH von 8.2, am Morgen einen pH von 7.5. Wenn man Luft durchbläst, erhält man einen pH von 7.7.
   a) *Warum diese pH-Unterschiede?*
   b) *Wie gross ist ungefähr die Alkalinität des Wassers?*

9) In einer Wasserversorgung werden ein hartes und ein weiches Wasser aus zwei verschiedenen Quellen miteinander gemischt. Beide Wasser sind mit $CaCO_3$ im Gleichgewicht.
   Ist das Mischwasser auch im Gleichgewicht oder ist es bezüglich $CaCO_3$ übersättigt oder untersättigt? Warum?

Kapitel 4

Wechselwirkung Wasser – Atmosphäre

4.1 Einleitung

Die hydrogeochemischen Kreisläufe koppeln in komplexer Weise Boden, Wasser und Luft. Die Atmosphäre ist ein wichtiges Förderband für zahlreiche Schadstoffe. Die Atmosphäre reagiert bezüglich ihrer Zusammensetzung empfindlicher auf anthropogene Einflüsse als der Boden und die Gewässer (Ozeane), weil sie mengenmässig gegenüber den anderen Reservoiren viel kleiner ist. Ferner sind die Zeitkonstanten für atmosphärische Veränderungen relativ klein.

Wasser und Atmosphäre sind interdependente Systeme. Ein wesentlicher Anteil der Vorläufer potentieller Säuren und Photooxidantien stammt aus der Oxidation fossiler Brennstoffe und der Emission von Verbindungen, die auf der Stickstoffixierung beruhen. Synergistische photochemische Reaktionen, bei uns vor allem durch Inhaltsstoffe der Autoabgase eingeleitet (Kohlenmonoxid, Kohlenwasserstoffe und Stickoxide), führen zur Bildung von Ozon und von Photooxidantien. Direkt und indirekt können die atmosphärischen Schadstoffe ökologisch nachhaltige Wirkungen auf Vegetation und Gewässer ausüben.

Auch aus der Sicht der Aquatischen Chemie sollte ein besseres Verständnis für die ablaufenden chemischen Reaktionen und für die Entstehung der Zusammensetzung von Regen, Nebel, Schnee, Aerosolen etc. entwickelt werden. Insbesondere interessieren Transfer-Mechanismen aus der Gasphase, Neutralisations-Reaktionen der starken Säuren, Oxidationen (auch photoinduzierte Oxidationen) von Stickoxid, Schwefeloxid, ausgewählten organischen Substanzen durch O_2, H_2O_2, O_3 und $OH^{\cdot}$.

In diesem Kapitel werden wir uns auf einige wichtige Vorgänge in der atmosphärischen Wasserphase und an der Grenzfläche Gas/-

Wasser beschränken. Obschon selbst in einer Wolke nur der millionste Volumenteil aus Wasser besteht, laufen wichtige Prozesse in dieser Phase und ihrer Grenzfläche ab. In diesem Kapitel konzentrieren wir uns vor allem auf die Gas/Wasser-Gleichgewichte und versuchen, anhand einfacher Vorstellungen die chemische Genese eines Nebeltröpfchens gedanklich nachzuvollziehen. In diesen Zusammenhang gehört auch die Behandlung der Aerosole, die aus der Gasphase direkt entstehen können und die bei der Nukleation der wässrigen Phase eine zentrale Rolle spielen. Das Kapitel schliesst mit einer kurzen Diskussion über saure Seen.

Abbildung 4.1 fasst einige der wichtigen Prozesse zusammen, welche in einem Wassertröpfchen der Atmosphäre vorkommen.

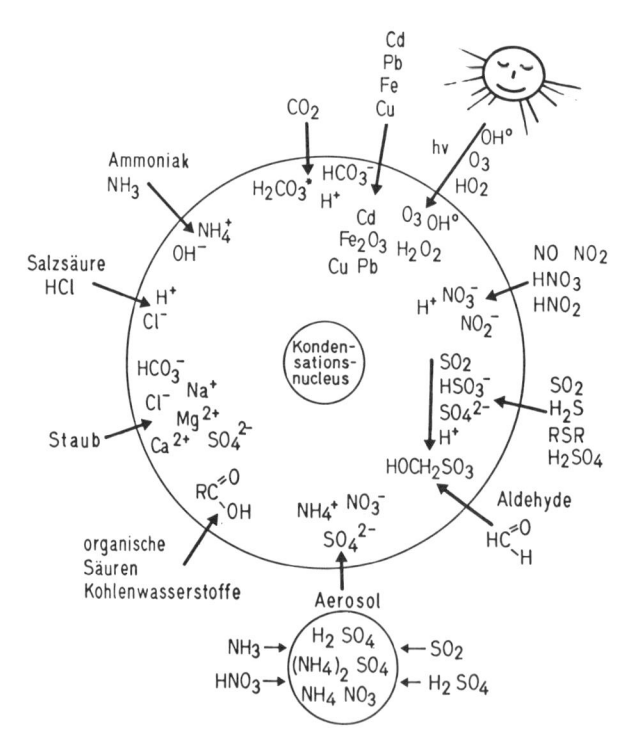

Abbildung 4.1
Verschiedene Wechselwirkungen, die die chemische Zusammensetzung eines Wassertröpfchens in der Atmosphäre, z.B. eines Nebeltröpfchens, beeinflussen Aerosolpartikel, zu einem guten Teil aus $(NH_4)_2SO_4$ und NH_4NO_3 bestehen, bilden die Nuclei für die Kondensation des flüssigen Wassers. Verschiedene Gase werden in die wässrige Phase absorbiert: die letztere fördert verschiedene Oxidationsprozesse, insbesondere auch die Oxidation des SO_2 zu H_2SO_4, Ammoniak neutralisiert die Säuren (H_2SO_4, HNO_3, HCl und organische Säuren) und ist an der pH-Pufferung beteiligt.

4.2 Einfache Gas/Wassergleichgewichte; Bedeutung in der Chemie des Wolkenwassers, des Regens und des Nebelwassers

Die Austauschvorgänge zwischen Gasphase (Atmosphäre) und Wasser im Sinne des Henry'schen Gesetzes wurden für die wichtigsten Atmosphärenkomponenten bereits im Kapitel 1.4 besprochen. Tabelle 1.3 gab die Henry-Koeffizienten für die Verteilung von N_2, O_2, CO_2 und CH_4.

$$K_H = \frac{[A(aq)]}{p_A} \; [M \, atm^{-1}] \tag{1}$$

mit [A] = Konzentration in der Wasserphase [mol ℓ^{-1}]
und p_A = Partialdruck [atm]

Die Konzentration eines Gases kann auch in mol m^{-3} gegeben werden: $(A)_g$ [mol m^{-3}] = p_A/RT. In diesem Fall ist

$$\frac{[A(aq)]}{(A)_{(g)}} = K_H \cdot RT \left[\frac{mol \, \ell^{-1}}{mol \, m^{-3}}\right]$$

Tabelle 4.1 gibt Henry-Koeffizienten wieder für die Verbindungen, welche in der Chemie des Wolkenwassers, des Regens und des Nebelwassers von Bedeutung sind.

Einfache Rechenbeispiele für die Lösung von Gas/Wasser-Verteilungsgleichgewichten wurden im Kapitel 1.4 (O_2), Kapitel 2.5 (Beispiel 2.5 für NH_3), Kapitel 3.2 (CO_2) und Kapitel 3.6 (Beispiel 3.3) diskutiert.

Bei der Behandlung von Gas/Wasser-Gleichgewichten muss grundsätzlich zwischen zwei verschiedenen Systemen unterschieden werden, die je einen idealen Extremfall darstellen (vgl. Abbildung 3.5):

– Im *offenen System* ist Wasser im Kontakt mit einer unbeschränkten Gasmenge, d.h. der Partialdruck des Gases ist konstant und wird auch durch die Menge, die im Wasser aufgenommen wird, nicht verändert. Dieses System wurde schon bei der Behandlung

Tabelle 4.1 Konstanten von Bedeutung für Gas/Wasser-Gleichgewichte

			$K_{25°C}$
1.	$CO_2(g) + H_2O(\ell)$	$= H_2CO_3^*(aq)$	3.39×10^{-2}
2.	$H_2CO_3^*$	$= H^+ + HCO_3^-$	4.45×10^{-7}
3.	HCO_3^-	$= H^+ + CO_3^{2-}$	4.69×10^{-11}
4.	$SO_2(g) + H_2O(\ell)$	$= SO_2 \cdot H_2O(aq)$	1.25
5.	$SO_2 \cdot H_2O$	$= H^+ + HSO_3^-$	1.29×10^{-2}
6.	HSO_3^-	$= H^+ + SO_3^{2-}$	6.24×10^{-8}
7.	$NH_3(g)$	$= NH_3(aq)$	57
8.	$NH_3(aq) + H_2O$	$= NH_4^+ + OH^-$	1.77×10^{-5}
8b.	NH_4^+	$= H^+ + NH_3$	5.90×10^{-10}
9.	H_2O	$= H^+ + OH^-$	1.00×10^{-14}
10.	$HNO_3(g)$	$= H^+ + NO_3^-$	3.46×10^{6}
11.	$HCl(g)$	$= H^+ + Cl^-$	2.00×10^{6}
12.	$HNO_2(g)$	$= HNO_2(aq)$	6.58×10^{1}
13.	HNO_2	$= H^+ + NO_2^-$	5.13×10^{-4}
14.	$H_2S(g)$	$= H_2S(aq)$	1.05×10^{-1}
15.	H_2S	$= H^+ + HS^-$	9.77×10^{-8}
16.	HS^-	$= H^+ + S^{2-}$	1.00×10^{-14}
17.	$NO(g) + NO_2(g) + H_2O(\ell)$	$= 2 HNO_2(aq)$	1.24×10^{2}
18.	$CH_3COOH(g)$	$= CH_3COOH(aq)$	7.66×10^{2}
19.	CH_3COOH	$= H^+ + CH_3COO^-$	1.75×10^{-5}

der Carbonatgleichgewichte für CO_2 vorgestellt. Dieses System kann beispielsweise für das Gleichgewicht von Oberflächenwässern mit der Atmosphäre, für Regenwasser in Kontakt mit grösseren Luftmassen verwendet werden (vgl. Abbildung 3.5).

— Im *geschlossenen System* verteilt sich eine beschränkte Menge eines flüchtigen Stoffes zwischen der Gas- und der Wasserphase. Die Gleichgewichtskonzentrationen entsprechen immer den Henry-Konstanten; aber die relativen Anteile in der Gas- und in der Wasserphase sind vom Volumenverhältnis Wasser/Gas abhängig. Im Extremfall sind in einem geschlossenen Behälter eine bestimmte Menge Wasser und ein bestimmtes Gasvolumen enthalten; flüchtige Stoffe werden sich zwischen diesen beiden Phasen verteilen. Dieses System kann beispielsweise für die Gleichgewichte im Nebel angenommen werden, wenn unter stagnierenden Luftverhältnissen die Wassertröpfchen mit einer beschränkten Gasmenge im Kontakt sind (vgl. Abbildung 3.5).

Im geschlossenen System gilt:

$$(A)_{tot} = \text{konstant}$$

d.h. die gesamte Konzentration von A, beispielsweise in mol m^{-3}, bleibt im gesamten Volumen des Systems, das Gas und Wasser einschliesst, konstant.

Um die Konzentrationen in der Gas- und in der Wasserphase in diesem System zu vergleichen, müssen sie in gleichen Einheiten (z.B. mol m^{-3} des gesamten Systems) berechnet werden. Die Gaskonzentration ist gegeben durch:

$$(A)_g \,[\text{mol m}^{-3}] = p_A / RT \tag{2}$$

mit p_A = Partialdruck in atm,
R = Gaskonstante = $8.2057 \cdot 10^{-5}$ m^3 atm Kelvin^{-1} mol^{-1}
T = absolute Temperatur K

und die Konzentration in der Wasserphase, bezogen auf das gesamte System:

$$(A)_w \,[\text{mol m}^{-3}] = [A] \cdot q \tag{3}$$

mit [A] = Konzentration im Wasser [mol/ℓ Wasser]
q = Wasseranteil in Liter Wasser pro m^3 des gesamten Systems [ℓ m^{-3}]

Die gesamte Konzentration ist dann:

$$(A)_{tot} = (A)_g + (A)_w = p_A/RT + [A] \cdot q \;\; [\text{mol m}^{-3}] \tag{4}$$

oder

$$(A)_{tot} = (A)_g + K_H \cdot RT \cdot (A)_g \cdot q = (A)_g (1 + K_H \cdot RT \cdot q) \tag{5}$$

Bei vielen Stoffen von Interesse in der Atmosphäre ist [A] vom pH in der Wasserphase abhängig.

Beispiel 4.1:

Geschlossenes System: Auflösung von Wasserstoffperoxid und von Ozon

Wasserstoffperoxid (H_2O_2) und Ozon (O_3) sind wichtige Oxidantien in der Atmosphäre. Ihre Löslichkeit im Wasser ist vom pH unabhängig und gegeben durch:

$$K_H (H_2O_2) = 7.4 \times 10^5 \text{ M atm}^{-1}$$
$$K_H (O_3) = 1 \times 10^{-2} \text{ M atm}^{-1}$$

Der Anteil dieser Gase, die im Wasser gelöst werden, kann im geschlossenen System als Funktion des Wasseranteils berechnet werden (Abbildung 4.2):

Aus den Gleichungen (4) und (5) folgt:

$$\frac{(A)_w}{(A)_{tot}} = \frac{K_H \cdot RT \cdot (A)_{(g)} \cdot q}{(A)_g + K_H \cdot RT \cdot (A)_g \cdot q} \quad (6)$$

und

$$f_{(Wasser)} = \frac{(A)_w}{(A)_{tot}} = \frac{K_H \cdot RT \cdot q}{1 + K_H \cdot RT \cdot q} \quad (7)$$

$$f_{(Gas)} = \frac{(A)_g}{(A)_{tot}} = \frac{1}{1 + K_H \cdot RT \cdot q} \quad (7a)$$

Wegen des grossen Unterschiedes in den Henry-Konstanten dieser beiden Gase ist H_2O_2 bei $q > 1 \cdot 10^{-4}$ $\ell \, m^{-3}$ zum grösseren Anteil in der Wasserphase, währenddem der Anteil des O_3 im Wasser nur $2 \cdot 10^{-8}$ für $q = 1 \cdot 10^{-4}$ $\ell \, m^{-3}$ beträgt.

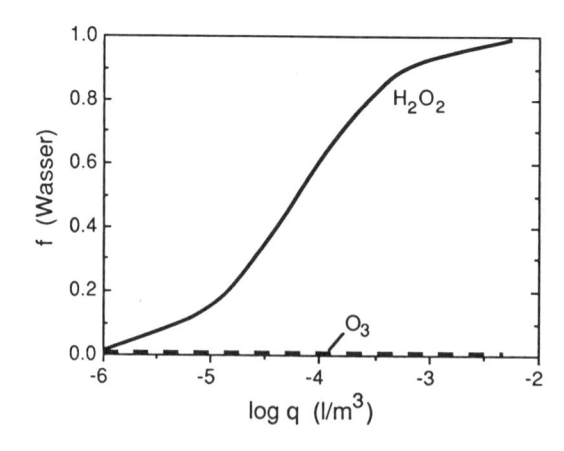

Abbildung 4.2

Im Wasser gelöster Anteil von H_2O_2 und O_3 in Funktion des Wassergehaltes q ($\ell \, m^{-3}$)

Beispiel 4.2:
Geschlossenes System: Auflösung von HCl

$$HCl_{(g)} \rightleftarrows H^+ + Cl^- \quad K = 2 \cdot 10^6 \ [M^2 \ atm^{-1}] \tag{8}$$

In diesem Fall wird eine kombinierte Konstante aus Henry-Konstante und Säurekonstante angegeben, weil HCl(aq) kaum vorkommt (pKa = –3).

$$(HCl)_{tot} = (HCl)_g + [Cl^-] \cdot q \tag{9}$$

aus (8) ist:

$$\frac{[Cl^-][H^+]}{(HCl)_g} = K \cdot RT$$

$$(HCl)_{(g)} = \frac{[Cl^-][H^+]}{K \cdot RT} \tag{10}$$

$$(HCl)_{tot} = \frac{[Cl^-] \cdot [H^+]}{K \cdot RT} + [Cl^-] \cdot q$$

In diesem Fall ist der Anteil im Wasser $f_{(Wasser)}$:

$$f_{(Wasser)} = \frac{[Cl^-] \cdot q}{(HCl)_{tot}} = \frac{K \cdot RT \cdot q}{[H^+] + K \cdot RT \cdot q} \tag{11}$$

Für t = 5° C ist $K \cdot RT = 4.6 \cdot 10^4 \ mol \ \ell^{-2} \ m^3$

Mit beispielsweise q = 1·10^{-4} $\ell \ m^{-3}$ ist $K \cdot RT \cdot q = 4.6$ (mol ℓ^{-1}). D.h. für pH > 1 ist $K \cdot RT \cdot q \gg [H^+]$ und $f_{(Wasser)} \approx 1$; dies bedeutet, dass HCl über den ganzen pH-Bereich (> pH 1) vollständig im Wasser gelöst ist. Die Konzentration im Wasser ist dann

$$[Cl^-] \cong \frac{(HCl)_{tot}}{q}$$

Wenn keine weiteren Säuren oder Basen vorhanden sind, ist $[H^+] = [Cl^-]$. Für beispielsweise $(HCl)_{tot} = 2 \cdot 10^{-8}$ mol m^{-3} und q = 1·10^{-4} $\ell \ m^{-3}$ ergibt sich

$$[Cl^-] = [H^+] = \frac{(HCl)_{tot}}{q} = 2 \cdot 10^{-4} \ mol \ \ell^{-1} \ und$$
$$pH = 3.7$$

Verteilung von SO_2 zwischen Gasphase und Wasser

Die Löslichkeit von Schwefeldioxyd, das eine der wichtigen atmosphärischen Komponenten darstellt, soll hier für verschiedene Fälle behandelt werden.

Analog zu CO_2 löst sich SO_2 unter Bildung von $SO_2 \cdot H_2O$, HSO_3^- und SO_3^{2-} (siehe Konstanten in Tabelle 4.1); die Löslichkeit von SO_2 ist demnach stark pH-abhängig.

a) Offenes System:

In Gegenwart eines konstanten Partialdrucks von SO_2 lässt sich die Löslichkeit in der Wasserphase als Funktion des pH analog zur Löslichkeit des CO_2 berechnen, unter Berücksichtigung der Henry-Konstanten und der Säurekonstanten (K_H, K_1, K_2).

Die einzelnen Spezies werden als Funktion von p_{SO_2} dargestellt:

$$[SO_2 \cdot H_2O] = K_H \cdot p_{SO_2} \qquad (12)$$

$$[HSO_3^-] = \frac{K_1}{[H^+]}[SO_2 \cdot H_2O] = \frac{K_1 K_H}{[H^+]} p_{SO_2} \qquad (13)$$

$$[SO_3^{2-}] = \frac{K_1 K_2}{[H^+]^2}[SO_2 \cdot H_2O] = \frac{K_1 K_2 K_H}{[H^+]^2} p_{SO_2} \qquad (14)$$

Die Konzentrationen der einzelnen Spezies sind graphisch in Abbildung 4.3 dargestellt; Tableau 4.1 entspricht dem Tableau 3.1 für CO_2.

Tableau 4.1 SO_2–Wasser; offenes System

Komponenten:		H^+	$SO_2(g)$	log K (25° C)
Spezies:	H^+	1		
	OH^-	−1		−14
	$SO_2 \cdot H_2O$		1	0.097(K_H)
	HSO_3^-	−1	1	−1.79
	SO_3^{2-}	−2	1	−9.00
Rezept:	$SO_2(g)$		1	$p_{SO_2} = 2 \cdot 10^{-8}$ atm

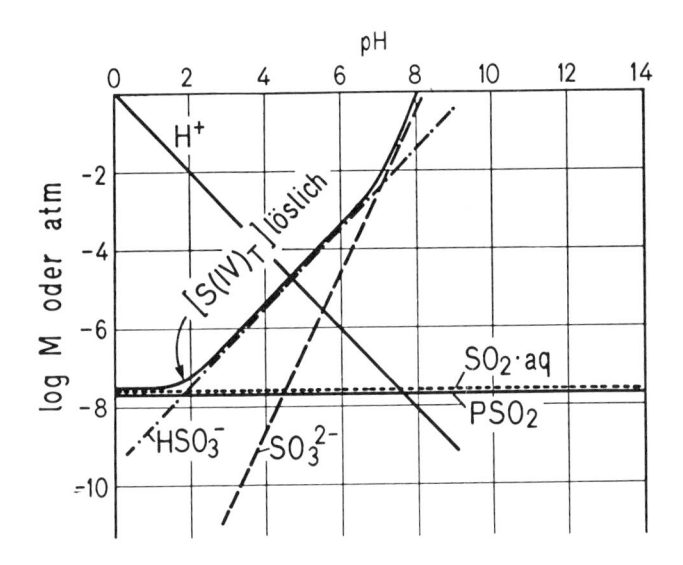

Abbildung 4.3
S-IV-Spezies in einem offenen System mit p_{SO_2} = konstant = 2×10^{-8} atm.
Wenn keine andere Säure oder Base zugegeben wird, ist das System definiert durch die Protonenbalance $[H^+] \approx [HSO_3^-]$, d.h. pH = 4.7.

Der pH eines Wassers, das ohne Zugabe weiterer Basen oder Säuren im Gleichgewicht mit diesem Partialdruck von SO_2 ist, wird aus der Protonenbedingung berechnet:

$$[H^+] = [HSO_3^-] + 2[SO_3^{2-}] + [OH^-] \qquad (15)$$

bzw. $[H^+] \approx [HSO_3^-]$ (In diesem Fall ist pH $\approx$ 4.7)

Bei hohem pH, d.h. bei Zugabe einer gewissen Menge Base, wird hier die Löslichkeit sehr gross, während sie im sauren pH-Bereich beschränkt ist.

b) Geschlossenes System

Es wird angenommen, dass das System hier gesamthaft 9×10^{-7} mol m^{-3} SO_2 (entsprechend 2.10^{-8} atm) und 5×10^{-4} ℓ m^{-3} Wasser enthält.

Wie in Gleichung (4) angegeben, kann hier die Massenbilanz über Wasser- und Gasphase formuliert werden:

$$(SO_2)_{tot} = (SO_2)_g + q \left([SO_2 \cdot H_2O] + [HSO_3^-] + [SO_3^{2-}]\right) \text{ mol m}^{-3} \quad (16)$$

Die Konzentration in der Wasserphase und entsprechend die relativen Anteile in der Gas- und Wasserphase sind hier sowohl vom pH wie vom Wassergehalt q abhängig.

Nach Einsetzen von

$$[SO_2 \cdot H_2O] = K_H \cdot RT \cdot (SO_2)_{(g)}$$
$$[HSO_3^-] = K_H \cdot RT \cdot K_1 \cdot [H^+]^{-1} \cdot (SO_2)_g$$
$$[SO_3^{2-}] = K_H \cdot RT \cdot K_1 \cdot K_2 \cdot [H^+]^{-2} \cdot (SO_2)_g$$

erhält man:

$$(SO_2)_{tot} = (SO_2)_g + q \cdot (SO_2)_g \cdot K_H \cdot RT \cdot$$
$$\left(1 + K_1 \cdot [H^+]^{-1} + K_1 \cdot K_2 \cdot [H^+]^{-2}\right) \, [\text{mol m}^{-3}] \quad (17)$$

$$\Sigma S(IV)_{(aq)} = [SO_2 \cdot H_2O] + [HSO_3^-] + [SO_3^{2-}] =$$
$$(SO_2)_g \cdot K_H \cdot RT$$
$$\left(1 + K_1 \cdot [H^+]^{-1} + K_1 \cdot K_2 [H^+]^{-2}\right) \, [\text{mol } \ell^{-1}] \quad (18)$$

und

$$\frac{(SO_2)_{(g)}}{(SO_2)_{tot}} = \frac{1}{1 + K_H \cdot RT \cdot q \left(1 + K_1 \cdot [H^+]^{-1} + K_1 \cdot K_2 \cdot [H^+]^{-2}\right)} \quad (19)$$

Die Anteile von SO_2 in der Gas- und in der Wasserphase als Funktion des pH sind für die angegebenen Verhältnisse in Abbildung 4.4a) dargestellt. Für pH < 5 ist SO_2 hauptsächlich in der Gasphase vorhanden, für pH > 7 hauptsächlich in der Wasserphase; d.h. in diesem Fall ist p_{SO_2} nicht konstant, sondern hängt vom pH in der Wasserphase und vom Volumenverhältnis Wasser/Gas ab. Der Anteil von SO_2 in der Wasserphase ist in Abbildung 4.4b) als Funktion des Wasseranteils q für verschiedene pH dargestellt.

Die Verteilung der Spezies in der Wasserphase und die gelöste Konzentration ($\Sigma S(IV)_{aq}$) lassen sich auch durch die graphische Methode ermitteln (Abbildung 4.4c)). Dazu muss zunächst die maximale Konzentration in der Wasserphase ermittelt werden; sie ist durch die vollständige Auflösung des SO_2 gegeben:

$$\left(\Sigma\ S(IV)_{aq}\right) max = \frac{(SO_2)_{tot}}{q} \quad [mol\ \ell^{-1}]$$

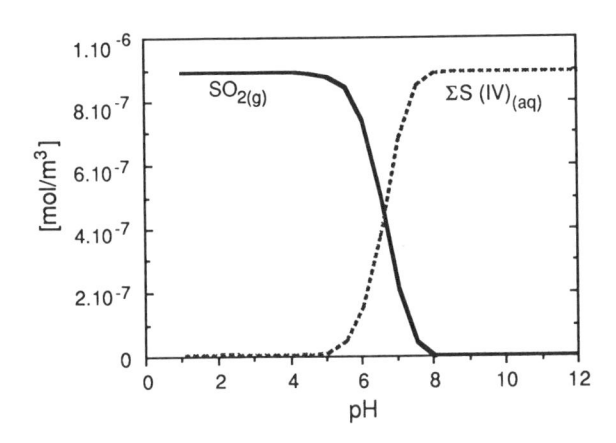

Abbildung 4.4a)
Verteilung von SO_2 zwischen Gas- und Wasserphase als Funktion von pH für $(SO_2)_{tot} = 9 \cdot 10^{-7}$ mol m^{-3} und $q = 5 \cdot 10^{-4}$ ℓ m^{-3}. Bei tiefem pH (< 5) ist SO_2 überwiegend in der Gasphase, bei hohem pH (> 7) überwiegend in der Wasserphase

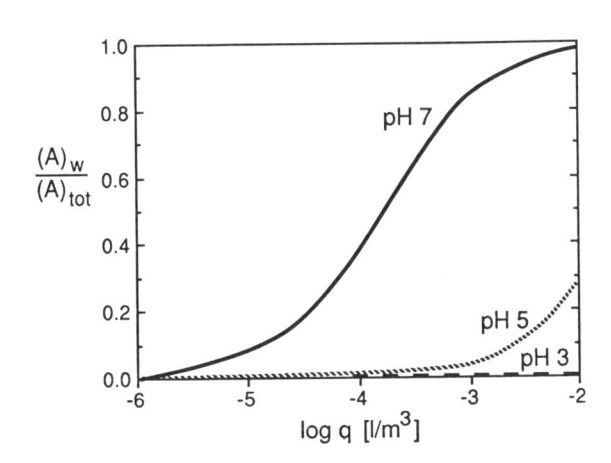

Abbildung 4.4b)
Anteil von S(IV) in der Wasserphase $\left(\frac{(A)_w}{(A)_{tot}}\right)$ als Funktion des Wasseranteils q für verschiedene pH

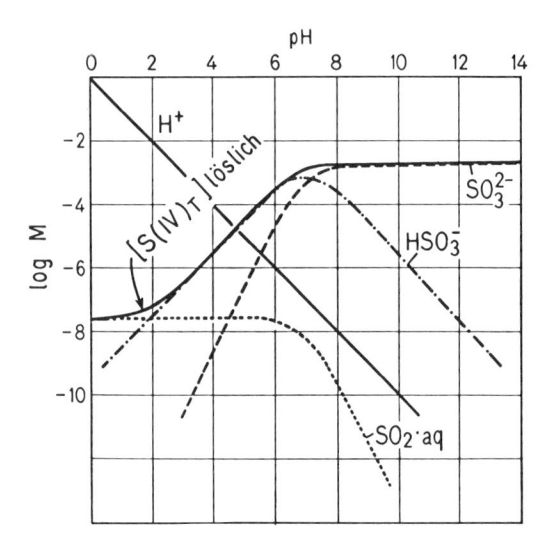

Abbildung 4.4c)
Verteilung der S(IV)-Spezies in der Wasserphase;
pH für das Gleichgewicht mit SO_2 ohne zusätzliche Säure oder Base ist gegeben durch die Protonenbedingung (gleiche Konzentration wie in Abb. 4.4a):
$[H^+] = [HSO_3^-] + 2[SO_3^{2-}] + [OH^-]$ oder $[H^+] \approx [HSO_3^-]$

Diese maximale Konzentration wird als Grenzwert im Diagramm eingezeichnet; aus Abbildung 4.3 und aus den vorhergehenden Überlegungen ist klar, dass diese Konzentration nur im oberen pH-Bereich erreicht wird. Im sauren pH-Bereich hingegen ist die minimale Löslichkeit durch die Henry-Konstante gegeben. Die Linien für HSO_3^- und SO_3^{2-} werden zunächst wie in Abbildung 4.3 eingezeichnet; ihre Konzentrationen sind aber durch den Wert

$$\frac{(SO_2)_{tot}}{q} \text{ begrenzt.}$$

Beim Aufstellen des Tableaus muss beim geschlossenen System besonders darauf geachtet werden, dass die Massenbilanzen richtig berücksichtigt werden. Am einfachsten ist es, die Massenbilanz (16) durch q zu teilen und alle Konzentrationen in mol/ℓ anzugeben (für die Gasphase fiktiv):

$$\frac{(SO_2)_{tot}}{q} = \frac{(SO_2)_g}{q} + [SO_2 \cdot H_2O] + [HSO_3^-] + [SO_3^{2-}] \quad [\text{mol } \ell^{-1}] \quad (20)$$

Im Tableau 4.2 sind $SO_2 \cdot H_2O$ und H^+ als Komponenten eingesetzt. Die Konzentration in der Gasphase ist gegeben durch:

$$\frac{(SO_2)_g}{q} = [SO_2 \cdot H_2O] \cdot \frac{1}{K_H \cdot RT} \cdot \frac{1}{q} \quad [\text{mol } \ell^{-1}]$$

und muss dann auf mol m^{-3} umgerechnet werden. Die entsprechende Konstante wird im Tableau als $K = -\log(K_H \cdot RT) - \log q$ eingesetzt.

Tableau 4.2 Geschlossenes System SO_2-Wasser

Komponenten:	$SO_2 \cdot H_2O$	H^+	log K	
$SO_2 \cdot H_2O$	1		0	
HSO_3^-	1	−1	−1.89	
SO_3^{2-}	1	−2	−9.09	
$(SO_2)_g/q$	1		1.51	$-\log q$
OH^-		−1	−14.0	
H^+		1	0	
Konzentrationsbedingung:	1		$\dfrac{(SO_2)_{tot}}{q} = 9 \cdot 10^{-7} \times \dfrac{1}{q}$	
			$= 1.8 \times 10^{-3}$ mol/ℓ	

In diesem Fall (nur SO_2, H_2O) ist:

$$\text{Tot H} = [H^+] - [HSO_3^-] - 2[SO_3^{2-}] - [OH^-] = 0 \qquad (21)$$

Bei Zugabe von Base oder Säure ist Tot H ≠ 0, der pH variiert dementsprechend.

Verteilung von NH_3 zwischen Gasphase und Wasser
Ammoniak ist die wichtigste basische Komponente in der Atmosphäre. Die vorhandenen Konzentrationen von gasförmigem Ammoniak und ihre pH-abhängige Auflösung sind für die Säure/Base-Balancen im atmosphärischen Wasser entscheidend.

Die Grundgleichungen sind hier:

$$NH_{3(g)} \rightleftarrows NH_{3(aq)} \qquad K_H$$
$$NH_4^+ \rightleftarrows NH_{3(aq)} + H^+ \qquad K_a$$

d.h., dass die Auflösung von $NH_{3(g)}$ durch die Protonierung zu NH_4^+ im sauren Bereich begünstigt ist.

a) Offenes System (vgl. Beispiel 2.5)

Bei einem konstanten Partialdruck $p_{NH_3} = 5 \cdot 10^{-9}$ atm ($2 \cdot 10^{-7}$ mol m^{-3}) ist die Löslichkeit gegeben durch (Abbildung 4.5):

$$[NH_3]_{aq} = K_H \cdot p_{NH_3} \qquad = K_H \cdot RT \cdot (NH_3)_g \qquad (22)$$

$$\begin{aligned}[NH_4^+] &= [NH_3] \cdot [H^+] \cdot K_a^{-1} = K_H \cdot K_a^{-1} \cdot [H^+] \cdot p_{NH_3} \\ &= K_H \cdot RT \cdot K_a^{-1} [H^+] (NH_3)_g\end{aligned} \qquad (23)$$

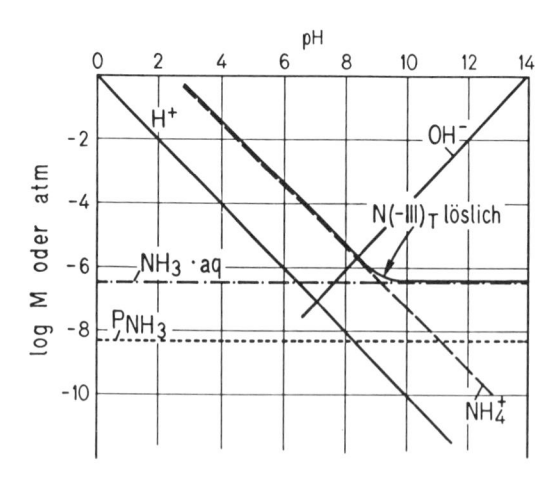

Abbildung 4.5

NH_3-Spezies in einem offenen System mit p_{NH_3} = konstant = 5×10^{-9} atm. (25° C)
Die Protonenbedingung $[NH_4^+] + [H^+] = [OH^-]$ ist annähernd erfüllt bei $[NH_4^+] \cong [OH^-]$

b) Geschlossenes System

Es wird angenommen, dass das System gesamthaft $2 \cdot 10^{-7}$ mol m^{-3} NH$_3$ (entsprechend $5 \cdot 10^{-9}$ atm) und $5 \cdot 10^{-4}$ ℓ m^{-3} Wasser enthält. Die Massenbilanz ist:

$$(NH_3)_{tot} = (NH_3)_g + q \left([NH_3] + [NH_4^+]\right) \quad [mol\ m^{-3}] \qquad (24)$$

$$(NH_3)_{tot} = (NH_3)_g + q \cdot K_H \cdot RT \cdot (NH_3)_g \left(1 + K_a^{-1} \cdot [H^+]\right) \qquad (25)$$

Der Anteil in der Gasphase ist gegeben durch:

$$\frac{(NH_3)_g}{(NH_3)_{tot}} = \frac{1}{1 + q \cdot K_H \cdot RT \left(1 + K_a^{-1} [H^+]\right)} \qquad (26)$$

Die Anteile in der Gas- und Wasserphase sind in Abbildung 4.6a) als Funktion des pH dargestellt. NH$_3$ ist hauptsächlich in der Gasphase bei pH > 7, hauptsächlich in der Wasserphase bei pH < 5 für q = 5×10^{-4} ℓ m^{-3} (berechnet für 25° C).

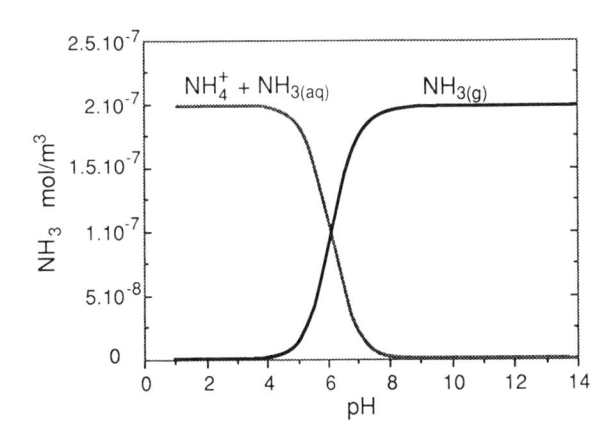

Abbildung 4.6a)
Verteilung von NH$_3$ zwischen Gas- und Wasserphase (mol m^{-3} des gesamten Systems) im geschlossenen System für $(NH_3)_{tot} = 2 \cdot 10^{-7}$ mol m^{-3} und q = $5 \cdot 10^{-4}$ ℓ m^{-3}.

Im Tableau 4.3 wird wiederum die Massenbilanz

$$\frac{(NH_3)_{tot}}{q} = \frac{(NH_3)_g}{q} + [NH_3] + [NH_4^+] \quad [\text{mol } \ell^{-1}] \tag{27}$$

eingesetzt.

Tableau 4.3 Geschlossenes System NH_3 – Wasser

Komponenten:	$NH_{3(aq)}$	H^+	log K
Spezies: $NH_{3(aq)}$	1		0
NH_4^+	1	1	9.2
$(NH_3)_g/q$	1		$-0.14 - \log q$
OH^-		-1	-14
H^+		1	0
Konzentrationsbedingung:	1	$\frac{(NH_3)_{tot}}{q} = 2 \cdot 10^{-7} \times \frac{1}{q}$	
		$= 4 \cdot 10^{-4} \text{ mol}/\ell$	

Die Massenbilanz (27) entspricht der Summe der Kolonne für NH_3; Tot H ist gegeben durch die Summe der H^+-Kolonne:

$$\text{Tot H} = [NH_4^+] + [H^+] - [OH^-] = 0 \tag{28}$$

Der pH ergibt sich ohne Zugabe zusätzlicher Säuren oder Basen aus dieser Protonenbedingung: pH = 8.2.

Die Verteilung der Spezies in der wässrigen Phase ist in Abbildung 4.6b) dargestellt. Die maximale Konzentration von NH_4^+ im sauren Bereich ergibt sich aus

$$[NH_4^+]_{max} = \frac{(NH_3)_{tot}}{q} \quad [\text{mol } \ell^{-1}]$$

die minimale Löslichkeit im alkalischen Bereich ist durch die Henry-Konstante (22) gegeben.

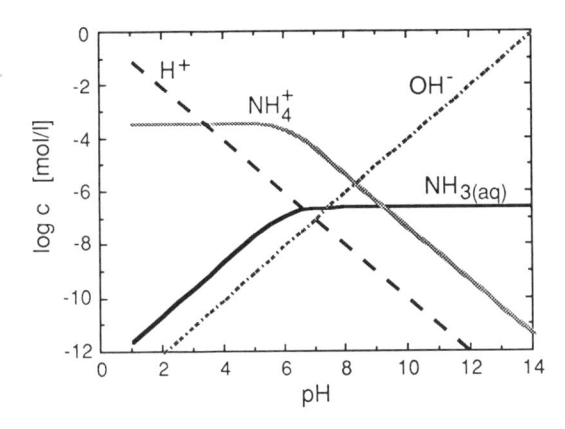

Abbildung 4.6b)
Verteilung der Spezies in der Wasserphase (mol/ℓ der Wasserphase) im geschlossenen System $((NH_3)_{tot} = 2 \cdot 10^{-7}$ mol m^{-3}; q = $5 \cdot 10^{-4}$ ℓ m$^{-3})$
Ohne weitere Basen oder Säuren ist der pH gegeben durch:
$[NH_4^+] + [H^+] = [OH^-]$.

Auswaschung von Schadstoffen aus der Atmosphäre

In welchem Ausmass werden gasförmige Schadstoffe aus der Atmosphäre durch Regen ausgewaschen?

Eine Abschätzung aufgrund der Gleichgewichte zwischen Gas- und Wasserphase (Henry-Konstanten) für verschiedene Stoffe kann hier gemacht werden. Dazu wird eine Luftsäule (unterhalb einer Wolke) mit der entsprechenden Regenwassermenge als geschlossenes System betrachtet. Zum Beispiel nimmt man an, dass die Luftsäule $5 \cdot 10^3$ m hoch ist und dass 25 mm Regen (entsprechend 25 ℓ/m²) fallen.

Die totale Menge eines Schadstoffs in der Luftsäule über 1 m² wäre dann (entsprechend Gleichung (5)):

$$(A)_{tot} = (A)_g \times V_g + (A)_w \times V_w \qquad (29)$$

mit V_g = Gasvolumen = $5 \cdot 10^3$ m³
und V_w = Wasservolumen = 0.025 m³

$$\frac{V_g}{V_w} = 2 \cdot 10^5$$

Der Anteil des Schadstoffs im Wasser kann aufgrund der Henry-Konstante berechnet werden. (vgl. Gleichung (7)):

$$f_{(Wasser)} = \frac{(A)_w \cdot V_w}{(A)_g \cdot V_g + (A)_w \cdot V_w} = \frac{1}{\frac{(A)_g}{(A)_w} \cdot \frac{V_g}{V_w} + 1}$$

$$= \frac{1}{\frac{1}{K_H \cdot RT} \cdot \frac{V_g}{V_w} + 1} \tag{30}$$

Die Fraktionen im Wasser für verschiedene Schadstoffe sind in Abbildung 4.7 dargestellt.

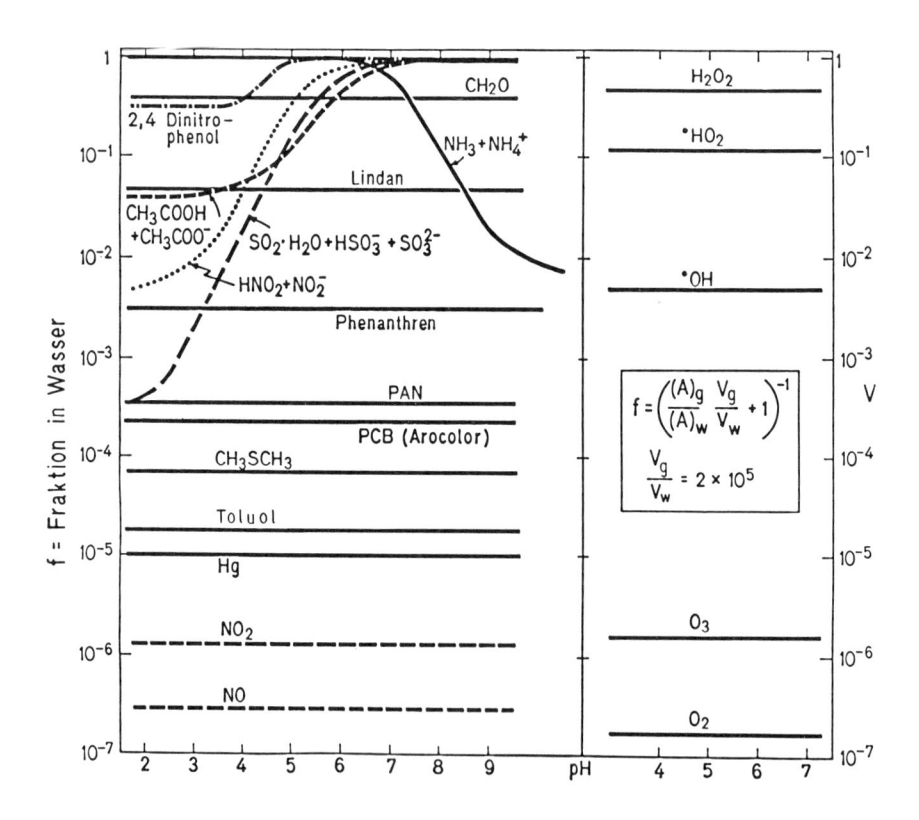

Abbildung 4.7
Verteilung verschiedener Verbindungen zwischen Gas- und Wasserphase in Abhängigkeit vom pH
Ein Volumenverhältnis von Gas zu Wasser von 2×10^5 wurde angenommen.

Abbildung 4.7 illustriert die Gleichgewichtsverteilung zwischen Wasser und Gas für eine Anzahl Substanzen als Funktion des pH. Zwei Folgerungen aus dieser Abbildung:
1) Wie wir schon in den vorherigen Abbildungen gesehen haben, ist die Verteilung von protolysierbaren Substanzen stark pH-abhängig.
2) Die Auswaschung durch Absorption in der wässrigen Phase des Regens ist für viele Schadstoffe sehr gering. Einzelne dieser Stoffe werden aber an Partikel adsorbiert und kommen auf diese Weise durch Absetzen der Partikel und durch Niederschläge auf die Erdoberfläche zurück.

Entsprechend der unterschiedlichen Löslichkeit werden organische Verbindungsgruppen in verschiedenen Konzentrationen im Regenwasser gemessen (Abbildung 4.8).

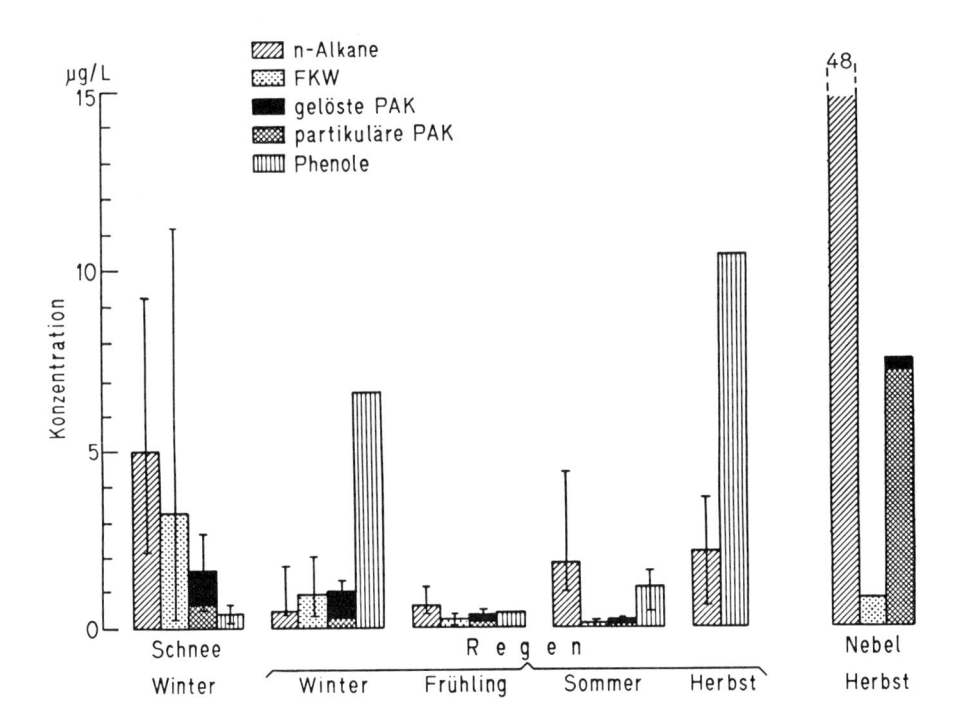

Abbildung 4.8
Mittelwerte und Spannweiten der Konzentrationen organischer Verbindungsklassen in Regen, Schnee und Nebel
(FKW = flüchtige Kohlenwasserstoffe
PAK = polyzyklische aromatische Kohlenwasserstoffe)
Die Konzentrationen beziehen sich auf das Wasservolumen; Spannweiten sind nur bei mindestens drei Messwerten angegeben.
(Modifiziert nach Giger, Leuenberger, Czuzwa und Tremp, EAWAG-Mitteilungen _23_, 1987)

4.3 Die Genese eines Nebeltröpfchens

Die Atmosphäre ist eine oxidierende Umwelt. Viele Bestandteile werden durch oxidative chemische Prozesse mit O_2, H_2O_2, $OH^\bullet$ und O_3 gebildet, insbesondere die Oxide SO_2, SO_3, H_2SO_4, NO, NO_2 HNO_2, HNO_3. Viele der Prozesse werden durch Katalyse beschleunigt und photochemisch induziert. Während die Oxidation von NO_x zu HNO_3 vor allem in der Gasphase stattfindet, erfolgt ein siginifikanter Teil der Oxidation von SO_2 in der Wasserphase.

Nebeltröpfchen (10 – 50 μm Durchmesser) werden in mit Wasser gesättigter Atmosphäre (relative Feuchtigkeit 100 %) gebildet durch Kondensation an Aerosolpartikel (Abbildung 4.1). Die Nebeltröpfchen absorbieren Gase wie NO_x, SO_2, NH_3, HCl. Die Wassertröpfchen sind ein besonders günstiges Milieu für die Oxidation des SO_2 zu H_2SO_4. Der Flüssigwassergehalt eines typischen Nebels ist oft in der Grössenordnung von 10^{-4} Liter Wasser pro m^3 Luft, so dass die Konzentrationen der Ionen und Säuren oft 10 – 50 Mal grösser sind als diejenigen des Regens (Abbildung 2.11). Während Wolken substantielle Luftvolumina umsetzen und Gase und Aerosole über grössere Distanzen aufnehmen, sind Nebeltröpfchen wichtige Kollektoren von lokalen Verunreinigungssubstanzen in der Nähe der Erdoberfläche.

SO_2- und NH_3-Absorption

Wir werden nun einen typischen Nebel "synthetisieren", indem wir in einer Gasphase zuerst equimolare Mengen von NH_3 und SO_2 (je 5×10^{-7} mol m^{-3}) zugeben. Ebenso wird dann pro m^3 Luft 10^{-4} ℓ Wasser zugegeben und der Nebel auskondensiert. Wir betrachten das System als geschlossen (Mischtank!), d.h. die Nebeltröpfchen können höchstens die ursprünglich vorhandene Gasmenge in die Wasserphase aufnehmen. Wir werden dann die Zusammensetzung des Nebels durch Zugabe von Säuren, z.B. $HNO_3(g)$ (aus der Gasphase, wo es durch Oxidation des NO_x entstanden ist), $HCl(g)$ (aus der Emission einer Kehrichtverbrennungsanlage) und Basen (Alkalinität von Staub oder Flugasche) verändern. Unser Gassystem (hypothetisch geschlossen bezüglich SO_2 und NH_3) steht unter dem Einfluss des CO_2, wobei wir wegen der Grösse des CO_2-Reservoirs $p_{CO_2} = 10^{-3.5}$ atm = konstant (also bezüglich CO_2 ein offenes System) annehmen.

Die Aufgabe entspricht der Kombination der Auflösung von NH_3 und SO_2. Das Tableau 4.4 fasst die Aufgabe zusammen. NH_3 und SO_2 sind entsprechend den Tableaux 4.2 und 4.3 angegeben; die Summe der starken Base ist durch die zusätzliche Komponente C_B^+ angegeben, die den Kationen (z.B. Ca^{2+} für $CaCO_3$) der basischen Komponenten entspricht und die Summe der starken Säuren C_A^-, die den Anionen der starken Säuren (z.B. Cl^- für HCl) entspricht. Die Konstruktion des Gleichgewichts-Diagramms ist die Superposition der entsprechenden Diagramme der Abbildungen 4.4c), 4.6b) und 3.1. Abbildung 4.9 gibt die Gleichgewichtszusammensetzung als Funktion des pH und die Titrationskurve des Systems. Wie in Abbildung 4.9c) dargestellt wird, ist die Pufferung des heterogenen Gas-Wassersystems vor allem auf die Komponente der Gasphase (NH_3 oberhalb pH 5 und SO_2 unterhalb pH 5) zurückzuführen.

Im ersten Fall, mit TotH = 0, ergibt sich der pH aus dem Punkt mit $[NH_4^+] \approx [HSO_3^-]$, d.h. pH = 6.3. Im zweiten Fall mit Tot H = 5×10^{-3} mol/ℓ (z.B. durch Einwirkung von $(HCl)_g = 5 \times 10^{-7}$ mol/m^3) ergibt sich pH = 3.8 (Vgl. Abbildung 4.9c)).

Die "Synthese des Nebeltröpfchens" kann nun weitergeführt werden, indem das SO_2 durch ein Oxidationsmittel "O" zu H_2SO_4 oxidiert wird

$$SO_2 + "O" + H_2O = SO_4^{2-} + 2 H^+ \tag{31}$$

O_2, H_2O_2, und O_3 kommen als Oxidationsmittel in Frage. Beim Nebel wird das H_2O_2 sehr schnell aufgezehrt und in Abwesenheit von Sonnenlicht (Winter) nur langsam neu gebildet. Es ist wahrscheinlich, dass im Nebel das SO_2 durch Ozon oxidiert wird. Die Reaktion ist abhängig von der Konzentration der S(IV)–Spezies

$$-\frac{d[S(IV)]}{dt} = \frac{d[SO_4^{2-}]}{dt} =$$

$$\left(k_0[SO_2 \cdot H_2O] + k_1[HSO_3^-] + k_2[SO_3^{2-}]\right) \cdot [O_3(aq)] \tag{32}$$

wobei bei 25° C folgende k-Werte bestimmt wurden (J. Hoigné):

$k_0 = 2.0 \times 10^4$ M^{-1} sec^{-1};
$k_1 = 3.2 \times 10^5$ M^{-1} sec^{-1};
$k_2 = 1.0 \times 10^9$ M^{-1} sec^{-1}

Tableau 4.4 Genese eines Nebeltröpfchens: Auflösung von $SO_{2(g)}$, $NH_{3(g)}$

Komponenten:	$SO_2 \cdot H_2O$	$NH_{3(aq)}$	$CO_{2(g)}$	
Spezies: $SO_2 \cdot H_2O$	1			
HSO_3^-	1			−
SO_3^{2-}	1			−
$(SO_2)_g/q$	1			
$NH_{3(aq)}$		1		
NH_4^+		1		
$(NH_3)_g/q$		1		
$H_2CO_3^*$			1	
HCO_3^-			1	−
CO_3^{2-}			1	−
$CO_{2(g)}$			1	
C_B^+				
C_A^-				
OH^-				−
H^+				

Konzentrationsbedingungen:

	1			
		1		
			1	
				−

Tot SO_2	=	$[SO_2 \cdot H_2O] + [HSO_3^-] + [SO_3^{2-}] + (SO_2)_g/q$
Tot NH_3	=	$[NH_{3(aq)}] + [NH_4^+] + (NH_3)g/q$
Tot H	=	$[H^+] + [NH_4^+] - [HSO_3^-] - 2[SO_3^{2-}] - [HCO_3^-] - 2[CO_3^{2-}] - [OH^-]$
a) Tot H	=	0
b) Tot H	=	5×10^{-3} mol/ℓ

O_2, starker Säuren und Basen

C_B^+	C_A^-	log K
		0
		−1.89
		−9.09
		1.51 −log q
		0
		9.2
		−0.14 −log q
		−1.47
		−7.77
		−18.1
		0
1		0
	1	0
		−14
		0
1	1	$\dfrac{SO_{2(tot)}}{q} = 5 \times 10^{-3} \dfrac{mol}{\ell}$ $\dfrac{NH_{3(tot)}}{q} = 5 \times 10^{-3} \dfrac{mol}{\ell}$ $p_{CO_2} = 10^{-3.5}$ atm $C_B^+ = 0$ a) $C_A^- = 0$ b) $C_A^- = 5 \times 10^{-3} \dfrac{mol}{\ell}$

5×10^{-3} mol ℓ^{-1}

5×10^{-3} mol ℓ^{-1}

$C_A^- - C_B^+$

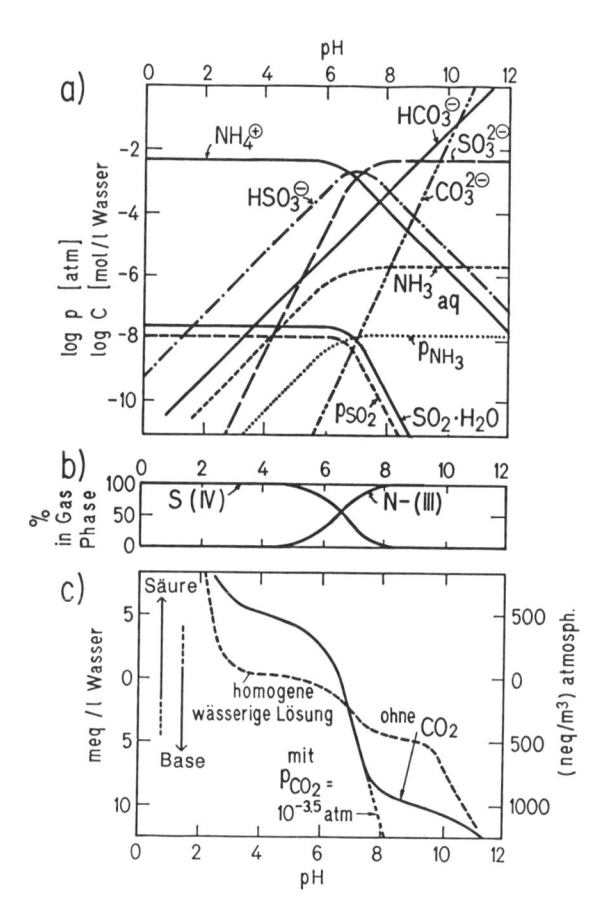

Abbildung 4.9

a) Gleichgewichtsdiagramm eines Nebel-Luft-Systems (vgl. Tableau 4.4)
Das System ist bezüglich SO_2 (TOTSO$_3$ = 5×10^{-7} mol S(IV) pro m³) und bezüglich NH_3 (TOTNH$_4$) = 5×10^{-7} mol N-(III) pro m³) geschlossen, aber in Bezug auf CO_2 (p_{CO_2})= $10^{-3.5}$ atm = konstant) offen. Der Flüssigwassergehalt ist 10^{-4} ℓ Wasser m⁻³.

b) Der Prozentsatz von TOTNH$_4$ als $NH_3(g)$ und von TOTSO$_2$ als SO_2 (g).

c) Die Titrationskurve mit starker Säure oder Base. (Es ist übersichtlicher, wenn das Bild c) um 90° gedreht wird.) Die ausgezogene Kurve entspricht der Gleichung für Tot H von Tableau 4.4, wobei die Carbonatspezies die Titrationskurve nur oberhalb pH = 8 beeinflussen. Die gestrichelte Kurve ist die Titrationskurve für eine homogene wässrige NH_3HSO_3-Lösung ($SO_2 \cdot H_2O$ und NH_3 werden als nicht-flüchtig behandelt):

TOT H = $C_A - C_B$ = [$SO_2 \cdot H_2O$] + [H^+] – [$NH_3(aq)$] – [OH^-]

Der Unterschied in der Pufferung (dC_{Base}/dpH) des heterogenen Systems gegenüber dem wässrigen System ist beachtlich. Offensichtlich puffert das NH_3 in der Gasphase oberhalb pH = 5 und das SO_2 in der Gasphase unterhalb pH = 5.

Wie aus Gleichung (15) hervorgeht, werden für jedes SO_2, das oxidiert wird, zwei Protonen freigesetzt. Dies ist äquivalent einer starken Säure. Mit jedem SO_4^{2-}, das gebildet wird, verschiebt sich wegen der dabei gebildeten Protonen die Gleichgewichts-Zusammensetzung entlang der ausgezogenen Titrationskurve. Das NH_3 ist hier von grösster Bedeutung:

1. es reguliert den pH in der wässrigen Phase;
2. das NH_3 in der Gasphase puffert die wässrige Lösung gegen die schnelle Absenkung des pH (je tiefer der pH, desto langsamer die Oxidationsrate mit O_3: unterhalb pH $\approx$ 5 ist die Oxidation so langsam, dass sie innerhalb der Nebeldauer nicht mehr auftritt);
3. das $NH_3(g)$ bestimmt die Säurenneutralisierungskapazität des Systems.

Ein Beispiel der chemischen Zusammensetzung eines Kondensationsnebels in Dübendorf ist in Abbildung 4.10 wiedergegeben. In diesem Fall hat die Einwirkung von $HCl(g)$ – wahrscheinlich aus einer Kehrichtverbrennungsanlage ca. 3 km nördlich – zu einer vorübergehenden Absenkung des pH im Nebelwasser bis hinunter zu pH 1.94 geführt.

4.4 Aerosole

Atmosphärische Aerosole sind wichtige Nuclei für die Kondensation von Wassertropfen (Wolken, Regen, Nebel) in der Atmosphäre. Die Auflösung der wasserlöslichen Aerosolkomponenten trägt zur Zusammensetzung der Wasserphase bei (z.B. NH_4NO_3, $(NH_4)_2SO_4$). Aus diesem Grunde gehen wir – allerdings sehr kurz – auf die Chemie der Aerosole ein. Aerosole können, zusätzlich zu den Schadstoff-Gasen, einen substantiellen Teil der atmosphärischen Komponenten enthalten, die ultimativ in Form von Nass- und Trockendepositionen (vgl. Kapitel 2.10) auf die Erdoberfläche zurückkommen. Sie treten auf mit Partikelgrössen von ca. 0.01 µm bis hinauf zu wenigen 100 µm. Primäre Aerosole bestehen aus Staub- oder Rauchteilchen, während sekundäre Aerosole in der Atmosphäre aus Be-

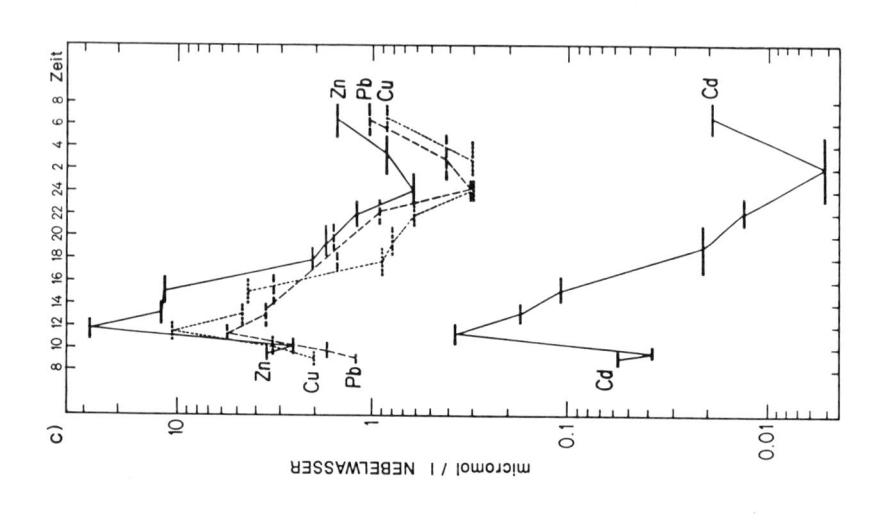

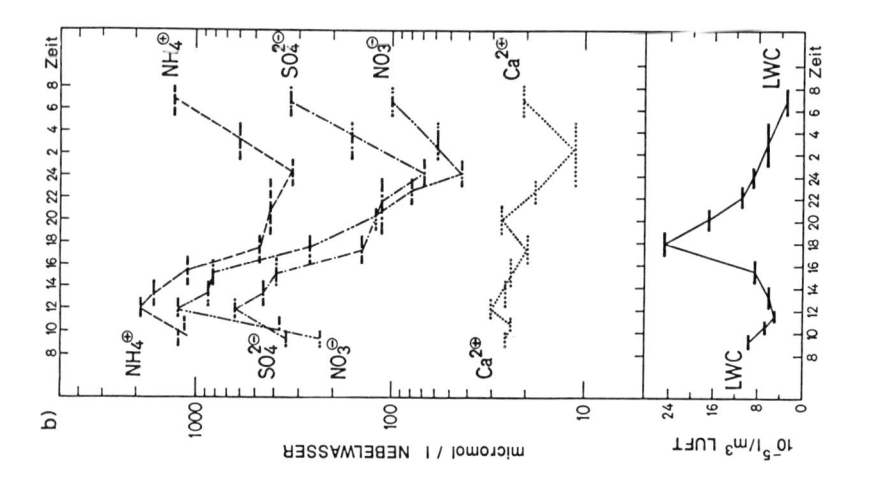

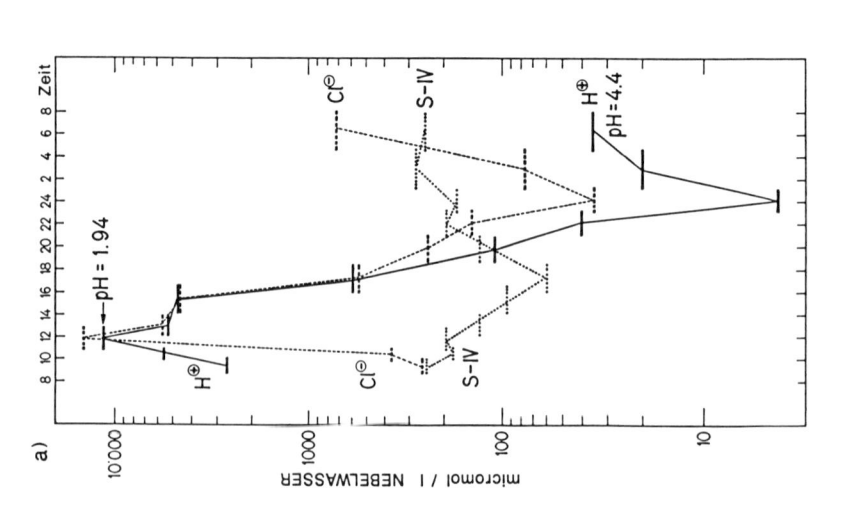

Abbildung 4.10
Veränderung in der Konzentration eines Nebelwassers in einem Strahlungsnebel in Dübendorf
(Sigg et al., *The Chemistry of Fog, Factors regulating its composition*, Chimia *41*, 159 – 165, 1987)

148

standteilen der Gasphase gebildet werden. Abbildung 4.11 gibt ein vereinfachtes Schema über die Grössenverteilung der Aerosole wieder. Die sauren und "neutralen" Komponenten, insbesondere die Ammoniumsulfat- und Ammoniumnitrataerosole kommen in den feinen Aerosolen vor, während die Aerosole mit grösserem Durchmesser wegen ihrem Anteil an Staub und Flugasche eher neutral bis alkalisch sind. Schwermetalle und viele organische Komponenten, u.a. auch polyzyklische, aromatische Kohlenwasserstoffe und andere toxische Verbindungen wie Nitrophenole, sind in den Aerosolen enthalten.

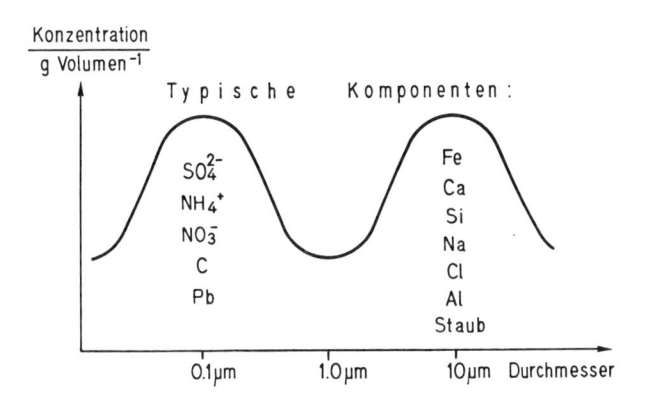

Abbildung 4.11
Schematische Grössenverteilung der Aerosole
Die typischen Sekundäraerosole, die aus NH_3 und den Säuren H_2SO_4 und HNO_3 gebildet werden, gehören zu den feinen (d < 1 µm) Aerosolen
(Nach Seinfeld, 1986)

Die Bildung von Sulfat- und Nitrataerosolen
Folgende Reaktionen von Gasphasekomponenten führen zu Aerosolen:

$$H_2SO_4(g) + 2\,NH_3(g) \rightleftarrows \{(NH_4)_2SO_4\}_{aerosol} \quad (33)$$

$$H_2SO_4(g) + NH_3(g) \rightleftarrows \{NH_4HSO_4\}_{aerosol} \quad (34)$$

$$HNO_3(g) + NH_3(g) \rightleftarrows \{NH_4NO_3\}_{aerosol} \quad (35)$$

$$HCl(g) + NH_3(g) \rightleftarrows \{NH_4Cl\}_{aerosol} \quad (9)$$

oder:

$$H_2SO_4(g) + 2\ HNO_3(g) + 4\ NH_3(g) \rightleftarrows$$
$$\{(NH_4)_2SO_4 \cdot 2\ NH_4NO_3\}_{aerosol} \tag{37}$$

$$H_2SO_4(g) \rightleftarrows \{H_2SO_4(\ell)\}_{aerosol} \tag{38}$$

Mischungen von Aerosolen werden auch erhalten, z.B.

$$\{(NH_4)_2SO_4 \cdot 2\ NH_4NO_3\}_{aerosol} \rightleftarrows$$
$$\{(NH_4)_2SO_4\}_{aerosol} + 2\ HNO_3(g) + 2\ NH_3(g) \tag{39}$$

Diese atmosphärischen Ammoniumaerosole (d = 0.3 − 1 μm) sind bei tiefer Feuchtigkeit als Feststoffe vorhanden. Die Reaktionen (33 − 37) sind den Fällungsvorgängen vergleichbar. Die Gleichgewichte können im Sinne von Gleichgewichtskonstanten formuliert werden, z.B. für die Reaktion (33) oder (35) gelten:

$$K_p\ (33) = p_{NH_3}^2 \cdot p_{H_2SO_4} = 2.33 \times 10^{-38}\ \text{atm}^3\ (25°\ C) \tag{40}$$

$$K_p\ (35) = p_{NH_3} \cdot p_{HNO_3} = 3.03 \times 10^{-17}\ \text{atm}^2\ (25°\ C) \tag{41}$$

Die Aerosole werden relativ schnell gebildet, sobald das Produkt der Partialdrucke überschritten wird. Die Konstanten sind stark temperaturabhängig.

In feuchter Luft werden die in den Reaktionen (33 − 37) aufgeführten Aerosole in Tröpfchen umgewandelt (Deliqueszenz); z.B. oberhalb 75 % relative Feuchtigkeit (5° C). Für flüssige Aerosole können ebenfalls Gleichgewichtskonstanten wie (40), (41) definiert werden; sie sind aber stark von der relativen Feuchtigkeit abhängig. Die flüssigen Aerosole sind äusserst konzentriert (Salzlösungen bis zu 26 M).

Die Ammoniumsulfat- und Ammoniumnitrat-Aerosolbildung ist eine Säure/Base-Reaktion der Atmosphäre. Das Ammoniak neutralisiert die Säuren. Die Schwefelsäure hat einen sehr tiefen Dampfdruck (< 10^{-7} atm) und besteht deshalb in der Atmosphäre als feine flüssige Partikel, die mit NH_3 und H_2O reagieren (Reaktion (33)). Ammoniak wird in der Atmosphäre H_2SO_4 und dann HNO_3 neutralisieren. Falls in die Atmosphäre $(NH_3) < 2\ (SO_4^{2-})$, dann wird die flüssige Phase sauer sein und NH_4HSO_4 und H_2SO_4-Aerosole werden vorherrschen. Wenn andererseits $(NH_3) > 2\ (SO_4^{2-})$, dann wird die flüssige Phase neutralisiert sein.

4.5 Saure Traufe – Saure Seen

Obschon die Konzentration an überschüssiger Säure in Mitteleuropa ähnlich hoch ist wie in Skandinavien, sind die Konsequenzen saurer Regen auf Böden und aquatischen Ökosystemen, in Mitteleuropa im Vergleich zu Skandinavien und Teilen Nordamerikas eher gering, da unsere Böden und Sedimente fast überall relativ hohe Anteile an Carbonaten (Kalk) enthalten, die eine rasche Neutralisierung der überschüssigen Säuren bewirken. Dies ist nicht der Fall in einigen Bergseen, vor allem im Bereich der Wasserscheiden im oberen Maggiatal und im Verzascatal (Schweiz), in ausschliesslich kristallinem Terrain. Die Verwitterung dieser kristallinen Gesteine (Granite, Gneise, Glimmerschiefer), d.h. die Reaktion von überschüssiger Säure (H^+-Ionen) mit den Basen dieser Gesteine erfolgt viel langsamer als die Auflösung von Karbonaten. Deshalb kommen in diesen Berggebieten saure Seen vor. Solche Bergseen sind vor allem dann sauer, wenn die Aufenthaltszeit des sauren Regen- oder Schneewassers im Einzugsgebiet relativ kurz ist. Da auch die Bodenbedeckung vor allem aus Felsbrocken und Festgesteinen, und kaum aus feinverteiltem Bodenmaterial besteht, hat das Wasser wenig Zeit, mit den Gesteinen zu reagieren.

Abbildung 4.12 zeigt als Beispiel die Zusammensetzung einiger Tessiner Bergseen im oberen Teil des Maggiatals. Das Einzugsgebiet der Seen Zota und Cristallina besteht ausschliesslich aus kristallinem Gestein (Granit, Gneiss), während im Einzugsgebiet des Sees Val Sabbia auch Bündner Schiefer und Dolomit vorkommen; der See Piccolo Naret befindet sich dazwischen und ist wahrscheinlich durch Dolomit beeinflusst. Die Seen Cristallina und Zota sind durch fehlende Alkalinität, pH < 5.3, und mineralische Acidität gekennzeichnet. Die Seen Val Sabbia und Piccolo Naret haben hingegen Alkalinitäten von 130 µeq/*l* bzw. 50 µeq/*l*.

Durch die Verschiebung zu tieferen pH-Werten werden Löslich-

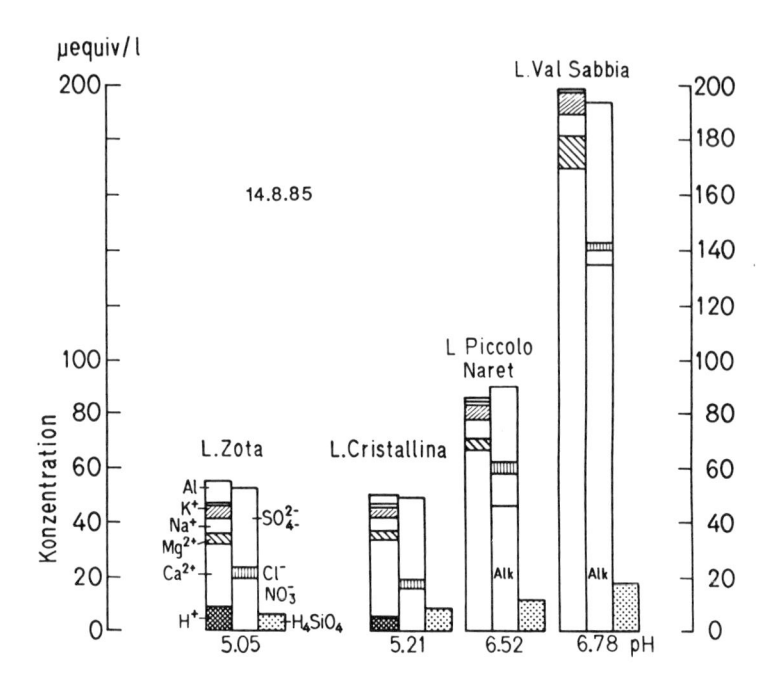

Abbildung 4.12
Zusammensetzung einiger Tessiner Bergseen im kristallinen Einzugsgebiet

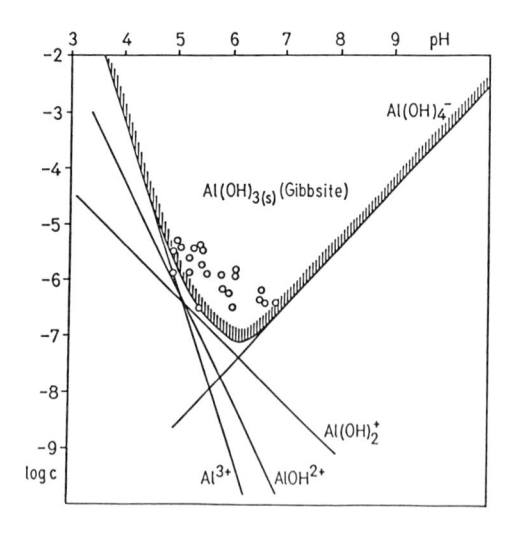

Abbildung 4.13
Löslichkeit von Aluminium als Funktion des pH; die ausgezogenen Linien sind aufgrund der thermodynamischen Konstanten berechnet, die Punkte wurden in verschiedenen Tessiner Bergseen gemessen.

keits- und Adsorptionsgleichgewichte verschiedener Elemente beeinflusst. Insbesondere ist die pH-abhängige Veränderung der Löslichkeit von Aluminium von Bedeutung (Abbildung 4.13). Die Konzentration des freien Al^{3+} nimmt mit abnehmendem pH entsprechend dem Gleichgewicht mit Aluminiumhydroxid (Gibbsit) zu. In empfindlichen Gewässern wird mit der pH-Abnahme eine Zunahme der gelösten Aluminiumkonzentration beobachtet, die toxische Effekte auf verschiedene Organismen (insbesondere Fische) hat. Auch die gelösten Konzentrationen von Schwermetallen wie Cadmium, Kupfer nehmen mit abnehmendem pH zu.

Ökologische Auswirkungen
In Gebieten mit empfindlichen Gewässern (insbesondere in Skandinavien) wurden die Versauerung der Gewässer und die damit zusammenhängenden ökologischen Schäden (Verschwinden empfindlicher Fischspezies, Störung der Nahrungskette) schon längere Zeit beobachtet.

Eine experimentelle Studie in Kanada (Schindler et al., 1985, *Longterm ecosystem stress: ten years of experimental acidification on a small lake,* Science 228, 1395) zeigt folgende biologische Effekte der sukzessiven Ansäuerung eines Sees, wobei der pH von 6.8 auf 5.1 innerhalb von 8 Jahren gesenkt wurde:
– Verschiebung der Speziesverteilung von Phytoplankton und Zooplankton;
– Beeinträchtigung der Nahrungskette;
– Beeinträchtigung der Reproduktion der Fische;
– Schäden an den verbleibenden Fischen.

Frühwarnsysteme der Natur
Die Atmosphäre ist ein wichtiges Förderband nicht nur für die potentiellen starken Säuren, sondern auch für viele Substanzen, die die aquatischen und terrestrischen Ökosysteme gefährden. Regenwasser enthält in dicht besiedelten Gebieten in der Regel höhere Konzentrationen an gelösten Schwermetallen als unsere Oberflächengewässer. Die atmosphärische Belastung des Bodensees mit Schwermetallen ist um ein bis zwei Grössenordnungen grösser als diejenige der Ozeane. Saure Seen und schlecht wachsende Bäume sind Indikatoren für die Verunreinigung der Atmosphäre. Sie sind Warnsysteme, die uns anthropogene Störungen wichtiger hydrogeochemischer Kreisläufe anzeigen.

Übungsaufgaben

1) Ein Liter Wasser (pH = 5) in einer geschlossenen Zehnliterflasche enthält anfänglich 1 µg/ℓ folgender Substanzen: Toluol, Essigsäure, 2,4–Dinitrophenol und elementares Quecksilber. Welche Anteile dieser Substanzen bleiben bei Gleichgewicht mit der Gasphase im Wasser?
Hinweis: die Henry-Konstanten können aus Abbildung 4.7 berechnet werden.

2) Welches ist der pH und wie ist die Zusammensetzung von Regentropfen, die im Gleichgewicht mit dem CO_2-Gehalt der Atmosphäre p_{CO_2} = 3.4 × 10^{-4} atm und einem NH_3-Partialdruck von p_{NH_3} = 10^{-8} atm sind?
Die Temperatur ist 10° C. Die Konstanten für 10° C sind:
K_H (CO_2)   = 5.37 × 10^{-2} M atm^{-1},
K_H (NH_3)   = 120 M atm^{-1},
Acidititätskonstanten $K_{NH_4^+}$ = 1.9 × 10^{-10},
$K_{H_2CO_3^*}$ = 3.5 × 10^{-7},
$K_{HCO_3^-}$ = 3.2 × 10^{-11},
K_W = 0.4 × 10^{-14}

3) In einem als geschlossen zu betrachtenden Kanalisationssystem hat es pro m^3 Volumen 10 Liter anoxisches Wasser.
Wie ist die Verteilung von H_2S zwischen Gas und Wasser in Abhängigkeit vom pH, wenn die totale Konzentration von $S(-II)$-Verbindungen (H_2S, HS^- und S^{2-} 10^{-4} mol m^{-3}) beträgt? Die Konstanten können der Tabelle 4.1 entnommen werden.

4) Atmosphärische Wassertröpfchen 10^{-4} ℓ/m^3 Atmosphäre enthalten total 10^{-8} mol/m^3 NH_4^+ und 5 × 10^{-9} mol/m^3 SO_2.
  i) Welches ist der pH des atmosphärischen Wassers vor und nach der vollständigen Oxidation des SO_2 durch H_2O_2?
  ii) Welches ist die Acidität der Wassertröpfchen vor und nach der Oxidation des SO_2? (dabei ist der Referenzzustand für die Acidität anzugeben).
  iii) Nach Deposition der Wassertröpfchen auf dem Boden wird das NH_4^+ zu NO_3^- nitrifiziert. Welches ist die gesamte Acidität, die aus der Deposition der Schadstoffe aus einem m^3 Atmosphäre stammt?

5) Welches ist die ungefähre Alkalinität (Null, positiv, negativ) des Wolkenwassers unter oxischen Bedingungen (d.h. wenn SO_2 oxidiert ist zu SO_4^{2-}), wenn in einem geschlossenen System anfänglich (mit einem Flüssigwassergehalt von 10 cm³ Wasser pro m³ Atmosphäre) 10^{-7} mol NH_3 pro m³ und 2×10^{-7} mol SO_2 pro m³ vorliegt?

6) In einem geschlossenen Gassystem (25° C) sind anfänglich vorhanden:
$NH_{3(g)}$: p_{NH_3} = 10^{-6} atm und
$HNO_{3(g)}$: p_{HNO_3} = 5×10^{-7} atm

Wieviel NH_3 und HNO_3 bleibt nach Bildung der Aerosole ($k_p = 3 \times 10^{-17}$ atm²) in der Gasphase zurück?

7) Ein Regenwasser weist einen pH von 4.3 auf. Dieses Regenwasser enthält 8×10^{-5} M NH_4^+ und 4×10^{-5} M NO_3^-.
Wie verändert sich die Azidität dieses Regenwassers, wenn es nach Eintrag in den Boden
a) zuerst nitrifiziert wird; und
b) wenn später in einer anoxischen Zone die Hälfte des NO_3^- denitrifiziert wird?

Kapitel 5

Zur Anwendung thermodynamischer Daten und der Kinetik

5.1 Einleitung
Thermodynamische Daten

Für eine Darstellung der Thermodynamik verweisen wir auf Lehrbücher. Wir beschränken uns hier darauf, vorerst zu illustrieren, wie thermodynamische Daten, z.B. Daten über die molare freie Bildungsenthalpie (Gibbs, partial molar free energy of formation), über die molare Bildungs-Enthalpie (= Reaktionswärme bei konstantem Druck und Temperatur; standard partial molar enthalpy of formation) verwendet werden können, um Gleichgewichtskonstanten zu berechnen und um abzuleiten, welche Reaktion unter vorgegebenen Bedingungen "spontan" ablaufen. Eine "spontane" Reaktion ist eine, die thermodynamisch möglich ist; ob die Reaktion in einem gewissen Zeitabschnitt abläuft, lässt sich daraus aber nicht ableiten.

5.2 Das Gleichgewichtsmodell

Der Gleichgewichtszustand gibt gewissermassen die Randbedingungen, denen das System (schnell, langsam oder unendlich langsam) zustrebt. Bekanntlich gilt:

$$\Delta G = \Delta H - T\Delta S \tag{1}$$

d.h., etwas vereinfacht ausgedrückt, dass bei konstantem Druck und Temperatur ΔG die Veränderung in der freien Reaktionsenthalpie (Gibbs free energy) – entsprechend der maximalen Nutzarbeit des Systems – gleich ist der Tendenz, die Enthalpie (ΔH) zu vermindern minus die Tendenz, die Entropie des Systems zu vergrössern ($T\Delta S$). Chemische Reaktionen in einem System laufen bei konstanter Temperatur und bei konstantem Druck nur in Richtung verminderter freier Reaktionsenthalpie ab ($\Delta G < 0$).

Die Theorie des thermodynamischen Gleichgewichts ist sehr geeignet, um die verschiedenen Variablen zu identifizieren, welche die Zusammensetzung chemisch natürlicher Systeme umschreiben; sie ist ein Ordnungsprinzip, das häufig ermöglicht, von der Komplexität der Natur zu abstrahieren. Der Vergleich zwischen einem Gleichgewichtsmodell und dem realen System ermöglicht festzustellen, inwieweit Nicht-Gleichgewichtsbedingungen vorliegen, oder ob analytische Daten mangelhaft oder nicht genügend spezifisch sind. Der Unterschied zwischen Gleichgewichtsmodell und realem System ermöglicht dann bessere Modelle, z.B. "steady state"-Modelle zu entwickeln.

Selbstverständlich sind natürliche *Gewässer offene und dynamische Systeme* mit verschiedenen Inputs und Outputs von Energie (man denke an die Sonnenenergie oder die Photosynthese) für die der Gleichgewichtszustand eine "Konstruktion" darstellt. Aber das Konzept der freien Reaktionsenthalpie ist auch im dynamischen System von grosser Bedeutung.

Zusätzlich müssen wir berücksichtigen, dass auch in einem dynamischen System gewisse Bestandteile des Systems – z.B. Säure-Base und andere Koordinationsreaktionen oder ein lokaler Bereich (man spricht in der Geochemie vom "lokalen" Gleichgewicht) – im Gleichgewicht stehen.

Metastabiles Gleichgewicht

Aus der Mechanik kennen wir die Begriffe der Stabilität, Instabilität und Metastabilität: Eine Kugel in der energetisch tiefsten Lage, in einem Tal, ist im stabilen Gleichgewicht. Wird sie durch eine Kraft aus dieser Lage entfernt, kehrt sie von selbst wieder in die Position des stabilen Gleichgewichts zurück. Eine Kugel in einem Zwischenminimum — aber nicht in der energetisch tiefsten Lage — ist in einem metastabilen Gleichgewicht. Wird sie nur wenig aus ihrer Ruhelage entfernt, so geht sie von selbst in diese zurück. Bei einer stärkeren Auslenkung geht sie aber in den Zustand des stabilen Gleichgewichtes zurück.

Bei chemischen Reaktionen müssen wir oft metastabile Gleichgewichte betrachten. Z.B. sind bei festem $CaCO_3$ verschiedene Kristallarten möglich. In einem natürlichen Wasser bei 25° C ist das Aragonit thermodynamisch weniger stabil als Calcit. Unter bestimmten Bedingungen kann Aragonit gegenüber Calcit sich metastabil verhalten.

Die Gleichgewichtskonstante

Die Beziehung zwischen ΔG und der Zusammensetzung des Systems ergeben sich für die Reaktion

$$aA + bB \rightleftarrows cC + dD \tag{2}$$

$$\Delta G = \Delta G^0 + RT \ln \frac{\{C\}^c \{D\}^d}{\{A\}^a \{B\}^b} \tag{3}$$

oder

$$\Delta G = \Delta G^0 + RT \ln Q$$

wobei ΔG^0 *Standard* freie Gibbs Energie (Reaktionsenthalpie) der Reaktion ist. ($\Delta G = \Delta G^0$ wenn $Q = 1$).

Bei Gleichgewicht ist $\Delta G = 0$, und der numerische Wert von Q wird gleich der Gleichgewichtskonstante

$$K \equiv Q_{eq} = \left(\frac{\{C\}^c \{D\}^d}{\{A\}^a \{B\}^b}\right)_{eq} \tag{4}$$

Dann ist

$$\Delta G^0 = -RT \ln K \tag{5}$$

und

$$\Delta G = RT \ln \frac{Q}{K} \tag{6}$$

Die Gleichungen (5) und (6) sind von zentraler Bedeutung. Der Vergleich von Q (effektive Zusammensetzung) mit dem Wert von K (Gleichgewichtszusammensetzung) ermöglicht abzuklären, ob das System im Gleichgewicht ist ($\Delta G = 0$), ob die Reaktion spontan ist ($\Delta G < 0$) oder nicht möglich ($\Delta G > 0$).

ΔG^0 ergibt sich aus der Summe der freien Bildungsenthalpien, der Produkte minus der Summe der freien Bildungsenthalpien der Edukte.

$$\Delta G^0 = \sum_i \upsilon_i G^0_{f\,Produkte} - \sum_i \upsilon_i G^0_{f\,Edukte} \qquad (7)$$

Die freien Bildungsenthalpien G^0_f sowie die Daten für H^0_f und $\bar{S}^0$ sind im Appendix am Schluss des Kapitels enthalten.

Konventionen

Gleichgewichtskonstanten, K, und *Reaktionsquotienten*, Q, sind so definiert, dass

- gelöste Bestandteile mit ihren Aktivitäten oder Konzentrationen (in der Regel mol/ℓ oder mol/kg Lösungsmittel);
- reine feste Phasen und Lösungsmittel mit der Aktivität =1; und
- Gaskomponenten mit ihrem Partialdruck (oder exakter mit ihrer Fugazität) in die Gleichungen eingesetzt werden.

Z.B. ist die *Gleichgewichtskonstante* für

$$SO_2(g) + H_2O\,(\ell) \rightleftarrows SO_2 \cdot H_2O$$

definiert als

$$\{SO_2 \cdot H_2O\} / p_{SO_2},$$

wobei $\{H_2O\} = 1$ und p_{SO_2} = Partialdruck von SO_2 in atm;

oder der *Reaktionsquotient* für die Reaktion (der Suffix eff macht deutlich, dass es sich um effektive Konzentrationen handelt).

$$CaCO_3(s) + CO_2(g) + H_2O\,(\ell) \rightleftarrows Ca^{2+} + 2\,HCO_3^-$$

$$Q = \frac{\{Ca^{2+}\}_{eff} \{HCO_3^-\}_{eff}^2}{p_{CO_2 eff}}$$

wobei

$\{CaCO_3(s)\} = 1$, und

$\{H_2O\} = 1$

oder das *Gesetz von Henry* für die Löslichkeit von O_2 in Wasser:

$O_2(g) \rightleftarrows O_2(aq)$; $K_H = \{O_2(aq)\} / p_{O_2}$ oder

$O_2(aq) = K_H p_{O_2}$, wobei p_{O_2} = Partialdruck von O_2 (atm).

Beispiele:
ΔG^O und Gleichgewichtskonstante

i) Was ist ΔG^O und die Gleichgewichtskonstante K für die Reaktion

$\frac{1}{2} O_2(g) + Mn^{2+} + H_2O(\ell) = MnO_2(s)$ (Pyrolysit) + 2 H^+

Aus der Tabelle (siehe Anhang) sind folgende G_f^o-Werte (kJ mol^{-1}) erhältlich:

H^+: 0; $MnO_2(s)$: –465.1; $H_2O(\ell)$: –237.18; Mn^{2+}: –228.0;

Dementsprechend ist

$\Delta G^O = -465.1 - [(-237.18) + (-228.0)] = +0.08$ kJ mol^{-1}

$-\log K = \Delta G^O / 2.3 RT = -0.08/5.7066 = 0.01;$ $K \approx 1.0$

ii) Berechne die Gleichgewichtskonstante (Löslichkeitsprodukt) von $MnCO_3(s)$ (25° C)

$MnCO_3(s) = Mn^{2+} + CO_3^{2-}$; K_{s0}

Die entsprechenden G_f^o-Werte sind:

$MnCO_3 = -816.0$ kJ mol^{-1}
$Mn^{2+} = -228.0$ kJ mol^{-1}

CO_3^{2-} = −527.9 kJ mol⁻¹
ΔG^0 = −228.0 + (−527.9) − (−816.0) = 60.1 kJ mol⁻¹
−log K_{s0} = $\Delta G^0/2.3\,RT$

Dementsprechend ist

log K_{s0} = −10.53 oder $K_{s0} = 3 \times 10^{-11}$ (25° C)

iii) Berechne die Gleichgewichtsreaktion für die Reaktion (25° C)

$$SO_4^{2-} + 9\,H^+ + 8\,e^- \rightleftarrows HS^- + 4\,H_2O\ (\ell): K$$

folgende G_f^0-Werte in kJ mol⁻¹

SO_4^{2-} : −742.0, HS^- : 12.6, $H_2O\ (\ell)$: −237.2
H^+ : 0 e^- : 0
$\Delta G^0 = 4(-237.2) + 12.6 − (−742.0) = −194.2$ kJ mol⁻¹

$$K = \frac{\{HS^-\}}{\{SO_4^{2-}\}\,\{H^+\}^9\,\{e^-\}^8} = 10^{34}$$

Beispiele:
Q/K

Wenn Q < K oder Q/K < 1, ist die Reaktion (wie geschrieben von links nach rechts) aus thermodynamischer Sicht möglich (vgl. Gleichung (6)).

i) Eine wässrige Lösung (konstante ionale Stärke) enthält 10^{-4} M CO_3^{2-} und 10^{-3} M Ca^{2+}.

Wird die Reaktion $Ca^{2+} + CO_3^{2-} = CaCO_3(s)$, deren $K = 10^{8.1}$ ist, stattfinden?

$Q = 1/(10^{-3} \times 10^{-4}) = 10^7$, $K = 10^{8.1}$
Q < K oder Q/K < 1,

demnach wird $CaCO_3$ ausfällen.

ii) Ist eine 10^{-6} molare Lösung von atomarem Hg in Bezug auf ihr Gleichgewicht mit löslichem Quecksilber [Hg (ℓ)] über- oder untersättigt?

Die Gleichgewichtskonstante für

Hg (ℓ) = Hg (aq) ist $K = 10^{-6.5}$ (25° C),

Dementsprechend ist die Löslichkeit von Hg (ℓ) bei 25° C gleich $10^{-6.5}$ M (3×10^{-7} M oder 0.06 mg/ℓ).

Q/K = $10^{-6}/10^{-6.5} = 10^{-0.5}$,

d.h. die Lösung ist übersättigt und Hg (ℓ) sollte sich abscheiden.

5.3 Umrechnung von Gleichgewichtskonstanten auf andere Temperaturen und Drucke

Aufgrund der thermodynamischen Beziehung (bei konstantem Druck)

$$\left(\frac{\delta \ln K}{\delta T}\right)_p = \frac{\Delta H^o}{RT^2} \tag{8}$$

(wobei ΔH^o = Standard Veränderung der freien Enthalpie, T = absolute Temperatur, R = 8.314 J mol^{-1} K^{-1}) ergibt sich (falls ΔH^o unabhängig von Temperatur ist, was im Bereich 5 – 35° C häufig in erster Annäherung angenommen werden kann).

$$\ln \frac{K_{T_2}}{K_{T_1}} = \frac{\Delta H^o}{R}\left(\frac{1}{T_1} - \frac{1}{T_2}\right) \tag{9}$$

Für den Fall, dass ΔH^o nicht unabhängig von der Temperatur ist: siehe W. Stumm und J.J. Morgan, *Aquatic Chemistry*, Kapitel 2, Wiley Interscience, New York, 1981.

Beispiel:
Berechne das Löslichkeitsprodukt von CaCO$_3$ (s) (Calcit) bei 15° C. Für die Reaktion CaCO$_3$ (s) = Ca^{2+} + CO$_3^{2-}$; K_{s0} ist das Löslichkeitsprodukt bei 25° C log K_{s0} = –8.42. Aus den Tabellen im Appendix dieses Kapitels berechnen wir für die Auflösungsreaktion ein ΔH^o (bei 25° C) = –12.53 kJ mol^{-1}. Daraus berechnet sich

$\ln K_{s0}$ (15° C) = $\ln K_{s0}$ (25° C) +

$$\frac{\Delta H^0}{R} \left(\frac{1}{298.15} - \frac{1}{288.15} \right) = -19.20$$

oder log K_{s0} (15° C) $\cong$ –8.34. Das stimmt nicht genau mit dem experimentell bestimmten Wert in Tabelle 3.1 (–8.37) überein.

R.L. Jacobson und D. Langmuir (Geochim. Cosmochim. Acta *38*, 301,1974) geben folgende zusammenfassende Gleichung für die Temperaturabhängigkeit des Löslichkeitsproduktes aufgestellt:

$$-\log K_{s0} = 13.870 - 3059\, T^{-1} - 0.04035\, T.$$

Druckabhängigkeit

Der Einfluss des Druckes auf die Gleichgewichtskonstante ist durch die thermodynamische Beziehung

$$\left(\frac{\delta \ln K}{\delta P} \right)_T = -\frac{\Delta V^0}{RT} \qquad (10)$$

gegeben, wobei V^0 das partielle molale Volumen [cm^3 mol^{-1}] (Standardbedingungen) ist.

Falls ΔV^0 unabhängig vom Druck ist, gilt:

$$\ln \frac{K_P}{K_1} = -\frac{\Delta V^0 (P-1)}{RT} \qquad (11)$$

wobei K_1 die Gleichgewichtskonstante bei P = 1 atm ist. Für CaCO$_3$ (s) (Calcit) ist ΔV^0 = –58.3 cm^3 mol^{-1}. Bei einem Druck von 1000 atm (~ 10'000 Meter Wasser) ist K_P/K_1 = 8.1.

Für eine genaue Ableitung – auch für den Fall, dass ΔV^0 nicht unabhängig vom Druck ist – siehe W. Stumm und J.J. Morgan, *Aquatic Chemistry*, S. 74, Wiley-Interscience, New York, 1981. Für die Druckabhängigkeit der CaCO$_3$-Löslichkeit im Meerwasser siehe J. M. Gieskes in *The Sea*, Wiley Interscience, New York, 1974.

Allgemeine Lehrbücher

G. WEDLER (1987) *Lehrbuch der physikalischen Chemie*, Dritte Auflage, Verlag Chemie VCH, Weinheim.

W.J. MOORE (1978) *Physikalische Chemie*, W. de Gruyter Verlag, Berlin.
R. REICH (1978) *Thermodynamik*, Verlag Chemie VCH, Weinheim.
K. DENBIGH (1974) *Prinzipien des chemischen Gleichgewichts*, Zweite Auflage, Steinkopf Verlag, Darmstadt.
R.M. GARRELS; C. CHRIST (1965) *Minerals, Solutions and Equilibria*, Harper and Row, New York.
G. SPOSITO (1981) *The Thermodynamics of Soil Solutions*, Clarendon Press, Oxford.

5.4 Kinetik – Einleitung

Die Thermodynamik beschäftigt sich mit der chemischen Zusammensetzung eines Systems im Gleichgewicht – unabhängig von der Zeit – nach der sich das Gleichgewicht einstellt. Die Thermodynamik gibt gewissermassen die *Direktion* und das mögliche Ausmass der chemischen Veränderung. Anderseits untersucht die Kinetik die Frage, wie schnell sich ein Gleichgewicht einstellt (Reaktionsgeschwindigkeit), und auf welchem Weg sich das System zum Gleichgewicht entwickelt (Reaktionsmechanismus). Die Fragen der chemischen Kinetik sind also:

1. Welches ist die Geschwindigkeit der Reaktion?
2. Wie kann die Geschwindigkeit beeinflusst werden?
3. Was ist der Reaktionsweg oder der Mechanismus?

Wir können hier die Grundlagen der chemischen Reaktionskinetik und der molekularstatistischen Basis nicht behandeln. Wir verweisen auf folgende Lehrbücher:

W.J. MOORE; R.G. PEARSON (1981) *Kinetics and Mechanisms*, Wiley Interscience, New York.
K. LAIDLER (1970 / 1973) *Reaktionskinetik* I und II, McGraw-Hill, New York.
M. QUACK; S. JANS-BÜRLI (1986/1987) *Molekulare Thermodynamik und Kinetik*, Teil 1 und 2, Verlag der Fachvereine, Zürich.
A.C. LASAGA; R.J. KIRKPATRICK (Eds.) (1981) *Kinetics of Geochemical Processes*, Mineral Soc. of America, Washington.

Das kinetische Kapitel in: *Chemical Processes in Lakes*, J.J. Morgan and A.T. Stone; *Kinetics of Chemical Processes of Importance in Lacustrine Environments* (W. Stumm, Ed.), Wiley-Interscience New York und das Buch *Aquatic Chemical Kinetics; Chemical Reactions in Natural Waters* (W. Stumm, Herausg.), Wiley Interscience, New York (1990) geben einen wertvollen Überblick über die Anwendung der Kinetik in natürlichen Gewässern.

Wir beschränken uns hier darauf, die propädeutischen Unterlagen und einige Grundbegriffe kurz zusammenzustellen, um bei der Anwendung reaktionskinetischer Probleme in wässriger Lösung und in natürlichen Gewässern behilflich zu sein. Die reaktionskinetische Darstellung von CO_2-Reaktionen, die Kinetik der Hydratisierung, der Gas-Wasser-Transfer von CO_2 werden in diesem Kapitel illustriert. Andere kinetische Beispiele werden in den anderen Kapiteln erläutert.

5.5 Die Reaktionsgeschwindigkeit

Die Geschwindigkeit einer Reaktion wird umschrieben durch die Anzahl Moleküle oder Ionen, die sich in einer Zeitperiode umsetzen: die Umsatzgeschwindigkeit (rate of conversion)

$$v_\xi(t) = \frac{d\xi}{dt} = v_1^{-1} \frac{dn_i}{dt} \tag{12}$$

wobei

n_i = Stoffmenge [mol] in einem geschlossenem System;
ξ = Reaktionslaufzahl (Reaktionsfortgang)* = $v^{-1} \cdot dn$;

wobei

v = stoichiometrischer Koeffizient (positiv für Produkte, negativ für Reaktanden (Edukte))

---

* Auf englisch: degree of advancement of reaction

Konventionell wird dies meistens als Reaktionsgeschwindigkeit pro Volumeneinheit in Konzentrationen definiert:

$$c_i = \frac{n_i}{V} \tag{13}$$

$$v_c(t) = \frac{v_\xi}{V}(t) = \frac{1}{v_i}\frac{dc_i}{dt} \tag{14}$$

Die Konzentrationsabhängigkeit der Reaktionsgeschwindigkeit homogener Reaktionen
In einer allgemeinen Reaktion

$$aA + bB + \underset{\longleftarrow}{\overset{k}{\longrightarrow}} cC + dD \tag{15}$$

kann die Reaktionsgeschwindigkeit umgeschrieben werden als

$$v_c(t) = -\frac{1}{a}\frac{d[A]}{dt} = k\left([A]^\alpha + [B]^\beta + \ldots\right) \tag{16}$$

wo k die Geschwindigkeitskonstante ist mit den Einheiten [conc.$^{1-n}$ Zeit^{-1}], wobei $n = \alpha + \beta + \ldots$ = Reaktionsordnung. Der einzelne Exponent α, β etc. wird Reaktionsordnung bezüglich der entsprechenden Spezies genannt. Eine Reaktionsordnung ist nur bei Gültigkeit des Ansatzes (16) definierbar. Die einfachsten Zeitgesetze sind in Abbildung 5.1. zusammengefasst.

Prozesse in der Umwelt.
Wie Abbildung 5.2 (von J. Hoigné) illustriert, können in Wasser eingetragene Stoffe, P, (P = Pollutant) durch verschiedene physikalische, chemische und mikrobiotische Prozesse mehr oder weniger rasch transformiert werden. Dadurch werden sie bezüglich dem physikalischen, chemischen, ökologischen oder physiologischen Verhalten verändert.

Etwas vereinfacht kann man verallgemeinern, dass in der Regel die Umwandlungsrate jedes Prozesses, r_i, von der Konzentration der Substanz P und von einem vom Reaktionstyp relevanten Umwelt-

Ordnung	Differentialgleichung integriertes Zeitgesetz	Halbwertszeit $t_{1/2}$	Grafik
Nullte	$-d[A]/dt = k$ $[A] = [A]_o - kt$ $k\,[Mt^{-1}]$	$[A_o]/2k$	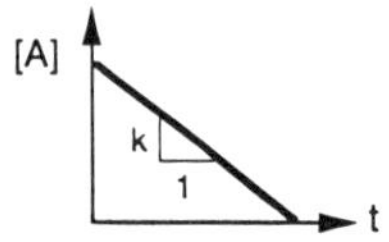
Erste	$-d[A]/dt = k[A]$ $[A] = [A]_o \exp(-kt)$ $k\,[t^{-1}]$	$\ln 2/k$ $= 0.693/k$	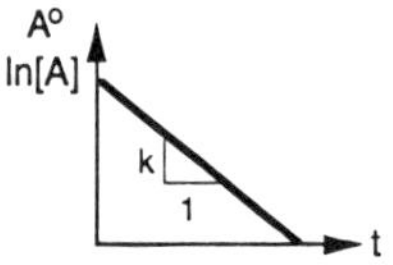
Zweite	$-d[A]/dt = k[A]^2$ $\dfrac{1}{[A]} = \dfrac{1}{[A_o]} + kt$ $k\,[M^{-1}t^{-1}]$	$\dfrac{1}{k[A]_o}$	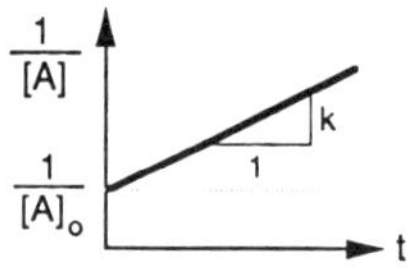

Abbildung 5.1
Einfache Zeitgesetze

faktor (siehe Gleichung in Abbildung 5.2) abhängt. Die totale Umwandlungsgeschwindigkeit, r_{tot}, wird – wie in Parallelreaktionen – durch die schnellsten Reaktionen bestimmt; meistens dominieren nur einer oder zwei der Prozesse und nur diese müssen quantifiziert werden.

Zur Charakterisierung der Umweltfaktoren, E, sind alle für die Reaktion relevanten Parameter des Wassers zu berücksichtigen. Z.B. ist

bei der *alkalischen Hydrolyse eines Esters*

$\qquad r = k_o\,[OH^-] \qquad$ der Umweltfaktor $E = [OH^-]$

bei der *Oxidation von Fe(II) durch Sauerstoff*

$\qquad r = k_{oxid}\,P_{O_2}\,[OH^-]^2 \qquad$ der Umweltfaktor $E = P_{O_2}\,[OH^-]^2$

Speziierung
Die Speziierung von P ist zu berücksichtigen (Säure-Base-Gleich-

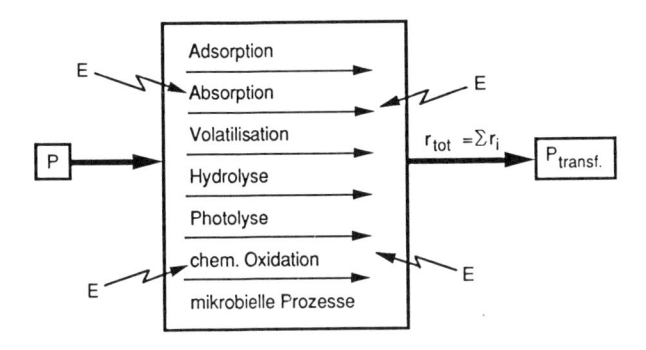

Abbildung 5.2
Die Umwandlung einer Substanz, P, in der Umwelt

$$\Sigma r_i = -\frac{d[P]}{dt} = \Sigma (k_{i,p} \cdot [P] \cdot E)$$

Verschiedene Prozesse können im Wasser eingetragene Stoffe, P, umwandeln. Die Geschwindigkeit der Transformation, r, hängt in der Regel von der vorhandenen Stoffkonzentration, [P] und von einem für den Reaktionstyp relevanten Umweltfaktor, E, ab. $k_{i,p}$ ist die für den Prozess i stoffspezifische Geschwindigkeitskonstante.
Die Geschwindigkeit der Umwandlung von P, r_{tot}, entspricht der Summe der Geschwindigkeiten aller Prozesse, Σr_i; aber in der Regel dominieren nur einer oder zwei der schnellsten Prozesse für eine gegebene Umweltbedingung. Bleibt nur der Umweltfaktor, E, während der Beobachtungszeit konstant, so kann er in die Geschwindigkeitskonstante mit einbezogen werden. Die Kinetik erscheint dann *pseudo-erster Ordnung*:

$$-\frac{d[P]}{dt} = k'_{p,i} \cdot [P]$$

(wobei $k'_{p,i} = k_{p,i} \cdot E$)

Die Halbwertszeit ist die Zeit, die notwendig ist, um die ursprüngliche Konzentration, A_0, zu halbieren (Abbildung 5.1).
(Von J. Hoigné: Vorlesungsunterlagen EAWAG, 1985)

gewichte, Komplexbildung, Adsorption von P) und zur Beurteilung der Gesamtkinetik sind die Beiträge aller Spezies entsprechend den Gleichgewichtskonstanten zu gewichten. Die Gleichung in Abbildung 5.2 gilt für Einzelsubstanzen. Sie kann nicht auf Kollektivparameter (summenmässig erfasste Mischung von Substanzen wie z. B. Phenole, gelöster organischer Kohlenstoff etc.) angewandt werden.

5.6 Elementarreaktionen

Elementarreaktionen

Die Molekularität einer Reaktion wird definiert als die Anzahl Moleküle eines Reaktanden, welche in einem Elementarschritt teilnehmen. Die Molekularität ist nicht identisch mit der oben umschriebenen Reaktionsordnung. Der letztere ist ein phänomenologischer Parameter. Die Totalreaktion besteht in der Regel aus einer Anzahl von Elementarschritten, die zusammen den Reaktionsmechanismus erklären.

Nachfolgend geben wir einige einfache Zeitgesetze für Elementarreaktionen;

$$A \xrightarrow{k} \text{Produkt} \quad ; -d[A]/dt = k[A] \tag{17}$$

$$A + B \rightarrow \text{Produkt} \quad ; -\frac{d[A]}{dt} = k[A][B] \tag{18}$$

$$A + A \rightarrow \text{Produkt} \quad ; -\frac{dA}{dt} = k[A]^2 \tag{19}$$

$$A \underset{k_{-1}}{\overset{k_1}{\rightleftarrows}} B \quad ; -\frac{d[A]}{dt} = k_1[A] - k_{-1}[B] \tag{20a}$$

wobei bei Gleichgewicht

$$d[A]/dt = d[B]/dt = 0,$$

und

$$[B]/[A] = k_1/k_{-1} = K \tag{20b}$$

$$A + B \underset{k_{-1}}{\overset{k_1}{\rightleftarrows}} C + D \quad ; -\frac{d[A]}{dt} = k_1[A][B] - k_{-1}[C][D] \tag{21a}$$

wobei bei Fliessgleichgewicht

$$d[A]/dt = d[B]/dt \ldots = 0$$

und

$$\frac{[C][D]}{[A][B]} = \frac{k_1}{k_{-1}} = K \quad (21b)$$

Die konsekutiven reversiblen Reaktionen:

$$A + B \underset{k_{-1}}{\overset{k_1}{\rightleftarrows}} C \quad (22a)$$

$$C \underset{k_{-2}}{\overset{k_2}{\rightleftarrows}} D \quad (22b)$$

ergeben für die Konzentrationsänderung von [A]

$$-\frac{d[A]}{dt} = k_1[A][B] - k_{-1}[C] \quad (22c)$$

wobei als Konsequenz der mikroskopischen Reversibilität

$$\frac{[C]}{[A][B]} = \frac{k_1}{k_{-1}} = K_1 \quad (22d)$$

und

$$\frac{[D]}{[C]} = \frac{k_2}{k_{-2}} = K_2 \quad (22e)$$

oder

$$\frac{[D]}{[A][B]} = \frac{k_1 k_2}{k_{-1} k_{-2}} \quad (22f)$$

Die konsekutive irreversible Reaktion:

$$A \xrightarrow{k_1} B \xrightarrow{k_2} C \quad (23a)$$

ist kinetisch umschrieben durch

$$\frac{d[A]}{dt} = -k_1[A] \tag{23b}$$

$$\frac{d[B]}{dt} = k_1[A] - k_2[B] \tag{23c}$$

$$\frac{d[C]}{dt} = k_2[B] \tag{23d}$$

Die Steady-State-Annahme
Die reversible Reaktion

$$A \underset{k_{-1}}{\overset{k_1}{\rightleftarrows}} B \tag{24a}$$

gefolgt von der irreversiblen Reaktion

$$B \xrightarrow{k_2} C \tag{24b}$$

ist ein bei vielen Reaktionen auftretender Mechanismus.

Wenn die reversiblen Reaktion (24a) gegenüber (13b) relativ schnell ist, ergibt sich ein einfaches Resultat durch die Annäherung

$$\frac{d[B]}{dt} \cong 0 \tag{24c}$$

d.h. das Zwischenprodukt B ändert seine Konzentration während des Fortschreitens der Reaktion nur langsam. Die Stationärszustands-"steady-state"-Annahme ist dann:

$$\frac{d[B]}{dt} = k_1[A] - k_{-1}[B] - k_2[B] = 0 \tag{24d}$$

und

$$[B] = \frac{k_1[A]}{k_{-1} + k_2} \tag{24e}$$

Die Reaktionsgeschwindigkeit ist dann

$$\frac{d[C]}{dt} = k_2[B] = \frac{k_2 k_1}{k_{-1} + k_2}[A] \qquad (25b)$$

wenn $k_{-1} \gg k_2$

$$\frac{d[C]}{dt} = \frac{k_2 k_1}{k_{-1}}[A] = k_2 K_1[A] \qquad (25c)$$

wobei $K_1 = k_1/k_{-1}$.

Enzym-Katalyse

Bei der von Michaelis und Menton vorgeschlagenen Enzymkatalyse wird zwischen dem Enzym, E, (häufig ein Protein) und dem Substrat, S, der Enzym-Substratkomplex, ES, gebildet (26a), der dann in der subsequenten Reaktion in ein Produkt verwandelt wird.

$$E + S \underset{k_{-1}}{\overset{k_1}{\rightleftarrows}} ES \qquad (26a)$$

$$ES \underset{k_{-2}}{\overset{k_2}{\rightleftarrows}} P + E \qquad (26b)$$

Die Stationärzustandsnahme gilt für den Enzym-Substratkomplex

$$\frac{d[ES]}{dt} = k_1[E][S] - (k_{-1} + k_2)[ES] + k_{-2}[E][P] = 0 \qquad (26c)$$

Der letzte Term in (26c) ist in der Regel vernachlässigbar, da [P] sehr klein ist. Dann gilt:

$$[ES] = \frac{k_1}{k_{-1} + k_2} \cdot [E][S] \qquad (26d)$$

Der Quotient $\frac{k_{-1} + k_2}{k_1} = K_M$ (= Michaelis-Konstante)

$$K_M \cong \frac{[E][S]}{[ES]} \qquad (26f)$$

Wenn man berücksichtigt, dass $[E_T] = [E] + [ES]$ ergibt sich für $[ES]$

$$[ES] = \frac{[E_T][S]}{K_M + [S]} \qquad (26g)$$

Die Anfangsgeschwindigkeit der Produktebildung ist

$$v = \frac{d[P]}{dt} = k_2[ES] \qquad (26h)$$

Die maximale Geschwindigkeit, v_{max} erhält man, wenn $[S] \gg K_M$

$$v_{max} = k_2[E_T] \qquad (26i)$$

ist. Die Michaelis-Menton-Gleichung folgt daraus (vgl. Abbildung 5.3):

$$v = \frac{v_{max}[S]}{K_M + [S]} \qquad (26k)$$

Temperaturabhängigkeit
Die Temperaturabhängigkeit einer Reaktions-Konstante, k, wird bekanntlich durch die Arrhenius-Gleichung

$$k = A_e^{-\Delta E_a / RT}$$

wiedergegeben, wobei ΔE_a die Aktivierungsenergie darstellt; wenn diese bekannt ist, kann die Temperaturabhängigkeit abgeschätzt werden aus

$$\ln \frac{k_1}{k_2} = \frac{\Delta E_a}{R}\left(\frac{1}{T_2} - \frac{1}{T_1}\right)$$

oder aus einer graphischen Darstellung von $\log k$ vs T^{-1}. Wir verweisen auch hier auf die kinetischen Lehrbücher.

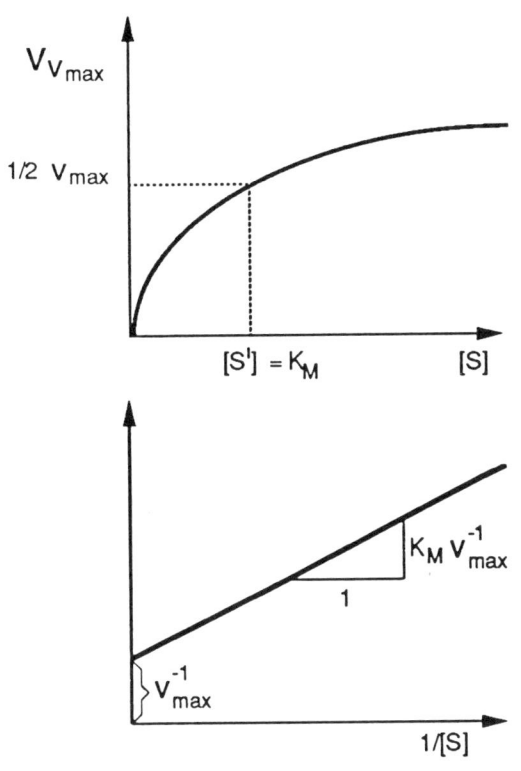

Abbildung 5.3
Die Michaelis-Menton-Enzym-Katalyse
a) Die Anfangsgeschwindigkeit als Funktion von [S]
b) zur Interpretation der gemessenen Werte entsprechend der Gleichung (vgl. 26h)

$$\frac{1}{v} = \frac{K_M}{v_{max}[S]} + \frac{1}{v_{max}}$$

Die Enzymkinetik ist ein Beispiel für katalysierte Reaktionen. Für die Ableitung siehe Gleichung (26) K_M, die Michaelis-Menton-Konstante ist ein Mass für die Empfindlichkeit, d.h. K_M entspricht der Substratkonzentration bei halber Maximalgeschwindigkeit (vgl. Abbildung a) und Gleichung (26k)).

5.7 Fallbeispiel: Die Hydratisierung des CO_2

Die Hydratisierung von CO_2 kann durch folgendes Reaktionsschema charakterisiert werden:

$$\text{(1)} \; H^+ + HCO_3^- \underset{k_{21}}{\overset{k_{12}}{\rightleftharpoons}} H_2CO_3 \; \text{(2)}$$

$$\overset{k_{31}}{\underset{k_{13}}{\searrow\nwarrow}} \quad \overset{k_{23}}{\underset{k_{32}}{\swarrow\nearrow}}$$

$$CO_2 + H_2O$$

$$\text{(3)} \tag{27}$$

Die H_2CO_3 ist die "wahre" Kohlensäure, deren Protolysekonstante $K_{H_2CO_3} = [H^+][HCO_3^-] / [H_2CO_3] \approx 10^{-3.8}$; CO_2 ist das gelöste $CO_2(aq)$.

Das Verschwinden des CO_2 können wir formell ausdrücken durch

$$-\frac{d[CO_2]}{dt} = (k_{31} + k_{32})[CO_2] - k_{13}[H^+][HCO_3^-] -$$

$$k_{23}[H_2CO_3] \tag{28}$$

Ferner ist zu beachten, dass k_{21} und k_{12} viel grösser sind als die andern vier Geschwindigkeitskonstanten (25° C):

$k_{12} = 4.7 \times 10^{10} \; M^{-1} \; sec^{-1}$
$k_{21} = 8 \times 10^6 \; sec^{-1}$

$K_{H_2CO_3}$ ist deshalb gegeben durch k_{21}/k_{12}.

Wir können Gleichung (28) umformen, indem wir $[H^+][HCO_3^-]$ ersetzen durch $K_{H_2CO_3}[H_2CO_3]$:

$$-\frac{d[CO_2]}{dt} = (k_{31} + k_{32})[CO_2] -$$

$$(k_{13} K_{H_2CO_3} + k_{23})[H_2CO_3] \tag{29}$$

Was wiederum umgeformt werden kann (unter Berücksichtigung, dass $K_{H_2CO_3} = [H^+][HCO_3^-][H_2CO_3]^{-1}$) in

$$-\frac{d[CO_2]}{dt} = (k_{31} + k_{32})[CO_2] - \left(k_{13} + k_{23}K_{H_2CO_3}^{-1}\right)[H^+][HCO_3^-] \qquad (30)$$

In Gleichung (30) können wir setzen

$$k_{CO_2} = k_{31} + k_{32} \qquad (31)$$

$$k_{H_2CO_3} = k_{13}K_{H_2CO_3} + k_{23} \qquad (32)$$

und dann Gleichung (30) schreiben als:

$$-\frac{d[CO_2]}{dt} = k_{CO_2}[CO_2] - k_{H_2CO_3}[H_2CO_3] \qquad (33a)$$

oder

$$-\frac{d[CO_2]}{dt} = k_{CO_2}[CO_2] - \frac{k_{H_2CO_3}}{K_{H_2CO_3}}[H^+][HCO_3^-] \qquad (33b)$$

Die Gleichung (33b) kann nun als Geschwindigkeitsgesetz für das vereinfachte Schema (34) angewandt werden.

$$CO_2 + H_2O \underset{k_{H_2CO_3}}{\overset{k_{CO_2}}{\rightleftarrows}} H_2CO_3 \overset{schnell}{\rightleftarrows} H^+ + HCO_3^- \qquad (34)$$

wobei (bei 25° C), $k_{CO_2} \approx 3 \times 10^{-2}$ sec^{-1} und $k_{H_2CO_3} \approx 12$ sec^{-1}

Abbildung 5.4 gibt ein numerisches Beispiel. Die Einstellung des Hydratationsgleichgewichtes braucht demnach 1 – 2 Minuten.

Bei höherem pH oberhalb pH = 9 kann CO_2 direkt mit OH^- reagieren.

$$CO_2 + OH^- \underset{k_{41}}{\overset{k_{14}}{\rightleftarrows}} HCO_3^- \qquad (35)$$

wobei

$k_{14} = 8.5 \times 10^{-3}$ M^{-1} sec^{-1} (25° C) und
$k_{41} = 2 \times 10^{-4}$ sec^{-1} (25° C).

Das Reaktionsschema (27) gilt auch für die Hydration des SO_2.

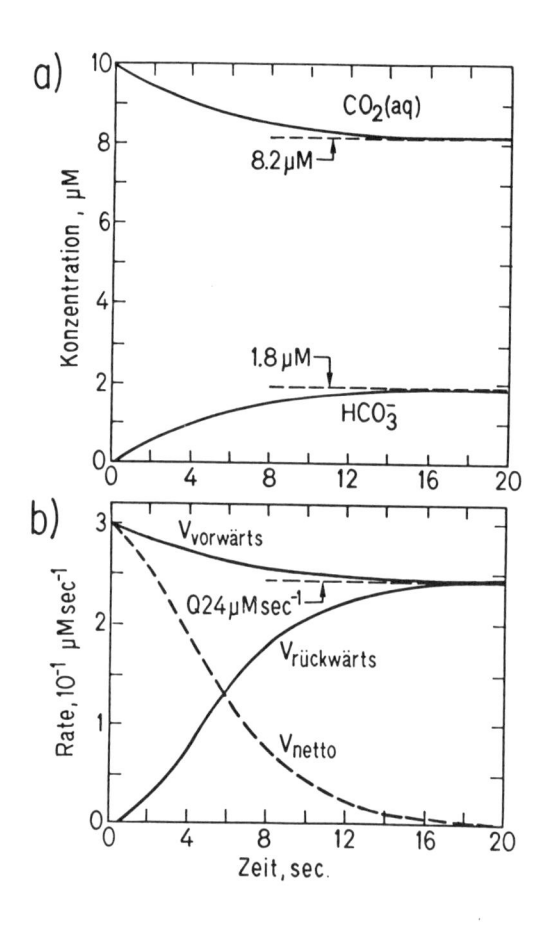

Abbildung 5.4
a) Berechnete Konzentration von CO_2 und HCO_3^- als Funktion der Zeit für die Reaktion (25° C) $CO_2 \rightarrow H_2CO_3 \overset{schnell}{\rightarrow} H^+ + HCO_3^-$ in einem geschlossenem System (CO_2 wird als nicht-flüchtig betrachtet). Die anfängliche Konzentration von CO_2 ist 10^{-5}M ($C_T = [CO_2] + [HCO_3^-] = 10^{-5}$ M)
b) Die Vorwärts- und Rückwärts-Reaktionsgeschwindigkeit [µM sec^{-1}] ist berechnet. Bei Gleichgewicht ist die Geschwindigkeit in beiden Richtungen 0.24 µM sec^{-1}.
(Aus: Stumm und Morgan, Abbildung 2.9, S. 94, 1981)

5.8 Fallbeispiel: Kinetik der Absorption von CO_2; Gas-Transfer Atmosphäre – Wasser

Wie wir bereits gesehen haben (Abbildung 3.4), sind manche Gewässer bezüglich CO_2 nicht im Gleichgewicht mit der Atmosphäre, weil Prozesse im Wasser CO_2 schneller produzieren oder konsumieren als der Ausgleich zum Gleichgewicht durch CO_2-Transfer zwischen der Atmosphäre und dem Wasser erfolgt.
Das allgemeine Geschwindigkeitsgesetz für den Austausch einer Verbindung zwischen der Gas-Phase und der Wasser-Phase ist

$$J_g = k_g(C_g^s - C_g) \tag{36}$$

wobei J_g = die Austausch- oder Transfer-Geschwindigkeit [mol cm^{-2} s^{-1}], k_g ist der Transfer-Koeffizient [cm s^{-1}], C_g^s und C_g sind die Sättigungs-Konzentrationen der Verbindung (im Gleichgewicht mit der Gasphase) und die Konzentration der Verbindung in der flüssigen Bulkphase [M].

Ein empirisches Geschwindigkeitsgesetz, das sogenannte Zwei-Filmmodell, interpretiert den Gasdurchtritt als molekulare Diffusion durch einen Wasserfilm (Grenzschicht) an der Oberfläche der Dicke Z. (Für einige extrem flüchtige Verbindungen kann der Durchtritt durch den Gasfilm an der Wasser/Gas-Grenzfläche geschwindigkeitslimitiert sein.) Der Transferkoeffizient k_g wird interpretiert als:

$$k_g = \frac{D_g}{Z} \text{ [cm s}^{-1}\text{]} \tag{37}$$

wobei D_g der molekulare Diffusionskoeffizient der Verbindung ist.

Gleichungen (36) und (37) gelten für Verbindungen, die im Wasser nicht, oder nur langsam (langsamer als der Transfer) eine chemische Reaktion eingehen. Für Gase, die im Wasser reagieren, H_2S, CO_2 etc. muss allenfalls ein chemischer Beschleunigungsfaktor E_g mitberücksichtigt werden.

$$J_g = E_g k_g (C_g^s - C_g) \tag{38}$$

Die meisten Gase haben ähnliche Diffusionskoeffizienten (D =2 –

5×10^{-5} cm^2 s^{-1}), so dass die Geschwindigkeit des Austausches eines Gases durch die Hydrodynamik des Wassers (Turbulenz), also durch Z (Gleichung 37) beeinflusst wird.

Je nach Turbulenz variiert k_g zwischen 10^{-4} und 10^{-2} cm s^{-1}. Das bedeutet für Oberflächenwassertiefen von 1 – 10 m charakteristische Austauschzeiten von 10^4 bis 10^6 s oder 2 Stunden bis 100 Tage (F. Morel, *Principles of Aquatic Chemistry*, Wiley-Interscience, New York, 1983).

Beispiel:
Gasaustausch mit Oberflächenwasser

Ein ca. 10 m tiefer See enthält ein Grundwasserinfiltrat folgender Zusammensetzung: pH = 6.7, Alk = 3×10^{-3} M. Wie schnell findet der CO_2-Austausch mit der Atmosphäre (25° C) statt?

Wir können von folgenden Annahmen ausgehen: Die Wasserschicht ist genügend gut durchmischt; ein typisches Z = 40×10^{-6} m wird angenommen. (Z variiert je nach Turbulenz zwischen 20 –1000 μm.) Durch die CO_2-Abgabe wird die Alkalinität nicht verändert.

Ferner gilt:

$[Alk] \cong [HCO_3^-]$;
$C_T = [H_2CO_3^*)] + [HCO_3^-]$;
$[H_2CO_3^*] \cong [CO_2 \cdot aq]$;
$D = 2 \times 10^{-5}$ cm^2 s^{-1}.

Die C_g^s-Konzentration des CO_2 ist (vgl. Abbildung 3.3) $[CO_2]^s = 10^{-5}$ M. Die anfängliche Bulk-Konzentration C_g von CO_2 ist auf Grund des Gleichgewichtes

$H_2CO_3^* = H^+ + HCO_3^-$; $k_1 = 10^{-6.3}$ (25° C)

$C_g = [CO_2] = [H_2CO_3^*] = 1.2 \times 10^{-3}$

Die Austauschgeschwindigkeit ergibt sich also

$$\frac{dC_T}{dt} = J\frac{A}{V}([H_2CO_3^*]^s - [H_2CO_3^*]) \tag{39}$$

wobei A/V die Oberfläche pro Volumen ist.

Um die Einheiten auszugleichen, verwenden wir für die Länge 1 dm (= 10^{-1} m) und für das Volumen 1 dm³ (= 1 ℓ), so dass A/V =10⁻² dm⁻¹, D = 2 × 10⁻⁷ dm² s⁻¹ oder D = 7.2 ×10⁻⁴ dm² h⁻¹.

$$\frac{dC_T}{dt} = 1.8 \times 10^{-2} (10^{-5} - [H_2CO_3^*]) \; [M \; h^{-1}] \tag{40}$$

Wir setzen in Gleichung (40): $[H_2CO_3^*] = C_T - Alk$.

$$\frac{dC_T}{dt} = 1.8 \times 10^{-2} (3 \times 10^{-3} - C_T)$$

Die Lösung dieser Differentialgleichung ergibt für C_T^o (für t = 0)

$$C_T^o = Alk + [H_2CO_3^*])^o = 4.2 \times 10^{-3} \; M, \; und$$

$$C_T = 3 \times 10^{-3} + 1.2 \times 10^{-3} \times e^{-0.0175 \, t} \tag{41}$$

Die nachfolgende Tabelle zeigt mit welcher Zeitabhängigkeit sich die Zusammensetzung des Wassers dem Gleichgewicht mit der Atmosphäre nähert:

Zeit (h)	C_T (M)
0	4.2 × 10⁻³
20	3.8 × 10⁻³
50	3.5 × 10⁻³
100	3.2 × 10⁻³
∞	3.01 × 10⁻³

Chemische Beschleunigung des CO_2-Transfers

Wie wir gesehen haben, nimmt bei höherem pH die Reaktion des CO_2 zu HCO_3^- zu (Gleichung 35).

$$CO_2(aq) + OH^- \rightleftarrows HCO_3^- \tag{42}$$

Deshalb kann durch Gleichung (42) die Absorption des CO_2 bei hohem pH beschleunigt werden. Für die Absorptionsgeschwindigkeit müssen wir jetzt alle Carbonatspezies berücksichtigen.

$$J_T = \sum_i J_i = \frac{D}{Z} (C_T^s - C_T) \tag{43}$$

Wir können die Absorption von C_T vergleichen mit derjenigen von CO_2

$$J_{CO_2} = \frac{D}{Z}([CO_2]^s - [CO_2]) \qquad (44)$$

um den chemischen Beschleunigungsfaktor $E_g = \frac{J_T}{J_{CO_2}}$ (vgl. Gleichung 38) zu erhalten.

Beispiel:

Bei starker photosynthetischer Intensität erreicht ein See bei einer Alk = $10^{-3.5}$ M einen pH von 9.0.

Wir berechnen $[CO_2]^s$, $[HCO_3^-]^s$, $[CO_3^{2-}]^s$ und $[H^+]^s$ für das Gleichgewicht mit der Atmosphäre ($p_{CO_2} = 10^{-3.5}$ atm.):

$[CO_2]^s = 10^{-5}$ M
$[HCO_3^-]^s = 10^{-3.5}$ M; $[H^+]^s = 10^{-7.8}$ M; $[CO_3^{2-}]^s = 10^{-6}$ M.

Auf der Bulkseite haben wir $[H^+] = 10^{-9}$ M; Alk = $[HCO_3^-]$

$\left[1 + \frac{2 K_2}{[H^+]}\right] = 10^{-3.5}$ M; $[HCO_3^-] = 10^{-3.54}$ M
$[CO_3^{2-}] = 10^{-4.86}$ M; $[CO_2] = 5.7 \times 10^{-7}$

Daraus ergibt sich ein Gradient

$C_T^s - C_T = 2.8 \times 10^{-5}$ M

gegenüber

$[CO_2]^s - [CO_2] = 1 \times 10^{-5}$ M

und ein Beschleunigungsfaktor von ca. 3.

Übungsaufgaben

1) Bestimme aufgrund der thermodynamischen Daten im Anhang die thermodynamisch stabile Phase der folgenden Phasen:
   i) bei 25° C: Al_2O_3 (Corund),
   AlOOH (Boehmit),
   $Al(OH)_3$ (Gibbsite);
   ii) bei 5° C: $CaSO_4$ (Anhydrit),
   $CaSO_4 \cdot 2\,H_2O$ (Gips)

2) Vergleiche die Temperaturabhängigkeit von Gips und von Calcit.
   Gibt es eine einfache Erklärung für die unterschiedliche Temperaturabhängigkeit?

3) Kann bei pH 7 Nitrat durch Fe^{2+} zu NO_2^- reduziert werden (25° C)?

4) Kann bei 25° C Fe_2SiO_4, SO_4^{2-} zu S oder HS^- reduzieren bei pH 8?

5) Muss bei der Löslichkeit des $CaCO_3$ in den Sedimenten des Zürichsees (5° C) die Druckabhängigkeit (Tiefe $\cong$ 100 m) berücksichtigt werden?

6) Berechne das Löslichkeitsprodukt von $CaCO_3$ (Calcit) bei 25° C und bei 15° C und bestimme, ob ein Grundwasser (t = 15° C, Ca^{2+} = 4 × 10^{-3} M, HCO_3^- = 2 × 10^{-3} M, pH = 6.6) bezüglich $CaCO_3$ über- oder untersättigt ist.

7) In einer biologischen Kläranlage ist die Wachstumsrate der Bakterien (d[B]/dt = µ[B]) charakterisiert durch µ = 5 h^{-1}.
   Welches ist die Generationszeit (Verdoppelungszeit) der Bakterien?

8) Welches ist die durchschnittliche Lebensdauer eines Radionuklides, z.B. S-90, dessen Halbwertszeit 28 Jahre beträgt?

9) Kann eine Reaktion durch Verdünnung bei gleicher Tempeatur verlangsamt werden? Für welche Reaktionsordnung gilt die Antwort?

10) a) *Warum entspricht die Kinetik der Elimination eines Spurenstoffes in einem Gewässer einem Geschwindigkeitsgesetz erster Ordnung betr. der Konzentration des Spurenstoffes?*

b) *Warum nimmt der totale organische Kohlenstoff (TOC) (z.B. von organischen Belastungen eines Gewässers) nicht nach einem Zeitgesetz erster Ordnung betr. TOC ab?*

11) Acetoessigsäure zerfällt in wässrige Lösung in einer Reaktion erster Ordnung in Aceton und CO_2. Die Geschwindigkeitskonstante für verschiedene Temperaturen ist für

    0° C: k =   2.46   × 10^{-5} min^{-1};
   20° C: =   43.5   × 10^{-5} min^{-1};
   40° C: =   576   × 10^{-5} min^{-1};
   60° C: =   5480   × 10^{-5} min^{-1}.

Welches ist die Aktivierungsenergie und wie gross ist k bei 30° C?

Appendix:

Thermodynamische Daten; Tabelle der G_f^0-, H_f^0- und $\bar{S}^0$-Werte für häufige chemische Spezies in aquatischen Systemen [a]

Werte gültig für 25° C, 1 atm Druck und Standard-Bedingungen [b]

Spezies	Bildung aus den Elementen		Entropie	Referenz [c]
	G_f^0 (kJ mol^{-1})	H_f^0 (kJ mol^{-1})	$\bar{S}^0$ J mol^{-1} K^{-1}	
Ag (Silber)				
Ag (Metall)	0	0	42.6	NBS
Ag$^+$(aq)	77.12	105.6	73.4	NBS
AgBr	−96.9	−100.6	107	NBS
AgCl	−109.8	−127.1	96	NBS
AgI	−66.2	−61.84	115	NBS
Ag$_2$S(α)	−40.7	−29.4	14	NBS
AgOH(aq)	−92	—	—	NBS
Ag(OH)$_2^-$(aq)	−260.2	—	—	NBS
AgCl(aq)	−72.8	−72.8	154	NBS
AgCl$_2^-$(aq)	−215.5	−245.2	231	NBS
Al (Aluminium)				
Al	0	0	28.3	R
Al^{3+}(aq)	−489.4	−531.0	−308	R
AlOH^{2+}(aq)	−698	—	—	S
Al(OH)$_2^+$(aq)	−911	—	—	S
Al(OH)$_3$(aq)	−1115	—	—	S
Al(OH)$_4^-$(aq)	−1325	—	—	S
Al(OH)$_3$ (amorph)	−1139	—	—	R
Al$_2$O$_3$ (Corund)	−1582	−1676	50.9	R
AlOOH (Boehmit)	−922	−1000	17.8	R
Al(OH)$_3$ (Gibbsit)	−1155	−1293	68.4	R
Al$_2$Si$_2$(OH)$_4$ (Kaolinit)	−3799	−4120	203	R
KAl$_3$Si$_3$O$_{10}$(OH)$_2$ (Muscovit)	−1341	—	—	G
Mg$_5$Al$_2$Si$_3$O$_{10}$(OH)$_8$ (Chlorit)	−1962	—	—	R
CaAl$_2$Si$_2$O$_8$ (Anorthit)	−4017.3	−4243.0	199	R
NaAlSiO$_3$O$_8$ (Albit)	−3711.7	−3935.1	—	R
As (Arsen)				
As (α Metall)	0	0	35.1	NBS
H$_3$AsO$_4$(aq)	−766.0	−898.7	206	NBS
H$_2$AsO$_4^-$(aq)	−748.5	−904.5	117	NBS
HAsO$_4^{2-}$(aq)	−707.1	−898.7	3.8	NBS
AsO$_4^{3-}$(aq)	−636.0	−870.3	−145	NBS
H$_2$AsO$_3^-$(aq)	−587.4			NBS
Ba (Barium)				
Ba^{2+}(aq)	−560.7	−537.6	9.6	R
BaSO$_4$ (Barit)	−1362	−1473	132	R
BaCO$_3$ (Witherit)	−1132	−1211	112	R

Spezies	Bildung aus den Elementen G_f^o (kJ mol⁻¹)	H_f^o (kJ mol⁻¹)	Entropie $\bar{S}^o$ J mol⁻¹ K⁻¹	Referenz [c]
Be (Beryllium)				
Be^{2+}(aq)	−380	−382	−130	NBS
$Be(OH)_2(\alpha)$	−815.0	−902	51.9	NBS
$Be_3(OH)_3^{3+}$	−1802	—	—	NBS
B (Bor)				
H_3BO_3(aq)	−968.7	−1072	162	NBS
$B(OH)_4^-$(aq)	−1153.3	−1344	102	NBS
Br (Bromid)				
$Br_2(\ell)$	0	0	152	NBS
Br_2(aq)	3.93	−259	130.5	NBS
Br^-(aq)	−104.0	−121.5	82.4	NBS
HBrO(aq)	−82.2	−113.0	147	NBS
BrO^-(aq)	−33.5	−94.1	42	NBS
C (Kohlenstoff)				
C (Graphit)	0	0	152	NBS
C (Diamant)	3.93	−2.59	130.5	NBS
CO_2(g)	−394.37	−393.5	213.6	NBS
$H_2CO_3^*$(aq)	−623.2	−699.6	200.8	NBS[d]
H_2CO_3(aq) ("wahre")	~ −607.1	—	—	S
HCO_3^-(aq)	−586.8	−692.0	91.2	S
CO_3^{2-}(aq)	−527.9	−677.1	−56.9	NBS
CH_4(g)	−50.75	−74.80	186	NBS
CH_4(aq)	−34.39	−89.04	83.7	NBS
CH_3OH(aq)	−175.4	−245.9	133	NBS
HCOOH(aq)	−372.3	−425.4	163	NBS
$HCOO^-$(aq)	−351.0	−425.6	92	NBS
HCN(aq)	119.7	107.1	124.6	NBS
CN^-(aq)	172.4	150.6	94.1	NBS
CH_2O	−129.7			
CH_3COOH(aq)	−396.6	−485.8	179	NBS
CH_3COO^-(aq)	−369.4	−486.0	86.6	NBS
C_2H_5OH(aq)	−181.8	−288.3	149	NBS
NH_2CH_2COOH(aq)	−370.8	−514.0	158	NBS
$NH_2CH_2COO^-$(aq)	−315.0	−469.8	119	NBS
Ca (Calcium)				
Ca^{2+}(aq)	−553.54	−542.83	−53	R
$CaOH^+$(aq)	−718.4	—	—	NBS
$Ca(OH)_2$(aq)	−868.1	−1003	−74.5	NBS
$Ca(OH)_2$ (Portlandit)	−898.4	−986.0	83	R
$CaCO_3$ (Calcit)	−1128.8	−1207.4	91.7	R
$CaCO_3$ (Aragonit)	−1127.8	−1207.4	88.0	R
$CaMg(CO_3)_2$ (Dolomit)	−2161.7	−2324.5	155.2	R
$CaSiO_3$ (Wollastonit)	−1549.9	−1635.2	82.0	R
$CaSO_4$ (Anhydrit)	−1321.7	−1434.1	106.7	R
$CaSO_4 \cdot 2 H_2O$ (Gips)	−1797.2	−2022.6	194.1	R
$Ca_5(PO_4)_3OH$ (Hydroxyapatit)	−6338.4	−6721.6	390.4	R

Spezies	Bildung aus den Elementen		Entropie	Referenz [c]
	G_f^o (kJ mol⁻¹)	H_f^o (kJ mol⁻¹)	$\bar{S}^o$ J mol⁻¹ K⁻¹	
Cd (Cadmium)				
Cd (γ Metall)				
Cd^{2+}(aq)	−77.58	−75.90	−73.2	R
$CdOH^+$(aq)	−284.5			R
$Cd(OH)_3^-$(aq)	−600.8			R
$Cd(OH)_4^{2-}$(aq)	−758.5			R
$Cd(OH)_2$(aq)	−392.2			R
CdO (s)	−228.4	−258.1	54.8	
$Cd(OH)_2$ (gefällt)	−473.6	−560.6	96.2	R
$CdCl^+$(aq)	−224.4	−240.6	43.5	R
$CdCl_2$(aq)	−340.1	−410.2	39.8	R
$CdCl_3^-$(aq)	−487.0	−561.0	203	R
$CdCO_3$ (s)	−669.4	−750.6	92.5	R
Cl (Chlor)				
Cl^-(aq)	−131.3	−167.2	56.5	NBS
Cl_2(g)	0	0	223.0	NBS
Cl_2(aq)	6.90	−23.4	121	NBS
HClO(aq)	−79.9	−120.9	142	NBS
ClO^-(aq)	−36.8	−107.1	42	NBS
ClO_2(aq)	117.6	74.9	173	NBS
ClO_2^-(aq)	17.1	−66.5	101	NBS
ClO_3^-(aq)	−3.35	−99.2	162	NBS
ClO_4^-(aq)	−8.62	−129.3	182	NBS
Co (Cobalt)				
Co (Metall)	0	0	30.04	R
Co^{2+}(aq)	−54.4	−58.2	−113	R
Co^{3+}	−134	−92	−305	R
$HCoO_2^-$(aq)	−407.5	—	—	NBS
$Co(OH)_2$(aq)	−369	−518	134	NBS
$Co(OH)_2$ (blau)	−450			NBS
CoO	−214.2	−237.9	53.0	R
Co_3O_4 (Cobalt Spinel)	−725.5	−891.2	102.5	R
Cr (Chrom)				
Cr (Metall)	0	0	23.8	NBS
Cr^{2+}(aq)	—	−143.5	—	NBS
Cr^{3+}(aq)	−215.5	−256.0	308	NBS
Cr_2O_3 (Eskolait)	−1053	−1135	81	R
$HCrO_4^-$(aq)	−764.8	−878.2	184	R
CrO_4^{2-}(aq)	−727.9	−881.1	50	R
$Cr_2O_7^{2-}$(aq)	−1301	−1490	262	R
Cu (Kupfer)				
Cu (Metall)	0	0	33.1	NBS
Cu^+(aq)	50.0	71.7	40.6	NBS
Cu^{2+}(aq)	65.5	64.8	−99.6	NBS
$Cu(OH)_2$(aq)	−249.1	−395.2	−121	NBS
$HCuO_2^-$(aq)	−258	—	—	
CuS (Covellit)	−53.6	−53.1	66.5	NBS

Spezies	Bildung aus den Elementen G_f^o (kJ mol^{-1})	H_f^o (kJ mol^{-1})	Entropie $\bar{S}^o$ J mol^{-1} K^{-1}	Referenz c
Cu_2S (α)	−86.2	−79.5	121	NBS
CuO (Tenorit)	−129.7	−157.3	43	NBS
$CuCO_3 \cdot Cu(OH)_2$ (Malachit)	−893.7	−1051.4	186	NBS
$2 CuCO_3 \cdot Cu(OH)_2$ (Azurit)		−1632		NBS
e− (Elektron)				
e− (Elektron)	0	0	0	
F (Fluor)				
F_2(g)	0	0	202	NBS
F^-(aq)	−278.8	−332.6	−13.8	NBS
HF(aq)	−296.8	320.0	88.7	NBS
HF_2^-(aq)	−578.1	−650	92.5	NBS
Fe (Eisen)				
Fe (Metall)	0	0	27.3	NBS
Fe^{2+}(aq)	−78.87	−89.10	−138	NBS
$FeOH^+$(aq)	−277.3	—	—	NBS
Fe^{3+}(aq)	−4.60	−48.5	−316	NBS
$FeOH^{2+}$(aq)	−229.4	−324.7	−29.2	NBS
$Fe(OH)_2^+$(aq)	−438	—	—	NBS
$Fe(OH)_2^-$(aq)	−659	—	—	NBS
$Fe_2(OH)_2^{4+}$(aq)	−467.3	—	—	NBS
FeS_2 (Pyrit)	−160.2	−171.5	52.9	R
FeS_2 (Marcasit)	−158.4	−169.4	53.9	R
FeO(s)	−251.1	−272.0	59.8	R
$Fe(OH)_2$ (gefällt)	−486.6	−569	87.9	NBS
α-Fe_2O_3 (Hämatit)e	−742.7	−824.6	87.4	R
Fe_3O_4 (Magnetit)	−1012.6	−1115.7	146	R
α-FeOOH (Goethit)e	−488.6	−559.3	60.5	R
FeOOH (amorph)e	−462	—	—	S
$Fe(OH)_3$ (amorph)e	−699(−712)			S
FeS (Troilit)	−101.3	−101	60.3	R
$FeCO_3$ (Siderit)	−666.7	−737.0	105	R
Fe_2SiO_4 (Fayalit)	−1379.4	−1479.3	148	R
H (Wasserstoff)				
H_2(g)	0	0	130.6	NBS
H_2(aq)	17.57	−4.18	57.7	NBS
H^+(aq)	0	0	0	NBS
$H_2O(\ell)$	−237.18	−285.83	69.91	NBS
H_2O_2(aq)	−134.1	−191.1	144	NBS
HO_2^-(aq)	−67.4	−160.3	23.8	NBS
H_2O(g)	−228.57	−241.8	188.72	
Hg (Quecksilber)				
$Hg(\ell)$	0	0	76.0	NBS
Hg_2^{2+}(aq)	153.6	172.4	84.5	NBS
Hg^{2+}(aq)	164.4	171.0	−32.2	NBS
Hg_2Cl_2 (Calomel)	−210.8	265.2	192.4	NBS
HgO(rot)	−58.5	−90.8	70.3	NBS
HgS (Metacinnabar)	−43.3	−46.7	96.2	NBS

Spezies	Bildung aus den Elementen G_f^o (kJ mol⁻¹)	H_f^o (kJ mol⁻¹)	Entropie $\bar{S}^o$ J mol⁻¹ K⁻¹	Referenz [c]
HgI_2 (rot)	−101.7	−105.4	180	NBS
$HgCl^+$(aq)	−5.44	−18.8	75.3	NBS
$HgCl_2$(aq)	−173.2	−216.3	155	NBS
$HgCl_3^-$(aq)	−309.2	−388.7	209	NBS
$HgCl_4^{2-}$(aq)	−446.8	−554.0	293	NBS
$HgOH^+$(aq)	−52.3	−84.5	71	NBS
$Hg(OH)_2$(aq)	−274.9	−355.2	142	NBS
HgO_2^-(aq)	−190.3	—	—	NBS
I (Iod)				
I_2 (Kristall)	0	0	116	NBS
I_2(aq)	16.4	22.6	137	NBS
I^-(aq)	−51.59	−55.19	111	NBS
I_3^-(aq)	−51.5	−51.5	239	NBS
HIO(aq)	−99.2	−138	95.4	NBS
IO^-(aq)	−38.5	−107.5	−5.4	NBS
HIO_3(aq)	−132.6	−211.3	167	NBS
IO_3^-	−128.0	−221.3	118	NBS
Mg (Magnesium)				
Mg (Metall)	0	0	32.7	R
Mg^{2+}(aq)	−454.8	−466.8	−138	R
$MgOH^+$(aq)	−626.8	—	—	S
$Mg(OH)_2$(aq)	−769.4	−926.8	−149	NBS
$Mg(OH)_2$ (Brucit)	−833.5	−924.5	63.2	R
Mn (Mangan)				
Mn (Metall)	0	0	32.0	R
Mn^{2+}(aq)	−228.0	−220.7	−73.6	R
$Mn(OH)_2$ (gefällt)	−616			S
Mn_3O_4 (Hausmannit)	−1281			S
MnOOH (α Manganit)	−557.7			S
MnO_2 (Manganat) (IV) ($MnO_{1.7}$ – MnO_2)	−453.1			S
MnO_2 (Pyrolusit)	−465.1	−520.0	53	R
$MnCO_3$ (Rhodochrosit)	−816.0	−889.3	100	R
MnS (Albandit)	−218.1	−213.8	87	R
$MnSiO_3$ (Rhodonit)	−1243	−1319	131	R
N (Stickstoff)				
N_2(g)	0	0	191.5	NBS
N_2O(g)	104.2	82.0	220	NBS
NH_3(g)	−16.48	−46.1	192	NBS
NH_3(aq)	−26.57	−80.29	111	NBS
NH_4^+(aq)	−79.37	−132.5	113.4	NBS
HNO_2(aq)	−42.97	−119.2	153	NBS
NO_2^-(aq)	−37.2	−104.6	140	NBS
HNO_3(aq)	−111.3	−207.3	146	NBS
NO_3^-(aq)	−111.3	−207.3	146.4	NBS

Spezies	Bildung aus den Elementen G_f^o (kJ mol⁻¹)	H_f^o (kJ mol⁻¹)	Entropie $\bar{S}^o$ J mol⁻¹ K⁻¹	Referenz [c]
Ni (Nickel)				
Ni²⁺(aq)	−45.6	−54.0	−129	R
NiO (Bunsenit)	−211.6	−239.7	38	R
NiS (Millerit)	−86.2	−84.9	66	R
O (Sauerstoff)				
O₂(g)	0	0	205	NBS
O₂(aq)	16.32	−11.71	111	NBS
O₃(g)	163.2	142.7	239	NBS
OH⁻(aq)	−157.3	−230.0	−10.75	NBS
P (Phosphor)				
P (α, weiss)	0	0	41.1	
PO₄³⁻(aq)	−1018.8	−1277.4	−222	NBS
HPO₄²⁻(aq)	−1089.3	−1292.1	−33.4	NBS
H₂PO₄⁻(aq)	−1130.4	−1296.3	90.4	NBS
H₃PO₄(aq)	−1142.6	−1288.3	158	NBS
Pb (Blei)				
Pb (Metall)	0	0	64.8	NBS
Pb²⁺(aq)	−24.39	−1.67	10.5	NBS
PbOH⁺(aq)	−226.3			NBS
Pb(OH)₃⁻(aq)	−575.7			NBS
Pb(OH)₂ (gefällt)	−452.2			NBS
PbO (gelb)	−187.9	−217.3	68.7	NBS
PbO₂	−217.4	−277.4	68.6	NBS
Pb₃O₄	−601.2	−718.4	211	NBS
PbS	−98.7	−100.4	91.2	NBS
PbSO₄	−813.2	−920.0	149	NBS
PbCO₃ (Cerussit)	−625.5	−699.1	131	NBS
S (Schwefel)				
S (rhombisch)	0	0	31.8	NBS
SO₂(g)	−300.2	−296.8	248	NBS
SO₃(g)	−371.1	−395.7	257	NBS
H₂S(g)	−33.56	−20.63	205.7	NBS
H₂S(aq)	−27.87	−39.75	121.3	NBS
S²⁻(aq)	85.8	33.0	−14.6	NBS
HS⁻(aq)	12.05	−17.6	62.8	NBS
SO₃²⁻(aq)	−486.6	−635.5	−29	NBS
HSO₃⁻(aq)	−527.8	−626.2	140	NBS
SO₂ · H₂O(aq)	−537.9	−608.8	232	NBS
H₂SO₃(aq) ("wahre")	~ −534.5			S
SO₄²⁻(aq)	−744.6	−909.2	20.1	NBS
HSO₄⁻(aq)	−756.0	−887.3	132	NBS
Se (Selen)				
Se (schwarz)	0	0	42.4	NBS
SeO₃²⁻(aq)	−369.9	−509.2	12.6	NBS
HSeO₃⁻(aq)	−431.5	−514.5	135	NBS
H₂SeO₃(aq)	−426.2	−507.5	208	NBS

Spezies	Bildung aus den Elementen G_f^0 (kJ mol^{-1})	H_f^0 (kJ mol^{-1})	Entropie $\bar{S}^0$ J mol^{-1} K^{-1}	Referenz [c]
SeO_4^{2-}(aq)	−441.4	−599.1	54.0	NBS
$HSeO_4^-$(aq)	−452.3	−581.6	149	NBS
Si (Silizium)				
Si (Metall)	0	0	18.8	NBS
SiO_2 (α, Quartz)	−856.67	−910.94	41.8	NBS
SiO_2 (α, Cristobalit)	−855.88	−909.48	42.7	NBS
SiO_2 (α, Tridymit)	−855.29	−909.06	43.5	NBS
SiO_2 (amorph)	−850.73	−903.49	46.9	NBS
H_4SiO_4(aq)	−1316.7	−1468.6	180	NBS
Sr (Strontium)				
Sr^{2+}(aq)	−559.4	−545.8	−33	R
$SrOH^+$(aq)	−721	—	—	NBS
$SrCO_3$ (Strontianit)	−1137.6	−1218.7	97	R
$SrSO_4$ (Celestit)	−1341.0	−1453.2	118	R
Zn (Zink)				
Zn (Metall)	0	0	29.3	NBS
Zn^{2+}(aq)	−147.0	−153.9	112	NBS
$ZnOH^+$(aq)	−330.1			NBS
$Zn(OH)_2$(aq)	−522.3			NBS
$Zn(OH)_3^-$(aq)	−694.3			NBS
$Zn(OH)_4^{2-}$(aq)	−858.7			NBS
$Zn(OH)_2$ (s,β)	−553.2	−641.9	81.2	R
$ZnCl^+$(aq)	−275.3			NBS
$ZnCl_2$(aq)	−403.8			NBS
$ZnCl_3^-$(aq)	−540.6			NBS
$ZnCl_4^{2-}$(aq)	−666.1			S
$ZnCO_3$ (Smithsonit)	−731.6	−812.8	82.4	NBS

[a] Die Qualität der Daten ist variabel.

[b] Thermodynamische Daten aus Robie, Hemingway, und Fisher basieren auf einem Referenzzustand der Elemente in ihrem Standardzustand bei 1 bar = 10^5 Pascal = 0.987 atm. Dieser veränderte Referenzzustand hat einen vernachlässigbaren Einfluss auf die angegebenen Daten für kondensierte Phasen. (Für Gasphasen werden nur Daten des National Bureau of Standard – NBS –, gültig für Referenzzustand = 1 atm, gegeben.)

[c] NBS: D.D. Wagman et al., *Selected Values of Chemical Thermodynamic Properties*, U.S. National Bureau of Standards, Technical Notes 270–3 (1968), 270–4 (1969), 270–5 (1971). R: R.A. Robie, B.S. Hemingway, und J.R. Fisher, *Thermodynamic Properties of Minerals and Related Substances at 298.15 K and 1 Bar (10^5 Pascals) Pressure and at Higher Temperatures*, Geological Survey Bulletin No. 1452, Washington D.C., 1978. S: andere Quellen.

[d] [$H_2CO_3^*$] = [CO_2(aq)] + "wahre" [H_2CO_3].

[e] Die thermodynamischen Stabilitäten der Eisen(III)(hydr)oxide sind von der Art der Entstehung oder Herstellung, vom Alter und der molaren Oberfläche abhängig. Werte für K_{sO} = {Fe^{3+}}{OH$^-$}^{3} variieren zwischen 10$^{-37.3}$ bis zu 10$^{-43.7}$. Entsprechende Werte für G_f^0 von FeOOH(s) variieren zwischen −452 J mol^{-1} und −489 J mol^{-1}: Werte für G_f^0 von Fe(OH)$_3$(s) variieren zwischen −692 J mol^{-1} und −729 J mol^{-1}.

Kapitel 6

Metallionen in wässriger Lösung

6.1. Einleitung

Ein grosser Teil der Elemente im periodischen System hat metallischen Charakter; davon kommt eine grosse Anzahl in der Erdkruste und in den Gesteinen nur in Spuren (< 100 ppm) vor. Durch die zivilisatorischen Aktivitäten sind die Kreisläufe einer Anzahl Elemente beschleunigt. Die anthropogenen Fluxe verschiedener Elemente übersteigen die natürlichen Fluxe (Verwitterung der Gesteine, vulkanische Emissionen, Verbreitung natürlicher Aerosole aus Böden und Meerwasser). Die wichtigsten anthropogenen Quellen für Schwermetalle sind metallverarbeitende Industrien und Erzgewinnung, die Verbrennung fossiler Brennstoffe, die Zementproduktion. Besonders stark beeinflusst sind die Elemente, die relativ flüchtig sind oder die in flüchtiger Form emittiert werden. Insbesondere durch die Verbrennung fossiler Brennstoffe wurden die Fluxe von z.B. Arsen, Cadmium, Selen, Quecksilber, Zink in die Atmosphäre stark beeinflusst. Dadurch wurden die Konzentrationen dieser Elemente sowohl in der Atmosphäre wie im Wasser und in den Böden verändert.

Eine Anzahl metallischer Elemente ist in Spuren für die Organismen essentiell (dazu gehören Cu, Zn, Co, Fe, Mn, Ni, Cr, V, Mo, Se, Sn). Sie werden in bestimmten geringsten Mengen benötigt; die Erhöhung der Konzentrationen dieser Elemente in der Umwelt kann zu Toxizitätserscheinungen führen. Andere Elemente werden nicht benötigt und können nur toxische Auswirkungen ausüben. Zu den letzteren gehören verschiedene Elemente, die stark durch anthropogene Aktivitäten in der Umwelt erhöht sind, wie Blei, Quecksilber, Cadmium.

Speziierung
Unter Speziierung versteht man die Unterscheidung zwischen den verschiedenen möglichen Bindungsformen (Spezies) eines Ele-

ments; man unterscheidet zum Beispiel zwischen gelösten und an festen Phasen gebundenen Spezies, zwischen den Komplexen mit verschiedenen Liganden in Lösung, zwischen verschiedenen Redoxzuständen. Die Auswirkungen von Spurenelementen auf Organismen sind grundsätzlich sehr stark von der jeweiligen chemischen Spezies (Bindungsform) abhängig. Auch im Hinblick auf das Schicksal von Spurenmetallen in den Gewässern (z.B. Transport in die Sedimente, Infiltration ins Grundwasser usw.) ist die Speziierung von grundlegender Bedeutung. In diesem Kapitel soll vorwiegend die Rolle der Komplexbildung in Lösung für verschiedene Metallionen behandelt werden.

6.2. Koordinationschemie und ihre Bedeutung für die Speziierung der Metallionen in natürlichen Gewässern

Das Verständnis des Verhaltens der Metallionen in den natürlichen Gewässern beruht auf der Anwendung koordinationschemischer Prinzipien, die eine Einsicht in die Wechselwirkungen zwischen Metallen und Liganden geben. Angesichts der grossen Vielfalt möglicher Reaktionen in den natürlichen Gewässern geben verschiedene Einteilungen der Elemente nach ihren koordinationschemischen Eigenschaften Hinweise auf die wichtigsten Reaktionen. Abbildung 6.1 gibt ein Beispiel einer solchen Einteilung (nach Turner et. al., 1981). Metallische Elemente können demnach in verschiedene Kategorien eingeteilt werden:

- A-Kationen haben die Elektronenkonfiguration eines Edelgases; sie werden als "harte" Kationen bezeichnet ; ihre Wechselwirkungen mit Liganden sind vorwiegend elektrostatischer Art; sie werden bevorzugt an "harten" Liganden gebunden , z.B. an Fluorid und an Liganden mit Sauerstoffdonoratomen. Zu diesen gehören z.B. Al^{3+}, Ca^{2+}.
- B-Kationen haben eine Elektronenkonfiguration mit 10 oder 12 äusseren Elektronen; sie werden als "weiche" Kationen bezeichnet; ihre Wechselwirkungen mit Liganden haben zum Teil kovalenten Charakter; sie werden bevorzugt an S- oder N-Liganden gebunden. Dazu gehören zum Beispiel Cd^{2+}, Ag^+, Hg^{2+}.
- Alkali- und Erdalkali-Ionen können zu den A-Kationen gezählt

werden; sie kommen meistens als freie Aquoionen vor; ihre Tendenz zur Komplexbildung ist gering.
- Elemente mit hohen Oxidationszahlen (z.B. As(V), Cr(VI) etc.) kommen überwiegend in hydrolysierten Spezies vor.

Aus dieser Einteilung folgt zum Beispiel, dass B-Kationen wie Cd^{2+}, Hg^{2+} besonders stark an S-haltigen Liganden gebunden werden, zum Beispiel in biologischen Molekülen; diese Tendenz ist im Hinblick auf die Toxizität dieser Elemente von Bedeutung.

Hydrolyse und die Bildung schwerlöslicher Oxide und Hydroxide
Kationen sind in wässriger Lösung hydratisiert, d.h. sie sind von einer Anzahl Wassermolekülen umgeben; üblicherweise sind 6 oder 4 Wassermoleküle an ein Metallkation gebunden.

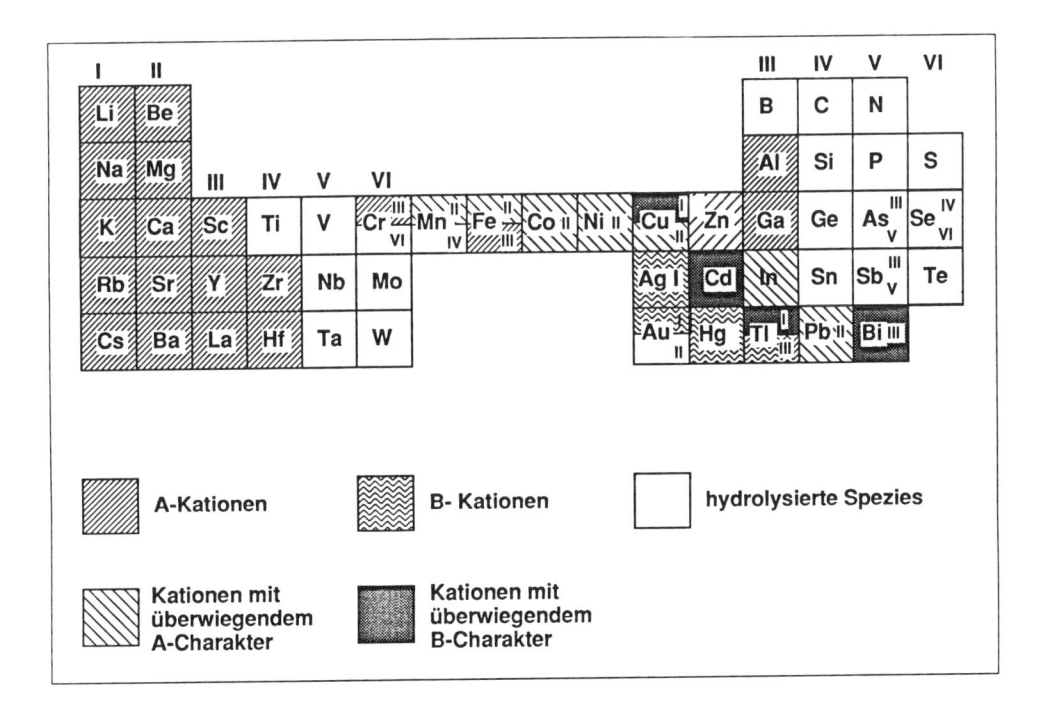

Abbildung 6.1
Einteilung der Elemente nach ihren koordinationschemischen Eigenschaften
Die Einteilung gilt für die oben an den Kolonnen angegebenen Oxidationszahlen; abweichende Oxidationszahlen sind jeweils angegeben.
(Nach Turner et. al., Geochim. Cosmochim. Acta *45*, 855 (1981))

Bei der Hydrolyse findet eine Deprotonierung dieser Wassermoleküle statt; die Metallkationen wirken als schwache Säuren:

also z.B. bei $Zn \cdot aq^{2+}$:

$$Zn(H_2O)_6^{2+} \rightleftarrows Zn(H_2O)_5OH^+ + H^+ \quad ; \quad K_1$$

$$K_1 = \frac{[Zn(OH)^+][H^+]}{[Zn^{2+}]} \tag{1a}$$

bzw.

$$Zn(H_2O)_5OH^+ \rightleftarrows Zn(H_2O)_4(OH)_2 + H^+ \quad ; \quad K_2$$

$$K_2 = \frac{[Zn(OH)_2][H^+]}{[ZnOH^+]} \tag{1b}$$

wobei $K_1 \cdot K_2 = \beta_2$

$$\beta_2 = \frac{[Zn(OH)_2][H^+]^2}{[Zn^{2+}]} \tag{1c}$$

Für eine Spezies mit m Hydroxogruppen ist:

$$\beta_m = \frac{[Me(OH)_m^{(n-m)+}][H^+]^m}{[Me^{n+}]} \tag{2}$$

Die Tendenz zur Deprotonierung nimmt für verschiedene Kationen mit zunehmender Ladung des Zentralions und abnehmendem Radius zu (elektrostatische Abstossung des Protons). Die deprotonierten Spezies können auch als Komplexe mit dem OH^--Ion betrachtet werden (Hydroxokomplexe). Kationen mit mehrfachen Ladungen sind in wässriger Lösung häufig mehrfach deprotoniert oder bilden anionische Oxokomplexe wie z.B. $Cr(VI)O_4^{2-}$. Abbildung 6.2 zeigt die erste Hydrolysekonstante einiger Kationen; Abbildung 6.3 gibt einen Überblick über die Existenzbereiche der Aquoionen, Hydroxo-

Abbildung 6.2
Erste Hydrolysekonstanten verschiedener Kationen

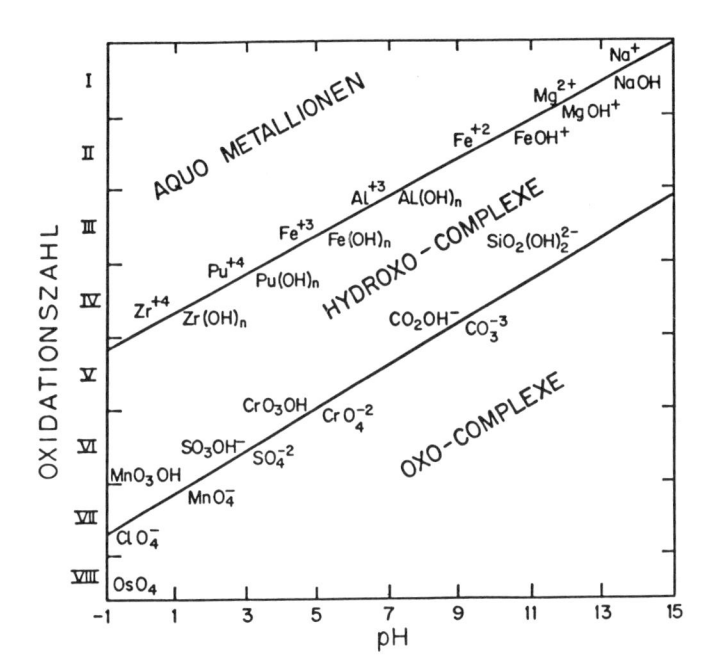

Abbildung 6.3
Existenzbereiche von Aquo-, Hydroxo- und Oxokomplexen für Kationen mit verschiedenen Oxidationszahlen

und Oxokomplexe als Funktion des pH. Daraus folgt, dass im pH-Bereich der natürlichen Gewässer (7 – 9) die meisten Kationen als Hydroxo- oder Oxokomplexe vorliegen. Bei vielen Kationen ist diese Tendenz so stark, dass nicht nur mononukleare Hydroxokomplexe, sondern polynukleare gebildet werden. Daraus entstehen schliesslich feste Hydroxide beim Überschreiten des Löslichkeitsprodukts; die gelöste Konzentration im Gleichgewicht mit einem festen Hydroxid schliesst alle Hydroxospezies ein:

$$Me(OH)_{n(s)} \rightleftarrows Me^{n+} + n\, OH^- \qquad K_{s0} = [Me^{n+}][OH^-]^n \qquad (3)$$

$$[Me]_{gelöst} = [Me^{n+}] + \Sigma\, [Me(OH)_m^{(n-m)+}] \qquad (4)$$

wo $Me(OH)_{n(s)}$ ein festes Hydroxid und $Me(OH)_m^{(n-m)+}$ eine beliebige Hydroxospezies sind.

Diese Zusammenhänge sollen anhand einiger Beispiele veranschaulicht werden:

Beispiel 6.1:
Hydrolyse von Al^{3+} ohne Bildung eines festen Hydroxids
Die bei einem bestimmten pH vorherrschenden Spezies können aufgrund der Hydrolysekonstanten berechnet werden; dieser Fall entspricht dem einer mehrprotonigen schwachen Säure. Es wird in diesem Beispiel vorausgesetzt, dass im betreffenden pH-Bereich kein Hydroxid ausfällt, d.h. für Al muss die totale Konzentration Al(tot) < ~ $5 \cdot 10^{-8}$ M sein (s. Beispiel 6.2).

$$\beta_m = \frac{[Al(OH)_m^{(3-m)+}][H^+]^m}{[Al^{3+}]} \tag{5}$$

Tableau 6.1 Hydrolyse von Al^{3+}

Komponenten:		Al^{3+}	H^+	log K
Spezies:	Al^{3+}	1	0	0.0
	$Al(OH)^{2+}$	1	−1	−4.99
	$Al(OH)_2^+$	1	−2	−10.13
	$Al(OH)_4^-$	1	−4	−22.20
	H^+	0	1	0.0
Konzentrationsbedingung:		1	Al(tot) = 5×10^{-8} M	
			pH vorgegeben, d.h. TOT H = variabel	

$$Al_T = [Al^{3+}] + [Al(OH)^{2+}] + [Al(OH)_2^+] + [Al(OH)_4^-] \tag{6}$$

$$Al_T = [Al^{3+}] + \beta_1 [Al^{3+}][H^+]^{-1} + \beta_2 [Al^{3+}][H^+]^{-2} + \beta_4 [Al^{3+}][H^+]^{-4} \tag{7}$$

Die Konzentration der einzelnen Spezies kann bei vorgegebenem pH direkt berechnet werden (Abbildung 6.4). Daraus folgt, dass bei pH > ~5 Al vorwiegend als Hydroxospezies vorliegt.

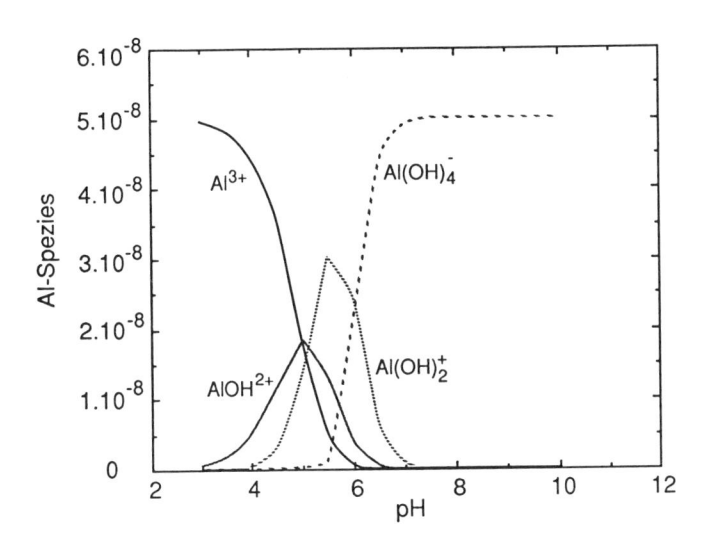

Abbildung 6.4
Speziesverteilung für Al-Hydroxokomplexe als Funktion des pH
(Al_T (gelöst) = konstant, z.B. $Al_T = 5 \times 10^{-8}$ M)

Beispiel 6.2:
Hydrolyse und Löslichkeit von Al^{3+} in Gegenwart von festem Aluminiumhydroxid $Al(OH)_{3(s)}$

In diesem Fall ist die Konzentration von Al^{3+} durch das Löslichkeitsprodukt bestimmt:

$$[Al^{3+}][OH^-]^3 = K_{s0} = 10^{-33.9}$$

Die Konzentration der Al^{3+}-Aquoionen ist gegeben durch:

$$[Al^{3+}] = K_{s0}[OH^-]^{-3} = K_{s0} K_W^{-3}[H^+]^3 \qquad (8)$$

Die gesamte lösliche Konzentration ergibt sich aus der Summe der Hydroxospezies:

$$Al_{T_{gelöst}} = [Al^{3+}] + [Al(OH)^{2+}] + [Al(OH)_2^+] + [Al(OH)_4^-] \qquad (9)$$

Jede dieser Spezies kann als Funktion des pH ausgedrückt werden:

$$[Al^{3+}] = K_{s0} K_W^{-3} [H^+]^3$$
$$[Al(OH)^{2+}] = K_{s0} K_W^{-3} \beta_1 [H^+]^2 \qquad (10)$$
$$[Al(OH)_2^+] = K_{s0} K_W^{-3} \beta_2 [H^+]$$
$$[Al(OH)_4^-] = K_{s0} K_W^{-3} \beta_4 [H^+]^{-1}$$

Daraus kann ein Diagramm log (Konz.) vs pH konstruiert werden, in welchem die Konzentrationen der verschiedenen Spezies als lineare Funktionen des pH erscheinen (Abbildung 6.5). (Vgl. 7.1.)

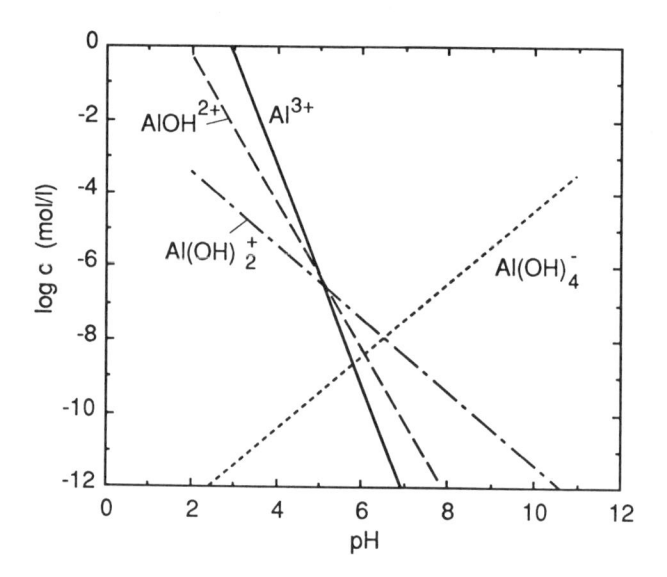

Abbildung 6.5
Löslichkeit von Al^{3+} als Funktion des pH im Gleichgewicht mit $Al(OH)_{3(s)}$

Dieser Fall ist für das Verhalten von Aluminium in den natürlichen Gewässern von Bedeutung, da $Al(OH)_{3(s)}$ häufig vorhanden ist und die Löslichkeit von Al gerade im pH-Bereich 5 – 7 sehr stark ändert; dieser pH-Bereich entspricht demjenigen säureempfindlicher Gewässer (s. Kapitel 4.4). Die Ansäuerung schwach gepufferter Gewässer durch saure Niederschläge bedeutet meistens auch eine Zunahme der gelösten Aluminiumspezies, die für verschiedene Organismen (z.B. Fische) toxisch sind.

Komplexbildung mit anorganischen und organischen Liganden in Lösung

In natürlichen Gewässern ist eine Anzahl verschiedener Liganden vorhanden; die Bindung von Metallionen mit anderen Liganden steht in Konkurrenz zur Hydrolyse. Anorganische Liganden sind zum Beispiel CO_3^{2-}, Cl^-, SO_4^{2-}, F^-, S^{2-}; typische Konzentrationen anorganischer Liganden sind in Tabelle 6.1 zusammengestellt. Daneben sind sehr viele verschiedene organische Liganden vorhanden, die meist durch die biologischen Prozesse gebildet werden und nur ungenügend bekannt sind. Dazu gehören zum Beispiel kleine organische Säuren wie Aminosäuren, Essigsäure, Phenole usw., aber auch makromolekulare Liganden wie Proteine, Kohlenhydrate usw. Wichtige organische Liganden stellen auch die Humin- und Fulvinsäuren dar, für welche keine einfachen Strukturen angegeben werden können. Sie sind komplizierte makromolekulare Gebilde, die eine grosse Anzahl funktioneller Gruppen enthalten. Abbildung 6.6

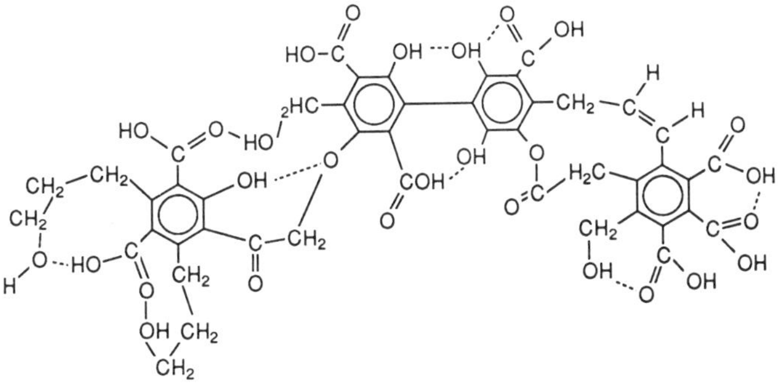

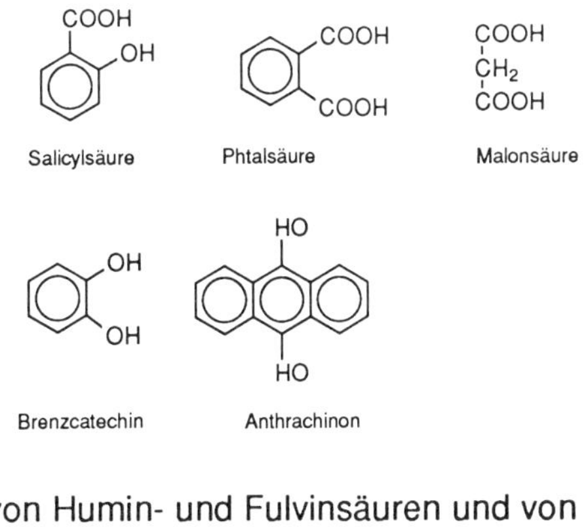

Abbildung 6.6
Mögliche Strukturen von Humin- und Fulvinsäuren und von Modellkomponenten mit entsprechenden Komplexbildungseigenschaften
(Nach Morel, 1983 und Gamble, 1986)

gibt einige Beispiele möglicher Strukturen dieser Komponenten. Funktionelle Gruppen, die hier als Liganden wirken können, sind Carboxylgruppen, phenolische OH-Gruppen, sowie in kleineren Mengen N- und S-Liganden. Diese verschiedenen Ligandgruppen haben unterschiedliche Affinitäten zu Metallionen, d.h. die Huminsäuren wirken wie ein Gemisch verschiedener Liganden.

Tabelle 6.1 Wichtige Liganden in natürlichen Gewässern

Konzentrationsbereiche in Süsswasser und Meerwasser
($\log c$ (mol ℓ^{-1}))

	Süsswasser	Meerwasser
HCO_3^-	−4 − −2.3	−2.6
CO_3^{2-}	−6 − −4	−4.5
Cl^-	−5 − −3	−0.26
SO_4^{2-}	−5 − −3	−1.55
F^-	−6 − −4	−4.2
HS^-/S^{2-}*	−6 − −3	−
Aminosäuren	−7 − −5	−7 − −6
org. Säuren	−6 − −4	−6 − −5

* nur in anoxischem Medium

Während die Konzentrationen und Arten der anorganischen Liganden meist recht gut bekannt sind, sind für die organischen Liganden meist nur summarische und ungenaue Angaben möglich; deshalb werden hier Konzentrationsangaben für gesamte Aminosäuren und für die Summe der Säuregruppen gemacht (nach Buffle, 1988). In abwasserbelasteten Gewässern sind wahrscheinlich auch synthetische Liganden wie NTA und EDTA für die Speziierung von Bedeutung (z.B. wurden 1987 in verschiedenen Schweizer Flüssen NTA = $10^{-8} - 10^{-7}$ M und EDTA = $10^{-8} - 10^{-7}$ M gemessen (Jahresbericht EAWAG 1987)).

Die durch verschiedene Kationen bevorzugten Liganden können qualitativ aus der Einteilung in A- und B-Kationen abgeleitet werden. Für die Übergangsmetalle (Elektronenkonfiguration 0 − 10 d Elektronen) ist die Stabilität der Komplexe von der Anzahl d-Elektronen abhängig; dies wird durch die Irving-Williams-Reihe beschrieben, die in Abbildung 6.7 durch die Stabilitätskonstanten mit verschiedenen Liganden dargestellt ist. Daraus kann zum Beispiel abgeleitet werden, dass Cu besonders stark an organischen Liganden gebunden wird.

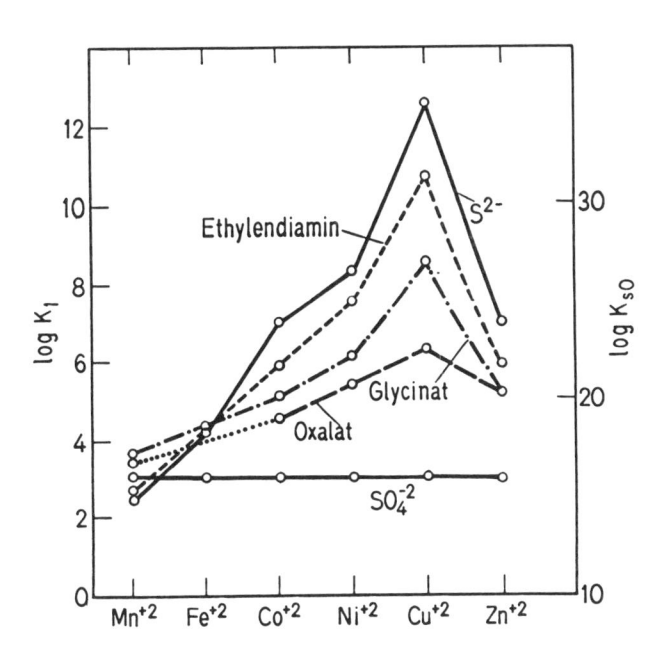

Abbildung 6.7
Stabilitätskonstanten von 1 : 1–Komplexen der Übergangsmetalle und Löslichkeitsprodukte ihrer Sulfide (Irving-Williams-Reihe).

Beispiele für Berechnungen:
Einige Beispiele sollen die Speziierung von Metallionen unter verschiedenen Bedingungen illustrieren.

Beispiel 6.3:
Anorganische Speziierung von Cu^{2+}: nur OH^-, CO_3^{2-} als Liganden

Spezies: Cu^{2+}, $CuOH^+$, $Cu(OH)_2^0$, $Cu(OH)_3^-$, $Cu(OH)_4^{2-}$, $Cu(CO_3)^0$, $Cu(CO_3)_2^{2-}$
H_2CO_3, HCO_3^-, CO_3^{2-}, OH^-, H^+

$C_T = 2 \times 10^{-3}$ M; $[Cu_T] = 5 \times 10^{-8}$ M.

Tableau 6.2 Komplexbildung von Cu^{2+} mit OH^- und CO_3^{2-}

Komponenten:		Cu^{2+}	CO_3^{2-}	H^+	log K
Spezies:	Cu^{2+}	1	0	0	0
	$Cu(OH)^+$	1	0	−1	−8.0
	$Cu(OH)_2^0$	1	0	−2	−14.3
	$Cu(OH)_3^-$	1	0	−3	−26.8
	$Cu(OH)_4^{2-}$	1	0	−4	−39.9
	$CuCO_3^0$	1	1	0	6.77
	$Cu(CO_3)_2^{2-}$	1	2	0	10.01
	H_2CO_3	0	1	2	16.6
	HCO_3^-	0	1	1	10.3
	CO_3^{2-}	0	1	0	0
	OH^-	0	0	−1	−14
	H^+	0	0	1	0
Konzentrationsbedingungen:		1	1		$Cu_T = 5 \times 10^{-8}$ M $C_T = 2 \times 10^{-3}$ M pH = 8

In diesem Fall ist die Cu-Konzentration viel kleiner als die Carbonatkonzentration, d.h. in der Gleichung für C_T:

$$C_T = [H_2CO_3] + [HCO_3^-] + [CO_3^{2-}] + [Cu(CO)_3^0] + 2[Cu(CO_3)_2^{2-}] \tag{11}$$

sind die Konzentrationen von $CuCO_3^0$ und $Cu(CO_3)_2^{2-}$ gegenüber den anderen Spezies vernachlässigbar, bei bekanntem pH wird dadurch die Berechnung stark vereinfacht.

Deshalb wird zunächst die CO_3^{2-}-Konzentration berechnet:

$$C_T \cong [CO_3^{2-}] \left(\frac{[H^+]^2}{K_1 K_2} + \frac{[H^+]}{K_2} + 1 \right) \tag{12}$$

$[CO_3^{2-}] = 9.8 \times 10^{-6}$ M

Daraus können nun die einzelnen Cu-Spezies berechnet werden:

$$[Cu]_T = [Cu^{2+}] + [CuOH^+] + [Cu(OH)_2^0] + [Cu(OH)_3^-] + \\ [Cu(OH)_4^{2-}] + [CuCO_3^0] + [Cu(CO_3)_2^{2-}] \quad (13)$$

$$[Cu]_T = [Cu^{2+}] (1+\beta_1[H^+]^{-1} + \beta_2[H^+]^{-2} + \beta_3[H^+]^{-3} + \beta_4[H^+]^{-4} + \\ \beta_{1CO_3}[CO_3^{2-}] + \beta_{2CO_3}[CO_3^{2-}]^2) \quad (14)$$

Daraus folgt zunächst die [Cu^{2+}]-Konzentration und dann die Konzentrationen der einzelnen anderen Spezies.

In diesem Fall resultiert die folgende Verteilung:

	mol/ℓ	% Cu$_T$
Cu^{2+}	4.5×10^{-10}	0.9
CuOH$^+$	4.5×10^{-10}	0.9
Cu(OH)$_2^0$	2.3×10^{-8}	45
Cu(OH)$_3^-$	7×10^{-13}	1×10^{-3}
Cu(OH)$_4^{2-}$	6×10^{-18}	1×10^{-6}
CuCO$_3^0$	2.6×10^{-8}	52
Cu(CO$_3$)$_2^{2-}$	4.4×10^{-10}	0.9

Die Speziierung des Cu in diesem Medium (bei konstantem C$_T$ für die Carbonatspezies) sieht als Funktion des pH folgendermassen aus:

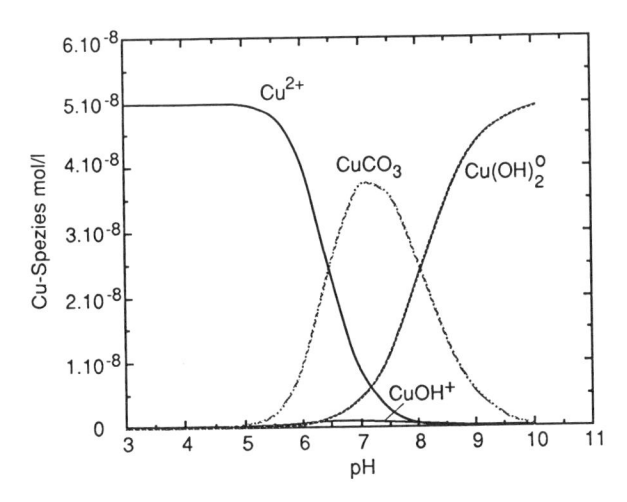

Abbildung 6.8
Cu-Spezies als Funktion des pH; C$_T$ = 2×10^{-3} M

D.h. bei tiefem pH (pH < 6) überwiegt das freie Cu^{2+}-Aquoion, während bei höherem pH $CuCO_3^0$ und $Cu(OH)_2^0$ überwiegen.

Beispiel 6.4:
Speziierung von Cu in Gegenwart eines organischen Komplexbildners

Für diesen Fall werden die gleichen Konzentrationen von Cu und C_T wie bei Beispiel 6.3 angenommen. Zusätzlich wird die Gegenwart eines organischen Komplexbildners (L = 2×10^{-7} M) mit den Huminsäuren entsprechenden komplexbildenden Eigenschaften angenommen.

$$Cu^{2+} + L \rightleftarrows CuL \qquad K = 1 \times 10^{10}$$

Die angegebene Konstante ist für pH 8 repräsentativ; die pH-Abhängigkeit dieser Reaktion wird hier nicht explizit berücksichtigt.

Das Tableau 6.2 wird entsprechend modifiziert:

Tableau 6.3 Speziierung von Cu : OH^-, CO_3^{2-} und org. Ligand L

Komponenten:		Cu^{2+}	CO_3^{2-}	L	H^+	log K
Spezies:	Cu^{2+}	1	0	0	0	0.00
	$CuOH^+$	1	0	0	−1	−8.00
	$Cu(OH)_2^0$	1	0	0	−2	−14.30
	$Cu(OH)_3^-$	1	0	0	−3	−26.80
	$Cu(OH)_4^{2-}$	1	0	0	−4	−39.90
	$CuCO_3^0$	1	1	0	0	6.77
	$Cu(CO_3)_2^{2-}$	1	2	0	0	10.01
neu:	Cu L	1	0	1	0	10.00
	H_2CO_3	0	1	0	2	16.60
	HCO_3^-	0	1	0	1	10.30
	CO_3^{2-}	0	1	0	0	0.00
	L	0	0	1	0	0.00
	OH^-	0	0	0	−1	−14.00
	H^+	0	0	0	1	0.00
Zusammensetzung:		1			Cu	= 5×10^{-8} M
			1		C_T	= 2×10^{-3} M
				1	L	= 2×10^{-7} M
					pH	= 8

Um dieses Beispiel auf einfache Art zu berechnen, trifft man zuerst die Annahme:

$$[CuL] \approx Cu_T \text{ und } [L]_{(frei)} = L_T - Cu_T$$

In einer ersten Näherung kann man mit diesen Werten rechnen und in weiteren Näherungen entsprechend korrigieren. In diesem Fall wird CuL zu einer vorherrschenden Spezies; man beachte auch, wie die Konzentration des freien Cu-Aquoions durch die Anwesenheit des starken organischen Komplexbildners erniedrigt wird.

In diesem Fall resultiert die folgende neue Verteilung:

		mol ℓ^{-1}
Spezies:	Cu^{2+}	3.0×10^{-11}
	$CuOH^+$	3.0×10^{-11}
	$Cu(OH)_2^0$	1.5×10^{-9}
	$CuCO_3^0$	1.8×10^{-9}
	CuL	4.66×10^{-8}

(Die anderen Spezies sind vernachlässigbar)

Beispiel 6.5 demonstriert, wie Hauptionen (z.B. Ca^{2+}) und Spurenmetalle für die Bindung organischer Liganden in Konkurrenz zueinander stehen.

Beispiel 6.5:
Bindung von Ca^{2+} und Cd^{2+} durch NTA
Folgende repräsentative Konzentrationen werden für ein Flusswasser angenommen:

$$[NTA]_T = 1 \times 10^{-7} \text{ M}$$
$$[Ca^{2+}]_T = 1.3 \times 10^{-3} \text{ M}$$
$$[Cd^{2+}]_T = 1 \times 10^{-9} \text{ M}$$

Folgende Konstanten sind für die Bindung an NTA bekannt:

$$Ca^{2+} + NTA^{3-} \rightleftarrows CaNTA^- \quad K = 4 \times 10^7$$
$$Cd^{2+} + NTA^{3-} \rightleftarrows CdNTA^- \quad K = 1 \times 10^{10}$$

Das Verhältnis von CaNTA⁻ zu CdNTA⁻ kann direkt berechnet werden.

$$\frac{[\text{CaNTA}^-]}{[\text{CdNTA}^-]} = \frac{K_{Ca} \cdot [\text{Ca}]^{2+}}{K_{Cd} \cdot [\text{Cd}]^{2+}} \qquad (15)$$

Daraus folgt, dass wegen der Konzentrationsverhältnisse in diesem Fall NTA vorwiegend als CaNTA vorliegt, obwohl die Komplexbildungskonstante mit Cd viel grösser ist.

Bei der Berechnung der einzelnen Spezies muss in diesem Fall die Massenbilanz des NTA berücksichtigt werden (der Ligand ist hier nicht im Überschuss vorhanden):

$$[\text{NTA}]_T = [\text{NTA}^{3-}] + [\text{HNTA}^{2-}] + [\text{H}_2\text{NTA}^-] + [\text{CaNTA}^-] + [\text{CdNTA}^-] \qquad (16)$$

Tableau 6.4 Ca^{2+} und Cd^{2+} in Gegenwart von NTA :

		Ca^{2+}	Cd^{2+}	NTA^{3-}	H^+	log K
Spezies:	Ca^{2+}	1	0	0	0	0.00
	CaNTA⁻	1	0	1	0	7.60
	Cd^{2+}	0	1	0	0	0.00
	CdNTA⁻	0	1	1	0	10.00
	NTA^{3-}	0	0	1	0	0.00
	$HNTA^{2-}$	0	0	1	1	10.30
	H_2NTA^-	0	0	1	2	13.30
	H^+	0	0	0	1	0.00
Konzentrationsbedingungen:		1				$Ca_T = 1.3 \times 10^{-3}$ M
			1			$Cd_T = 1.0 \times 10^{-9}$ M
				1		$NTA_T = 1.0 \times 10^{-7}$ M
						pH = 8

Aus der Berechnung resultieren:

CaNTA⁻ = 9.960·10⁻⁸ M
CdNTA⁻ = 1.888·10⁻¹¹ M

(Die Carbonat- und Hydroxokomplexe wurden hier zur besseren Übersicht vernachlässigt

Um die Speziierung von NTA in einem natürlichen Gewässer zu berechnen, müsste eine grosse Anzahl von Spezies berücksichtigt werden, so dass hier der Einsatz eines Computerprogramms für die Berechnung notwendig wird.

Komplexbildung mit Partikeloberflächen
Bis hierher wurde nur die Komplexbildung mit Liganden in Lösung betrachtet. Von grosser Bedeutung ist aber auch die Komplexbildung an Partikeloberflächen, die zu einer Bindung der Metallionen an der festen Phase führt. Oxide besitzen an ihren Oberflächen OH-Gruppen, an denen Metallionen gebunden werden können; organische Partikel weisen verschiedene Arten von komplexbildenden funktionellen Gruppen auf ihren Oberflächen auf. Die Bindung an Oberflächen wird im Kapitel 10, *Grenzflächenchemie*, ausführlich behandelt.

Metallpuffer
Für die Wechselwirkung von Metallionen mit Organismen ist die Speziierung sehr bedeutsam. Insbesondere wurde in verschiedenen experimentellen Untersuchungen gezeigt, dass einfache Organismen wie Algen vorwiegend auf die Konzentration der freien Metallaquoionen empfindlich sind. Deshalb kommt der Konzentration der freien Aquometallionen besondere Bedeutung zu. Wie Beispiel 6.4 demonstriert, wird die Konzentration der freien Aquometallionen in Gegenwart eines starken Komplexbildners stark herabgesetzt. D.h. in einer Lösung, die einen starken Komplexbildner im Überschuss und ein Metallion enthält, wird die Konzentration der freien Metallionen viel kleiner als die Gesamtkonzentration. Man kann eine solche Lösung als einen Metallpuffer bezeichnen, da, ähnlich wie bei einem pH-Puffer, hier ein bestimmter Wert der freien Metallionen (der auch als pMe bezeichnet werden kann) durch die Zusammensetzung der Lösung gegeben ist und auch bei Änderungen der Gesamtkonzentrationen nur geringfügig verändert wird. Solche Metallpuffer sind für die Untersuchung der Auswirkungen von Metallionen auf Organismen von Bedeutung, da sie es erlauben, mit sehr tiefen und gut definierten Konzentrationen freier Metallionen zu arbeiten, die kaum durch Verdünnung (wegen Konta-

mination, Adsorption usw.) erreicht werden könnten. Abbildung 6.9 gibt ein Beispiel einer solchen Untersuchung, das die biologische Wirkung einer tiefen Konzentration freier Metallionen illustriert. In diesem Beispiel wurde die toxische Wirkung von Cu auf eine Alge in Gegenwart der Komplexbildner EDTA und Tris, welche die Konzentration der freien Metallionen auf tiefe Werte puffern (Abbildung 6.9a), untersucht. Der toxische Effekt ist für beide Medien als Funktion des freien Cu^{2+} identisch (Abbildung 6.9b).

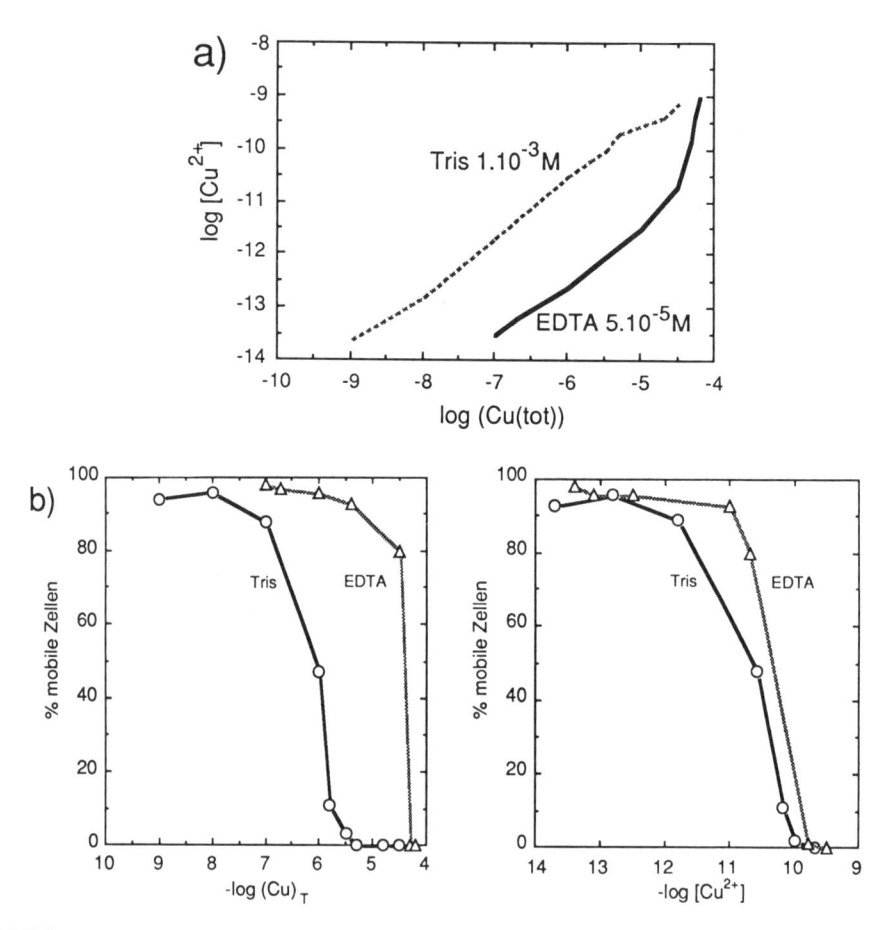

Abbildung 6.9
Effekt der freien und totalen Metallkonzentrationen in einer Toxizitätsstudie
a) Freies $[Cu^{2+}]$ als Funktion von Cu(total) in Gegenwart der Komplexbildner EDTA und Tris
b) Mobilität von *Gonyaulax tamarensis* als Funktion des totalen und des freien Cu; die Abnahme des Anteils an mobilen Zellen ist ein Mass für den toxischen Effekt.
(D.M.Anderson und F.M.M.Morel, Limnol.Oceanogr. *23*, 283,1978)

Inwiefern wirkt nun ein natürliches Gewässer als ein Metallpuffer für die Spurenmetalle?

Als Liganden kommen – wie oben erwähnt – neben Carbonat, Hydroxid, Chlorid usw. auch organische Komplexbildner wie die Huminsäuren in Frage. Es sind vor allem die organischen Liganden, welche so starke Komplexe bilden, dass die Konzentration der freien Metallionen sehr viel kleiner als die Totalkonzentration wird; auch die Partikeloberflächen können als starke Liganden wirken. D.h. bei einer Zunahme der Gesamtmetallkonzentration wird ein Teil der Metallionen an Partikeloberflächen und an organischen Liganden gebunden, so dass die freie Metallkonzentration nur in geringem Ausmass zunimmt. In einem natürlichen Gewässer ist eine grosse Anzahl von Kationen und Liganden vorhanden, die über die verschiedenen Gleichgewichte miteinander verknüpft sind. Die Änderung einer freien Metallkonzentration als Funktion der Totalkonzentration ist somit mit den Konzentrationen der übrigen Metallionen und Liganden verknüpft, insbesondere der Hauptionen wie Calcium.

Kinetik der Komplexbildung
Die bisherigen Betrachtungen beruhen auf der Annahme des Gleichgewichtszustandes. Sind nun die betrachteten Reaktionen genügend schnell, um dieses Gleichgewicht zu erreichen? Um diese Frage für die Verhältnisse in natürlichen Gewässern zu beantworten, müssen die charakteristischen Zeiten zur Erreichung der chemischen Gleichgewichte mit der Aufenthaltszeit der verschiedenen Verbindungen in einem aquatischen System verglichen werden.

Die Kinetik der Ligandenaustauschreaktionen an Metallionen soll hier kurz betrachtet werden. Ligandenaustauschreaktionen an Aquoionen können generell formuliert werden:

$$(Me(H_2O)_m)^{n+} + L \rightleftarrows (Me(H_2O)_{m-1}L)^{n+} + H_2O$$

wobei L H_2O oder einen beliebigen anderen Liganden darstellen kann. Diese Gleichung stellt nur die Gesamtreaktion dar; für die Kinetik der Reaktion sind aber die einzelnen mechanistischen Schritte entscheidend. Für die meisten Ligandenaustauschreaktionen wird angenommen, dass sie über zwei Schritte verläuft, nämlich der Bildung eines Ionenpaars mit dem Liganden und der anschliessenden Abspaltung eines Wassermoleküls:

$(Me(H_2O)_m)^{n+} + L \rightleftarrows (Me(H_2O)_m)^{n+} \cdot L$

$(Me(H_2O)_m)^{n+} \cdot L \rightleftarrows (Me(H_2O)_{m-1} L)^{n+} + H_2O$

Diese Reaktionen werden mit einer Reaktionsgeschwindigkeitsgleichung zweiter Ordnung beschrieben (wobei zur Vereinfachung die an Me gebundenen H_2O nicht geschrieben werden):

$$\frac{d\,[MeL]}{dt} = k\,[Me]\,[L] \qquad (17)$$

Von grundlegender Bedeutung ist dabei die Geschwindigkeit des Wasseraustauschs an einem Metallion. Die Geschwindigkeitskonstanten für diese Reaktion reichen für verschiedene Ionen über mehrere Grössenordnungen, nämlich von ca. 10^9 $M^{-1}s^{-1}$ für Cu^{2+}, Hg^{2+} bis $3\cdot 10^{-5}$ $M^{-1}s^{-1}$ für Cr^{3+}, wobei der extrem langsame Wasseraustausch an Cr^{3+} die Ausnahme darstellt (Tabelle 6.2).

Als allgemeine Regel gilt: Die Geschwindigkeit des Austausches mit anderen Liganden für ein gegebenes Metallion ist ähnlich wie die Wasseraustauschgeschwindigkeit und hängt wenig von der Art des

Tabelle 6.2 Geschwindigkeitskonstanten für den Wasseraustausch in Aquoionen
(aus F.M.M.Morel, *Principles of Aquatic Chemistry*)

	$k_w(M^{-1}\,sec^{-1})$
Cr^{3+}	3.6×10^{-5}
Mn^{2+}	3.4×10^6
Fe^{3+}	3.3×10^2
Fe^{2+}	3.5×10^5
Co^{3+}	$\leq 10^2$
Co^{2+}	1.2×10^5
Ni^{2+}	2.9×10^3
Cu^{2+}	$\geq 9 \times 10^8$
Zn^{2+}	5×10^6
Cd^{2+}	9×10^7
Hg^{2+}	4×10^8

Liganden ab. D.h. in den meisten Fällen wird erwartet, dass der Austausch Ligand-Wasser schnell verläuft. Umgekehrt hängt die Geschwindigkeit der Dissoziation von Komplexen mit der Stabilität der Komplexe zusammen (Linear Free Energy Relations) und kann bei stabilen Komplexen langsam sein.

Bei der Anwendung dieser Grundsätze auf natürliche Gewässer müssen verschiedene andere Faktoren berücksichtigt werden:
- Viele Reaktionen wurden nur in einem engen pH-Bereich untersucht, der nicht demjenigen natürlicher Gewässer entspricht; die effektiven Reaktionsgeschwindigkeiten sind häufig stark pH-abhängig (z.B. Unterschiede in den Reaktionsgeschwindigkeiten von Hydroxo- und Aquospezies).
- Die Konzentrationen vieler Spurenmetalle und Liganden sind sehr tief, so dass trotz hohen Geschwindigkeitskonstanten relativ kleine Reaktionsraten resultieren können.
- Katalytische Effekte durch die verschiedenen in einem natürlichen Gewässer anwesenden Komponenten sind möglich.
- Häufig besteht eine Konkurrenz zwischen Hauptionen wie Ca^{2+} und Spurenmetallen für die Bindung an Liganden; wegen des grossen Konzentrationsunterschieds ($Ca^{2+} \approx 1.10^{-3}$ M, z.B. Cu $\approx$ 1.10^{-8} M) kann die Komplexbildung der Spurenmetalle durch Austausch z.B. von Ca-Komplexen langsam sein.

6.3 Speziierung und analytische Bestimmung

Bei der Analytik von Spurenmetallen in den natürlichen Gewässern stellt sich das Problem, dass eine sehr grosse Anzahl verschiedener chemischer Spezies vorliegen, für welche aber nur in seltenen Fällen spezifische analytische Methoden vorhanden sind. Es existiert keine Methode, die eine direkte Bestimmung der Vielfalt der Metallspezies erlaubt. Vielmehr muss eine Kombination verschiedener Methoden angewendet werden, die eine Annäherung an die tatsächliche Speziierung erlaubt. Nur in einzelnen Spezialfällen ist eine direkte Bestimmung ausgewählter Spezies möglich (z.B. Methylquecksilber). Insbesondere ist die analytische Bestimmung der freien Aquoionen kaum möglich; theoretisch messen zwar die ionenselektiven Elektroden freie Aquoionen, aber sie sind meistens nicht genügend empfindlich und spezifisch, um in den tiefen Konzentrationsbereichen natürlicher Gewässer angewendet zu werden. Die Konzentration der freien Aquoionen ist vor allem über thermodynamische Berechnungen zugänglich, bei bekannter Wasserzusammensetzung oder mit Hilfe von Konkurrenzreaktionen mit bekannten Liganden.

Eine weitere Schwierigkeit ist, dass Metallspezies in natürlichen wässern in allen Grössenklassen vorkommen, von einzelnen Ionen über Makromoleküle bis zu grösseren Partikeln. Schon die Unterscheidung zwischen gelösten und partikulären Spezies ist analytisch problematisch, da sie meistens über eine willkürliche Abtrennung bei einer bestimmten Grösse erfolgt. So ist die operationell übliche Filtration über 0.45 µm eine willkürliche Grenze; Partikel mit Durchmesser <0.45 µm werden dabei zu der gelösten Phase gerechnet.

Durch die Anwendung verschiedener Methoden können verschiedene Kategorien von Metallspezies und die zugehörigen Konzentrationen bestimmt werden, z.B. labile Komplexe mit einer elektrochemischen Methode, Spezies kleiner als eine bestimmte Grösse durch Filtrationen usw. Tabelle 6.3 gibt eine Übersicht über Methoden, die zur Speziierung von Metallionen in natürlichen Gewässern verwendet werden können.

Tabelle 6.3 Analytische Methoden zur Speziierung

Trennung nach Grösse	Trennung nach Reaktivität	Spezifische Bestimmung einzelner Verbindungen
Filtration	Elektrochemische Methoden (Differentialpulspolarographie)	Gaschromatographie Flüssigchromatographie
Ultrafiltration	Inversvoltammetrie	
Gelchromatographie	Ionenaustauscher	Spektroskopische Methoden
Dialyse	Konkurrenzreaktionen (Liganden, feste Phase)	

6.4 Regulierung der Konzentration von Schwermetallen in Seen

Schwermetalle werden über atmosphärische Niederschläge und über Zuflüsse in gelöster und partikulärer Form in Seen eingetragen. Sie sind dann verschiedenen Wechselwirkungen mit gelösten Liganden und mit Partikeln unterworfen (Abbildung 6.10); sie können an anorganischen Partikeloberflächen (zum Beispiel Manganoxide, Eisenoxide, die zum Teil im See ausgefällt werden) und an den Oberflächen des biologischen Materials (Algen, Bakterien, biologischer Debris) gebunden werden. Von besonderer Bedeutung ist im See die photosynthetische Produktion von biologischem Mate-

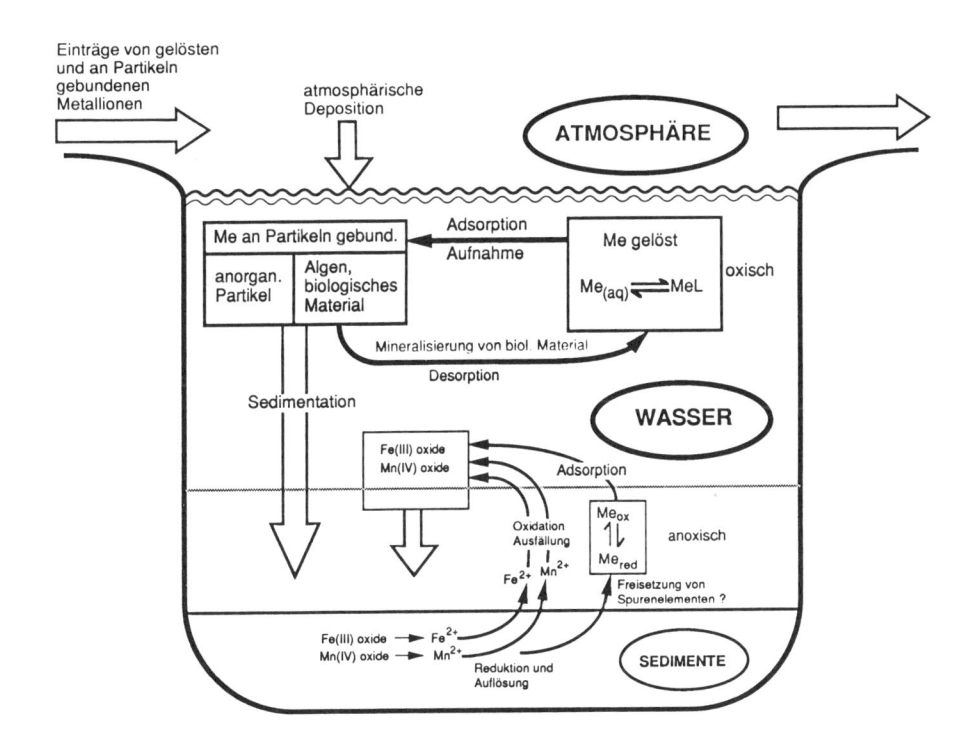

Abbildung 6.10
Schematische Darstellung der Mechanismen, welche die Konzentrationen von Metallionen in der Wassersäule von Seen regulieren

Insbesondere durch die Bindung an absinkendem biologischem Material werden Metalle aus der Wassersäule in die Sedimente transportiert; dadurch werden die Konzentrationen in der Wassersäule tief gehalten.

rial in den obersten Schichten des Sees und das spätere Absinken dieses Materials in die Sedimente. Metallionen können an den Oberflächen dieses biologischen Materials gebunden sowie auch durch die Organismen aufgenommen werden. Je nach den Eigenschaften der Metallionen in bezug auf ihre Bindungstendenzen und ihre biologische Bedeutung (essentielle/nicht-essentielle Elemente) werden verschiedene dieser Reaktionen bevorzugt. Untersuchungen des sedimentierenden Materials in Seen haben ergeben, dass die Bindung verschiedener Elemente (insbesondere Cu und Zn) an biologischem Material einen wichtigen Mechanismus darstellt. In Seen mit anaerobem Hypolimnion (Tiefenwasser) ergeben sich zusätzliche Mechanismen durch die Rücklösung von Mn^{2+} und Fe^{2+} aus den Sedimenten und die Ausfällung von Mangan- und Eisenoxiden an der Grenze aerob/anaerob (vgl. Kapitel 8).

Durch den Transport des biologischen Materials in die Sedimente werden auch die daran gebundenen Spurenmetalle aus der Wassersäule entfernt. Durch die Sedimentation ergibt sich ein ständiger Transport der Spurenmetalle aus der Wassersäule in die Sedimente, so dass in der Wassersäule tiefe Konzentrationen dieser Elemente resultieren (Tabelle 6.4). Die Grössenordnung der Konzentrationen von Metallionen in Seen kommt teilweise nahe zu den Konzentrationen in den Ozeanen, obwohl die Belastung der Seen mit Metallen viel höher ist. Die Konzentrationen in Seen sind viel tiefer als diejenigen in Flüssen und im Regenwasser. Die Konzentrationen verschiedener Metallionen in der Wassersäule hängen letztlich von ihrer Verteilung zwischen dem sedimentierenden Material und der Wasserphase ab. Elemente, die hauptsächlich in der partikulären Phase gebunden sind, werden zusammen mit dem partikulären Material in die Sedimente transportiert; dadurch werden ihre Aufenthaltszeit in der Wassersäule kurz (ähnlich der Aufenthaltszeit der Partikel) und ihre Konzentrationen niedrig.

Die Konzentrationen von Spurenmetallen in der Wassersäule eines Sees werden demnach durch ihre Verteilung zwischen der gelösten und der partikulären Phase reguliert, insbesondere durch ihre Bindung an absinkendem biologischen Material. Die freien Metallkonzentrationen $[Me^{n+}]$, die für die Wirkung auf die Organismen entscheidend sind, sind viel kleiner als die in Tabelle 6.4 angegebenen Konzentrationen und werden zusätzlich durch die Anwesenheit

Tabelle 6.4 Konzentrationen von Schwermetallen in Seen und Ozeanen im Vergleich zu Konzentrationen in einem Fluss und im Regenwasser

	Fe µmol/ℓ	Mn µmol/ℓ	Cu nmol/ℓ	Zn nmol/ℓ	Cd nmol/ℓ	Pb nmol/ℓ
Bodensee (1981/82)	0.2 – 0.4		5 – 20	15 – 60	0.05 – 0.1	0.2 – 0.5
Zürichsee (1983/84)	0.06 – 0.5	0.01 –35	6 – 12	5 – 45	0.04 – 0.1	0.05 – 1
Ozeane [1]		0.001 – 0.002	1 – 5	1 – 10	0.01 – 1	0.005 – 0.08
Rhein (Zufluss zum Bodensee)	2		90	150	0.6	7
Regenwasser (Dübendorf 1984)			10 – 300	80 – 900	0.4 – 7	10 – 200

[1] Bruland 1980, Schaule und Patterson 1981, Landing und Bruland 1980

einer Vielzahl gelöster Liganden, die wiederum zu einem Teil biologischen Ursprungs sind, reguliert. Vgl. L. Sigg, *Metal Transfer Mechanisms in Lakes: The Role of Settling Particles* in: "*Chemical Processes in Lakes*"; W. Stumm ed., Wiley-Interscience, New York, 1985.

Übungsaufgaben

1) Eine Lösung mit $Pb_T = 10^{-6}$ M wird auf pH 8 gebracht.
   Welcher Anteil des Pb ist als Pb^{2+}-Aquoion vorhanden?
   Folgende Konstanten sind für die Hydrolyse von Pb gültig:
   $$Pb^{2+} \rightleftarrows PbOH^+ + H^+ \qquad \log \beta_1 = -7.7$$
   $$Pb^{2+} \rightleftarrows Pb(OH)_2^0 + 2H^+ \qquad \log \beta_2 = -17.1$$

2) a) *In welcher Form liegt Cd(II) in einem Wasser folgender Zusammensetzung hauptsächlich vor?*
   pH = 8 \qquad Alkalinität = 2.5×10^{-3} mol/ℓ
   $Cd_T = 1 \times 10^{-9}$ mol/ℓ \qquad $Ca_T = 1.3 \times 10^{-3}$ mol/ℓ

   b) *Besteht die Möglichkeit, dass $CdCO_{3(s)}$ oder $Cd(OH)_{2(s)}$ ausfällt?*

   c) *Wie verändert sich die Speziierung von Cd^{2+}, wenn 10^{-7} mol/ℓ EDTA zu diesem Wasser zugegeben wird?*
   Folgende Konstanten sind gegeben:

   $$Cd^{2+} \rightleftarrows CdOH^+ + H^+ \qquad \log \beta_1 = -10.1$$
   $$Cd^{2+} + CO_3^{2-} \rightleftarrows CdCO_3^0 \qquad \log K = 4.5$$
   $$CdCO_{3(s)} \rightleftarrows Cd^{2+} + CO_3^{2-} \qquad \log K_{SO} = -13.7$$
   $$Cd(OH)_{2(s)} \rightleftarrows Cd^{2+} + 2OH^- \qquad \log K_{SO} = -14.3$$
   $$Cd^{2+} + EDTA^{4-} \rightleftarrows CdEDTA^{2-} \qquad \log K = 16.5$$
   $$Ca^{2+} + EDTA^{4-} \rightleftarrows CaEDTA^{2-} \qquad \log K = 10.7$$
   $$HEDTA^{3-} \rightleftarrows EDTA^{4-} + H^+ \qquad \log K = -10.2$$

3) Cu^{2+}-Puffer
   Um den Einfluss der Cu^{2+}-Konzentration auf dem Wachstum einer Algenkultur zu untersuchen, wird eine Nährlösung verwen-

det, der 10^{-5} M Cu_{Total} und 5×10^{-3} M Tris* zugegeben werden. Tris dient sowohl als pH-Puffer wie als Cu-Komplexbildner. *Welches ist die $[Cu^{2+}]$-Konzentration in dieser Lösung bei pH = 8.1? Inwiefern kann man diese Lösung als Cu-Puffer bezeichnen?*
Hinweis: die Änderung in der Tris-Konzentration durch die Bildung von Cu-Komplexen kann vernachlässigt werden.

* Tris = Tris(hydroxymethyl)-aminomethan:

$$HOCH_2 - \underset{\underset{CH_2OH}{|}}{\overset{\overset{CH_2OH}{|}}{C}} - NH_2$$

(cf. W. Sunda, R.L. Guillard, J. Mar. Res. *34*, 511, 1976: *The relationship between cupric ion activity and the toxicity of copper to phytoplankton.*)

Folgende Konstanten sind gegeben:

Cu^{2+} + Tris	$\rightleftarrows$ Cu Tris^{2+}	$\log \beta_1$	= 3.5
Cu^{2+} + 2 Tris	$\rightleftarrows$ Cu (Tris)$_2^{+2}$	$\log \beta_2$	= 7.6
Cu^{2+} + 3 Tris	$\rightleftarrows$ Cu (Tris)$_3^{2+}$	$\log \beta_3$	= 11.1
Cu^{2+} + 4 Tris	$\rightleftarrows$ Cu (Tris)$_4^{2+}$	$\log \beta_4$	= 14.1
H Tris$^+$	$\rightleftarrows$ Tris + H$^+$	$\log K$	= –8.1

4) *Wieviel Hg(II) ist im Gleichgewicht mit Hg $S_{(s)}$ löslich, wenn Sulfidkomplexe mit den folgenden Bedingungen gebildet werden (z.B. im Porenwasser von Sedimenten):*

Sulfid$_{Total}$	= 10^{-5} M, pH 8		
Hg $S_{(s)}$	$\rightleftarrows$ Hg^{2+} + S^{2-}	$\log K_{SO}$	= –51
Hg^{2+} + 2 HS$^-$	$\rightleftarrows$ Hg(HS)$_2^0$	$\log K$	= 37.7
Hg^{2+} + 2 HS$^-$	$\rightleftarrows$ HgHS$_2^-$ + H$^+$	$\log K$	= 31.5
Hg^{2+} + 2 HS$^-$	$\rightleftarrows$ HgS$_2^{2-}$ + 2 H$^+$	$\log K$	= 23.2
H$_2$S	$\rightleftarrows$ HS$^-$ + H$^+$	$\log K$	= –7.0
HS$^-$	$\rightleftarrows$ S^{2-} + H$^+$	$\log K$	= –13.9

Kapitel 7

Fällung und Auflösung; die Aktivität der festen Phase

7.1 Einleitung
Fällung und Auflösung fester Phasen als Mechanismus zur Regulierung der Zusammensetzung natürlicher Gewässer

Aus der Wechselwirkung von Wasser mit den festen Mineralphasen der Gesteine ergibt sich schliesslich die Zusammensetzung der gelösten Phase. Dabei spielen die Auflösung und die Fällung fester Phasen eine entscheidende Rolle, vornehmlich für die Regulierung der Konzentrationen von Hauptelementen wie Calcium, Carbonat, Silikat usw. Je nach geologischen Voraussetzungen in einem bestimmten Gebiet sind beispielsweise die Mineralphasen Calciumcarbonat, Quarz oder Tonmineralien wichtig. Die Löslichkeit der entsprechenden Mineralien bestimmen die im Wasser möglichen gelösten Konzentrationen. Die folgenden Fragen sind in diesem Zusammenhang von Bedeutung:
– Welche sind die entscheidenden Löslichkeitsgleichgewichte?
– Welche festen Phasen regulieren die Konzentration eines Elementes unter gegebenen Bedingungen?
– Unter welchen Bedingungen wird die Löslichkeit einer festen Phase über- bzw. unterschritten?

Zum Beispiel können Änderungen von pH, Temperatur usw. zur Fällung oder Auflösung von festen Phasen führen.

Die Grundlagen zur Beantwortung dieser Fragen sollen in diesem Kapitel behandelt werden, wobei wiederum hauptsächlich von einem Gleichgewichtsansatz ausgegangen wird. Allerdings ist häufig die Kinetik der Bildung und Auflösung fester Phasen langsam, so dass die Bedingungen zum Erreichen des Gleichgewichtszustands nicht immer erfüllt sind. Am Beispiel des Calciumcarbonats werden die kinetischen Effekte diskutiert.

Das Löslichkeitsgleichgewicht einer festen Phase (M_nX_m) kann allgemein durch die Gleichung (1) dargestellt werden:

$$M_nX_{m(s)} \rightleftarrows n\, M_{(aq)} + m\, X_{(aq)}$$

$$K_{s0} = \frac{\{M_{(aq)}\}^n \cdot \{X_{(aq)}\}^m}{\{M_nX_{m(s)}\}} \qquad (1)$$

Die Aktivität der festen Phase wird $\{M_nX_{m(s)}\} = 1$ gesetzt, sofern es sich um eine reine feste Phase handelt, so dass das Löslichkeitsprodukt meistens vereinfacht geschrieben wird:

$$K_{s0} = \{M_{(aq)}\}^n \cdot \{X_{(aq)}\}^m \qquad (2)$$

Zur Überprüfung, ob ein Wasser in Bezug auf eine bestimmte feste Phase über- oder untersättigt ist, kann im Prinzip ein experimentell bestimmtes Produkt der Aktivitäten (oder der effektiv gefundenen Aktivitäten) mit dem Löslichkeitsprodukt verglichen werden:

$$Q = \{M_{(aq)}\}^n_{exp} \cdot \{X_{(aq)}\}^n_{exp} \qquad (3)$$

Es gilt dann:

$Q = K_{s0}$ im Gleichgewicht
$Q > K_{s0}$ übersättigt
$Q < K_{s0}$ untersättigt.

7.2 Löslichkeitsgleichgewichte von Hydroxiden und Carbonaten; Einfluss der Komplexbildung, pH-Abhängigkeit

Wichtige feste Phasen in den natürlichen Gewässern sind Hydroxide und Carbonate. Die pH-Abhängigkeit der Löslichkeit ist gerade bei Hydroxiden und Carbonaten naturgemäss ausgeprägt und muss hier näher betrachtet werden.

Hydroxide und Oxide
Das Löslichkeitsgleichgewicht eines Hydroxids (oder analog eines Oxids, da dieses im Wasser hydratisiert würde) wird allgemein formuliert als:

$$M(OH)_{m(s)} \rightleftarrows M^{m+}{}_{(aq)} + m\, OH^-{}_{(aq)} \tag{4}$$

$$K_{s0} = \{M^{m+}{}_{(aq)}\} \cdot \{OH^-\}^m \tag{5}$$

oder:

$$M(OH)_{m(s)} + m\, H^+ \rightleftarrows M^{m+}{}_{(aq)} + m\, H_2O \tag{6}$$

$$^*K_{s0} = \{M^{m+}{}_{(aq)}\} \cdot \{H^+\}^{-m} \tag{7}$$

Die beiden Löslichkeitsprodukte sind durch die Beziehung $K_{s0}\,/\,{}^*K_{s0} = (K_w)^m$ miteineinander verbunden und können ineinander umgerechnet werden.

Die Konzentration des freien Metallions im Gleichgewicht mit einer festen Hydroxidphase kann direkt in Funktion des pH berechnet werden.

$$[M^{m+}] = {}^*K_{s0} \times [H^+]^m \tag{8}$$

Die gesamte Löslichkeit in Funktion des pH ergibt sich aber aus der Summe der verschiedenen Hydroxospezies, die auch polymere Spezies umfassen kann: (vgl. Gleichung (4) Kapitel 6 und Beispiel 6.5)

$$[M]_{gelöst} = [M^{m+}] + \sum [M_y(OH)_n^{(m-n)+}] \tag{6.4}$$

Beispiel 7.1:
Löslichkeit von $Fe(OH)_{3(s)}$ als Funktion des pH

Die folgenden Gleichungen gelten für die Löslichkeit und Bildung von Hydroxokomplexen:

$(am)Fe(OH)_3(s)$	$= Fe^{3+} + 3\, OH^-$	K_{s0}	-38.7
$(am)Fe(OH)_3(s)$	$= FeOH^{2+} + 2\, OH^-$	K_{s1}	-27.5
$(am)Fe(OH)_3(s)$	$= Fe(OH)_2^+ + OH^-$	K_{s2}	-16.6
$(am)Fe(OH)_3(s) + OH^-$	$= Fe(OH)_4^-$	K_{s4}	-4.5
$2\,(am)Fe(OH)_3(s)$	$= Fe_2(OH)_2^{4+} + 4\, OH^-$	K_{s22}	-51.9
$[Fe(III)]_T$	$= [Fe^{3+}] + [FeOH^{2+}] + [Fe(OH)_2^+] + [Fe(OH)_4^-] +$		
	$\quad 2\,[Fe_2(OH)_2^{4+}]$		

Die einzelnen Spezies lassen sich als Funktion des pH darstellen (Abbildung 7.1).

Aus solchen Diagrammen wird ersichtlich, dass Hydroxide und Oxide ein Löslichkeitsminimum in einem bestimmten pH-Bereich aufweisen.

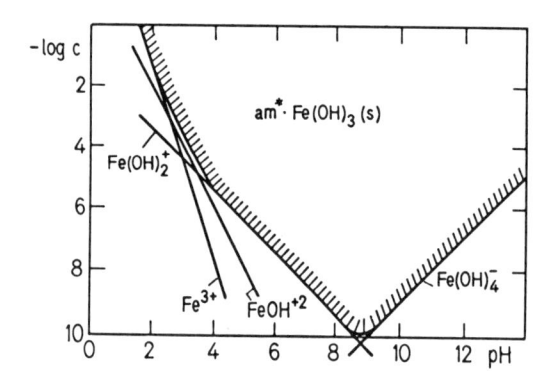

Abbildung 7.1
pH-Abhängigkeit der Löslichkeit von $Fe(OH)_3$
Das schraffierte Gebiet gibt den Existenzbereich der festen Phase an, der durch die Summe der löslichen Spezies begrenzt wird.

Carbonate
Je nach Konzentrationsverhältnissen im System $M^{n+}-CO_2-H_2O$ sind entweder die Hydroxide (bzw. Oxide) oder die Carbonate löslichkeitsbestimmend. Die Löslichkeitsverhältnisse bei den Carbonaten sind etwas komplexer, da hier sowohl die Löslichkeitsprodukte wie die Säure/Base-Reaktionen des Carbonatsystems und in offenen Systemen die Gas/Wassergleichgewichte gleichzeitig berücksichtigt werden müssen.

Die verschiedenen möglichen Fälle werden hier am Beispiel des Calciumcarbonats behandelt, da dieses von grosser Bedeutung in natürlichen Gewässern ist; Calcit ist meistens die stabilste Phase, für die hier die Löslichkeit betrachtet wird. Für andere Carbonate gelten analoge Überlegungen, wobei auch zu berücksichtigen ist, dass die Carbonatgleichgewichte in einem Gewässer meistens durch das Calciumcarbonatsystem kontrolliert werden, so dass die Löslichkeit anderer Carbonate damit verknüpft ist.

Wir haben bereits im Kapitel 3 bei der Behandlung der Carbonatgleichgewichte den Einfluss des festen $CaCO_3$ auf die Lösungszusammensetzung im offenen System behandelt (Abbildung 3.3). Wir kommen hier auf das Problem zurück und diskutieren systematisch die $CaCO_3$-Löslichkeit. Wie wir im Kapitel 3 gesehen haben, muss man grundsätzlich zwischen zwei verschiedenen Systemen unterscheiden, nämlich einem geschlossenen System, bei dem kein Austausch mit der Atmosphäre stattfindet und einem offenen System, bei dem Gleichgewicht mit dem CO_2-Partialdruck der Atmosphäre oder mit einem anderen CO_2-Partialdruck (zum Beispiel in Grundwässern) herrscht. Diese Unterscheidung muss auch bei der Behandlung der Löslichkeit gemacht werden.

Es gilt in allen Fällen das Löslichkeitsprodukt:

$$K_{s0} = \{Ca^{2+}\} \cdot \{CO_3^{2-}\} \tag{9}$$

mit $\log K_{s0} = -8.42$ für $t = 25°$ C und $I = 0$.

a) Löslichkeit von $CaCO_3$ im geschlossenen System
Im einfachsten Fall liegt nur (reines) Wasser im Gleichgewicht mit festem Calciumcarbonat vor. Welcher pH und welche Calcium- und Carbonatkonzentrationen ergeben sich?

Es gilt in diesem Fall die Massenbilanz:

$$[Ca^{2+}] = c_T = [HCO_3^-] + [CO_3^{2-}] + [H_2CO_3] \tag{10}$$

und die Ladungsbilanz:

$$2[Ca^{2+}] + [H^+] = [HCO_3^-] + 2[CO_3^{2-}] + [OH^-] \tag{11}$$

Mit Hilfe der Säurekonstanten K_1 und K_2 des Carbonatssystems und des Löslichkeitsprodukts K_{s0} sowie von K_w lassen sich die 6 Unbekannten dieses Systems, nämlich Ca^{2+}, HCO_3^-, CO_3^{2-}, H_2CO_3, H^+, OH^- ausrechnen, zum Beispiel durch ein Näherungsverfahren.

Die verschiedenen Spezies sind in Tableau 7.1 als Funktion der Komponenten CO_3^{2-} und H^+ dargestellt. Das System ist im Prinzip durch die 2 Komponenten CO_3^{2-} und H^+ definiert, da Ca^{2+} und CO_3^{2-}

durch das Löslichkeitsprodukt miteinander verbunden sind. $CaCO_{3(s)}$ wird als zusätzliche Komponente und Phase angeführt, um das System vollständig zu definieren. Die Bedingung $c_T - Ca^{2+} = 0$ entspricht der Massenbilanz (10), nämlich:

$$[HCO_3^-] + [CO_3^{2-}] + [H_2CO_3] - [Ca^{2+}] = 0$$

Die berechnete Konzentration der einzelnen Spezies ist rechts angegeben.

Tableau 7.1 Löslichkeit von $CaCO_{3(s)}$ in reinem Wasser

	CO_3^{2-}	H^+	$CaCO_3(s)$	log K	berechnete Konz. [M]
Spezies: Ca^{2+}	−1	0	1	−8.42	1.146×10^{-4}
CO_3^{2-}	1	0	0	0.00	3.319×10^{-5}
HCO_3^-	1	1	0	10.30	8.135×10^{-5}
H_2CO_3	1	2	0	16.60	1.994×10^{-8}
OH^-	0	−1	0	−14.00	8.139×10^{-5}
H^+	0	1	0	0.00	1.229×10^{-10} (pH = 9.91)

Konzentrationsbedingung:

$c_T-[Ca^{2+}]$	1	0	0	$c_T-[Ca^{2+}] = 0$
			1	$\{CaCO_{3(s)}\} = 1$

In diesem Fall, ohne Zugabe von Säure oder Lauge und ohne Kontakt mit CO_2 in der Gasphase ergibt sich pH = 9.9.

Bei Zugabe von Säure, z.B. HCl, bleibt die Massenbilanz (10) gleich, während das Säureanion zusätzlich in die Ladungsbilanz eingeht. Wird zu diesem System Säure zugegeben, d.h. zu einer unendlichen Menge von festem $CaCO_3$, so löst sich $CaCO_3$ entsprechend der zugegebenen Säuremenge auf und der pH wird dadurch stark gepuffert (Abbildung 7.2).

b) Löslichkeit von $CaCO_3$ im geschlossenen System bei c_T = konstant

Ist im geschlossenen System c_T = konstant vorgegeben, d.h. durch

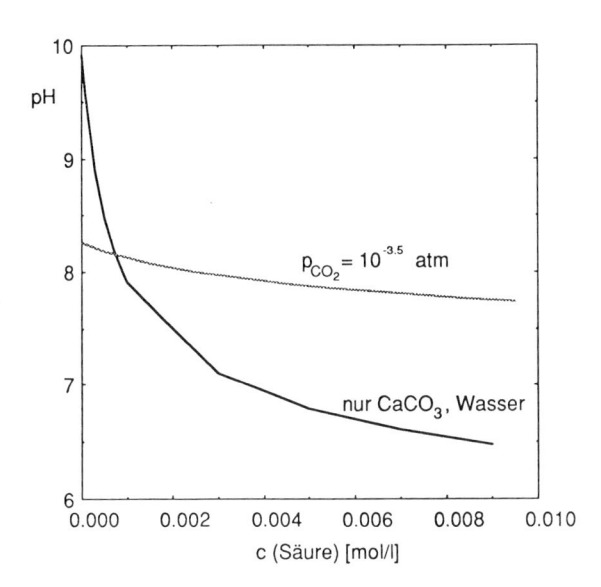

Abbildung 7.2
pH als Funktion der zugegebenen Säure im System $CaCO_3$-Wasser-CO_2
a) nur $CaCO_3$-Wasser im geschlossenen System;
b) $CaCO_3$-Wasser-CO_2 mit $p_{CO_2} = 10^{-3.5}$ atm im offenen System.

andere Faktoren als die Auflösung von $CaCO_3$ kontrolliert, so ist die gelöste Konzentration Ca^{2+} in Funktion von c_T gegeben durch:

$$[Ca^{2+}] = \frac{K_{s0}}{[CO_3^{2-}]} = \frac{K_{s0}}{c_T \cdot \alpha_2} \tag{12}$$

$$\text{mit } \alpha_2 = \frac{[CO_3^{2-}]}{c_T}$$

Dieser Fall lässt sich am einfachsten im doppelt-logarithmischen Diagramm darstellen (Abbildung 7.2), mit:

$$\log [Ca^{2+}] = \log K_{s0} - \log [CO_3^{2-}] \tag{13}$$

Dieser Fall ist auch für andere Carbonate von Interesse, z.B. $MnCO_{3(s)}$, $FeCO_{3(s)}$, da in den meisten Fällen die totale Carbonatkonzentration durch das Calciumcarbonatsystem kontrolliert wird, und sich die Löslichkeit der anderen Carbonate entsprechend einstellt.

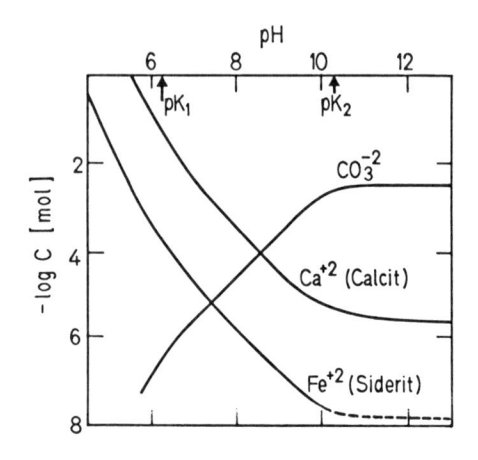

Abbildung 7.3
$[Ca^{2+}]$ als Funktion des pH für c_T = konstant = $5 \cdot 10^{-3}$ M im geschlossenen System

c) Löslichkeit von $CaCO_{3(s)}$ im Gleichgewicht mit p_{CO_2}
Dieser Fall wird als Modell für natürliche Wässer im Gleichgewicht mit der Atmosphäre und mit Calciumcarbonat verwendet. Wie bereits im Kapitel 3.3 illustriert, kann die Löslichkeit von $CaCO_{3(s)}$ im offenen System aus der Superponierung des $CO_{2(gas)}$-Wasser-Gleichgewichtes und des $CaCO_3$-Löslichkeitsgleichgewichtes verstanden werden.

Zunächst sollen pH, Carbonat- und Calciumkonzentrationen für den Fall einer festen Calciumcarbonatphase im Gleichgewicht mit Wasser und dem CO_2-Partialdruck der Atmosphäre berechnet werden. In diesem Fall ist c_T nicht mehr durch Ca^{2+} gegeben, sondern ergibt sich aus p_{CO_2}:

$$C_T = K_H \cdot p_{CO_2} + K_H \cdot p_{CO_2} \cdot K_1 \cdot [H^+]^{-1} + K_H \cdot p_{CO_2} \cdot K_1 \cdot K_2 \cdot [H^+]^{-2} \qquad (14)$$

Die Löslichkeit von $CaCO_{3(s)}$ kann durch die Reaktion dargestellt werden:

$$CaCO_3(s) + 2H^+ \rightleftarrows Ca^{2+} + CO_2(g) + H_2O$$

Ca^{2+} in Abhängigkeit von p_{CO_2} und pH gegeben durch:

$$[Ca^{2+}] = \frac{K_{s0} \cdot [H^+]^2}{K_H K_1 K_2 \cdot p_{CO_2}} \tag{15}$$

und ist bei gegebenem p_{CO_2} nur vom pH abhängig.

Auch dieses Problem kann mit Hilfe eines doppelt-logarithmischen Diagramms gelöst werden (Abbildung 7.4, vgl. Abbildung 3.3). Wiederum ist die Ca^{2+}-Konzentration umgekehrt proportional der CO_3^{2-}-Konzentration. Aus der Ladungsbilanz :

$$2\,[Ca^{2+}] + [H^+] = [HCO_3^-] + 2\,[CO_3^{2-}] + [OH^-] \tag{11}$$

die vereinfacht wird zu:

$$2\,[Ca^{2+}] \approx [HCO_3^-]$$

wird der Punkt mit der entsprechenden Zusammensetzung im Gleichgewicht mit reinem $CaCO_{3(s)}$ definiert.

Für genaue Berechnungen werden auch die Ionenpaarspezies $CaHCO_3^+$, $CaOH^+$ und $CaCO_3^0$ einbezogen, die aber nur einen geringen Anteil der gesamten Löslichkeit darstellen.

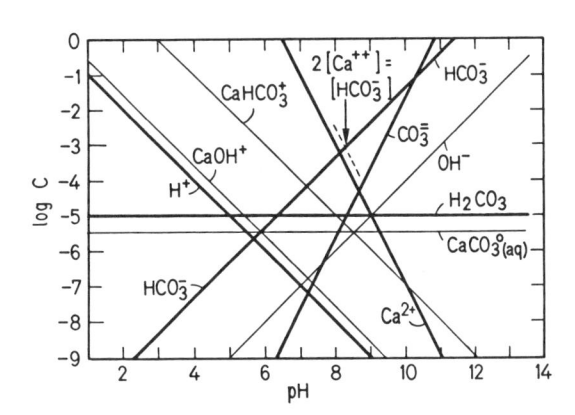

Abbildung 7.4
$[Ca^{2+}]$ als Funktion des pH im offenen System mit $CO_2 = 10^{-3.5}$ atm
Die Ionenpaarspezies sind ebenfalls angegeben

Das entsprechende Tableau kann mit den Komponenten p_{CO_2} und H^+ aufgestellt werden (hier ohne die Ionenpaarspezies $CaHCO_3^+$, $CaOH^+$ und $CaCO_3^0$):

Tableau 7.2 Löslichkeit von $CaCO_{3(s)}$ im Gleichgewicht mit $CO_{2(g)}$

Spezies:	$CO_{2(g)}$	H^+	$CaCO_{3(s)}$	log K	berechnete Konz. [M]
Ca^{2+}	−1	2	1	9.68	4.624×10^{-4}
CO_3^{2-}	1	−2	0	−18.10	8.223×10^{-6}
HCO_3^-	1	−1	0	−7.80	9.065×10^{-4}
H_2CO_3	1	0	0	−1.50	9.993×10^{-6}
$CO_2(g)$	1	0	0	0.00	3.160×10^{-4}
OH^-	0	−1	0	−14.00	1.810×10^{-6}
H^+	0	1	0	0.00	5.525×10^{-9} pH = 8.26

Konzentrationsbedingung:

$$\{CaCO_{3(s)}\} = 1$$
$$p_{CO_2} = 10^{-3.5} \text{ atm}$$

Hier wird anstelle der totalen Konzentration die freie Konzentration des CO_2 ($p_{CO_2} = 10^{-3.5}$ atm) vorgegeben.

Die angegebene Zusammensetzung kann als einfaches Modell für natürliche Gewässer in Kontakt mit Calciumcarbonat angesehen werden (Abbildung 3.4); viele Gewässer haben annähernd diese Zusammensetzung (pH ≈ 8.3; $HCO_3^- \approx 1 \times 10^{-3}$ M; $Ca^{2+} \approx 5 \times 10^4$ M).

Bei Zugabe von Säure (oder Lauge) in diesem System (d.h. eine unendliche Menge von Calciumcarbonat im Kontakt mit atmosphärischem CO_2 und Wasser) wird eine noch stärkere Pufferung erreicht (Abbildung 7.2), da hier das gebildete H_2CO_3 im Gleichgewicht mit dem CO_2 aus der Luft ist.

Von Interesse für viele natürliche Gewässer, insbesondere für Grundwässer, ist die Abhängigkeit der Calciumcarbonatlöslichkeit vom CO_2-Partialdruck. Im Boden ist der CO_2-Partialdruck gegenüber dem atmosphärichen p_{CO_2} meist erhöht, so dass sich auch eine erhöhte $CaCO_3$-Löslichkeit ergibt. Die entsprechende Gleichgewichtszusammensetzung für einen beliebigen p_{CO_2} kann aus einem doppelt-logarithmischen Diagramm (Abbildung 7.4) oder rechnerisch ermittelt werden. Ein Beispiel dazu wurde schon in Beispiel 3.3 gegeben. Die resultierenden pH- und Ca-Konzentrationen in Abhängigkeit des CO_2-Partialdrucks sind in Abbildung 7.5 dargestellt.

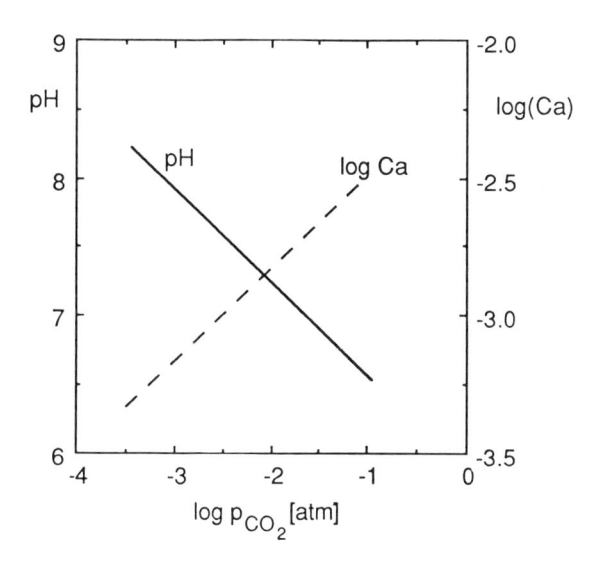

Abbildung 7.5
pH und log Ca im Gleichgewicht mit $CaCO_{3(s)}$ bei verschiedenen p_{CO_2}

Analog zu den Carbonatlöslichkeiten können auch die Löslichkeiten von z.B. Sulfiden, Phosphaten usw. behandelt werden. Auch bei diesen ergibt sich die pH-Abhängigkeit der Löslichkeit aus den Säure/Base-Reaktionen der entsprechenden Anionen. In jedem Fall muss auch die Komplexbildung in Lösung mit den Anionen aus der festen Phase und mit eventuell vorhandenen anderen Liganden einbezogen werden.

Abhängigkeit der Löslichkeit von Temperatur, Ionenstärke, Druck, Grösse der Partikel
Löslichkeitsprodukte sind meistens stark temperaturabhängig. Für genaue Berechnungen muss das Löslichkeitsprodukt für die jeweilige Temperatur verwendet werden, das aus Messungen für ver-

schiedene Temperaturen oder aus Berechnungen mit ΔH erhalten wird. Als Beispiel ist die Temperaturabhängigkeit des Löslichkeitsprodukts von Calciumcarbonat (Calcit) in Tabelle 3.1 angegeben.

Die Druckabhängigkeit ist für die Löslichkeitsverhältnisse in den Ozeanen von Bedeutung (vgl. Kapitel 5.3).

In den Löslichkeitsprodukten gehen eigentlich Aktivitäten ein; häufig sind die Löslichkeitsprodukte für $I \to 0$ angegeben. Der Einfluss der Ionenstärke muss bei der Berechnung für andere Ionenstärken über die Aktivitätskoeffizienten berücksichtigt werden. Dazu kann beispielsweise die Formel nach Davies verwendet werden (s. Kapitel 2.9).

Ein weiterer Faktor, der die Löslichkeit beeinflusst, ist die Grösse der Partikeln. Bei sehr kleinen Partikelgrössen wird die spezifische Oberfläche sehr gross, und die Grenzflächenenergie trägt zur freien Energie der festen Phase bei. Dadurch wird die Löslichkeit einer festen Phase mit sehr kleinen Partikeln und sehr grosser Oberfläche grösser als diejenige der gleichen festen Phase mit gröberen Partikeln.

7.3 Welche feste Phase kontrolliert die Löslichkeit?

In natürlichen Gewässern stellt sich häufig die Frage, welche feste Phase die Löslichkeit eines bestimmten Elements kontrolliert und welche Phase unter bestimmten Bedingungen ausfallen kann. Zum Beispiel stellt sich bei höheren pH und bestimmten Carbonatkonzentrationen die Frage, ob Hydroxide oder Carbonate gebildet werden oder in Gegenwart von Sulfid, ob feste Sulfide oder Carbonate stabiler sind. Prinzipiell wird im Gleichgewicht die thermodynamisch stabilste Phase gebildet. In Bezug auf die Löslichkeit heisst das auch, dass für gegebene Bedingungen die Phase mit der geringsten Löslichkeit (= stabilste Phase) die gelösten Konzentrationen kontrolliert. Da – wie oben für die Hydroxide und Carbonate demonstriert wurde – die Löslichkeit stark vom pH und der Zusammensetzung der Lösung abhängt, muss in Abhängigkeit dieser verschiedenen Bedingungen untersucht werden, welche jeweils die löslichkeitsbestimmenden Phasen sind. Als Beispiel kann die Umwandlung eines Hydroxids in ein Carbonat dargestellt werden als:

$$Me(OH)_{2(s)} + CO_{2(g)} \rightleftarrows MeCO_{3(s)} + H_2O \qquad (16)$$

Daraus kann p_{CO_2} berechnet werden, bei dem die Umwandlung stattfindet, bzw. die p_{CO_2}-Bereiche definiert werden, in welchen entweder $Me(OH)_{2(s)}$ oder $MeCO_{3(s)}$ ausfallen wird.

Verschiedene Methoden können angewendet werden, um die Existenzbereiche verschiedener fester Phasen zu definieren. Es können im Prinzip Löslichkeitsdiagramme wie Abbildungen 7.1 und 7.3 miteinander verglichen werden. Es können auch Diagramme konstruiert werden, die in Abhängigkeit verschiedener Variablen (z.B. p_{CO_2}, pH) die Stabilitätsgrenzen der verschiedenen festen Phasen angeben. Diese verschiedenen Möglichkeiten sollen anhand einiger Beispiele gezeigt werden.

Beispiel 7.2:
Stabilität von $FeS_{(s)}$ oder $FeCO_{3(s)}$ in Gegenwart von Sulfid
Folgende Löslichkeitsprodukte werden angegeben:

$FeS_{(s)} \rightleftarrows Fe^{2+} + S^{2-}$ $\log K = -18.1$
$FeCO_{3(s)} \rightleftarrows Fe^{2+} + CO_3^{2-}$ $\log K = -10.7$

für Sulfid gelten die Säurekonstanten:

$H_2S \rightleftarrows H^+ + HS^-$ $\log K = -7.0$
$HS^- \rightleftarrows H^+ + S^{2-}$ $\log K = -13.9$

In welchem Bereich von pH, Alkalinität, und Sulfidkonzentrationen wird $FeS_{(s)}$ bzw. $FeCO_{3(s)}$ gebildet?

Zunächst wird von den folgenden effektiv vorhandenen Bedingungen ausgegangen:

$[Alk]_{eff} = 5 \times 10^{-3}$ M
$[S(-II)_T]_{eff} = 1 \times 10^{-5}$ M
$[Fe(II)_T]_{eff} = 1 \times 10^{-6}$ M
pH $= 7.5$

Wird unter diesen Bedingungen FeS$_{(s)}$ oder FeCO$_{3(s)}$ ausfallen?

In einem ersten einfachen Ansatz können hier die Bedingungen für Q vs. K$_{s0}$ geprüft werden:

$$[S^{2-}] = \alpha_2 \cdot [S(-II)_T] = 3.0 \times 10^{-12} \tag{17}$$

$$[CO_3^{2-}] = [Alk] \cdot \left(\frac{H^+}{K_2 + 1}\right)^{-1} = 8.0 \times 10^{-6} \tag{18}$$

$$\log\left([Fe^{2+}]_{eff} \cdot [CO_3^{2-}]_{eff}\right) = -11.1 \tag{19}$$

$$\log\left([Fe^{2+}]_{eff} \cdot [S^{2-}]_{eff}\right) = -17.5 \tag{20}$$

In diesem Fall ist Q < K$_{s0}$ für FeCO$_{3(s)}$, aber Q > K$_{s0}$ für FeS$_{(s)}$, d.h. es wird unter diesen Bedingungen FeS$_{(s)}$ ausfällen.

Die Löslichkeit kann als Funktion des pH für c_T = konstant und S_T = konstant dargestellt werden (Abbildung 7.6). Die Löslichkeit von Fe(OH)$_{2(s)}$ kann ebenfalls einbezogen werden:

$$Fe(OH)_{2(s)} \rightleftarrows Fe^{2+} + 2\,OH^- \qquad \log K_{s0} = -15.1$$

Der Vergleich der [Fe^{2+}]-Kurven ergibt, dass für FeS die Löslichkeit tiefer ist; d.h. bei diesem Verhältnis von Carbonat und Sulfid wird im ganzen pH-Bereich FeS$_{(s)}$ gebildet. Fe(OH)$_{2(s)}$ könnte nur bei sehr hohem pH in Abwesenheit von Sulfid gebildet werden.

Schliesslich können die Existenzbereiche von FeS und FeCO$_3$ in Funktion von log S_T und pH dargestellt werden, wobei bestimmte Annahmen für Fe^{2+}(tot) und c_T getroffen werden:

$$Fe^{2+}(tot) = 1 \times 10^{-6}\,M$$
$$c_T = 5 \times 10^{-3}\,M$$

Die Grenzen der verschiedenen Existenzbereiche können berechnet werden: Für Fe^{2+}/FeS$_{(s)}$:

$$[S^{2-}] = K_{s0} \cdot [Fe^{2+}]^{-1} \tag{21}$$

$$S(-II)_T = \alpha_2^{-1} \cdot K_{s0} \cdot [Fe^{2+}]^{-1} \tag{22}$$

für Fe^{2+}/FeCO$_{3(s)}$:

$$[CO_3^{2-}] = K_{s0} \cdot [Fe^{2+}]^{-1} \tag{23}$$

Daraus kann der pH berechnet werden, bei dem für das betreffende C$_T$ FeCO$_{3(s)}$ ausfallen kann.

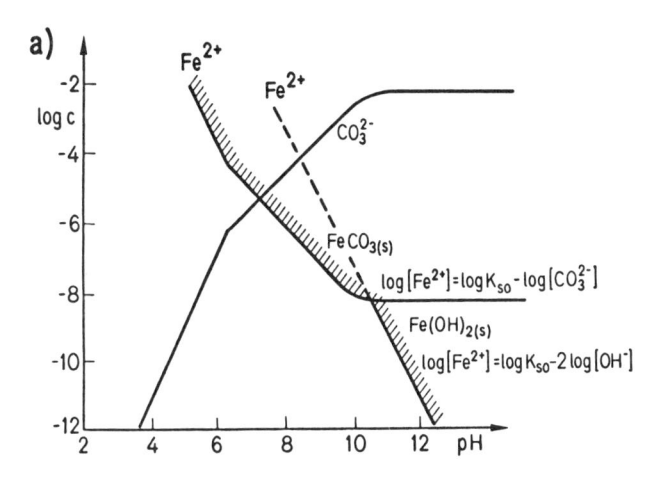

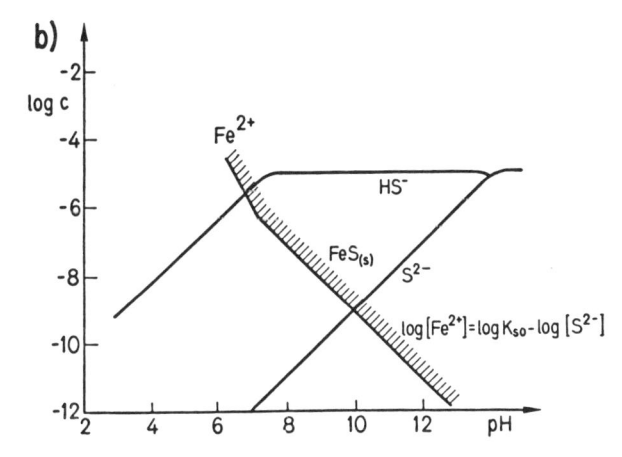

Abbildung 7.6
Löslichkeitsdiagramme für
a) $FeCO_{3(s)}$ ($c_T = 5 \times 10^{-3}$ M) und
b) $FeS_{(s)}$ ($S_T = 1 \times 10^{-5}$ M)

für $FeCO_{3(s)}$/ $FeS_{(s)}$ gilt:

$$FeS_{(s)} + CO_3^{2-} \rightleftarrows FeCO_{3(s)} + S^{2-}$$

$$K = \frac{[S^{2-}]}{[CO_3^{2-}]} = \frac{K_{s0}(FeS)}{K_{s0}(FeCO_3)} = 10^{-7.4} \tag{24}$$

und analog für FeS$_{(s)}$/ Fe(OH)$_{2(s)}$:

$$FeS_{(s)} + 2\,OH^- \rightleftarrows Fe(OH)_{2(s)} + S^{2-}$$

$$K = \frac{[S^{2-}]}{[OH^-]^2} = \frac{K_{s0}(FeS)}{K_{s0}(Fe(OH)_2)} \tag{25}$$

Aus diesen Beziehungen kann das Diagramm (Abbildung 7.7) konstruiert werden.

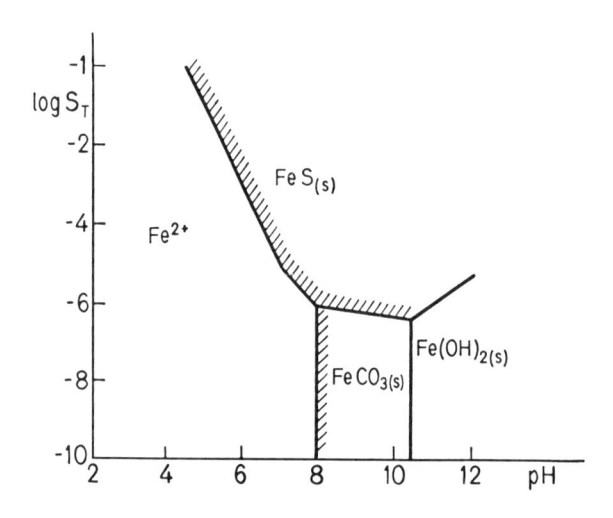

Abbildung 7.7
Existenzbereiche von FeS$_{(s)}$ und FeCO$_{3(s)}$ für Fe(II)$_T$ = 1 × 10^{-6} M und c_T = 5 × 10^{-3} M (Carbonat)

Die Verhältnisse im System Eisen-Sulfid-Carbonat wurden hier vereinfacht dargestellt. Für genaue Berechnungen müssen auch die Sulfidkomplexe mit Eisen in Lösung berücksichtigt werden; zudem sind verschiedene feste Phasen als Eisensulfide möglich.

Im nächsten Beispiel soll zur Illustration der Löslichkeitsverhältnisse bei Spurenmetallen die Löslichkeit von Cu in Gegenwart von Carbonat sowie unter Berücksichtigung anderer Komplexbildner berechnet werden.

Beispiel 7.4:
Löslichkeit von Cu in Gegenwart von Carbonat
Die Löslichkeit von Kupfer in einem Wasser mit c_T = 2 × 10^{-3} M soll als Funktion des pH (mit c_T = konstant) berechnet werden; zusätzlich soll der Einfluss eines organi-

schen Komplexbildners auf die Löslichkeit betrachtet werden, da für ein realistisches Modell eines natürlichen Wassers organische Kupferkomplexe von Wichtigkeit sind.

Zunächst stellt sich die Frage, welche feste Phase für Cu löslichkeitsbestimmend ist. Es kommen Hydroxide und gemischte Hydroxocarbonate in Frage, nämlich $CuO_{(s)}$ (Tenorit), $Cu_2(OH)_2CO_{3(s)}$ (Malachit) und $Cu_3(OH)_2(CO_3)_{2(s)}$ (Azurit).

Folgende Löslichkeitsprodukte und Komplexbildungskonstanten gelten:

$CuO_{(s)} + 2\,H^+$	$\rightleftarrows Cu^{2+} + H_2O$	$\log K = 7.65$
$Cu_2(OH)_2 CO_{3(s)} + 2\,H^+$	$\rightleftarrows 2\,Cu^{2+} + CO_3^{2-} + 2\,H_2O$	$\log K = -5.8$
$Cu_3(OH)_2 (CO_3)_{2(s)} + 2\,H^+$	$\rightleftarrows 3\,Cu^{2+} + 2\,CO_3^{2-} + 2\,H_2O$	$\log K = -18.0$
$Cu^{2+} + H_2O$	$\rightleftarrows CuOH^+ + H^+$	$\log K = -8.0$
$2\,Cu^{2+} + 2\,H_2O$	$\rightleftarrows Cu_2(OH)_2^{2+} + 2\,H^+$	$\log K = -10.95$
$Cu^{2+} + 3\,H_2O$	$\rightleftarrows Cu(OH)_3^- + 3\,H^+$	$\log K = -26.3$
$Cu^{2+} + 4\,H_2O$	$\rightleftarrows Cu(OH)_4^{2-} + 4\,H^+$	$\log K = -39.4$
$Cu^{2+} + CO_3^{2-}$	$\rightleftarrows CuCO_{3(aq)}^0$	$\log K = 6.77$
$Cu^{2+} + 2\,CO_3^{2-}$	$\rightleftarrows Cu(CO_3)_2^{2-}$	$\log K = 10.01$

Um die stabile Phase zu bestimmen, können zunächst die Löslichkeiten für die einzelnen festen Phasen als Funktion des pH für die entsprechenden Bedingungen bestimmt werden:

$$\text{für Tenorit gilt:}\quad \log[Cu^{2+}] = 7.65 - 2\,pH \qquad (26)$$

$$\text{für Malachit gilt:}\quad \log[Cu^{2+}] = -2.9 - pH - 0.5\log[CO_3^{2-}] \qquad (27)$$

$$\text{für Azurit gilt:}\quad \log[Cu^{2+}] = -6.0 - 2/3\,pH - 2/3\log[CO_3^{2-}] \qquad (28)$$

Aus $\log[Cu^{2+}]$ ergibt sich die gesamte Löslichkeit für bestimmte pH und c_T, so dass die tiefste Cu^{2+}-Konzentration auch die tiefste Löslichkeit ergibt und die stabilste Phase anzeigt.

Aus Abbildung 7.8 ist ersichtlich, dass die Löslichkeiten von Malachit und Azurit beinahe zusammenfallen und dass diese Phasen für pH < 8.0 stabiler sind, während bei pH > 8.0 Tenorit stabiler wird. Die nachfolgenden Berechnungen werden demnach für Malachit im pH-Bereich < 8 durchgeführt.

Man kann auch berechnen, dass die Umwandlung von Malachit in Tenorit nach folgender Gleichung stattfindet:

$$Cu_2(OH)_2 CO_{3(s)} \rightleftarrows 2\,CuO_{(s)} + H_2CO_3 \quad \log K = 4.5 \qquad (29)$$

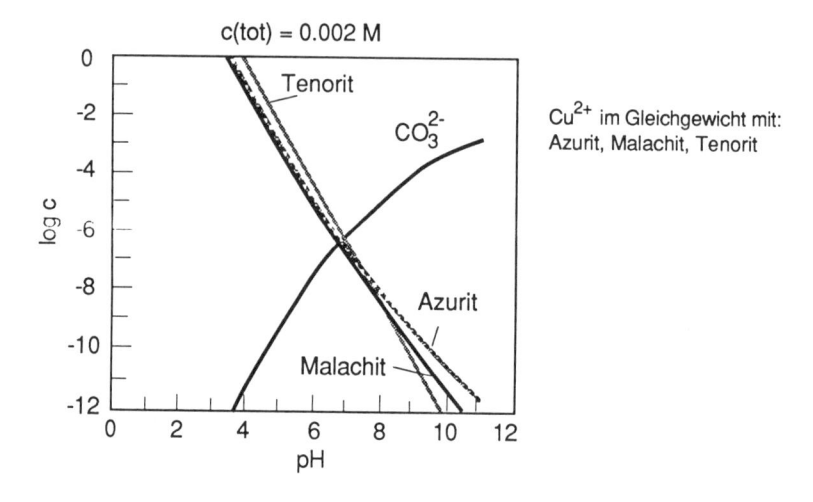

Abbildung 7.8
Vergleich der Cu^{2+}-Konzentrationen im Gleichgewicht mit Malachit, Azurit und Tenorit

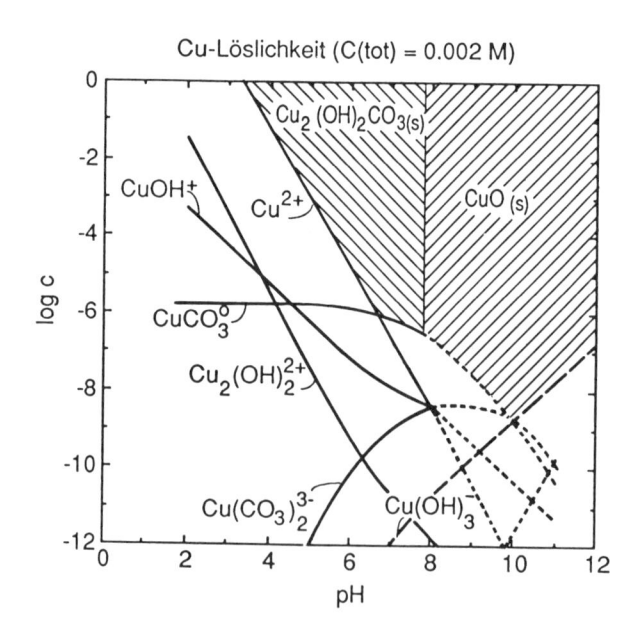

Abbildung 7.9
Cu-Löslichkeit als Funktion des pH für $c_T = 2 \cdot 10^{-3}$ M

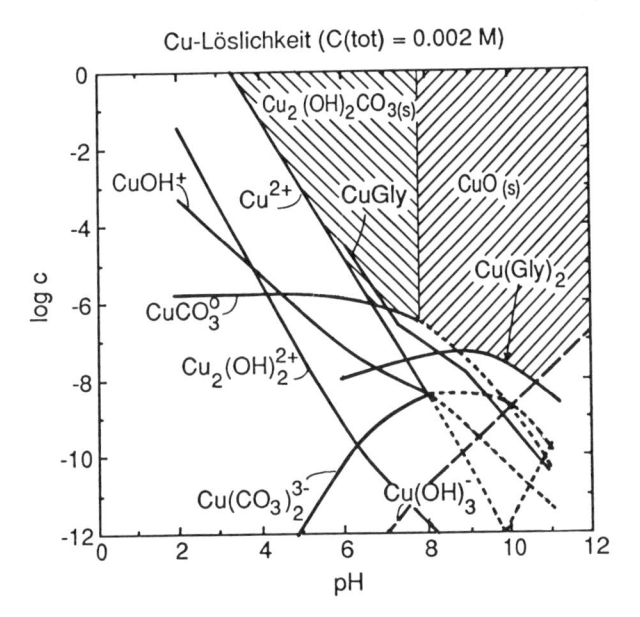

Abbildung 7.10
Cu-Löslichkeit für $c_T = 2 \cdot 10^{-3}$ M in Gegenwart von Glycin = $1 \cdot 10^{-6}$ M

Bei $c_T = 2 \cdot 10^{-3}$ M entspricht diese H_2CO_3-Konzentration pH = 8.

Die gelösten Konzentrationen ergeben sich aus der Summe der verschiedenen Hydroxo- und Carbonatokomplexe:

$$[Cu]_{gelöst} = [Cu^{2+}] + [CuOH^+] + 2[Cu_2(OH)_2^{2+}] + [Cu(OH)_3^-] + [Cu(OH)_4^{2-}] + [CuCO_3] + [Cu(CO_3)_2^{2-}] \quad (30)$$

Die einzelnen Spezies werden als Funktion des pH im Gleichgewicht mit der jeweils stabileren Phase berechnet (Abbildung 7.9).

Daraus ergibt sich ein Löslichkeitsminimum im pH-Bereich um 9.5 – 10; im Bereich 7.5 – 8.5 ist die Löslichkeit immerhin ca. $1 \cdot 10^{-7} - 1 \cdot 10^{-6}$ M. D.h. diese Löslichkeit ist hier allein aufgrund der Carbonatgleichgewichte in vielen Fällen höher als die in natürlichen Gewässern angetroffenen Konzentrationen.

Als Beispiel für den Einfluss eines organischen Komplexbildners wird nun die Löslichkeit im gleichen System in Gegenwart einer Aminosäure, nämlich Glycin = $1 \cdot 10^{-6}$ M berechnet. Folgende Komplexe sind mit Cu möglich (gly = glycin = $CH_2NH_2\text{-}COO^-$):

$Cu^{2+} + gly^- \rightleftarrows Cugly^+$ $\qquad$ log K = 8.6 $\qquad$ (31)
$Cu^{2+} + 2\,gly^- \rightleftarrows Cu(gly)_2$ $\qquad$ log K = 15.6 $\qquad$ (32)

Zusätzlich müssen die Säure-Basen-Gleichgewichte berücksichtigt werden:

$H_2gly^+ \rightleftarrows Hgly + H^+$ $\qquad$ log K = -2.35 $\qquad$ (33)
$Hgly \rightleftarrows gly^- + H^+$ $\qquad$ log K = -9.78 $\qquad$ (34)

Die Konzentrationen der Cu-Komplexe Cugly$^+$ und Cu(gly)$_2$ können aufgrund der durch das Gleichgewicht mit der festen Phase gegebenen Cu^{2+}-Konzentrationen berechnet werden. Die gesamte Löslichkeit ist dann gegeben durch:

$$[Cu]_{gelöst} = [Cu^{2+}] + [CuOH^+] + 2[Cu_2(OH)_2^{2+}] + [Cu(OH)_3^-] + \qquad (35)$$
$$[Cu(OH)_4^-] + [CuCO_3] + [Cu(CO_3)_2^{2-}] + [Cugly^+] + [Cu(gly)_2]$$

Daraus ergibt sich eine Zunahme der Löslichkeit vor allem im pH-Bereich 8 – 10 (Abbildung 7.10)

7.4 Sind feste Phasen im Löslichkeitsgleichgewicht?

Aus der thermodynamischen Betrachtung wird hergeleitet, welche die jeweils stabilste Phase ist. Man muss aber beachten, dass Ausfällung und Auflösung einer festen Phase langsame Prozesse sind, und dass die entsprechenden Gleichgewichte unter natürlichen Bedingungen häufig nicht eingestellt sind. Diese Frage stellt sich insbesondere, wenn verschiedene feste Phasen möglich sind, zum Beispiel amorphe und kristalline feste Phasen gleicher Zusammensetzung. In solchen Fällen wird sich meistens aus kinetischen Gründen zuerst die amorphe feste Phase bilden und später in die kristalline (stabilere) Phase umwandeln. Dieser Fall wird beispielsweise bei der Ausfällung von Eisenoxiden angetroffen, bei denen sich meistens zuerst ein amorphes Eisenhydroxid bildet, das später in eine stabilere kristalline Phase (z.B. Goethit) übergeht. Durch die kinetisch bedingte Bildung einer weniger stabilen Phase wird die Löslichkeit erhöht.

Gleichgewichtskohlensäure, Sättigungs-pH und Sättigungs-Indices
Wegen der teilweise langsamen Kinetik der Auflösung und Ausfällung wird nicht in jedem Fall das theoretische Gleichgewicht er-

reicht. Ob das Löslichkeitsgleichgewicht von Calciumcarbonat in einem Wasser erreicht ist, ist von grosser praktischer Bedeutung, zum Beispiel bei der Trinkwasseraufbereitung, bei Fragen der Korrosion usw. Dazu muss häufig aufgrund der analytisch ermittelten Zusammensetzung überprüft werden, ob die Sättigung mit Calciumcarbonat in einem Wasser erreicht ist.

Die Kalklöslichkeit kann durch eine der drei Gleichungen charakterisiert werden:

$$CaCO_3(s) = Ca^{2+} + CO_3^{2-} \tag{36}$$

$$CaCO_3(s) + H^+ = Ca^{2+} + HCO_3^- \tag{37}$$

$$CaCO_3(s) + H_2CO_3^* = Ca^{2+} + 2\,HCO_3^- \tag{38}$$

Möchte man wissen, ob das Wasser (z.B. im Wasserversorgungsnetz) $CaCO_3$ abscheiden oder auflösen wird, kann uns die Thermodynamik diese Frage beantworten:

$$\Delta G = RT \ln Q/K \tag{39}$$

wobei

ΔG = die freie Reaktionsenthalpie des jeweiligen Auflösungsvorgangs (Gleichungen 36 – 38);
Q = der Reaktionsquotient und
K = die Gleichgewichtskonstante der betrachteten Gleichgewichtsreaktion;
R = Gaskonstante,
T = absolute Temperatur (2.3 RT = 5.7060 kJ mol^{-1} (für 25° C))

Demnach gilt für die obenstehenden Löslichkeitsgewichte:

$$\Delta G_i = 1.364 \log\ ([Ca^{2+}][CO_3^{2-}]/K_{sO}) \tag{40}$$

$$\Delta G_{ii} = 1.364 \log \frac{[Ca^{2+}][HCO_3^-]\cdot [H^+]^{-1}}{[Ca^{2+}]_s [HCO_3^-]_s \cdot [H^+]_s^{-1}} =$$

$$\frac{[Ca^{2+}][HCO_3^-] \cdot [H^+]^{-1}}{K_{s0} \cdot K_2^{-1}} \quad (41)$$

$$\Delta G_{iii} = 1.364 \log \frac{[Ca^{2+}][HCO_3^-]^2 \cdot [H_2CO_3^*]^{-1}}{[Ca^{2+}]_s [HCO_3^-]_s^2 \cdot [H_2CO_3^*]_s^{-1}} =$$

$$\frac{[Ca^{2+}][HCO_3^-]^2 \cdot [H_2CO_3^*]^{-1}}{K_{s0} \cdot K_2^{-1} \cdot K_1} \quad (42)$$

wobei die in [ ] aufgeführten Werte die aktuellen (effektiven) Konzentrationen (M) und die in [ ]$_s$ aufgeführten Konzentrationen die Sättigungskonzentrationen darstellen, die man beim (hypothetischen) Löslichkeitsgewicht feststellen würde.

Wenn also

[Ca] × [CO$_3$] > K$_{S0}$, oder wenn
[H$^+$] < [H$^+$]$_s$, d.h. pH > pH$_s$, oder wenn
[H$_2$CO$_3^*$] < [H$_2$CO$_3^*$]$_s$, d.h. log [H$_2$CO$_3^*$] < log [H$_2$CO$_3^*$]$_s$

ist, dann ist ΔG positiv und die Reaktion findet in umgekehrter Richtung als geschrieben statt: CaCO$_3$ wird abgeschieden; analog vice versa.

Dementsprechend kann man Über- oder Untersättigung prüfen, indem man die gefundene [H$_2$CO$_3^*$] mit der Gleichgewichts-("zugehörigen") [H$_2$CO$_3^*$]$_s$ vergleicht; oder man kann die gemessene [H$^+$] mit dem Sättigungs-[H$^+$] (siehe Gleichung (41)) vergleichen. Da durch die Sättigungsreaktion [Ca^{2+}] und [HCO$_3^-$)] nicht wesentlich verschoben werden, d.h. in Gleichung (41) gilt [Ca^{2+}] ≅ [Ca^{2+}]$_s$ und [HCO$_3^-$] ≅ [HCO$_3^-$]$_s$, entspricht der log der Quotienten der entsprechenden freien Reaktionsenthalpie der Auflösungsreaktion.

$$\log([H^+]/[H^+]_S) \quad = \text{prop } \Delta G_{ii} \quad (43)$$

$$\log([H_2CO_3^*]_S / [H_2CO_3^*]) = \text{prop } \Delta G_{iii} \quad (44)$$

Demnach sind:
1. der Sättigungsindex (S_i), $pH - pH_S = S_i$, das in den USA gebraucht wird; oder
2. die "überschüssige" oder "unterschüssige" Kohlensäure = $[H_2CO_3^*]_S$, das vor allem in Deutschland gebraucht wird (Tillmans); oder
3. der Quotient log ($[Ca^{2+}] [CO_3^{2-}] / K_{s0}$), den die Ozeanographen und die Geochemiker häufig brauchen, gleichwertige Massstäbe für die freie Reaktionsenthalpie der Auflösungsreaktion. Man kann nicht sagen, der eine Index sei besser als der andere; sie sind gleichwertig. In einem harten Wasser (tiefer pH) ist es operationsmässig einfacher, die Kohlensäuredifferenz zu bestimmen als in weichem Wasser (hoher pH).

Beispiel 7.5:
Überprüfung der Sättigung mit Calciumcarbonat in einem Grundwasser

Dazu muss entsprechend der Reaktion (38) die Gleichung:

$$Q' = \frac{[Ca^{2+}][HCO_3^-]^2}{p_{CO_2}} = K_{s0} \cdot K_1 \cdot K_H \cdot K_2^{-1}$$

überprüft werden.

Gemessene Grössen können im Prinzip sein:

$[Ca^{2+}]$, Alkalinität, c_T, p_{CO_2}, pH.

Zur vollständigen Definition des Systems genügen die Angaben von entweder $[Ca^{2+}]$, Alkalinität, pH oder $[Ca^{2+}]$, Alkalinität, p_{CO_2}, oder $[Ca^{2+}]$, c_T, pH, da sich alle anderen Grössen daraus berechnen lassen. Es wird angenommen, dass sich alle Säure/Basen-Gleichgewichte genügend schnell einstellen und dass nur die Reaktionen mit der festen Phase allenfalls nicht im Gleichgewicht sind.

In einem Grundwasser wurden gemessen:

$[Ca^{2+}]$ = 2.3×10^{-3} M
Alkalinität = 5.7×10^{-3} M
p_{CO_2} = 1.5×10^{-2} atm (berechnet aus dem gemessenen H_2CO_3)
Temp = 12° C

Bei dieser Temperatur ist log ($K_{s0} \cdot K_1 \cdot K_H \cdot K_2^{-1}$) = -5.68

und logQ' (gemessen) = $\log \dfrac{[Ca^{2+}][HCO_3^-]^2}{p_{CO_2}}$ = −5.57

D.h. Calciumcarbonat ist in diesem Wasser etwas übersättigt.

Für eine genaue Berechnung muss die Temperaturabhängigkeit der Konstanten berücksichtigt werden, sowie eine Korrektur für die Aktivitätskoeffizienten bei der entsprechenden Ionenstärke gemacht werden.

7.5. Kinetik der Nukleierung und Auflösung einer festen Phase: Beispiel Calciumcarbonat

Die Kinetik des Kristallwachstums und der Auflösung soll wiederum am Beispiel des Calciumcarbonats behandelt werden.

Zur Theorie des Kristallwachstums

Das Wachstum des Calcitkristalls besteht aus folgenden Schritten:
1. Transport von Ionen oder Molekülen an die Kristalloberfläche,
2. verschiedene Prozesse an der Oberfläche (Adsorption, Dehydratation, Oberflächennukleierung, Ionenaustausch etc.), welche die Inkorporierung der Ca^{2+}- und CO_3^{2-}-Ionen in den Calcitkristall bewirken, und allenfalls
3. Wegtransport von Reaktionsprodukten (z.B. von H^+, das aus HCO_3^- bei der CO_3^{2-}-Inkorporation freigesetzt wurde).

Die Geschwindigkeit des Kristallwachstums kann deshalb durch den Transportschritt oder durch einen Prozess an der Oberfläche kontrolliert werden. Bei einem transportkontrollierten Wachstum besteht an der Kristalloberfläche ein Sättigungsgleichgewicht. Das Wachstum wird dann durch die Transportgeschwindigkeit der Ionen oder Moleküle (proportional dem Konzentrationsgradienten an der Grenzfläche) an die Kristalloberfläche bestimmt; es ist demnach vom hydrodynamischen Zustand (z.B. Rührgeschwindigkeit) der Lösung abhängig.

Nur oberflächenkontrolliertes Wachstum erhält man, wenn der Einbau ins Kristallgitter so langsam vor sich geht, dass die Konzentration an der Kristalloberfläche derjenigen der Bulkphase entspricht. Entgegen früher häufig vertretenen Auffassungen sind viele der Geschwindigkeiten der in natürlichen Gewässern vorkommenden

Wachstum- und Auflösungsprozesse oberflächenkontrolliert. Die Übersättigung, Ω, kann mit Hilfe eines der Löslichkeitsgleichgewichte (36) – (38) quantifiziert werden:

$$\Omega = \frac{(Ca^{2+})_t (CO_3^{2-})_t}{K_{s0}} = \frac{(Ca^{2+})_t (HCO_3^-)_t (H^+)_t^{-1}}{K_{s0} K_2^{-1}} =$$

$$\frac{(Ca^{2+})_t (HCO_3^-)_t^2 \cdot (H_2CO_3^*)_t^{-1}}{K_{s0} K_1 K_2^{-1}} \tag{45}$$

wobei

$K_{s0} = (Ca^{2+})(CO_3^{2-})$ = Löslichkeitsprodukt des $CaCO_3$
$K_1 K_2$ = Azititätskonstanten der $H_2CO_3^*$
$(\ )_t$ = effektiv vorhandene Aktivitäten zur Zeit t [M]

Die durch Prozesse an der Oberfläche geschwindigkeitskontrollierte Kristallwachstumsrate ist in der Regel abhängig
1. von der verfügbaren Oberfläche und
2. der Konzentration der für die Kristallbildung verantwortlichen Spezies.

Es gibt verschiedene Mechanismen für oberflächenkontrolliertes Kristallwachstum. Ohne auf Einzelheiten einzugehen, sollen hier lediglich die wichtigsten Auffassungen summarisch erwähnt werden. Bei kleinen Übersättigungen kann das Kristallwachstum durch eine mononukleare Schichtbildung (Abbildung 7.11) stattfinden. Polynukleare Schichtbildung kann vorkommen, wenn neue Oberflächennuclei gebildet werden, bevor die vorher gebildeten sich über die ganze Oberfläche ausbreiten konnten. Alle Kristalle weisen kleine Defekte auf. Bei jedem Defekt, z.B. bei einem Treppenabsatz (step) oder einem Kink (Ecke des Treppenabsatzes), wird das Kristallwachstum vorrangig stattfinden, da dort mehr potentielle Bindungen für die Anlagerung eines Ions vorhanden sind. Das Spiralwachstum beruht auf einer Schraubenversetzung (screw dislocation) (Abbildung 7.11). Der Treppenabsatz hat atomare Dimensionen und wirkt als dauernder Katalysator, so dass auch bei relativ kleiner Übersättigung noch Wachstum stattfinden kann. Da jede Stelle am "Treppenabsatz" mit derselben Geschwindigkeit wächst, entsteht eine Spirale. Die Defekte an der Kristalloberfläche, die Steps und Kinks sind die Stellen, an denen präferentiell organische Substanzen und Fremdionen adsorbiert werden. Solche Verbindungen können auch bei kleinsten Konzentrationen das Kristallwachstum und die Keimbildung inhibieren.

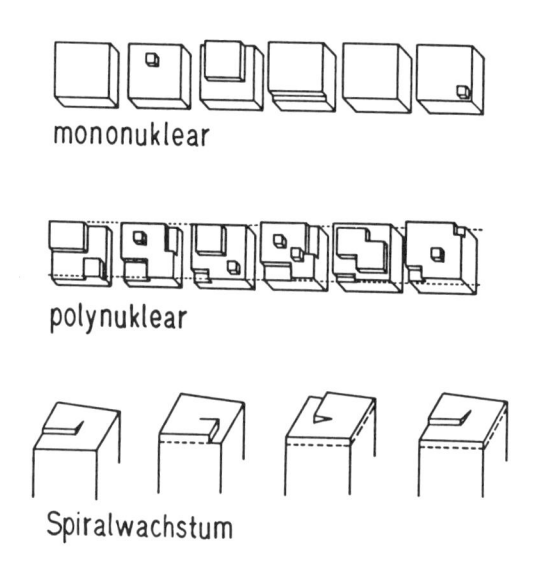

Abbildung 7.11
Vorstellungen über das Kristallwachstum
a) Mononukleares Wachstum
b) Polynukleares Wachstum
c) Spiralwachstum
(A.E. Nielsen, *Kinetics of Precipitation,* MacMillan, New York, 1964)

Zur Theorie der Keimbildung
Bekanntlich führt die Übersättigung einer Lösung bezüglich $CaCO_3$ nicht unmittelbar zur Ausfällung der festen Phase. Eine kritische Übersättigung muss überschritten werden, bevor stabile Kristallisationskeime (Nuclei) gebildet werden. Das Kristallwachstum erfolgt dann durch Anlagerung der Ca^{2+}- und CO_3^{2-}-Ionen an diese Keime. Man unterscheidet zwischen homogener und heterogener Nukleierung, je nachdem ob die Nuclei in homogener Lösung oder an Fremdoberflächen (Partikeln) gebildet werden.

Die homogene Nukleierung von $CaCO_3$ findet nur bei hohen Übersättigungen ($\Omega > 10$) statt; sie spielt eine Rolle bei der Kalkmilch-Soda-Enthärtung. In natürlichen Gewässern und in Wasserverteilnetzen erfolgt die Bildung von Calcit fast ausschliesslich durch heterogene Nukleierung (auch filtrierte Lösungen enthalten üblicherweise mehr als 100 Partikel pro $\mu\ell$). Diese Partikel sind Nukleierungs-Katalysatoren, weil die kristallbildenden Ionen an diesen Oberflächen mit kleinerer Aktivierungsenergie als in homogener Lösung Nuclei bilden können.

Bei der Bildung der festen Phase werden die koordinativen Partner gewechselt, z.B. bei der Bildung des festen $CaCO_3$ wird beim Ca^{2+} der koordinative Partner H_2O ersetzt durch CO_3^{2-}. Die Grenzflächen der vorhandenen Partikel erleichtern diese Koordinationsänderungen und dadurch die Bildung eines Nucleus. Die Nukleierungskatalyse ist um so wirkungsvoller, je ähnlicher die Kristallstrukturen der katalysierenden Oberfläche und des zu bildenden Kristalls sind, je eher die Kristallbausteine spezifisch an der katalysierenden Oberfläche adsorbiert werden. Die Adsorption von Metallionen und Anionen (oder schwachen Säuren) an Oxiden und Aluminiumsilikaten kann im Sinne einer chemischen Oberflächenkoordination (Kapitel 10.5)

$$> Me - OH + Ca^{2+} \rightleftarrows > Me - OCa^+ + H^+ \qquad (46)$$

$$> Me - OH + HCO_3^- \rightleftarrows > Me - CO_3 + H_2O \qquad (47)$$

interpretiert werden, wobei die Oberflächenkomplexe typischerweise innersphärisch (d.h. ohne dazwischenliegendes H_2O) an die Oberfläche gebunden sind. In Gleichung (46) kann anstelle der anorganischen Oberfläche auch eine organische Oberfläche $> R-OH$ treten. Die Oberflächenkomplexbildung ermöglicht also eine mindestens teilweise Dehydratation der Kristallbausteine und beschleunigt dadurch diesen bei der Kristallbildung wahrscheinlich geschwindigkeitsbestimmenden Teilschritt. Das Kristallwachstum kann beginnen, sobald sich ein "zwei-dimensionaler" kritischer Nucleus an der fremden Oberfläche gebildet hat.

Wachstumskinetik

Das einfachste Modell nimmt an, dass die Wachstumsgeschwindigkeit

$$R = \frac{d[CaCO_3]}{dt} = -\frac{d[Ca^{2+}]}{dt} \qquad (48)$$

1. proportional der Oberfläche der vorgesehenen Calcitkeime ist – oder genauer proportional der Anzahl aktiver Wachstumsstellen auf den Kristallen (welche proportional der Oberfläche der wachsenden Kristalle ist) – und
2. von der Konzentration der an der Bildung des $CaCO_3$ beteiligten Spezies abhängig ist.

Die lineare Abhängigkeit der Wachstumsrate von der Konzentration der zugegebenen Keime konnte experimentell bestätigt werden (B. Kunz und W. Stumm, Jahrbuch vom Wasser *62*, 279, 1984). Das ermöglicht es, das Kristallwachstum pro cm² Calcitoberfläche zu normieren; diese lineare Abhängigkeit bestätigt auch, dass keine sekundäre Keimbildung auftritt.

Die erhaltenen Resultate lassen sich durch ein allgemein gültiges Geschwindigkeitsgesetz darstellen, wenn man die Kinetik des Calcit-Wachstums im Sinne einer Parallelreaktion folgender einfacher Reaktionen interpretiert:

$$Ca^{2+} + HCO_3^- \underset{k_1'}{\overset{k_1}{\rightleftarrows}} CaCO_3(s) + H^+ \qquad R_1 \qquad (49)$$

$$Ca^{2+} + CO_3^{2-} \underset{k_2'}{\overset{k_2}{\rightleftarrows}} CaCO_3(s) \qquad R_2 \qquad (50)$$

$$Ca^{2+} + 2\,HCO_3^- \underset{k_3'}{\overset{k_3}{\rightleftarrows}} CaCO_3(s) + H_2CO_3 \quad R_3 \qquad (51)$$

wobei

$$R_{tot} = R_1 + R_2 + R_3 \text{ und} \qquad (52)$$
$$R_1 = k_1[Ca^{2+}][HCO_3^-] - k_1'[H^+] \qquad (53)$$
$$R_2 = k_2[Ca^{2+}][CO_3^{2-}] - k_2' \qquad (54)$$
$$R_3 = k_3[Ca^{2+}][HCO_3^-] - k_3'[H_2CO_3^*] \qquad (55)$$

und die k_i-Werte pro cm² Calcitoberfläche pro cm³ Lösung gelten. Falls das Wachstum genügend weit weg vom Gleichgewicht ist, kann die Rückreaktion vernachlässigt werden, und die totale Wachstumsrate beträgt:

$$R_{tot} = k_1[Ca^{2+}][HCO_3^-] + k_2[Ca^{2+}][CO_3^{2-}] + k_3[Ca^{2+}][HCO_3^-]^2 \tag{56}$$

R_3 ist nun bei Übersättigung im tieferen pH-Bereich von Bedeutung und kann bei natürlichen Gewässern und in der Wassertechnologie vernachlässigt werden.

Dann kann Gleichung (56) wie folgt geschrieben und graphisch aufgetragen werden (Abbildung 7.12):

$$R_{tot}/([Ca^{2+}][HCO_3^-]) = k_1 + k_2([CO_3^{2-}]/[HCO_3^-]) \tag{57}$$

Ebenfalls möglich ist eine Nukleierung auf Fremdoberflächen, z.B. auf einer Al_2O_3-Oberfläche oder auf Algenoberflächen.

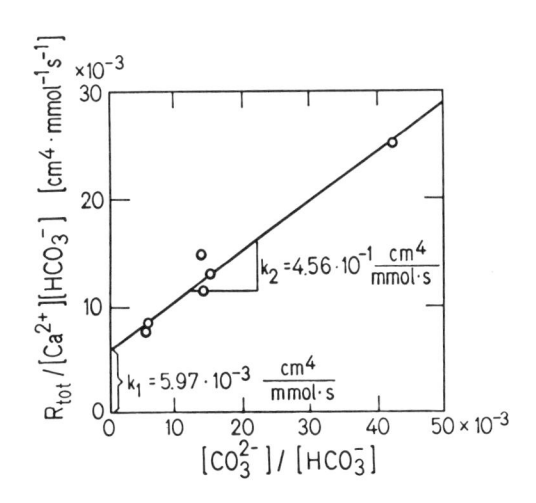

Abbildung 7.12
Die Geschwindigkeit des Calcitwachstums, R, kann mit dem Geschwindigkeitsgesetz $R = k_1[Ca^{2+}][HCO_3^-] + k_2[Ca^{2+}][CO_3^{2-}]$ charakterisiert werden (vgl. Gleichung (47))
(Daten von Kunz und Stumm)

Auflösung von CaCO₃

Dieses Geschwindigkeitsgesetz für das Wachstum des Calcites ist kompatibel mit dem Geschwindigkeitsgesetz, das L.N. Plummer, T.M. Wigley und D.L. Parkhurst, Amer. J. Sci. *278*, 179 (1978) für die Auflösung des Calcites postuliert haben. Die Geschwindigkeit der Auflösung ist ebenfalls oberflächenkontrolliert und entspricht der Umkehr der Reaktionen (49 – 51).

$$R = k'_1[H^+] + k'_2 + k'_3[H_2CO_3^*] - \bar{k}[Ca^{2+}][HCO_3^-] \tag{58}$$

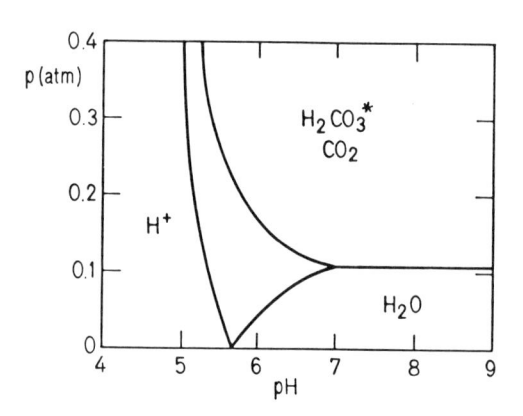

Abbildung 7.13
Prädominanzbereiche für die Auflösung des Calcites
Die Abbildung illustriert, dass je nach pH und $H_2CO_3^*$-Konzentration der eine oder andere Term der Gleichung (58) dominiert.

Übungsaufgaben

1) Während der Sommer-Stagnationszeit werden im Greifensee folgende Werte gemessen:

   Tiefe 0 m: $\quad$ pH = 8.50, $\quad Ca^{2+}$ = 1.20×10^{-3} mol/ℓ
   $\quad\quad\quad\quad\quad\quad\quad\quad\quad\quad$ Alk $\,$ = $\,3.0 \times 10^{-3}$ mol/ℓ
   $\quad\quad\quad\quad$ T $\,$ = 20°
   Tiefe 30 m: $\,$ pH = 7.50, $\quad Ca^{2+}$ = $\quad 1.6 \times 10^{-3}$ mol/ℓ
   $\quad\quad\quad\quad\quad\quad\quad\quad\quad\quad$ Alk $\,$ = $\quad 4.0 \times 10^{-3}$ mol/ℓ
   $\quad\quad\quad\quad$ T $\,$ = 5°

   Ist in diesen beiden Beispielen Calciumcarbonat über- oder untersättigt?

2) Ein Grundwasser mit
   $\quad\quad$ pH $\quad$ = $\,$ 7.5
   $\quad\quad$ Alk $\quad$ = $\,$ 4.0×10^{-3} M
   $\quad\quad$ [Ca^{2+}] = $\,$ 2.0×10^{-3} M

   tritt an die Oberfläche und setzt sich mit dem atmosphärischen CO_2 ins Gleichgewicht. *Wie wird seine Zusammensetzung verändert?*

3) *Berechne die pH-Abhängigkeit der Löslichkeit von ZnO.* Folgende Konstanten sind gegeben:

   $\quad$ ZnO + 2 H^+ $\quad$ = Zn^{2+} + H_2O $\quad\quad\quad$ log K_{sO} $\,$ = $\quad$ 11.14
   $\quad Zn^{2+}$ + H_2O $\quad$ = ZnOH^+ + H^+ $\quad\quad\quad$ log K_1 $\quad$ = $\,$ −8.96
   $\quad Zn^{2+}$ + 2 H_2O = $Zn(OH)_2$ + 2 H^+ $\quad\quad$ log β_2 $\quad$ = $\,$ −16.9
   $\quad Zn^{2+}$ + 3 H_2O = $Zn(OH)_3^-$ + 3 H^+ $\quad\quad$ log β_3 $\quad$ = $\,$ −28.4
   $\quad Zn^{2+}$ + 4 H_2O = $Zn(OH)_4^{-2}$ + 4 H^+ $\quad\quad$ log β_4 $\quad$ = $\,$ −41.2

   Welche Schlussfolgerungen ergeben sich daraus im Hinblick auf die Elimination von Zn z.B. aus industriellen Abwässer? Welchen Einfluss hätte die Gegenwart von Chloridionen (Cl^- = 0.1 M) in einem industriellen Abwasser auf die Löslichkeit von Zn?

   $\quad Zn^{2+}$ + Cl^- $\quad$ = $ZnCl^+$ $\quad\quad\quad\quad\quad\quad$ log K $\quad$ = $\quad$ 0.4

4) Ein Abwasser enthält 1×10^{-4} M Phosphat; Fe^{3+} wird zugegeben, um das Phosphat zu fällen. *Wird bei pH = 7.5 Eisenhydroxid oder Eisenphosphat ausgefällt?*

   $\quad FePO_{4(s)}$ $\quad\quad$ = Fe^{3+} + PO_4^{3-} $\quad\quad\quad\quad$ log K_{s0} = −26

$$Fe(OH)_{3(s)} = Fe^{3+} + 3\,OH^- \qquad \log K_{s0} = -38.7$$
$$H_3PO_4 = H_2PO_4^- + H^+ \qquad \log K = -2.1$$
$$H_2PO_4^- = HPO_4^{2-} + H^+ \qquad \log K = -7.2$$
$$HPO_4^{2-} = PO_4^{3-} + H^+ \qquad \log K = -12.3$$

Kapitel 8

Redox-Prozesse

8.1 Einleitung

In einem "globalen Durchschnitt" befindet sich unsere Umwelt bezüglich einer Protonen- und Elektronenbalance in einem Stationärzustand, der durch die Zusammensetzung der Atmosphäre (20.9 % O_2, 0.03 % CO_2, 79.1 % N_2) und des Meeres (pH $\approx$ 8) sowie ein Redoxpotential von E_H = 0.75 V charakterisiert wird. Die geochemischen Prozesse, die an der Einstellung der Protonen- und Elektronenbalance beteiligt waren und sind, können durch folgende schematische Reaktion (vgl. Kapitel 1, Goldschmidt-Schema (Sillén in: *Oceanography*; M. Sears, ed.; American Association for the Advancement of Science, Washington D.C., 1961) dargestellt werden:

$$\text{Eruptivgesteine + flüchtige Substanzen} \rightleftarrows$$
$$\text{Atmosphäre + Meerwasser + Sedimente} \quad (1)$$

Die flüchtigen Substanzen (H_2O, CO_2, N_2, HCl, HF, SO_2, CH_4), die aus dem Innern der Erde hinausdiffundiert sind (durch Vulkane oder vulkanische Aktivitäten in den Meeren), haben im Sinne dieser Gleichung in gigantischen Säure/Base- und Redox-Reaktionen mit den Gesteinen (Silikate, Oxide, Karbonate) reagiert und dadurch Atmosphäre, Ozeane und Sedimente einer bestimmten Zusammensetzung produziert. Die Photosynthese, als wichtigster biochemischer Prozess auf der Erde, stört – lokal und zeitlich – den Drift zum Gleichgewicht. Photosynthetische Reaktionen produzieren – unter Ausnützung der Sonnenenergie – gleichzeitig lokalisierte Zentren von niederer Redoxintensität (z.B. organische Moleküle) und hoher Redoxintensität ein Sauerstoffreservoir (Abbildung 1.11).

Die Restaurierung des Gleichgewichtes, die Wechselwirkung von O_2 mit dem organischen Material kann nun direkt, oder über zahlreiche Zwischenstufen, erfolgen. An diesen "spontanen" ($\Delta G < 0$) Reaktionen sind häufig die nicht photosynthetischen Organismen, insbesondere Mikroorganismen, als "Katalysatoren" beteiligt.

Wir werden in diesem Kapitel zuerst die Gleichgewichtschemie der Redoxprozesse behandeln, dann illustrieren, welche Redoxprozesse in der Natur von Bedeutung sind, und welche dieser Reaktionen durch Mikroorganismen katalysiert werden. Die Gleichgewichtseinstellung vieler Redoxvorgänge ist ausserordentlich langsam; wir werden die Kinetik einzelner Redoxprozesse exemplifizieren. Schliesslich werden wir auch diskutieren inwieweit Redoxpotentiale in natürlichen Gewässern gemessen werden können.

8.2 Definitionen – Oxidation und Reduktion

Da keine freien Elektronen auftreten, ist jede Oxidation begleitet von einer Reduktion, und vice versa:

$$O_2 + 4\,H^+ + 4\,e^- = 2\,H_2O \quad \text{Reduktion}$$
$$4\,Fe^{2+} = 4\,Fe^{3+} + 4\,e^- \quad \text{Oxidation}$$
$$O_2 + 4\,H^+ + 4\,Fe^{2+} = 4\,Fe^{3+} + 2\,H_2O \quad \text{Redox-Prozess} \quad (2)$$

Die wichtigsten Redox-Prozesse, die sich in den Gewässern abspielen, können aus den in Tabelle 8.2 aufgeführten Reaktionen zusammengesetzt werden. In der Regel konzentriert sich das Interesse auf Verbindungen, in denen die biogenen Elemente C, N, H, S, Mn, Fe vorkommen.

Beispiel 8.1:

a) Die Oxidation von HS^- durch $O_2(g)$ zu SO_4^{2-} ergibt sich durch die Kombination der Reaktionen (1) und (13) (Tabelle 8.1):

(1) $\quad \frac{1}{4}O_2 + H^+ + e^- = \frac{1}{2}H_2O \quad ; \log K = 20.75$

(13) $\quad \frac{1}{8}HS^- + \frac{1}{2}H_2O = \frac{1}{8}SO_4^{2-} + \frac{9}{8}H^+ + e^- \; ; \log K = -4.13$

$\quad \frac{1}{4}O_2(g) + \frac{1}{8}HS^- = \frac{1}{8}SO_4^{2-} + \frac{1}{8}H^+ \quad \log K = 16.62$

b) Eine Alkoholfermentation ist ein Redox-Prozess, bei dem organisches Material sowohl oxidiert, wie auch fermentiert wird. Kombination der Reaktionen (10) und (22) ergibt:

(10) $\quad \frac{1}{2}CH_2O + H^+ + e^- = \frac{1}{2}CH_3OH \quad ; \log K = +3.99$

(22) $\quad \frac{1}{4}CH_2O + \frac{1}{4}H_2O = \frac{1}{4}CO_2 + H^+ + e^- \quad ; \log K = +1.20$

$\overline{\frac{3}{4}CH_2O + \frac{1}{4}H_2O = \frac{1}{2}CH_3OH + \frac{1}{4}CO_2 \quad \log K = +5.19}$

Obiger Reaktion entsprechend kann die Ethanolgährung aus Glukose formuliert werden:

$$C_6H_{12}O_6 = 2\,C_2H_5OH + 2\,CO_2$$

Die Oxidationszahl

Als eine Folge des Elektrontransfers ergeben sich Veränderungen in der Oxidationszahl der Elemente der Reaktanden und Produkte. Die Oxidationszahl eines Ions wie Ca^{2+} entspricht seiner elektronischen Ladung. Bei Elementen in Molekülen oder komplexen Ionen bereitet die Zuweisung einer Oxidationszahl Schwierigkeiten. Die Oxidationszahl ist eine *hypothetische* Ladung, die ein Atom hätte, wenn das Molekül oder Ion dissoziieren würde. Die hypothetische Dissoziation erfolgt nach Regeln (Tabelle 8.1). Wir verwenden hier üblicherweise römische Zahlen, um Oxidationszahlen auszudrücken und arabische Zahlen, um elektrische Ladungen zu bezeichnen.

8.3 Der globale Elektronenkreislauf (Photosynthese, Respiration)

Er wird an der Erdoberläche durch die Sonne (Photosynthese) aufrechterhalten. Die Photosynthese kann man sich – stark vereinfacht – als Folge von

$$h\nu + H_2O \longrightarrow 2\,H^\circ + \tfrac{1}{2}O_2 \qquad (3)$$

vorstellen. Der elementare H verbindet sich mit CO_2 zu CH_2O. Man beachte, dass die Photosynthese eine *Disproportionierung* (gleichzeitige Reduktion und Oxidation), aber grundsätzlich keine Erhöhung (oder) Erniedrigung der Redoxintensität bewirkt. Die Disproportionierung – unter Zufuhr von Lichtenergie – führt zu einem Oxi-

Tabelle 8.1 Oxidationszahlen

Stickstoffverbindungen		Schwefelverbindungen			Kohlenstoffverbindungen	
	Oxidationszahl		Oxidationszahl			Oxidationszahl
NH_4^+	$N = -III$, $H = +I$	H_2S	$S = -II$,	$H = +I$	HCO_3^-	$C = +IV$
N_2	$N = 0$	$S_8(s)$	$S = 0$		$HCOOH$	$C = +II$
NO_2^-	$N = +III$, $O = -II$	SO_3^{2-}	$S = +IV$,	$O = -II$	$C_6H_{12}O_6$	$C = 0$
NO_3^-	$N = +V$, $O = -II$	SO_4^{2-}	$S = +VI$,	$O = -II$	CH_3OH	$C = -II$
HCN	$N = -III$, $C = +II$, $H = +I$	$S_2O_3^{2-}$	$S = +II$,	$O = -II$	CH_4	$C = -IV$
SCN^-	$S = -I$, $C = +III$, $N = -III$	$S_4O_6^{2-}$	$S = +2.5$,	$O = -II$	C_6H_5COOH	$C = -2/7$
		$S_2O_6^{2-}$	$S = +V$,	$O = -II$	$C_5H_7NO_2$*	$C = 0$
					$C_{106}H_{263}O_{110}N_{16}P_1$*	$C \cong 0$
					$CH_{1.5}O_{0.5}$*	$C = -0.5$

*vereinfachte Summenformeln für Algen und Bakterien

Regeln:
1. Die Oxidationszahl einer aus Einzelatomen bestehenden Substanz ist gleich der elektronischen Ladung.
2. Die Summe der Oxidationszahlen ist für ein Molekül Null und für ein Ion entspricht sie der formalen Ladung des Ions.
3. Die Oxidationszahl jedes Atoms ist die Ladung, die es haben würde, wenn die die Bindung bewirkenden Elektronenpaare dem elektronegativen Atom zugeteilt werden (Elektronenpaare zwischen gleichen Atomen werden gleichmässig aufgeteilt).

dationsmittel (O_2) und zu einem Reduktionsmittel (CH_2O), die, wenn immer sie in Kontakt kommen, direkt oder indirekt, d.h. via andere Elektronentransfersysteme, miteinander exergonisch reagieren. Demnach stört die Photosynthese das allfällig vorhandene Gleichgewicht (Entropiepumpe). Die durch Photosynthese geschaffene Energiedifferenz (oder Potentialdifferenz) ermöglicht, dass die sich spontan abspielenden Redoxprozesse ($\Delta G < 0$) exergonisch verlaufen, und dass die Organismen (Bakterien, Tiere und Mensch) diese Energiedifferenz direkt oder indirekt für ihren Metabolismus und demnach zur Aufrechterhaltung des Lebens ausnützen können (Abbildung 8.1). Das Leben in seiner heutigen Form ist nur dank der CO_2-Assimilation, die durch den Lichteinfang mit dem Chlorophyll bewirkt wird, möglich.

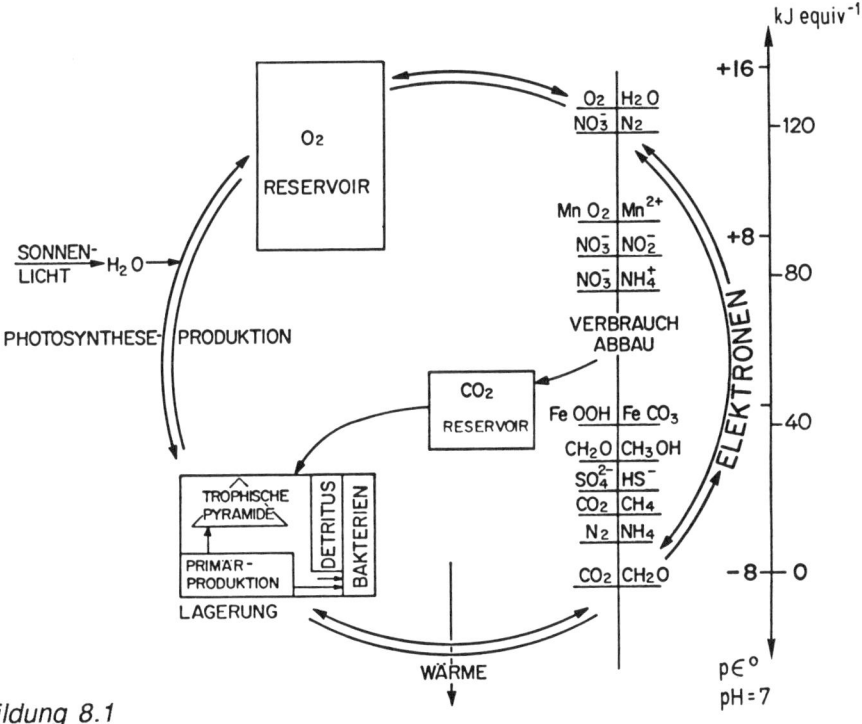

Abbildung 8.1
Photosynthese und der biochemische Kreislauf
Die Photosynthese kann interpretiert werden als eine Disproportionierung von Wasser in ein Sauerstoffreservoir und von Wasserstoff, das zusammen mit C, N, S und P reduzierendes organisches Material (Biomasse) darstellt. Die nicht-photosynthetischen Organismen katalysieren exergonische Reaktionen der instabilen photosynthetischen Produkte und bringen das System in Richtung Gleichgewicht. Die $p\epsilon^o$-Skala auf der rechten Seite gibt einen Hinweis auf die Sequenz der Redoxprozesse in natürlichen Gewässern.

Geologisch-historisch gesehen hat sich der Redoxzustand der Erde im Laufe der letzten $3 - 6 \times 10^9$ Jahre verändert. Ursprünglich bestand die Atmosphäre wahrscheinlich aus N_2, CO_2, CH_4, HCN und NH_3. Die Redoxintensität des Erde/Atmosphäre-Systems hat zugenommen. Wie ist das möglich, wenn keine freien Elektronen produziert oder zerstört werden können? Es ist nur möglich, wenn ein Oxidationsmittel in das Erde/Atmosphäre-System importiert oder ein Reduktionsmittel aus diesem System exportiert wird. Das letztere ist der Fall:

Vorgängig der Photosynthese wurde Wasser durch Photodissoziation durch UV-Licht der Sonne (da noch kein O_2 im System verblieb, war noch kein Ozon in der Stratosphäre, das die UV-Strahlen absorbiert hätte) gespalten: $h\nu + H_2O \rightarrow H_2 + O_2$. Das O_2 reagierte mit der reduzierten Umwelt und das H_2 wurde, da besonders flüchtig, an das Weltall verloren.

Nachdem durch Evolution erst viel später die Photosynthese möglich wurde, hat sich der Redoxzustand des Erde/Atmosphäre-Systems weiter erhöht, weil das bei der Photosynthese entstehende Reduktionsmittel, CH_2O, d.h. das organische Material, teilweise ins Erdinnere "exportiert" wurde (Sedimentation von organischem Material in den Meeren, Begrabenwerden von Wäldern, Bildung von Erdöl etc.). Wie wir in Abbildung 1.10 skizziert haben, ist das organische Material (inkl. die ausbeutbaren fossilen Brennstoffe) in den Sedimenten durch den biologischen Kreislauf gegangen. Pro Äquivalent CH_2O, das "begraben" wird, gab es ein O_2. Ein Teil dieses O_2 hat aber mit dem Reduktionsmittel der Erdoberfläche (Fe(II)-Silikat FeS_2 (Pyrit)) reagiert. Das verbleibende O_2, d.h. seine Konzentration oder sein Partialdruck, bestimmt das Redoxpotential der Erde/Atmosphäre-Grenzschicht. Als aerobe Lebewesen empfinden wir reduzierende (z.B. anaerobe) Bedingungen als unerwünscht und als Verunreinigung.

8.4 Redox-Gleichgewichte und Redox-Intensität

Tabelle 8.2 gibt Gleichgewichtskonstanten für Reduktionsprozesse (Halbreaktionen), die verwendet werden können, um die Gleichgewichtskonstante für (ganze) Redox-Reaktionen zu erhalten. Mit diesen Konstanten kann man herausfinden, welche Prozesse (thermodynamisch) möglich sind und welche nicht, und welche Gleichgewichtszusammensetzung sich einstellen wird.

Redoxprozesse sind häufig langsam (in der Regel viel langsamer als Säure/Base-Reaktion). Dementsprechend stellen sich Gleichgewichte nicht immer ein.

Tabelle 8.2 Gleichgewichtskonstanten für Redox-Prozesse von Bedeutung im aquatischen System (25° C)

	Reaktion	log K	$p\varepsilon^o_{pH=7}$ [a]
(1)	$\frac{1}{4}O_2(g) + H^+ + e = \frac{1}{2}H_2O$	+ 20.75	+ 13.75
(2)	$\frac{1}{5}NO_3^- + \frac{6}{5}H^+ + e = \frac{1}{10}N_2(g) + \frac{3}{5}H_2O$	+ 21.05	+ 12.65
(3)	$\frac{1}{2}MnO_2(s) + \frac{1}{2}HCO_3^-(10^{-3}) + \frac{3}{2}H^+ + e = \frac{1}{2}MnCO_3(s) + \frac{3}{8}H_2O$	–	+ 3.9 [b]
(4)	$\frac{1}{2}NO_3^- + H^+ + e = \frac{1}{2}NO_2^- + \frac{1}{2}H_2O$	+ 14.15	+ 7.15
(5)	$\frac{1}{8}NO_3^- + \frac{5}{4}H^+ + e = \frac{1}{8}NH_4^+ + \frac{3}{8}H_2O$	+ 14.90	+ 6.15
(6)	$\frac{1}{6}NO_2^- + \frac{4}{3}H^+ + e = \frac{1}{6}NH_4^+ + \frac{1}{3}H_2O$	+ 15.14	+ 5.82
(7)	$\frac{1}{2}CH_3OH + H^+ + e = \frac{1}{2}CH_4(g) + \frac{1}{2}H_2O$	+ 9.88	+ 2.88
(8)	$\frac{1}{4}CH_2O + H^+ + e = \frac{1}{4}CH_4(g) + \frac{1}{4}H_2O$	+ 6.94	– 0.06
(9)	$FeOOH(s) + HCO_3^-(10^{-3}) + 2H^+ + e = FeCO_3(s) + 2H_2O$	–	– 0.8 [b]
(10)	$\frac{1}{2}CH_2O + H^+ + e = \frac{1}{2}CH_3OH$	+ 3.99	– 3.01
(11)	$\frac{1}{6}SO_4^{2-} + \frac{4}{3}H^+ + e = \frac{1}{6}S(s) + \frac{2}{3}H_2O$	+ 6.03	– 3.30
(12)	$\frac{1}{8}SO_4^{2-} + \frac{5}{4}H^+ + e = \frac{1}{8}H_2S(g) + \frac{1}{2}H_2O$	+ 5.25	– 3.50
(13)	$\frac{1}{8}SO_4^{2-} + \frac{9}{8}H^+ + e = \frac{1}{8}HS^- + \frac{1}{2}H_2O$	+ 4.25	– 3.75
(14)	$\frac{1}{2}S(s) + H^+ + e = \frac{1}{2}H_2S(g)$	+ 2.89	– 4.11
(15)	$\frac{1}{8}CO_2(g) + H^+ + e = \frac{1}{8}CH_4(g) + \frac{1}{4}H_2O$	+ 2.87	– 4.13
(16)	$\frac{1}{6}N_2(g) + \frac{4}{3}H^+ + e = \frac{1}{3}NH_4^+$	+ 4.68	– 4.68
(17)	$\frac{1}{2}(NADP^+) + \frac{1}{2}H^+ + e = \frac{1}{2}(NADPH)$	– 2.0	– 5.5
(18)	$H^+ + e = \frac{1}{2}H_2(g)$	0.0	– 7.00
(19)	oxidiertes Ferredoxin + e = reduziertes Ferredoxin	– 7.1	– 7.1
(20)	$\frac{1}{4}CO_2(g) + H^+ + e = \frac{1}{24}(Glucose) + \frac{1}{4}H_2O$	– 0.20	– 7.20
(21)	$\frac{1}{2}HCOO^- + \frac{3}{2}H^+ + e = \frac{1}{2}CH_2O + \frac{1}{2}H_2O$	+ 2.82	– 7.68
(22)	$\frac{1}{4}CO_2(g) + H^+ + e = \frac{1}{4}CH_2O + \frac{1}{4}H_2O$	– 1.20	– 8.20
(23)	$\frac{1}{2}CO_2(g) + \frac{1}{2}H^+ + e = \frac{1}{2}HCOO^-$	– 4.83	– 8.33

[a] Die Werte von $p\varepsilon^o_{pH=7}$ entsprechen der Elektronenaktivität, wenn die reduzierenden und oxidierenden Verbindungen mit Aktivität = 1 vorliegen bei pH = 7.0 (25° C).

[b] Diese Zahlen gelten für die Bedingung, dass $\{HCO_3^-\} = 10^{-3}$ M.

Redoxintensität und Redoxpotential

So wie wir als Intensitätsfaktor eines Säure/Base-Gleichgewichtes (einer Protonenbalance) den pH benützt haben,

$$pH \equiv -\log \{H^+\} \tag{4}$$

können wir als Intensitätsfaktor eines Redoxgleichgewichtes (der Elektronenbalance) einen pε definieren:

$$p\varepsilon \equiv -\log \{e\} \tag{5}$$

wobei {e} die Elektronenaktivität in mol/ℓ [M] bedeutet. (Der Einfachheit halber verzichten wir nachfolgend darauf, die negative Ladung des Elektrons, e^-, aufzuführen.)

Wässrige Lösungen enthalten zwar weder freie Protonen noch freie Elektronen, aber trotzdem kann man *relative* Protonen- und Elektronenaktivität definieren.

So wie ein niederer pH hohe {H$^+$} Aktivität und *saure* Bedingungen anzeigt, bedeutet ein niederes pε (oder sogar ein negatives pε) hohe Elektronenaktivität und reduzierende Bedingungen; ein hohes pε bedeutet kleine Elektronenaktivität und oxidierende Bedingungen. Vgl. Tabelle 8.3.

Der pH wird mit Hilfe eines potentiometrischen Instrumentes gemessen. Das Potential (man hat früher von "Aciditätspotential" gesprochen) zwischen einer Referenzelektrode und einer {H$^+$}-sensitiven Elektrode (z.B. der Glaselektrode) wird gemessen (Kapitel 8.11); die Voltskala ist üblicherweise ebenfalls in pH-Einheiten eingeteilt, wobei 2.3 RT/F (0.059 V bei 25° C) einer pH-Einheit entsprechen (wobei F = Faraday* = 96490 C mol^{-1} [vgl. Tabelle A.4, Kapitel 1]).

Auch bei der Redoxintensität (pε) erfolgt die Messung in einer elektrochemischen Kette mit Hilfe eines Potentiometers (meistens kann der pH-Meter auch für diesen Zweck benützt werden), wobei die

---

* Die meisten Lehrbücher verwenden für das Faraday das Symbol $\mathcal{F}$. Der Einfachheit halber benützen wir F.

Tabelle 8.3 pH und pε

$pH = -\log\{H^+\}$	$p\varepsilon = -\log\{e\}$
(1) Säure-Base Reaktion: $HA + H_2O = H_3O^+ + A^-$; K_1	Redox Reaktion: $Fe^{3+} + \frac{1}{2}H_2(g) = Fe^{2+} + H^+$; K_1
Reaktion (1) besteht aus zwei Schritten:	Reaktion (1) besteht aus zwei Schritten:
(1a) $\quad HA = H^+ + A^-$; K_2	(1a) $\quad Fe^{3+} + e = Fe^{2+}$; K_2
(1b) $\quad H_2O + H^+ = H_3O^+$; K_3	(1b) $\quad \frac{1}{2}H_2(g) = H^+ + e$; K_3
Thermodynamische Konvention: $K_3 = 1$, so dass:	Thermodynamische Konvention: $K_3 = 1$, so dass:
(2) $K_1 = K_2 = \{H^+\} \cdot \{A^-\}/\{HA\}$, oder	(2) $K_1 = K_2 = \{Fe^{2+}\}/\{Fe^{3+}\}\{e\}$, oder
(3) $pH = pK + \log[\{A^-\}/\{HA\}]$, oder	(3) $p\varepsilon = p\varepsilon^\circ + \log[\{Fe^{3+}\}/\{Fe^{2+}\}]$, oder
(4) $pH = \Delta G^\circ/2.3\,RT + \log[\{A^-\}/\{HA\}]$	(4) $p\varepsilon = \Delta G^\circ/2.3\,RT + \log[\{Fe^{3+}\}/\{Fe^{2+}\}]$
Für den allgemeinen Fall	Für den allgemeinen Fall
(5) $H_nB + nH_2O = nH_3O^+ + B^{-n}$; β^*	(5) $Ox + (n/2)\,H_2(g) = Red + nH^+$; $Ox + ne = Red$
(6) $pH = \frac{1}{n}p\beta^* + \frac{1}{n}\log[\{B^{-n}\}/\{H_nB\}]$	(6) $p\varepsilon = +\Delta G^\circ/2.3\,nRT + \frac{1}{n}\log[\{Ox\}/\{Red\}]$
(7) $\Delta G = -nFE$ (E = acidity potential)	(7) $\Delta G = -nFE_H$ (E_H = redox potential)
(8) $pH = -E/(2.3\,RTF^{-1})$	(8) $p\varepsilon = E_H/2.3\,(RTF^{-1})$
Acidity potential:	Nernst Equation:
(9) $E = E^\circ + (2.3\,RT/nF)\log[\{H_nB\}/\{B^{-n}\}]$	(9) $E_H = E_H^\circ + (2.3\,RT/nF)\log[\{Ox\}/\{Red\}]$

Potentialdifferenz einer {e}-sensitiven Elektrode mit einer Referenzelektrode gemessen wird (vgl. 8.10). Falls die Referenzelektrode eine normale Standardwasserstoffelektrode ist, spricht man von einem Redoxpotential, E_H. Dieses Potential [V] kann in pε-Einheiten – eine pε-Einheit entspricht F/2.3 RT – ausgedrückt werden:

$$p\varepsilon = (F/2.3\,RT)\,E_H \qquad (6)$$

wobei

E_H = Redoxpotential [V] (im Vergleich zur Normalwasserstoffelektrode),
F = 1 Faraday = 96490 C mol^{-1} und
R = Gaskonstante = 8.314 J mol^{-1} K^{-1} = 8.6 × 10^{-5} VF mol^{-1} K^{-1} (F = Faraday);
F/2.3 RT = 1/0.059 V

In Tabelle 3 vergleichen wir pH und pε. Für die Redox-Reaktion verwenden wir dabei als Beispiel die Reduktion von Fe^{3+} zu Fe^{2+}

$$Fe^{3+} + e = Fe^{2+} \qquad ;\ \log K = 13.0\ (25°\,C) \qquad (7)$$

Diese Reduktion – geschrieben als eine sogenannte Halbreaktion – müssen wir mit der Oxidation von $H_2(g)$ zu H^+, der Halbreaktion der Wasserstoffelektrode

$$\tfrac{1}{2} H_2(g) = H^+ + e \qquad ;\ \log K = 0 \qquad (8)$$

kombinieren, um eine balancierte Redoxreaktion zu bekommen, der das Redoxpotential E_H entspricht:

$$Fe^{3+} + \tfrac{1}{2} H_2(g) = Fe^{2+} + H^+ \qquad ;\ \log K = 13.0$$
$$E_H^o = 0.77\ V \qquad (9)$$

Die Nernst'sche Gleichung

Man kann Gleichgewichtsüberlegungen mit Halbreaktionen anstellen. Das Massenwirkungsgesetz der Gleichung (7) ist gegeben durch

$$\{Fe^{2+}\} / \{Fe^{3+}\}\,\{e\} = 10^{13.0} \qquad (10)$$

oder nach Logarithmierung und Umstellung

$$p\varepsilon = \log K + \log \frac{\{Fe^{3+}\}}{\{Fe^{2+}\}} \tag{11}$$

Wir definieren:

$$\frac{1}{n} \cdot \log K \equiv p\varepsilon^o \tag{12}$$

wobei n die Anzahl der an der Reaktion beteiligten Elektronen ist und K die Gleichgewichtskonstante für die Reduktionshalbreaktion ist. Dementsprechend gilt

$$p\varepsilon = p\varepsilon^o + \log \frac{\{Fe^{3+}\}}{\{Fe^{2+}\}}, \text{ wobei } p\varepsilon^o = 13.0 \ (25°\ C) \tag{13}$$

Gleichung (13) kann unter Verwendung von (6) als Redoxpotential E_H in der Form der *Nernst'schen Gleichung* geschrieben werden:

$$E_H = E_H^o + \frac{2.3\ RT}{F} \log \frac{\{Fe^{3+}\}}{\{Fe^{2+}\}}, \text{ wobei } E_H^o = 0.77\ V\ (25°\ C) \tag{14}$$

E_H^o ist das Redoxpotential für Standardbedingungen (alle Aktivitäten = 1), wobei $E_H^o = (2.3\ RT/F)\ p\varepsilon^o$. Gleichung (13) kann verallgemeinert werden zu:

$$E_H = E_H^o + \frac{2.3\ RT}{F} \log \frac{\{Ox\}}{\{Red\}} \tag{15}$$

entsprechend

$$p\varepsilon = p\varepsilon^o + \log \frac{\{Ox\}}{\{Red\}} \tag{16}$$

oder für eine kompliziertere Reaktion, an der n Elektronen beteiligt sind:

$$E_H = E_H^o + \frac{2.3\ RT}{nF} \log \frac{\prod_i \{Ox\}^{n_i}}{\prod_j \{Red\}^{n_j}} \tag{17a}$$

oder

$$p\varepsilon = p\varepsilon^0 + \frac{1}{n} \log \frac{\prod_i \{Ox\}^{n_i}}{\prod_j \{Red\}^{n_j}} \qquad (17b)$$

wobei der logarithmierte Ausdruck rechts in den Gleichungen den Massenwirkungsausdruck der Reduktionshalbreaktion wiedergibt, wobei $\prod_i \{Ox\}^{n_i}$ dem Produkt der Aktivitäten der Reaktanden (auf der linken Seite der Gleichung) und $\prod_j \{Red\}^{n_j}$ dem Produkt der Aktivitäten der Produkte (auf der rechten Seite der Gleichung) entspricht; z.B. für die Reaktion

$$SO_4^{2-} + 10\,H^+ + 8\,e = H_2S(g) + 4\,H_2O$$

lautet die Nernst'sche Gleichung

$$E_H = E_H^0 + \frac{2.3\,RT}{8\,F} \log \frac{\{SO_4^{2-}\}\{H^+\}^{10}}{p_{H_2S}}$$

oder

$$p\varepsilon = p\varepsilon^0 + \frac{1}{8} \log \frac{\{SO_4^{2-}\}\{H^+\}^{10}}{p_{H_2S}}$$

wobei in diesem Fall (25° C) $E_H^0 = 0.31$ V oder $p\varepsilon^0 = 5.25$ ist.

Einfluss der Speziierung

In die Gleichungen für $p\varepsilon$ oder E_H gehen die Aktivitäten für die vorhandenen *Spezies* (und *nicht* Summenparameter, wie z.B. [Fe(III)]) ein. In erster Annäherung können in verdünnten Lösungen die Konzentrationen eingesetzt werden. Für genaue Berechnungen müssen Aktivitätskoeffizienten berücksichtigt werden (Kapitel 2.9).

Eine Veränderung der Speziierung, wie z.B. eine Hydrolyse oder eine Komplexbildung von einem der Redoxpartner bedingt eine Veränderung der Redoxintensität. Ein Komplexbildner, welcher in einer Fe(III)-Fe(II)-Lösung mit Fe^{3+} stabilere Komplexe bildet als mit Fe^{2+}, z.B. Oxalat oder NTA, bewirkt eine Herabsetzung des $p\varepsilon$ (oder des Redoxpotentials) oder, mit anderen Worten, ein solcher Komplexbildner stabilisiert Fe(III) gegenüber Fe(II).

8.5 Einfache Berechnungen von Redoxgleichgewichten

Wir illustrieren nachstehend die Anwendung von Redoxgleichgewichtsanwendungen – und graphische Darstellungen – durch eine Reihe von Beispielen.

Doppeltlogarithmisches Diagramm

Auch bei den Redoxreaktionen hilft die graphische Darstellung der Vorstellung über die Gleichgewichte. Wir gehen analog vor wie bei den Säure/Base-Gleichgewichten (vgl. Kapitel 2.6 und Abbildung 2.1), wobei jetzt statt pH, der pε die Mastervariable darstellt.

Beispiel 8.1:

Wie hängen die Aktivitäten von Fe^{3+} und Fe^{2+} bei einer totalen Konzentration von $Fe_T = [Fe^{3+}] + [Fe^{2+}] = 10^{-3}$ M in einer sauren Lösung (pH ~ 2) vom pε ab? Wir wählen eine saure Lösung, um die Komplikationen mit der Hydrolyse des Fe^{3+} zu vermeiden und wir setzen in erster Annäherung Aktivität = Konzentration.

Wir exemplifizieren für die Halbreaktion (7):

$$Fe^{3+} + e = Fe^{2+} \; ; \; \log K = 13.0 \, (25\,°C) \tag{i}$$

wobei die Gleichgewichtskonstante mit Gleichung (10)

$$[Fe^{2+}]/[Fe^{3+}]\{e\} = K = 10^{13.0} \tag{ii}$$

Ferner gilt:

$$[Fe^{3+}] + [Fe^{2+}] = 10^{-3} \, M = Fe_T \tag{iii}$$

Das Tableau 8.1 ist eine Zusammenfassung der Aufgabe des Beispiels 8.1. Wir haben das Elektron als Komponente gewählt (ii).

Tableau 8.1

Komponenten:		e	Fe^{2+}	log K
Spezies:	Fe^{3+}	−1	1	−13.0
	Fe^{2+}		1	
	TOTFe		1	10^{-3} M
	pε jeweils gegeben			

Die erste horizontale Linie gibt das Gleichgewicht (ii)

$$\{Fe^{3+}\} = \{e\}^{-1} \{Fe^{2+}\} \times 10^{-13}$$

Die Kombination von (ii) und (iii) liefert

$$[Fe^{2+}] = \frac{Fe_T \{e\}}{K^{-1} + \{e\}} \quad \text{(iv)}$$

und

$$[Fe^{3+}] = \frac{Fe_T K^{-1}}{K^{-1} + \{e\}} \quad \text{(v)}$$

Offensichtlich ist im Bereich $\{e\} > K^{-1}$ oder $p\varepsilon < p\varepsilon^o$

$$\log [Fe^{2+}] = \log Fe_T \quad \text{(vi)}$$

und im Bereich $p\varepsilon > p\varepsilon^o$ oder $\{e\} < K^{-1}$

$$\log [Fe^{2+}] = Fe_T \{e\} K^{-1} = \log Fe_T + p\varepsilon^o - p\varepsilon \quad \text{(vii)}$$

und dementsprechend gilt

$$d \log [Fe^{2+}] / d\, p\varepsilon = +1 \quad \text{mit einem Schnittpunkt der Asymptoten bei } p\varepsilon^o.$$

Entsprechend können die Asymptoten für $[Fe^{3+}]$ konstruiert werden (Abbildung 8.2).

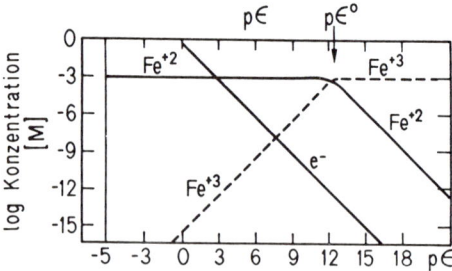

Abbildung 8.2
Redox-Gleichgewicht $Fe^{3+} \rightleftarrows Fe^{2+}$
Gleichgewichtsverteilung in einer 10^{-3} M Lösung als Funktion des $p\varepsilon$ (vgl. Beispiel 8.1). Der $p\varepsilon$ wird durch die Zugabe eines Reduktions- oder eines Oxidationsmittels herab- oder heraufgesetzt.

Beispiel 8.2:
Unter welchen pε-Bedingungen kann in der Tiefe eines Sees, pH = 7.5, NO_3^- zu NH_4^+ reduziert werden? Die totale Konzentration von NO_3^- und NH_4^+ ist 5×10^{-4} M.

Die Reaktion 5 (Tabelle 8.1) ist

$$\tfrac{1}{8}NO_3^- + \tfrac{5}{4}H^+ + e = \tfrac{1}{8}NH_4^+ + \tfrac{3}{8}H_2O \ ; \ \log K = 14.9 \ (25°C) \quad (i)$$

Dementsprechend gilt

$$p\varepsilon = 14.9 + \tfrac{1}{8}\log\frac{[NO_3^-]}{[NH_4^+]} - \tfrac{5}{4}pH \quad (ii)$$

oder für pH = 7.5

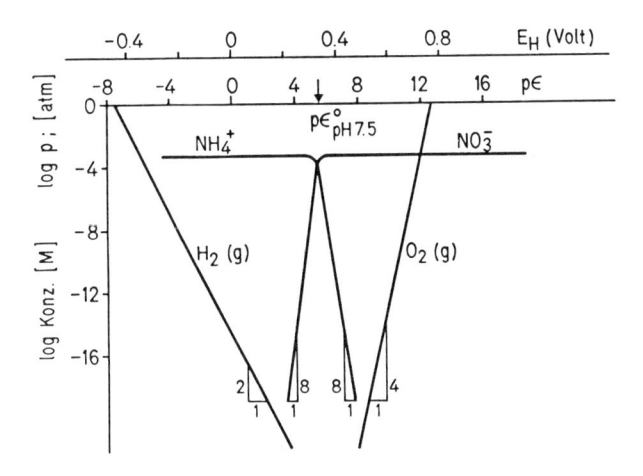

$$p\varepsilon = 5.52 + \tfrac{1}{8}\log\frac{[NO_3^-]}{[NH_4^+]} \quad (iii)$$

Abbildung 8.3
Gleichgewichtsverteilung von NH_4^+ und NO_3^- als Funktion von pε für pH = 7.5; $[NH_4^+]$ + $[NO_3^-]$ = 5×10^{-4} M (Beispiel 8.2)
Eine allfällige Wechselwirkung mit N_2 wird nicht berücksichtigt. Ebenfalls eingetragen sind die Abhängigkeit des p_{O_2} und des p_{H_2} vom pε entsprechend den Gleichungen:

$O_2(g) + 4H^+ + 4e = 2H_2O \ ; \ \log K = 83.0 \ (25°C)$
$2H^+ + 2e = H_2(g) \ ; \ \log K = 0$.

Dadurch ist der Stabilitätsbereich des Wassers gegenüber der Oxidation zu O_2 und Reduktion zu H_2 für pH = 7.5 aufgezeichnet.

zusammen mit der Bedingung (iv)

$$[NH_4^+] + [NH_3] = 5 \times 10^{-4} \, M \qquad (iv)$$

ergibt sich das Diagramm der Abbildung 8.3.

NH_4^+ prädominiert, wenn $p\varepsilon < 5.5$ und NO_3^- überwiegt bei $p\varepsilon > 5.5$. (In diesem Beispiel wird eine allfällige Wechselwirkung von NH_4^+ und NO_3^- mit N_2 nicht berücksichtigt.)

Die Aufgabe wird durch das Tableau 8.2 summarisch zusammengefasst.

Tableau 8.2 Reduktion von NO_3^- zu NH_4^+

Komponenten:	H^+	e	NO_3^-	log K (25° C)
Spezies: H^+	1			
OH^-	−1			−14
NH_4^+	10	8	1	119.2
NH_3	−9	8	1	128.5
NO_3^-			1	
Zusammensetzung: TOTN			1	5×10^{-4} M

pH = 7.5
TOTN = $[NH_4^+] + [NH_3] + [NO_3^-] = 5 \times 10^{-4}$ M

Die hier im Tableau wiedergegebenen Gleichgewichte sind:

$\{OH^-\} = \{H^+\}^{-1} \times 10^{-14}$
$\{NH_4^+\} = \{H^+\}^{10} \{e\}^8 \{NO_3^-\} \times 10^{119.2}$
$\{NH_3\} = \{H^+\}^9 \{e\}^8 \{NO_3^-\} \times 10^{128.5}$

Beispiel 8.3:
Einfache $p\varepsilon$ (E_H)-Rechnungen

Welches ist der $p\varepsilon$ (oder das Redoxpotential E_H) folgender Lösungen (25° C):
a) Wasser (pH = 7) im Gleichgewicht mit dem Sauerstoff der Atmosphäre?
b) Ein Tiefenwasser eines Sees (pH = 7) im Gleichgewicht mit $MnO_2(s)$ und 10^{-5} M Mn^{2+}?
c) Das Interstitialwasser eines Sedimentes (pH = 6.5), das neben FeOOH(s), 10^{-5} M Fe^{2+} enthält?

d) Ein anoxisches Grundwasser (pH = 7), das neben 10^{-4} M SO_4^{2-}, 10^{-6} M $H_2S(aq)$ enthält?

a) Reaktion 1, Tabelle 8.1 ist

$$\tfrac{1}{4}O_2(g) + H^+ + e = \tfrac{1}{2}H_2O \; ; \; K = 10^{20.75} \tag{i}$$

Das entsprechende Massenwirkungsgesetz in logarithmischer Form ist:

$$p\varepsilon + pH - \tfrac{1}{4}\log p_{O_2} = 20.75 \tag{ii}$$

Daraus ergibt sich

$$p\varepsilon = 20.75 - 7 - \tfrac{1}{4}(-0.7) = 13.92$$

oder

$$E_H = +0.82 \text{ V}$$

b) Die Redoxgleichung für das MnO_2, Mn^{2+} System ist

$$MnO_2 + 4H^+ + 2e = Mn^{2+} + 2H_2O \tag{iii}$$

Die Gleichgewichtskonstante berechnen wir aus der Tabellierung der freien Bildungsenthalpien, G_f^o, im Anhang zu Kapitel 5. Folgende G_f^o-Werte, in kJ mol^{-1}, sind gegeben:

MnO_2 (Manganate (IV))	−453.1;
Mn^{2+}	−228.0;
H_2O (ℓ)	−237.18

Dementsprechend ist

$$\Delta G^o = -228.0 + 2 \times (-237.18) - (-453.1) = -249.26 \text{ kJ mol}^{-1}$$

und $\log K = -249.26 / -5.7066 = 43.6$.

Der Gleichgewichtsausdruck für (iii) in logarithmischer Form ist

$$4 pH + 2 p\varepsilon + \log [Mn^{2+}] = 43.6 \text{ oder}$$
$$p\varepsilon = \tfrac{1}{2}(43.6 - 28 + 5) = 10.3$$
$$E_H = 0.61 \text{ V}$$

c) $\quad FeOOH(s) + e + 3H^+ = Fe^{2+} + 2H_2O \tag{iv}$

mit den G_f^o-Werten aus dem Anhang von Kapitel 5, (wobei für FeOOH(s) ein G_f^o-Wert von −462 kJ mol⁻¹ verwendet wird), erhält man für Reaktion (iv) log K = 16.0. Der Gleichgewichtsausdruck in logarithmischer Form ist

$$3\,pH + p\varepsilon + \log[Fe^{2+}] = 16.0 \text{ und}$$
$$p\varepsilon = 16 - 19.5 + 5.0 = 1.5$$
$$E_H^o = 0.09 \text{ V}$$

d) Wir gehen von Gleichung (12) in Tabelle 8.1 aus

$$\tfrac{1}{8}SO_4^{2-} + \tfrac{5}{4}H^+ + e = \tfrac{1}{8}H_2S(g) + \tfrac{1}{2}H_2O \; ; \; \log K = 5.25 \tag{v}$$

Die Konstante für die Reaktion (Tabelle 4.1)

$$\tfrac{1}{8}H_2S(g) = \tfrac{1}{8}H_2S(aq) \; ; \; \log K_H' = -1.88 \tag{vi}$$

Aus der Aufsummierung von (v) und (vi) erhalten wir

$$\tfrac{1}{8}SO_4^{2-} + \tfrac{5}{4}H^+ + e = \tfrac{1}{8}H_2S(aq) + \tfrac{1}{2}H_2O(\ell) \; ; \; \log K = 3.37 \tag{vii}$$

oder

$$\frac{\{H_2S(aq)\}^{\tfrac{1}{8}}}{\{SO_4^{2-}\}^{\tfrac{1}{8}} \{H^+\}^{\tfrac{5}{4}} \{e\}} = 10^{3.37} \; (25°\,C) \tag{vii}$$

Dementsprechend ist

$$p\varepsilon + \tfrac{5}{4}pH + \tfrac{1}{8}\log\{H_2S\} - \tfrac{1}{8}\log\{SO_4\} = 3.37$$
$$p\varepsilon = 3.37 - 8.75 + 0.75 + 0.50 = 4.1$$
$$E_H = -0.244 \text{ V}$$

Aktivitätsquotientendiagramme

Es gelingt, eine schnelle Übersicht über die pε-abhängige Prädominanz von Verbindungen mit Atomen verschiedener Oxidationszahlen zu gewinnen, wenn man die verschiedenen Aktivitäten relativ zueinander für gewählte Bedingungen aufzeichnet.

Beispiel 8.4:
Cl-Spezies

Unter welchen Bedingungen wird Chlorid zu Cl_2 oder HOCl (OCl⁻) oxidiert?

Annahme: $Cl_T = 2[Cl_2(aq)] + [HOCl] + [OCl^-] + [Cl^-] \leq 10^{-3}$ M; 25° C.

Mit Hilfe der im Anhang zu Kapitel 5 aufgeführten themodynamischen Angaben können wir folgende Gleichgewichtskonstanten ausrechnen:

$$\frac{1}{2}Cl_2(aq) + e = Cl^- \quad ; \quad \log K = 23.6 \quad \text{(i)}$$

$$HClO + H^+ + e = \frac{1}{2}Cl_2(aq) + H_2O \quad ; \quad \log K = 26.9 \quad \text{(ii)}$$

$$HClO = H^+ + ClO^- \quad ; \quad \log K = -7.3 \quad \text{(iii)}$$

Wir berechnen Aktivitätsquotienten der Chlorspezies mit Oxidationszahlen 0, −1 und +I als Funktion von pε vorerst für pH = 6, und dann für pH = 0.

Aus Gleichung (i) ergibt sich

$$\log \frac{\{Cl_2\}^{\frac{1}{2}}}{\{Cl^-\}} = -23.6 + p\varepsilon \quad \text{(iv)}$$

was wir in Abbildung 8.4 (linke Seite der Gleichung vs pε) auftragen. Wir verwenden Cl^- als Referenzspezies und berechnen die Aktivitäten der anderen Spezies relativ zu $\{Cl^-\}$. Die Kombination von (i) und (ii) gibt

$$HClO + H^+ + 2e = Cl^- + H_2O \quad ; \quad \log K = 50.8 \quad \text{(v)}$$

und die Kombination (ii) mit (iii) gibt

$$OCl^- + 2H^+ + 2e = Cl^- + H_2O \quad ; \quad \log K = 57.8 \quad \text{(vi)}$$

Dementsprechend können wir in Abbildung 8.4 sowohl für pH = 6 und pH = 0 die Beziehungen eintragen:

$$\log \frac{\{HClO\}}{\{Cl^-\}} = -50.5 + pH + 2p\varepsilon \quad \text{(vii)}$$

$$\log \frac{\{OCl^-\}}{\{Cl^-\}} = -57.8 + 2pH + 2p\varepsilon \quad \text{(viii)}$$

Die Abbildung 8.4 illustriert, dass bei pH 6 nur bei hohem pε, HOCl gegenüber Cl⁻ und Cl$_2$(aq) prädominieren kann. Nur in saurer Lösung (pH = 0) gibt es einen pε-Bereich (pε = 22 – 27), bei dem Cl$_2$(aq) gegenüber HOCl und Cl⁻ vorherrscht. Im gesamten pH-Bereich natürlicher Gewässer ist Cl⁻ die stabile Spezies.

Bei beiden pH-Werten sind aber die pε-Bereiche so hoch, dass sie ausserhalb des thermodynamischen Stabilitätsbereiches von Wasser liegen. Das wird veranschaulicht durch die Eintragung der pε-Abhängigkeit des Partialdruckes von O$_2$, der im Gleichgewicht mit dem Wasser steht:

$$O_2(g) + 4\,H^+ + 4\,e = 2\,H_2O \quad ; \quad \log K = 83.1 \; (25°\,C) \qquad (ix)$$

Sobald $p_{O_2} > 1$ wird – thermodynamisch gesehen – das Wasser im Sinne von (ix) oxidiert; mit anderen Worten, Cl$_2$ und HOCl – als stär-

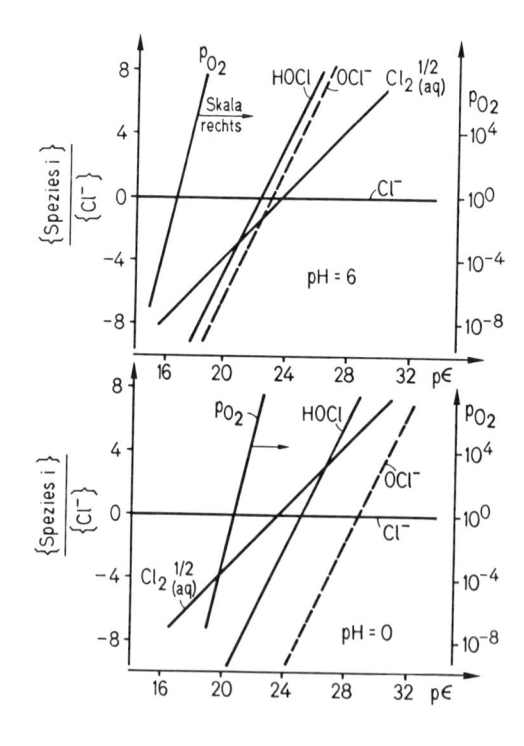

Abbildung 8.4
Aktivitätsquotienten-Diagramm für Cl⁰, Cl^I und Cl⁻-Spezies (Beispiel 8.4)

kere Oxidationsmittels als O_2 – oxidieren das Wasser und sind deswegen im Wasser instabil. In Abwesenheit von Katalysatoren und Sonnenlicht sind diese Reaktionen sehr langsam. $Cl_2(aq)$ existiert (als metastabile Spezies) nur bei tiefem pH. Die Zugabe von Cl_2 bei der Wasserchlorierung führt zu einer Disproportionierung des Cl_2 (Kombination von (i) und (ii))

$$Cl_2(aq) + H_2O = HOCl + H^+ + Cl^- \; ; \; \log K = -3.3 \, (25°\,C) \qquad (x)$$

pε–pH–Diagramme

Elektronen und Protonen sind die wichtigsten Einflussfaktoren für die Prozesse in natürlichen Gewässern; dementsprechend sind pε und pH die entscheidenden Hauptvariablen. Die Gleichgewichtsinformation kann bildlich in einem pε vs pH (oder E_H vs pH) Diagramm veranschaulicht werden. Abbildung 8.5 gibt den Stabilitätsbereich von Wasser. Das Diagramm kann mit Hilfe der logarithmischen Form der Gleichungen (1) und (18) der Tabelle 8.1 konstruiert werden.

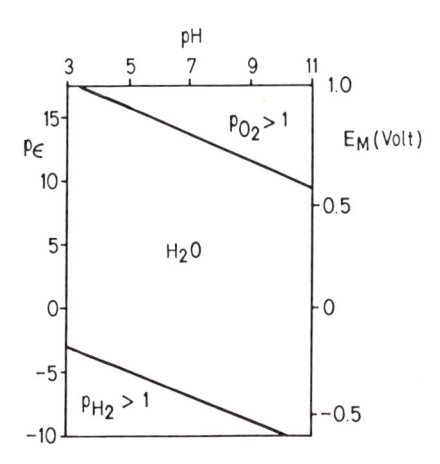

Abbildung 8.5
pε–pH–Diagramm für Wasser (25° C)
– Oberhalb der oberen Linie ist H_2O (thermodynamisch) unbeständig und wird zu $O_2(g)$ oxidiert.
– Unterhalb der unteren Linie wird H_2O zu $H_2(g)$ reduziert.

Redox-Puffer

Die Stabilität eines Redoxsystems gegenüber einer pε-Veränderung – analog der Pufferintensität in einem Säure-Basesystem – kann definiert werden als Redox-Pufferintensität, S,

$$S = \frac{dC_R}{dp\varepsilon} \qquad (18)$$

wobei C_R die Konzentration eines zugegebenen Reduktionsmittels [M] ist.

Redoxverhältnisse *im Grundwasser* und an der Sediment-Wassergrenzfläche sind häufig besser gepuffert als in Oberflächengewässern, weil die Pufferung durch grössere Reservoirs von festen Phasen, z.B. $Fe(OH)_3(s)$, $Fe_2O_3(s)$, $MnO_2(s)$, $FeS_2(s)$, bewirkt wird. Abbildung 8.6 gibt typische gepufferte pε-Bereiche im Grundwasser oder Sediment-Wassersystem wieder.

In *Bodensystemen* sind pε und pH als Mastervariable ebenfalls besonders wichtig. Auch in den bodenchemischen Prozessen sind Protonen und Elektronen gekoppelt; eine Zunahme von pε ist begleitet von einer Abnahme im pH. In Böden ist das organische Material (entsprechend Bereich 2, Abbildung 8.6) gewissermassen ein pε- und pH-Puffer, da es ein Reservoir von gebundenen Protonen und Elektronen darstellt. Bei höherem pε wird das organische Material mineralisiert, wobei die Alkalinität und die Konzentration der Nährstoffe NO_3^-, SO_4^{2-} und HPO_4^{2-} zunehmen, während Eisen und Mangan immobilisiert werden. Tiefere pε-Werte (entsprechend Bereich 3, Abbildung 8.6) entsprechend erhöhter Konzentration der Nährstoffkationen NH_4^+, Fe^{2+}, Mn^{2+}. Diese Kationen stehen dann bei den Bodenmineralien im Ionenaustauschwettbewerb von K^+, Mg^{2+} und Ca^{2+} (G. Sposito, *The Chemistry of Soils*, Oxford University Press, New York, 1989).

Abbildung 8.7 gibt ein pε- vs pH-Diagramm für das System Fe, CO_2, H_2O. Die festen Phasen sind amorphes $Fe(OH)_3$, $FeCO_3$ (Siderit), $Fe(OH)_2$, Fe.

Alle die für die Konstruktion benötigen Gleichungen können aus dem Tableau 8.3 entnommen werden. Die Gleichgewichtskonstanten ergeben sich aus den G_f^0-Werten im Anhang von Kapitel 5.

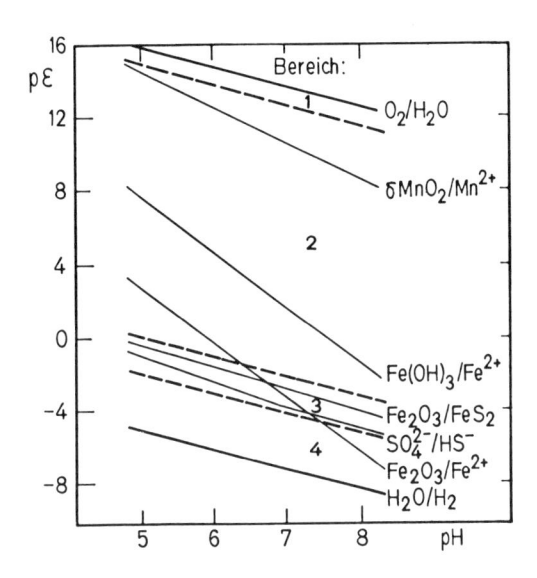

Abbildung 8.6
Repräsentative Redoxintensitätsbereiche im Grundwasser und Sediment-Wassersystem

Bereich 1 ist für O_2-haltiges Wasser; bei Grundwasser bedeutet das die Abwesenheit von organischem Material. Viele Grundwasser sind im pε-*Bereich 2*, weil organische Verbindungen den Sauerstoff (mikrobiell katalysiert) aufgezehrt haben, aber es hat noch keine SO_4^{2-}-Reduktion stattgefunden. Dafür enthalten diese Wasser typischerweise lösliches Mn(II) und Fe(II) und sind pε-gepuffert wegen der Anwesenheit von festen Phasen von MnO_2 und $Fe(OH)_3$ oder Fe_2O_3. Im *Bereich 3* sind die pε-Werte durch die SO_4^{2-}-Reduktion gepuffert. In den *Bereichen 2 und 3* tritt NH_4^+ auf. Der *Bereich 4* wird in anoxischen Sedimenten und Schlämmen erreicht, tritt aber selten in Grundwasser auf. Die gleichen pε-Bereiche sind auch von Wichtigkeit – insbesondere bezüglich biologischer Verfügbarkeit von Nährstoffen – in Bodensystemen.

(Modifiziert nach J.I. Drever, *The Geochemistry of Natural Waters*, 2. Ausgabe, Prentice Hall Englewood Cliffs, 1988)

276

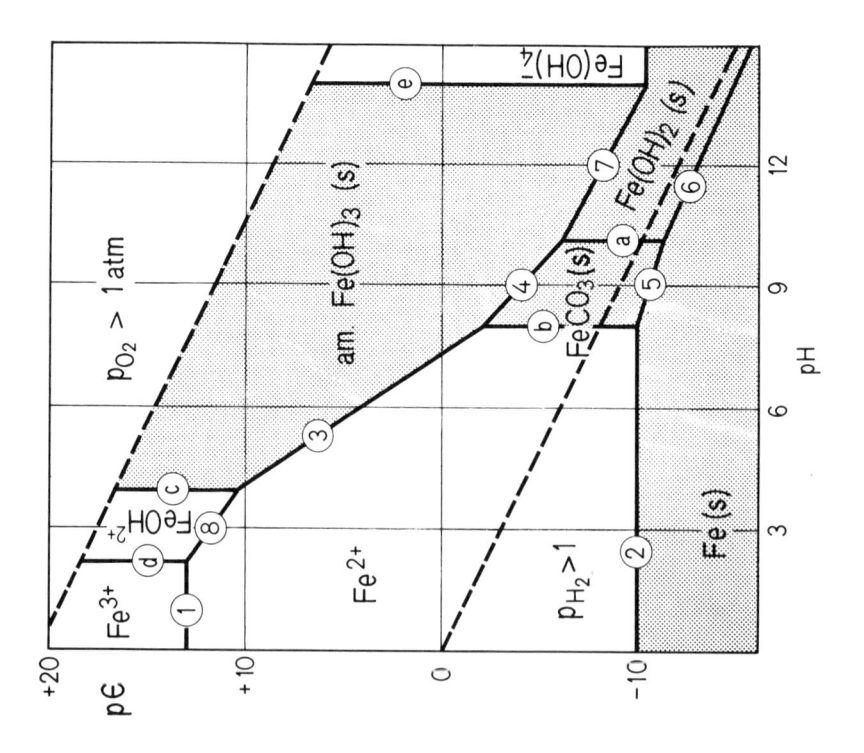

Die Gleichungen für die Konstruktion des Diagramms:

$Fe^{3+} + e = Fe^{2+}$ ①*

$Fe^{2+} + 2e = Fe(s)$ ②

$Fe(OH)_3(amorph, s) + 3H^+ + e = Fe^{2+} + 3H_2O$ ③

$Fe(OH)_3(amorph, s) + 2H^+ + HCO_3^- + e = FeCO_3(s) + 3H_2O$ ④

$\{HCO_3^-\} = C_T\alpha_1$ ⑤

$FeCO_3(s) + H^+ + 2e = Fe(s) + HCO_3^-$ ⑥

$Fe(OH)_2(s) + 2H^+ + 2e = Fe(s) + 2H_2O$ ⑦

$Fe(OH)_3(s) + H^+ + e = Fe(OH)_2(s) + H_2O$ ⑧

$FeOH^{2+} + H^+ + e = Fe^{2+} + H_2O$

$FeCO_3(s) + 2H_2O = Fe(OH)_2(s) + H^+ + HCO_3^-$ ⓐ

$FeCO_3(s) + H^+ = Fe^{2+} + HCO_3^-$ ⓑ

$FeOH^{2+} + 2H_2O = Fe(OH)_3(s) + 2H^+$ ⓒ

$Fe^{3+} + H_2O = FeOH^{2+} + H^+$ ⓓ

$Fe(OH)_3(s) + H_2O = Fe(OH)_4^- + H^+$ ⓔ

* Nummern und Buchstaben beziehen sich auf die Linien in der Abbildung

pε-Funktionen:

$p\varepsilon = 13 + \log\{Fe^{3+}\}/\{Fe^{2+}\}$ ①

$p\varepsilon = -6.9 + \frac{1}{2}\log\{Fe^{2+}\}$ ②

$p\varepsilon = 16 - \log\{Fe^{2+}\} - 3\,pH$ ③

$p\varepsilon = 16 - 2\,pH + \log\{HCO_3^-\}$ ④

$\{HCO_3^-\} = C_T\alpha_1$

$p\varepsilon = -7.0 - \frac{1}{2}pH - \frac{1}{2}\log\{HCO_3^-\}$ ⑤

$p\varepsilon = -1.1 - pH$ ⑥

$p\varepsilon = 4.3 - pH$ ⑦

$p\varepsilon = 15.2 - pH - \log(\{Fe^{2+}\}/\{FeOH^{2+}\})$ ⑧

pH-Funktionen:

$pH = 11.9 + \log\{HCO_3^-\}$ ⓐ

$pH = 0.2 - \log\{Fe^{2+}\} - \log\{HCO_3^-\}$ ⓑ

$pH = 0.4 - \frac{1}{2}\log\{FeOH^{2+}\}$ ⓒ

$pH = 2.2 - \log(\{Fe^{3+}\}/\{FeOH^{2+}\})$ ⓓ

$pH = 19.2 + \log\{Fe(OH)_4^-\}$ ⓔ

Abbildung 8.7

pε-pH-Diagramm für Fe, CO_2, H_2O-System
Die festen Phasen sind amorphes $Fe(OH)_3$, $FeCO_3$ (Siderit), $Fe(OH)_2$, Fe.
$C_T = 10^{-3}$ M $\{Fe^{2+}\} = 10^{-5}$ M, (25° C).
(Übernommen aus Stumm und Morgan, 1981)

Tableau 8.3 Fe, CO_2, H_2O System

Komponenten:	H^+	e	HCO_3^-	Fe^{2+}	log K	Abb. 8.6 Nr. im Diagramm *
Spezies: H^+	1					
OH^-	–1				–14.0	
Fe^{2+}				1		
Fe^{3+}		–1		1	13.0	1
Fe^0		2		1	–14.9	2
$FeCO_3(s)$	–1		1	1	0.2	b
$Fe(OH)_2(s)$	–2			1	13.3	
$Fe(OH)_3(s)$	–3	–1		1	–16.5	3
$FeOH^{2+}$	–1	–1		1	–15.2	8
$Fe(OH)_4^-$	–4	–1		1	34.6	
$H_2CO_3^*$	1		1		6.3	
HCO_3^-			1			
CO_3^{2-}	–1		1		–10.3	

* Die anderen pε- und pH-Funktionen ergeben sich aus Kombinationen obiger Gleichungen, z.B.

pε = 16.0 – 2 pH + log $[HCO_3^-]$	4
pε = –7.0 – $\frac{1}{2}$ pH – $\frac{1}{2}$ log $[HCO_3^-]$	5
pε = –1.1 – pH	6
pε = 4.3 – pH	7
pH = 11.9 + log $[HCO_3^-]$	a

8.6 Kinetik von Redoxprozessen

Elektronentransferprozesse sind – anders als Protonentransferprozesse – häufig langsam, manchmal sogar finden sie, in Abwesenheit von Katalysatoren, überhaupt nicht statt. Z.B. ist eine wässrige Lösung von Zucker oder Glukose in Gegenwart von Sauerstoff – thermodynamisch gesehen – gegenüber der Umwandlung in CO_2 und H_2O instabil.

$$C_6H_{12}O_6 + 6\ O_2 \rightarrow 6\ CO_2 + 6\ H_2O$$

In Wirklichkeit findet aber die Oxidation nur in Gegenwart eines Katalysators oder von geeigneten Mikroorganismen statt, die auch – vereinfacht ausgedrückt – als Katalysatoren funktionieren. Die ubiquitär vorhandenen Mikroorganismen sind für die Katalyse vieler Redoxprozesse von entscheidender Bedeutung. Wir werden darauf zurückkommen, möchten aber hier zuerst einige Fallbeispiele über durch Bakterien unbeeinflusste Redoxprozesse diskutieren.

Die Oxidation von Fe(II) zu Fe(III) durch O_2

Diese Oxidation spielt z.B. im Kreislauf des Eisens in Seen oder bei eisen(II)haltigem Grundwasser, das für die Wasserversorgung aufbereitet werden muss, eine Rolle. Die Oxidation von Fe(II) zu Fe(III) ist mit einer signifikanten Reduktion der Löslichkeit des Fe(aq) verbunden (Abbildung 8.8). Die Reaktion des Fe(II) mit Sauerstoff ergibt Fe(III)(hydr)oxide.

$$Fe(II) + \tfrac{1}{4} O_2 + 2\ OH^- + \tfrac{1}{2} H_2O \rightarrow Fe(OH)_3(s) \tag{19}$$

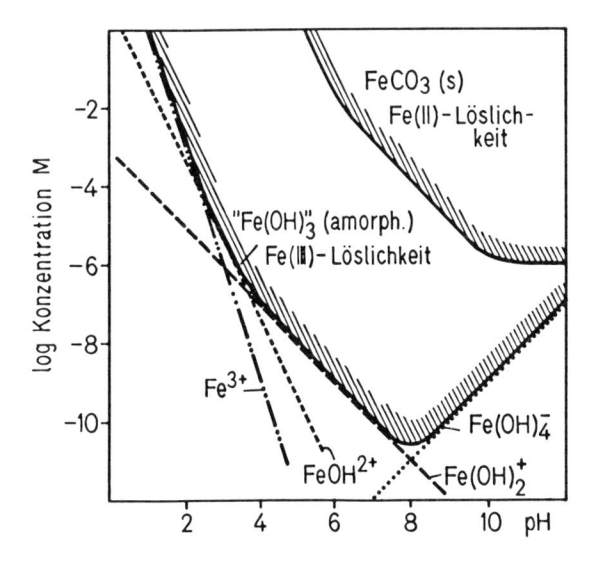

Abbildung 8.8
Vergleich der Löslichkeit von Fe(III) und Fe(II) (vgl. Abbildungen 7.1 und 7.6) Amorphes $Fe(OH)_3(s)$ ist als feste Phase für die Löslichkeit des Fe(III) ($[Fe^{3+}]$ + $[FeOH^{2+}]$ + $[Fe(OH)_2^+]$ + $[Fe(OH)_4^-]$) angenommen, während die Löslichkeit von Fe^{2+} durch $FeCO_3(s)$ (Siderit) gegeben ist. Die Konstruktion der beiden superponierten Löslichkeitsgleichgewichtsdiagramme basieren auf den freien Bildungsenthalpien der beteiligten Spezies aus dem Anhang von Kapitel 5. Für amorphes $Fe(OH)_3$ wurde ein ΔG_f^o von -700 kJ mol^{-1} verwendet. Für die Löslichkeit des $FeCO_3$ wurde $C_T = 4 \times 10^{-3}$ M (typisch für ein Grundwasser in kalkhaltigem Gebiet) vorausgesetzt.

Wir illustrieren hier die Kinetik dieser Reaktion im Detail, um zu zeigen wie eine solche Studie durchgeführt wird und wie die Resultate ausgewertet werden, um ein Geschwindigkeitsgesetz abzuleiten. Ausgangspunkt der Oxidationsexperimente sind Lösungen, die gelöstes Fe(II) enthalten. Man kann für solche Experimente keine konventionellen Puffer (z.B. Phosphat oder Acetatpuffer) verwenden, da die Pufferionen die Oxidation beeinflussen können. Um die Oxidationsrate unter Bedingungen der natürlichen Gewässer zu untersuchen, wurde ein den natürlichen Gewässern entsprechendes Puffersystem gewählt: HCO_3^- und CO_2; d.h. eine 10^{-2} M Na HCO_3-Lösung wird mit einem Gasgemisch von $O_2/CO_2/N_2$ berechneter Zusammensetzung begast. Durch das HCO_3^- in der Lösung darf die Löslichkeit des Fe(II) (vgl. Abbildung 8.8) nicht überschritten werden.

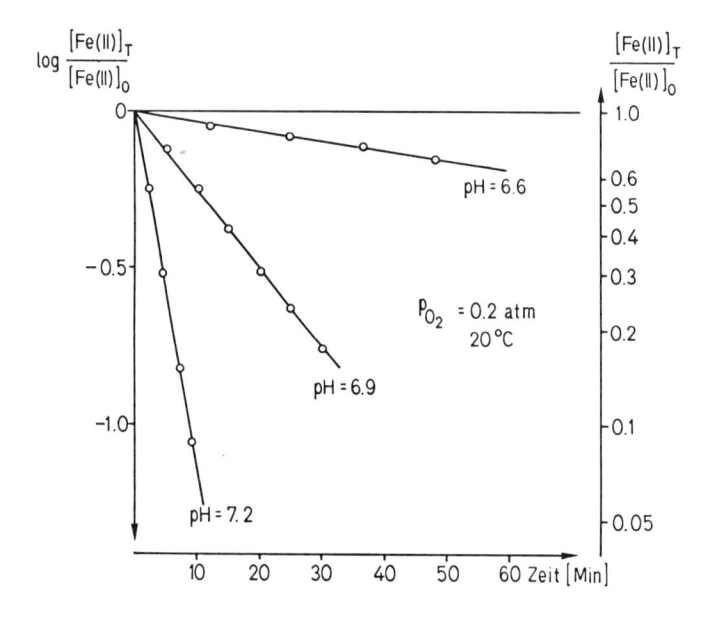

Abbildung 8.9

Die Oxidation von Fe(II) mit Sauerstoff

Dabei wird festes Fe(III)(hydr)oxid gebildet. Die halblogarithmische Auftragung illustriert, dass,

$$-\frac{d[Fe(II)]}{dt} = \text{prop } [Fe(II)],$$

d.h. dass die Reaktion bezüglich [Fe(II)] erster Ordnung ist. Die Rate, $k_0' = -d \log$ [Fe(II)]/dt kann aus der Neigung der Kurven berechnet werden (vgl. Abbildung 8.10).

Abbildung 8.9 illustriert einen Teil der erhaltenen experimentellen Resultate für Lösungen verschiedener pH-Werte jeweils bei konstantem Partialdruck von O_2. Die relativen verbleibenden Konzentrationen von Fe(II) werden halblogarithmisch (log ($[Fe(II)]_t$/$[Fe(II)]_o$) vs. Zeit) aufgetragen. Die Reaktion kann im Sinne einer Reaktion erster Ordnung bezüglich [Fe(II)] interpretiert werden.

$$-\frac{d[Fe(II)]}{dt} = k_o [Fe(II)]; \quad -\frac{d \ln [Fe(II)]}{dt} = k_o \quad (20)$$

wobei k_o die Reaktionskonstante [Zeit^{-1}] ist.

Für jeden pH und p_{O_2} kann die Neigung der Kurve

$$-\frac{d \log [Fe(II)]}{dt} \cdot 2.3026 = \frac{d \ln [Fe(II)]}{dt} = k_o \quad (21)$$

bestimmt werden.

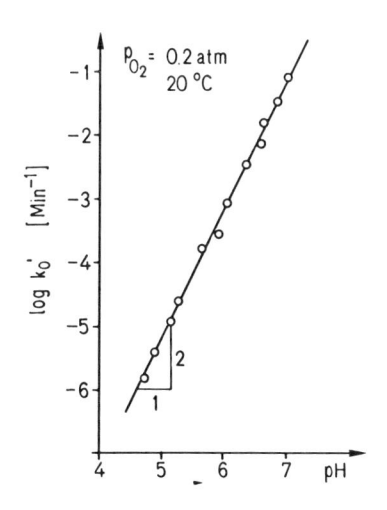

Abbildung 8.10
Aus der Auftragung der k_o'-Werte (die aus Abbildung 8.8 und zusätzlichen Daten (gültig für p_{O_2} = 0.2 atm) erhalten werden) gegen pH zeigt, dass die Oxidationsgeschwindigkeit von $[H^+]^{-2}$ oder von $[OH^-]^2$ abhängt.

Die Abhängigkeit der Oxidationsrate von [OH⁻] wird erhalten, wenn die k_0'-Werte aus der Abbildung 8.9 und aus weiteren Experimenten als log k_0' gegen den pH aufgetragen werden (Figur 8.10). Aus der Neigung d log k_0/dpH = 2.0 folgt, dass die Reaktionsrate für die Fe(II)-Oxidation zweiter Ordnung bezüglich [OH⁻] sein muss. Für jede Erhöhung des pH um eine Einheit erhöht sich die Oxidationsgeschwindigkeit um einen Faktor 100. Oberhalb pH = 8 wird die Geschwindigkeit so gross, dass sie diffusionskontrolliert wird. Ähnlich kann gezeigt werden, dass die Rate bei konstantem pH linear von p_{O_2} abhängt. Dementsprechend ergibt sich für das Geschwindigkeitsgesetz der Fe(II)-Oxidation durch O_2

$$-\frac{d[Fe(II)]}{dt} = k\,[Fe(II)]\,[OH^-]^2\,p_{O_2} \qquad (22a)$$

wobei k die Einheit [M⁻² atm⁻¹ min⁻¹] aufweist, falls die Zeit in min. und der Partialdruck von O_2 in atm gemessen wird. Wie in Kapitel 5.5 gezeigt wurde (Abbildung 5.2) kann in der Regel die Rate einer Umweltsreaktion dargestellt werden in Abhängigkeit von der Konzentration und einem Umweltsfaktor, E.

$$-\frac{d[Fe(II)]}{dt} = k\,[Fe(II)] \cdot E \qquad (23)$$

Wie aus Gleichung (22) hervorgeht, ist der Umweltsfaktor, für die Oxidation von Fe(II) mit Sauerstoff, $E = p_{O_2}[OH^-]^2$. Bei 20° ist $k = 8 \times 10^{13}$ M⁻² atm⁻¹ Min⁻¹. Häufig ist es praktischer, das Geschwindigkeitsgesetz in der Form von

$$-\frac{d[Fe(II)]}{dt} = k_H\,[H^+]^{-2}\,[O_2(aq)]\,[Fe(II)] \qquad (22b)$$

zu gebrauchen, wobei $O_2(aq)$ in M angegeben wird und k_H (20° C) = 3×10^{-12} min⁻¹ M. Für einen gegebenen pH erhöht sich die Oxidationsgeschwindigkeit um einen Faktor 10 für eine Temperaturerhöhung von ca. 15° C. Für die Umrechnung von [OH⁻] auf [H⁺] wurde ein $K_W = 0.7 \times 10^{-14}$ verwendet.

Die Abhängigkeit der Oxidationsrate von $[OH^-]^2$ ist wahrscheinlich darauf zurückzuführen, dass vorgängig der Oxidation ein hydrolisiertes Fe(II)

$$Fe^{2+} + 2\,OH^- \rightarrow Fe(OH)_2^0$$

gebildet wird, an das sich der O_2 besser anlagern kann und das dann in einem geschwindigkeitsbestimmenden Schritt zu Fe(III) oxidiert wird.

Die *Oxidation von Mn(II)* durch O_2 erfolgt erst bei relativ hohen pH-Werten. Genügend hohe pH-Werte können durch Photosynthese (Entfernung von CO_2) in produktiven stagnierenden Gewässern errechnet werden. In natürlichen Gewässern wird die Oxidation auch durch Mn-Bakterien katalysiert oder durch Oberflächen, an die das Mn(II) adsorbiert wurde. Der Mechanismus ist ähnlich wie derjenige für die Oxidation des Vanadiums (IV), VO^{2+}, dessen Oxidation mit O_2 durch Adsorption an Oxidoberflächen katalysiert wird. (vgl. Abbildung 10.15 in Kapitel 10.7).

Das Geschwindigkeitsgesetz für die durch MnO_2 katalysierte Oxidation von Mn(II) lautet

$$-\frac{d[Mn(II)]}{dt} = k_o[Mn(II)] + k[Mn(II)]\{MnO_2\} \qquad (24)$$

Die autokatalytische Beschleunigung kann mit folgender Reaktionssequenz erklärt werden (Gleichungen sind bezüglich H^+ und H_2O nicht balanciert):

$$Mn(II) + \tfrac{1}{2}O_2 \xrightarrow{\text{langsam}} MnO_2(s)$$

$$Mn(II) + MnO_2(s) \xrightarrow{\text{schnell}} MnO_2 \cdot Mn(II)(s)$$

$$Mn(II) \cdot Mn(II)(s) + \tfrac{1}{2}O_2 \xrightarrow{\text{langsam}} 2\,MnO_2(s)$$

Oxidation von Sulfit

Die Oxidation von IV-wertigem Schwefel ($SO_2 \cdot H_2O$, HSO_3^- und SO_3^{2-}) spielt eine wichtige Rolle bei der Bildung von Schwefelsäure in der Atmosphäre. Die Oxidation kann sowohl in der Gasphase wie auch in der Wasserphase (flüssige Aerosole, Wasser- oder Nebeltröpfchen) stattfinden. In der Gasphase wird SO_2 relativ langsam, vorallem durch OH-Radikale, in einem komplizierten Mechanismus zu H_2SO_4 oxidiert.

$$OH + SO_2 \rightarrow HOSO_2 \tag{25}$$
$$HOSO_2 \rightarrow \rightarrow H_2SO_4$$

In der Wasserphase erfolgt die Oxidation nach Aufnahme des SO_2 in Wassertröpfchen der Atmosphäre durch verschiedene Oxidationsmittel, insbesondere durch Ozon und H_2O_2 (ebenfalls ins Wasser absorbiert) zu H_2SO_4:

$$SO_2 + \text{"O"} + H_2O \rightarrow SO_4^{2-} + 2\,H^+ \tag{26}$$

wobei "O" das Oxidationsmittel darstellt.

Die Oxidationen mit $O_3(aq)$ und $H_2O_2(aq)$ unterscheiden sich in ihrer pH-Abhängigkeit.

Beispiel 8.5:
pH-Abhängigkeit der Oxidation von Sulfit mit O_3 und H_2O_2
Vergleiche die pH-Abhängigkeit dieser Oxidationsreaktionen für ein offenes System mit konstantem $p_{SO_2} = 2 \times 10^{-8}$ atm.

Die angewendeten Geschwindigkeitsgesetze entnehmen wir der Literatur:

1. J. Hoigné et. al., Water Research *19*, 993 (1985) haben gezeigt, dass die Oxidationsreaktion von Sulfit durch Ozon durch folgende Gleichung dargestellt werden kann:

$$-\frac{d[S(IV)]}{dt} = \left(k_0[SO_2 \cdot H_2O] + k_1[HSO_3^-] + k_2[SO_3^{2-}]\right)[O_3 \cdot aq] \tag{i}$$

wobei

$$\begin{aligned} k_0 &= 2 \times 10^4 \, M^{-1} s^{-1} \\ k_1 &= 3.2 \times 10^5 \, M^{-1} s^{-1} \\ k_2 &= 1 \times 10^9 \, M^{-1} s^{-1} \, (25°\,C) \end{aligned}$$

2. Die Oxidation von Sulfit durch H_2O_2 andererseits ist gegeben durch (Hoffmann und Calvert, 1985)

$$\frac{d[S(IV)]}{dt} = \frac{k\,[H^+]}{1 + K\,[H^+]} [HSO_3^-][H_2O_2(aq)] \tag{ii}$$

wobei

$$k = 7.45 \times 10^{-7} \text{ M}^{-1} \text{ s}^{-1}$$
$$K = 13 \text{ M}^{-1}$$

Die Gleichungen (i) und (ii) können umgeschrieben werden, wenn wir berücksichtigen, dass

$$[S(IV)] = [SO_2 \cdot H_2O] + [HSO_3^-] + [SO_3^{2-}] \qquad \text{(iii)}$$

wobei

$$\begin{aligned}{} [SO_2 \cdot H_2O] &= [S(IV)]\alpha_0 \\ [HSO_3^-] &= [S(IV)]\alpha_1 \\ [SO_3^{2-}] &= [S(IV)]\alpha_2 \end{aligned} \qquad \text{(iv)}$$

wobei die α-Werte (vgl. Gleichungen (35) – (40), Kapitel 3) im Sinne der Gleichgewichtskonstanten der Säure $SO_2 \cdot H_2O$ (Tabelle 4.1: $K_1 = 1.3 \times 10^{-2}$, $K_2 = 6.24 \times 10^{-8}$ (25° C)) formuliert werden können als

$$\alpha_0 = \left(1 + \frac{K_1}{[H^+]} + \frac{K_1 K_2}{[H^+]^2}\right)^{-1} \qquad \text{(v)}$$

$$\alpha_1 = \left(\frac{[H^+]}{K_1} + 1 + \frac{K_2}{[H^+]}\right)^{-1} \qquad \text{(vi)}$$

$$\alpha_2 = \left(\frac{[H^+]^2}{K_1 K_2} + \frac{[H^+]}{K_2} + 1\right)^{-1} \qquad \text{(vii)}$$

Gleichungen (i) und (ii) können geschrieben werden als

$$-\frac{d[S(IV)]}{dt} = k_{Ozon} [S(IV)] [O_3 \cdot aq] \qquad \text{(viii)}$$

wobei

$$k_{Ozon} = k_0 \alpha_0 + k_1 \alpha_1 + k_2 \alpha_1 \qquad \text{(ix)}$$

und Gleichung (iii) kann formuliert werden als

$$-\frac{d[S(IV)]}{dt} = k_{H_2O_2} [S(IV)] [H_2O_2] \qquad \text{(x)}$$

wobei

$$k_{H_2O_2} = k[H^+]\alpha_1 (1 + K[H^+])^{-1} \qquad \text{(xi)}$$

In Abbildung 8.11a) werden die α-Werte (Gleichungen (v) – (vii)) und die Totalkonzentration von S(IV) für p_{SO_2} = 2 ×10⁻⁸ atm in Abhängigkeit vom pH aufgetragen. (Für diese Darstellung und die entsprechende Ausrechnung vgl. Abbildung 4.2 und Kapitel 4.2.) In Abbildung 8.11b) werden k_{Ozon} und $k_{H_2O_2}$ – Gleichungen (ix) und (xi) – als Funktion des pH aufgetragen. Die vollständig verschiedene pH-Abhängigkeit der beiden Oxidationsmechanismen ist offensichtlich. Da bei konstantem p_{SO_2} die [S(IV)]-Löslichkeit ebenfalls stark vom pH abhängt, muss für den Vergleich der beiden Reaktionsraten im Sinne der Gleichungen (viii) und (x) die pH-Abhängigkeit der Produkte k_{Ozon} [S(IV)] und $k_{H_2O_2}$ [S(IV)] miteinander verglichen werden (Abbildung 8.11c).

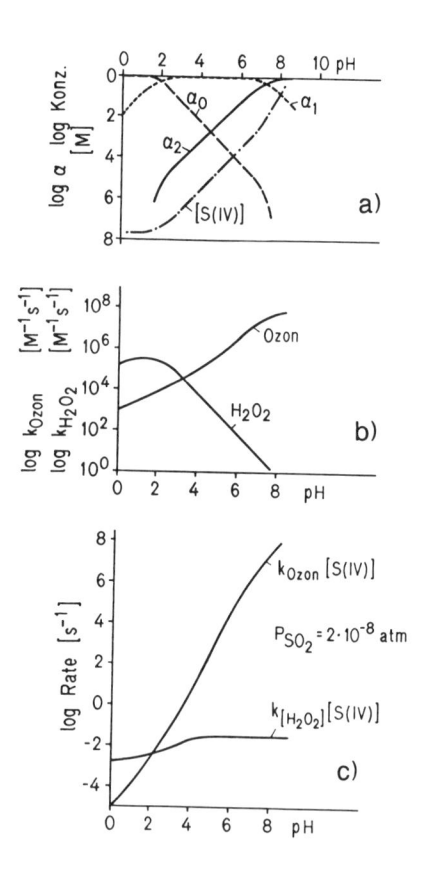

Abbildung 8.11
Oxidation von SO₂ durch Ozon und Wasserstoffperoxid
a) Löslichkeit von S(IV) in Abhängigkeit vom pH für p_{SO_2} = 2 × 10⁻⁸ atm und α-Werte (Gleichungen (v), (vi), (vii))
b) Geschwindigkeitskonstante für die Reaktion mit Ozon und H₂O₂ (Gleichungen (ix) und (xi))
c) Die Oxidationsrate

Die starke pH-Abhängigkeit der S(IV)-Oxidation durch Ozon führt dazu, dass die Emission von Ammoniak (z.B. aus Landwirtschaft) indirekt eine wesentliche Vermittlerrolle bei der Ozon-Oxidation des SO_2 in atmosphärischem Wasser spielt (vgl. Kapitel 4.3). Das in der Gasphase vorhandene NH_3 beeinflusst den pH der Wassertröpfchen. Ferner neutralisiert das in der Gasphase vorhandene NH_3 die bei der Oxidation des SO_2 frei werdenden Protonen (Gleichung (26)). Je höher der pH, desto mehr SO_2 kann absorbiert werden und je höher der pH, desto schneller ist die Oxidation des gelösten S(IV). (Ph. Behra und L. Sigg, Atm. Env., 1989.)

8.7 Oxidation durch Sauerstoff

Wie wir bereits anhand der Beispiele über die Oxidation von Fe(II) und SO_2(aq) durch Sauerstoff gesehen haben, spielt der Sauerstoff bei vielen Oxidationsprozessen eine besonders wichtige Rolle. Thermodynamisch gesehen ist O_2 ein starkes Oxidationsmittel:

$$O_2 + 4\,H^+ + 4\,e = 2\,H_2O; \quad \log K = 83.1\ (25°\,C) \qquad (27)$$

Oft wird die Reaktion (27) in Zwei-Elektronenschritte unterteilt:

$$O_2 + 2\,H^+ + 2\,e = H_2O_2; \quad \log K = 23.1 \qquad (28)$$

und

$$H_2O_2 + 2\,H^+ + 2\,e = H_2O; \quad \log K = 60.0 \qquad (29)$$

Falls die erste Zwei-Elektronensequenz (Gleichung (28)) prädominiert (H_2O_2 als metastabiles Zwischenprodukt; d.h. Gleichung (29) läuft langsamer ab als Gleichung (28)), dann ist O_2 – thermodynamisch gesehen – ein schwächeres Oxidationsmittel. Dies ist z.B. häufig der Fall bei der Reduktion von O_2 an Elektroden.

Zwischenprodukte der O_2-Reduktion sind kinetisch oft reaktiver als das O_2-Molekül. Durch Ein-Elektronenschritte, vereinfacht dargestellt,

$$\begin{aligned}
O_2 + e &\rightarrow O_2^{\bullet -} \\
O_2^{-} + H^+ &\rightarrow HO_2^{\bullet} \\
HO_2^{\bullet} + e &\rightarrow HO_2^{-} \\
HO_2^{-} + H^+ &\rightarrow H_2O_2
\end{aligned} \qquad (30)$$

$$H_2O_2 + e \rightarrow OH^\bullet + OH^-$$
$$OH^- + H^+ \rightarrow H_2O$$
$$OH^\bullet + e \rightarrow OH^-$$
$$OH^- + H^+ \rightarrow H_2O$$

(31)

entstehen die Spezies $O_2^{\cdot-}$ (Superoxide ion), $HO_2^\bullet$ (Hydroperoxy radikal), H_2O_2 (Wasserstoffperoxid) und $OH^\bullet$ (Hydroxylradikal).* Solche Spezies entstehen oft auch durch elektronische Anregung, z.B. durch Absorption von Photonen bei photochemischen Prozessen in Atmosphäre und Wasser. Dabei können auch reaktive mono-atomische Sauerstoffatome O und reaktiver *Singulett-Sauerstoff* O_2 entstehen. Der Singulett-Sauerstoff ist ein angeregter Zustand des O_2-Moleküls, in dem die beiden Elektronenspins nicht parallel orientiert sind wie im "gewöhnlichen" paramagnetischen O_2-Molekül.

8.8 Photochemische Redox-Prozesse

Durch photochemische Prozesse werden viele Stoffe im sonnenbelichteten Wasser chemisch verändert. Selbst kleine Quantenausbeuten (= bewirkte chemische Veränderung (Equiv./e) pro Mol absorbierte Quanten) und schwache Lichtabsorptionen können bereits zu grossen Umsätzen führen, denn die Lichteinstrahlung übersteigt bei Schönwetter 30 Mol Quanten (= Einstein) pro m² und Tag (Abbildung 8.12).

Photochemische Prozesse können, lokal und zeitlich transient, (ähnlich wie die Photosynthese) das Redoxgleichgewicht stören; so sind z.B. H_2O_2 in messbarer Konzentration (μM) in Oberflächengewässern aus der Atmosphäre aufgenommen oder gebildet. Ebenso können Spuren von NO-Radikalen entstehen.

Tabelle 8.4 gibt eine qualitative Übersicht über einige photochemische Prozesse in natürlichen Gewässern. Wie diese Tabelle illustriert, ist die Bildung von OH-Radikalen, von Singulett-Sauerstoff

---

* Als Radikale werden Verbindungen definiert, die ein ungepaartes Elektron besitzen; solche Verbindungen sind deshalb meistens sehr reaktionsfreudig. In der Formelsprache werden häufig Radikale gekennzeichnet durch einen Punkt, der das ungebundene Elektron andeutet, also $^\bullet OH$ oder $^\bullet CH_3$.

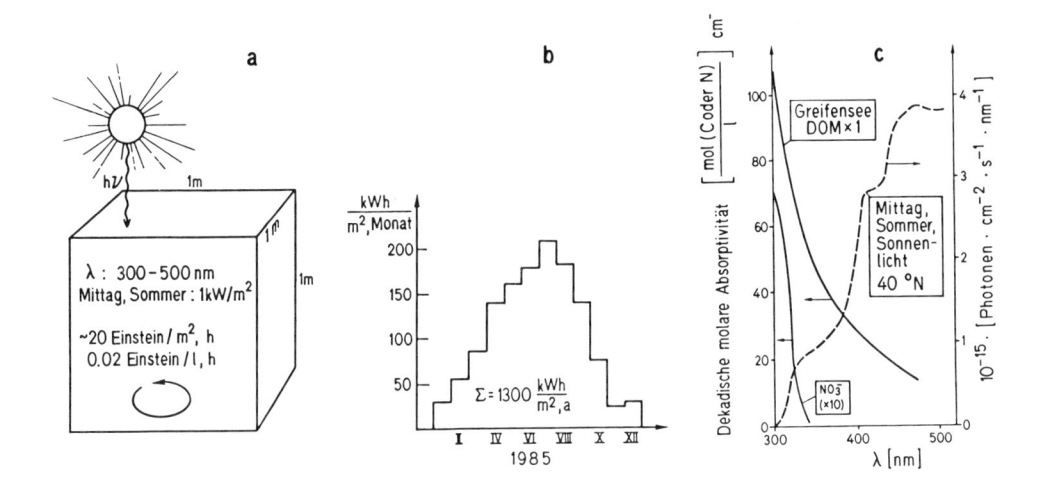

Abbildung 8.12
Sonnenstrahlung
a) Mittlere Dosisintensität in einer gemischten 1- m-Kolonne, in der alles Licht absorbiert wird.
b) Der monatliche Sonnenstrahlenfluss innerhalb des Wellenlängenbereichs 280 – 2800 nm in Dübendorf (Schweiz) (47.5° N).
c) Molare Absorptivität durch das gelöste organische Material (DOM) (4 mg/ℓ) und durch NO_3^- (0.1 mM) (Zahlen für NO_3^- wurden mit Faktor 10 multipliziert). Die Daten für die Sonnenstrahlung gelten für den Meeresspiegel.
(Modifiziert nach J. Hoigné et. al. in: *Aquatic Humic Substances*, Adv. in Chem. Series *219*, 365, 1989)

und von organischen Peroxiden von besonderer Bedeutung. Die direkte Photolyse ist oft auch umweltchemisch relevant, weil – unter geeigneten Bedingungen – die Cl-Gruppe chlororganischer Substanzen durch OH-Gruppen ersetzt werden können. Die Photolyse wird nur dann wesentlich, wenn der Absorptionsbereich der Substanz mit dem Sonnenlichtspektrum überlagert und die Energie der Strahlung ausreicht, um die chemischen Reaktionen zu ergeben.

Neben der Bildung im Wasser selbst, ist zu berücksichtigen, dass wichtige Photooxidantien, die in der Atmosphäre gebildet werden, in die luftexponierten wässrigen Phasen (Wolkentröpfchen, Nebel, Tau und Oberflächengewässer) transferiert werden können. Die hauptsächlichste Photooxidantien-Immission rührt vom Ozon. Bei einer Trockendeposition, je nach meteorologischen Gegebenhei-

Tabelle 8.4 Photochemische Oxidantien in natürlichen Gewässern

Produkte	mögliche Bildungsprozesse
Singlet Sauerstoff, $^1O_2$	sensibilisiert durch organische Substanzen (Huminsäuren), die Licht absorbieren
Wasserstoffperoxyd, H_2O_2	Aufnahme aus Atmosphäre; Disproportionierung von Superoxidion * (kann auch als Reduktionsmittel, z.B. für die Reduktion von Cu(II) zu Cu(I) wirken)
Ozon, O_3	Aufnahme aus Atmosphäre
$^\bullet HO_2$	Aufnahme aus Atmosphäre
Hydroxyl, $^\bullet OH$	Photolyse von Fe(III)-Komplexen und von Fe(OH)$_2^+$, NO_3^-, NO_2^-, Zerfall von O_3
Organische Peroxy-Radikale	Photolyse von gelöstem organischen Material
Polare Oxidationsprodukte organischer Verbindungen	Photochemische Oxidation organischen Material in Lösung oder an Partikel adsorbiert
Fe(II), Mn(II)	photoinduziert aus kolloidalen Fe(III)- und Mn(III, IV)-(Hydr)oxiden, an die organische Liganden adsorbiert sind (vgl. Abbildung 10.14)

* $2\,O_2^{\bullet-} + 2\,H^+ = H_2O_2 + O_2$

ten, von 1 µg O_3 pro m^2 und Std. beträgt die Gleichgewichtskonzentration in der Grenzfläche des Wassers ca. 10^{-3} M (Hoigné).

OH-Radikale gehören zu den reaktivsten oxidierenden Substanzen im Wasser; insbesondere oxidieren sie eine Vielfalt organischer Verbindungen und zahlreiche anorganische Spezies. •OH-Radikale werden in natürlichen Gewässern durch Oxidationsreaktionen, die häufig relativ unspezifisch sind, schnell (Mikrosekunden) konsumiert und müssen (z.B. durch Zerfall von O_3 oder durch photochemische Prozesse) nachgeliefert werden.

Singulett Sauerstoff, $^1O_2$, entsteht durch sensibilisierte photochemische Reaktionen. Das Licht wird via im Wasser vorhandene organische Substanzen (wie Huminstoffe) absorbiert. Verfügen diese Absorber, S, über chromophore Gruppierungen, die durch die Anregungsenergie in einen elektronisch angeregten Zustand überführt werden – es wird ein Biradikal, S*, gebildet (mit zwei ungepaarten Elektronen). Dieses kann die Anregungsenergie auf den relativ leicht anregbaren Sauerstoff übertragen: der entstehende Singulett-Sauerstoff, $^1O_2$, kann dann mit organischen Verbindungen (oder anorganischen Spezies) leicht in Reaktion treten. Wie Haag und Hoigné (Env. Science and Technology *20*, 341, 1986) festgestellt haben, werden unter Mittagssonneneinstrahlungen in der Schweiz stationäre Konzentrationen an der Oberfläche (im Mittel des obersten Meters) von $^1O_2 = 4 \times 10^{-14}$ M aufgebaut, denen die Chemikalien P ausgesetzt sind.

Der Reaktionsablauf kann durch folgendes Schema (Hoigné) zusammengefasst werden:

$$S \xrightarrow{h\nu} S^* \begin{smallmatrix} O_2 \\ \searrow \\ ^1O_2 \end{smallmatrix} \xrightarrow{\boxed{P}} P_{oxidiert} \tag{32}$$

Der Abbau der mit $^1O_2$ reagierenden Substanzen, P, erfolgt nach dem Zeitgesetz (vgl. Abbildung 8.11b)

$$-\ell n \frac{[P]}{[P_o]} = k_{^1O_2} \times [^1O_2] \, t \tag{33}$$

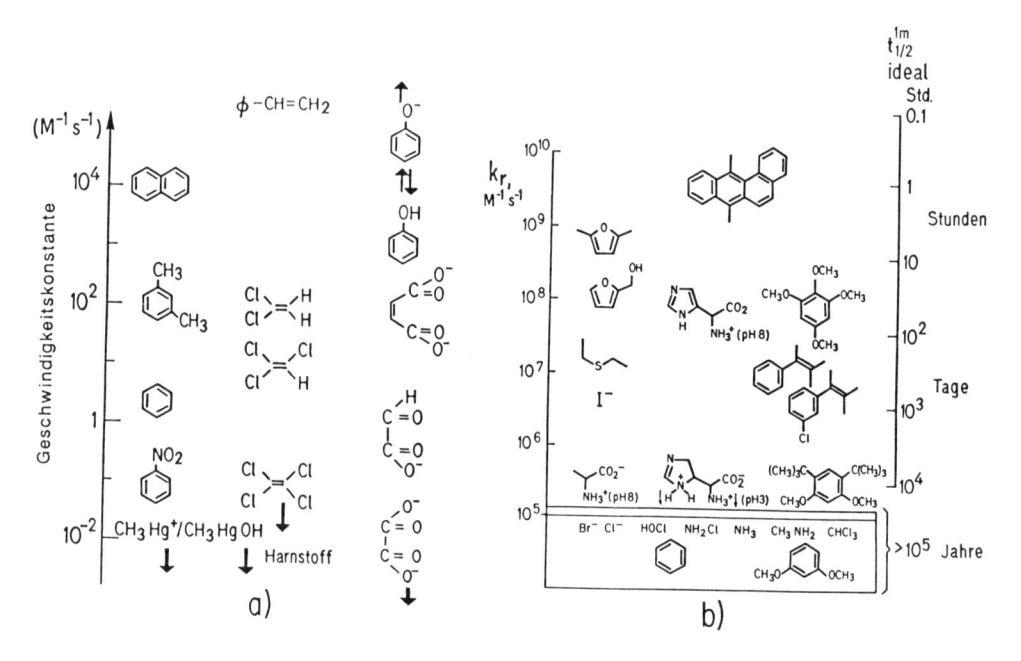

Abbildung 8.13
Geschwindigkeitskonstanen zweiter Ordnung für O_3 und $^1O_2$.
a) Direkte Reaktion von Ozon mit verschiedenen Verbindungen

$$-\frac{d[P]}{dt} = k_{O_3}[O_3][P]$$

(Nach Hoigné und Bader, Env. Sci. and Technol, *12*, 79, 1978)

b) Reaktion von $^1O_2$ mit verschiedenen Verbindungen

$$-\frac{dP}{dt} = k_r \times [^1O_2][P]$$

Die Halbzeit auf der rechten Seite beruht auf der Annahme einer Stationär-Zustands-Konzentration von $[^1O_2] = 2 \times 10^{-13}$ M.

(Nach Haag und Hoigné, Env. Sci. and Technol, *20*, 341, 1986)

8.9 Durch Mikroorganismen katalysierte Redoxprozesse

Wie wir im Kapitel 8.3 und in Abbildung 8.1 ausgeführt haben, werden viele exergonische Redoxprozesse durch Mikroorganismen, vorallem Bakteren, katalysiert. Die Bakterien nutzen einen Teil der beim Redoxprozess frei werdenden Reaktionsenthalpie aus, um zu wachsen (reproduzieren). Bakterien können keine Reaktionen bewirken, die thermodynamisch nicht möglich sind; demnach ist es genau genommen unkorrekt, von einer Oxidation eines Substrates durch Bakterien oder einer Reduktion des Sauerstoffs durch Bakterien zu sprechen. Vom Gesichtspunkt der Bruttoreaktion sind die Bakterien Katalysatoren oder – da sie auch einen Teil der Energie für ihr Wachstum brauchen – kinetische *Vermittler* einer Redoxreaktion (in Englisch spricht man von Mediation).

Zum Beispiel: SO_4^{2-} kann nur unterhalb eines bestimmten $p\varepsilon$ reduziert werden. Der $p\varepsilon$-Bereich, in welchem SO_4^{2-} reduziert wird, definiert das ökologische Milieu der SO_4^{2-}-reduzierenden Bakterien; diese können sich in diesem Bereich reproduzieren. Der $p\varepsilon$- oder Redoxpotential-Bereich, in welchem Oxidations- oder Reduktionsprozesse möglich sind, kann aus thermodynamischen Daten berechnet werden. Aufgrund der Reaktionen in Tabelle 8.1 wurden diese $p\varepsilon$-Bereiche gültig für einen neutralen pH-Wert (pH = 7) berechnet (Abbildung 8.14).

Aus der Kombination einer Oxidations- mit einer Reduktionsreaktion ergeben sich die wichtigsten in natürlichen Gewässern ablaufenden Redoxprozesse, die durch Bakterien "vermittelt" werden (Tabelle 8.5). Die Bakterien, die die Prozesse katalysieren, sind nahezu ubiquitär; sie vermehren sich, sobald die geeigneten Bedingungen ($p\varepsilon$-Bereiche) vorhanden sind.

Die Methanfermentation kann formell als eine Reduktion des CO_2 zu CH_4 interpretiert werden.

$$\begin{array}{ll} CO_2 + 8\,H^+ + 8\,e = CH_4 + 2\,H_2O \\ \underline{2\,CH_2O + 2\,H_2O = 2\,CO_2 + 8\,H^+ + 8\,e} \\ 2\,CH_2O = CO_2 + CH_4 \end{array}$$

Es kann direkt gebildet werden, z.B. aus Essigsäure: $CH_3COOH = CH_4 + CO_2$. Auch diese Reaktion könnte (thermodynamisch) klassifiziert werden als die Summe von

$$\begin{array}{ll} CO_2 + 8\,e + 8\,H^+ = CH_4 + 2\,H_2O \\ CH_3COOH + 2\,H_2O = 2\,CO_2 + 8\,H^+ + 8\,e \end{array}$$

Tabelle 8.5 Freie Reaktionsenthalpien, ΔG, von mikrobiologisch katalysierten Reaktionen (Kombination der in Abbildung 8.14 aufgezeichneten Oxidationen und Reduktionen)

Beispiele	Kombination	$\Delta G^o_{pH=7}$ kJ Äquivalent^{-1}
Aerobische Respiration	A + L	−125
Denitrifikation	B + L	−119
Nitrat-Reduktion	D + L	−82
Sulfat-Reduktion	G + L	−25
Methangärung	H + L	−23
N_2-Fixierung	I + L	−20
Sulfid-Oxidation	A + M	−99
Nitrifikation	A + O	−43
Fe(II)-Oxidation	A + N	−88
Mn(II)-Oxidation	A + P	−30

Abbildung 8.14
pε- und Redoxpotential-Bereiche, gültig für pH = 7, für bakteriologisch katalysierte Reaktionen

Die Kombination einer Reduktion mit einer Oxidation (vgl. auch Tabelle 8.5) ergibt die bakteriologisch vermittelten Bruttoreaktionen von Bedeutung, in natürlichen Systemen.

Z.B. wenn ein ursprünglich sauerstoffhaltiges System belastet wird mit organischen Komponenten (L) (vereinfacht wird "CH_2O" als organisches Substrat angenommen), findet folgende Reaktion statt:

(A+L) Aufzehrung des Sauerstoffs. Sobald aller Sauerstoff augebraucht ist, laufen in der nachfolgenden Sequenz (Abnahme der freien Enthalpie ΔG) anaerobe Abbaureaktionen ab:
(B+L) Nitratreduktion (Denitrifikation)
(C+L/ Reduktion von Manganoxid
(D+L) Nitratreduktion zu NH_4^+
(E+L) Reduktion von Eisenhydroxiden
(F+L) Fermentation (z.B. Alkoholgärung)
(H+L) Methangärung

Die gleichen Reaktionssequenzen beobachten wir auch in der Tiefe eines Sees während der Stagnationsperiode, wo Plankton, welches durch Photosynthese gebildet wird, in die unteren Schichten absinkt. Weitere Redox-Reaktionen sind auch die Stickstoffixierung (I+L) und die Nitrifikation (A+O). Die meisten Reaktionen werden durch Mikroorganismen (Bakterien, Pilze) mediiert (katalysiert). Jene sind überall verbreitet und vermehren sich, sobald die geeigneten Reaktionsbedingungen vorhanden sind (Vgl. Abbildung 9.9).

	$p\epsilon$
E_H Volt	

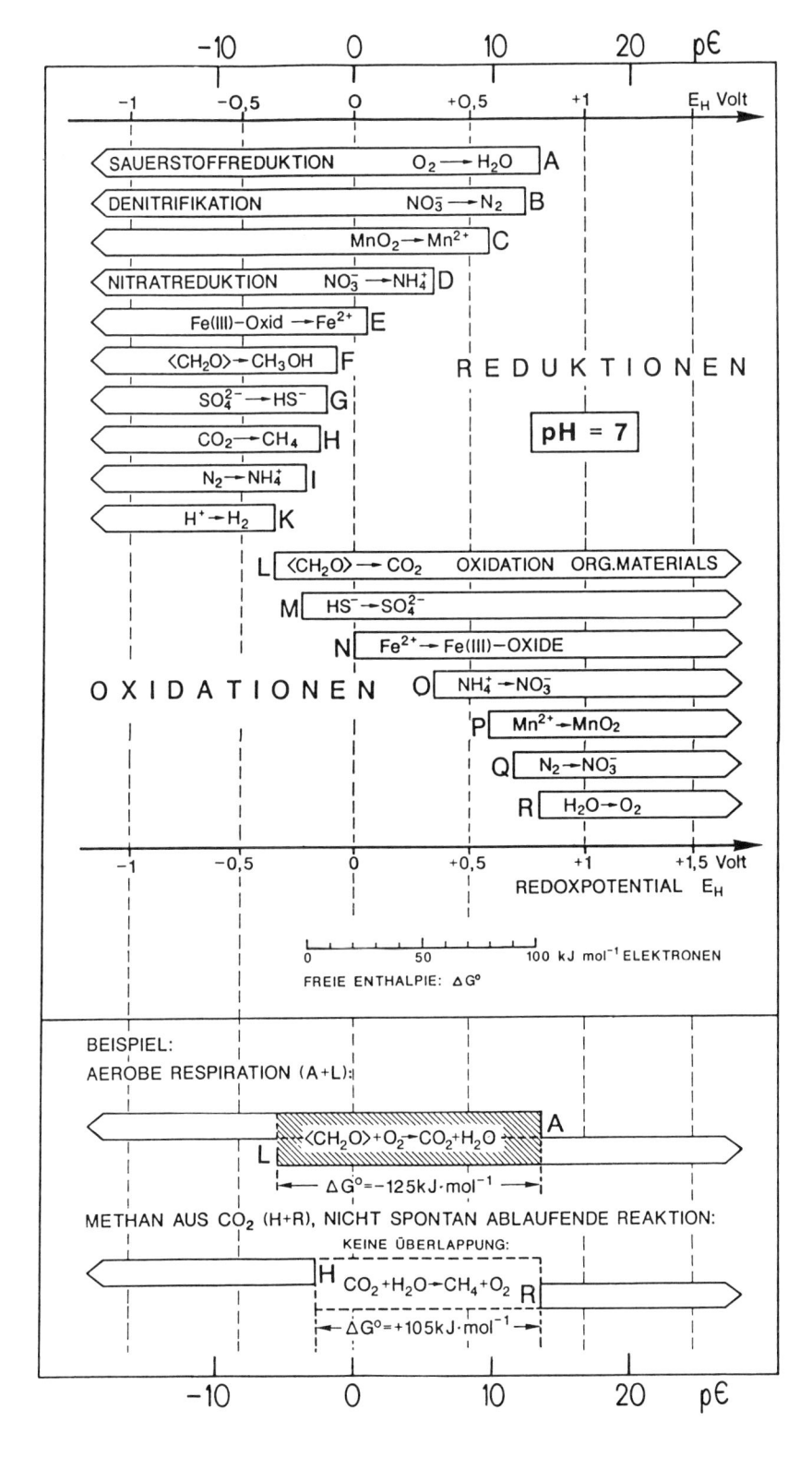

REDUKTIONEN   pH = 7

- A: SAUERSTOFFREDUKTION $O_2 \rightarrow H_2O$
- B: DENITRIFIKATION $NO_3^- \rightarrow N_2$
- C: $MnO_2 \rightarrow Mn^{2+}$
- D: NITRATREDUKTION $NO_3^- \rightarrow NH_4^+$
- E: Fe(III)-Oxid $\rightarrow Fe^{2+}$
- F: $\langle CH_2O \rangle \rightarrow CH_3OH$
- G: $SO_4^{2-} \rightarrow HS^-$
- H: $CO_2 \rightarrow CH_4$
- I: $N_2 \rightarrow NH_4^+$
- K: $H^+ \rightarrow H_2$

OXIDATIONEN

- L: $\langle CH_2O \rangle \rightarrow CO_2$ OXIDATION ORG. MATERIALS
- M: $HS^- \rightarrow SO_4^{2-}$
- N: $Fe^{2+} \rightarrow Fe(III)$-OXIDE
- O: $NH_4^+ \rightarrow NO_3^-$
- P: $Mn^{2+} \rightarrow MnO_2$
- Q: $N_2 \rightarrow NO_3^-$
- R: $H_2O \rightarrow O_2$

REDOXPOTENTIAL E_H

FREIE ENTHALPIE: ΔG° kJ mol^{-1} ELEKTRONEN

BEISPIEL:
AEROBE RESPIRATION (A+L):

A / L: $\langle CH_2O \rangle + O_2 \rightarrow CO_2 + H_2O$ $\Delta G^\circ = -125 \, kJ \cdot mol^{-1}$

METHAN AUS CO_2 (H+R), NICHT SPONTAN ABLAUFENDE REAKTION:

KEINE ÜBERLAPPUNG:

H / R: $CO_2 + H_2O \rightarrow CH_4 + O_2$ $\Delta G^\circ = +105 \, kJ \cdot mol^{-1}$

Unterhalb $p\varepsilon = -4.5$ (pH = 7) könnte der $N_2(g)$ zu NH_4^+ reduziert werden. Wie Abbildung 8.14 illustriert, geht das aber nicht durch Reduktion mit Hilfe des organischen Kohlenstoffs (vgl. Reduktion I mit Oxidation L in Abbildung 8.14). Blau-grüne Algen können den N_2 fixieren bei dem negativen $p\varepsilon$-Niveau; sie braucht aber dazu photosynthetische Energie.

Wir werden im nächsten Kapitel nochmals auf die Bedeutung dieser Redoxprozesse und ihrer Bedeutung bei Kreisläufen in natürlichen Systemen zurückkommen.

8.10 *Die Messung des Redox-Potentials in natürlichen Gewässern*

Wie wir gesehen haben in 8.4 kann jede Oxidations-(Halb)-Reaktion mit der Reduktion von H^+ zu $H_2(g)$ und jede Reduktions-(Halb)-Reaktion mit der Oxidation von H^+ zu $H_2(g)$ kombiniert werden, um eine Bruttoredoxreaktion (ohne das Auftreten freier Elektronen) zu erhalten. Die freie Bildungsenthalpie dieser Bruttoreaktion entspricht dem Redoxpotential E_H (Tabelle 8.3)

$$\Delta G^o = -nFE_H \qquad (34)$$

wobei F = Faraday, n = Anzahl Elektronen, die transferiert werden und E_H ist definiert entsprechend der Gleichung (17), wobei, wie früher angegeben, (Gleichung (6))

$$E_H = (2.3\, RT/F)p\varepsilon \qquad (35)$$

(Es ist immer zu berücksichtigen, dass die Reaktion $\frac{1}{2}H_2(g) = H^+ + e$ unter Standardbedingungen durch ein $\Delta G = 0$ charakterisiert wird.) Dementsprechend ist z.B. die Reaktion

$$Fe^{3+} + \tfrac{1}{2}H_2 = Fe^{2+} + H^+ \qquad (36)$$

charakterisiert durch

$$\Delta G = \Delta G^o + RT \, \ell n \, \frac{\{Fe^{2+}\} \{H^+\}}{\{Fe^{3+}\} \, p_{H_2}^{\frac{1}{2}}} \tag{37}$$

oder da p_{H_2} und $\{H^+\} = 1$

$$\Delta G = \Delta G^o + RT \, \ell n \, \frac{\{Fe^{2+}\}}{\{Fe^{3+}\}} \tag{38}$$

oder nach Substitution von (34)

$$E_H = E_H^o + \frac{RT}{nF} \, \ell n \, \frac{\{Fe^{3+}\}}{\{Fe^{2+}\}} \tag{39}$$

Wir haben diese Gleichung (die schon früher in 8.4 hergeleitet wurde) nochmals abgeleitet, um jetzt zu zeigen, dass *in idealen Fällen* dieses Redoxpotential mit Hilfe einer *elektrochemischen Zelle* gemessen werden kann. Die Redoxzelle ist schematisch in Abbildung 8.15 dargestellt. Es ist praktischer, wenn man anstelle der Standard-Wasserstoffelektrode eine andere Referenzelektrode wählt, z.B. die Kalomelelektrode. Diese beruht auf dem heterogenen Gleichgewicht

$$HgCl_2(s) + 2 \, e = 2 \, Hg(\ell) + 2 \, Cl^- \tag{40}$$

und kann hergestellt werden mit Hilfe von flüssigen Hg- und Hg_2Cl_2-Kristallen und einer wässrigen KCl-Lösung mit bekannter $\{Cl^-\}$ mit einem Pt-Kontakt und einer Salzbrücke zur Messzelle. Man muss dann das berechenbare E_H dieser Kalomelelektrode zum gemessenen Wert der Zelle zuziehen, um das E_H der Redoxelektrode zu erhalten. Bei genauen Messungen muss noch das Flüssigkeitspotential, das sich an der Phasengrenze zwischen den Flüssigkeiten der beiden Zellen (Salzbrücke oder Diaphragma) gebildet hat, berücksichtigt werden. Das Flüssigpotential kann sehr klein gehalten werden, wenn die unterschiedlichen Lösungen mit einer mit konzentrierten Elektrolyten gleicher Beweglichkeit gefüllten Salzbrücke – meistens wird KCl verwendet – verbunden werden.

Die Messung des Redoxpotentials eines natürlichen Wassers gelingt aber nur, wenn die Redoxpartner in der Messzelle (Abbildung 8.15) in der Lage sind, Elektronen mit der (Pt- oder Au-) Elektrode auszutauschen. Viele Redoxpartner sind aber äusserst träge bezüglich dieses Elektronenaustausches mit der Elektrode. Dies gilt insbesondere für O_2, N_2, NH_4^+, SO_4^{2-}, CH_4. D.h. viele relevante oxidierende oder reduzierende Spezies sind bezüglich einer Messung durch eine Pt- oder Au-Elektrode relativ inert. Dementsprechend gelingt es *nicht*, Redoxpotentiale zu messen, bei denen diese Redoxpartner dominieren.Typischerweise geben Redoxpotentialmessungen im Bereich 1 der Abbildung 8.6 vollständig falsche Resultate, da O_2, SO_4^{2-}, NO_3^-, N_2 nicht genügend elektrodenaktiv (bezüglich Elektronenaustausch mit der Elektrode) sind. Im Bereich 3 und 4 sind die Möglichkeiten für eine richtige Anzeige etwas besser, da das System $Fe(OH)_3(s)$ – Fe^{2+} meistens gut gepuffert ist und sich relativ elektrodenaktiv verhält. Es gibt weitere Komplikationen: die Elektroden können durch adsorbierende Verbindungen (z.B. oberflächenaktive Substanzen) kontaminiert werden.

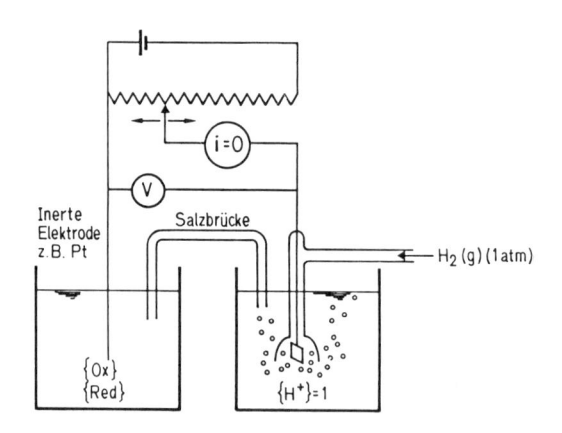

Abbildung 8.15
Elektrochemische Zelle zur Messung des Redoxpotential E_H (Prinzip)
Mit einem Potentiometer wird die Spannung zwischen einer inerten Elektrode (Pt oder Gold), eingetaucht in die Lösung, deren Redoxpotential gemessen wird (die inerte Elektrode ermöglicht den Kontakt und den Elektronenaustausch mit den oxidierten und reduzierten Spezies) und einer Standard-Wasserstoffelektrode gemessen (feinst verteiltes Platin in Kontakt mit Wasserstoff unter 1 atm und $\{H^+\}$ = 1 (bei 25° C). Die Spannung $E_H(V)$ muss unter Bedingungen gemessen werden, bei denen die elektrochemische Zelle keine Arbeit leistet (i = 0).

Ein weiteres Problem ist, dass häufig in natürlichen Gewässern die Redoxpartner untereinander – da die Kinetik der Elektronen-Transferprozesse häufig langsam sind – nicht im Gleichgewicht sind. Das Konzept des Redoxpotentials beruht aber auf dem, mindestens metastabilen, Gleichgewicht der Redoxpartner. Die Angabe eines Redoxpotentials in einem Nicht-Gleichgewichtssystem wäre vergleichbar mit einer pH-Messung in einem hypothetischen System, bei dem die verschiedenen Säure-Basepaare untereinander nicht im Gleichgewicht wären.

Der konzeptuelle Wert des Redoxpotential, E_H, oder des $p\varepsilon$ im Rahmen eines Gleichgewichtsmodelles bleibt erhalten; E_H und $p\varepsilon$ geben die Randbedingungen wieder, die das System bei Gleichgewicht erreichen würde. Auch wenn der $p\varepsilon$ nicht messbar ist, kann er aus der ungefähren Zusammensetzung des Wassers meistens relativ gut abgeschätzt werden. Falls die Konzentration einer der folgenden Spezies oder Spezieskombinationen O_2, Mn^{2+}, Fe^{2+}, HS^- – SO_4^{2-}, CO_2 – CH_4, annähernd bekannt ist, kann das Redoxpotential oder der $p\varepsilon$ abgeleitet werden.

Beispiel 8.6:
Abschätzung von E_H oder $p\varepsilon$ aus analytischer Information
Schätze $p\varepsilon$-Werte für folgende Systeme:
a) Eine Sediment-Wassergrenzfläche, die festes FeS enthält mit pH = 6 und $[SO_4^{2-}]$ = 2×10^{-3} M,
b) Ein Oberflächenwasser mit 3.2 mg O_2/ℓ und pH = 7,
c) Ein Grundwasser bei pH 5 mit 10^{-5} M Fe(II),
d) Ein Wasser aus der Tiefe eines Sees mit $[SO_4^{2-}]$ = 10^{-3} M und $[H_2S]$ = 10^{-6} M und einem pH = 6.

a) Das Redoxpotential dieses Systems könnte sich einstellen aufgrund der Reaktion

$$SO_4^{2-} + FeCO_3(s) + 9\,H^+ + 8\,e = FeS(s) + HCO_3^- + 4\,H_2O \qquad \text{(i)}$$

Mit Hilfe der thermodynamischen Information im Anhang zu Kapitel 5 ergibt sich für (i) eine Gleichgewichtskonstante von 10^{38}. Daraus ergibt sich

$$p\varepsilon = 4.75 - \tfrac{9}{8}pH + \tfrac{1}{8}\left(pHCO_3^- - pSO_4^{2-}\right)$$

Es fehlt uns $pHCO_3^-$; aber für die meisten Gewässer ist $pHCO_3^-$ zwischen 2 und 3. (Dies ergibt nur eine Unsicherheit im $p\varepsilon$-Wert von 0.125.) Dementsprechend errechnet sich der $p\varepsilon \approx -2 \pm 0.2$, $E_H = -0.12$ V.

b) Die Reaktion $O_2(aq) + 4e + 4H^+ = 2H_2O\ (\ell)$ gibt einen log K-Wert von 85.97. Daraus ergibt sich

$$p\varepsilon = \frac{1}{4}(85.97 - 4\,pH + \log[O_2(aq)])$$

Da $[O_2] = 10^{-4}$ M, ist $p\varepsilon = 13.5$. $E_H = +0.8$ V. Man beachte, dass das Redoxpotential bezüglich $[O_2(aq)]$ relativ unsensitiv ist. Eine Erniedrigung des $[O_2]$ um vier Grössenordnungen erniedrigt das E_H nur um 0.06 V oder den $p\varepsilon$ um eine Einheit.

c) Man kann davon ausgehen, dass das Fe^{2+} im Grundwasser im Gleichgewicht ist mit festem $Fe(OH)_3(s)$. Demnach wäre

$$Fe(OH)_3(s) + e + 3H^+ = Fe^{2+} + 3H_2O$$

Mit G_f^0 für $Fe(OH)_3(s)$ von -700 kJ mol^{-1} ergibt sich für obige Reaktion ein log K = 14.1 und

$$p\varepsilon = 15.8 - 3\,pH + p\,Fe^{2+} = 1.3,\ E_H = 0.077\ V$$

d) Die Redoxintensität ist gegeben durch das Gleichgewicht

$$SO_4^{2-} + 10H^+ + 8e = H_2S(aq) + 4H_2O;\ \log K = 41.0$$

d.h.

$$p\varepsilon = \frac{1}{8}(41.0 - 10\,pH - pSO_4^{2-} + pH_2S)$$
$$= -2,\ E_H = 0.12\ V$$

8.11 Glaselektrode; ionenselektive Elektroden

Die Wasserstoffelektrode ($H^+/H_2(g)$) (Abbildung 8.15 – kombiniert mit einer Standardwasserstoffelektrode ($p_{H_2} = 1$ atm, $\{H^+\} = 1$ M) oder einer anderen Referenzelektrode – kann verwendet werden, um die Aktivität der H^+-Ionen zu messen. Andere Elektroden entsprechen den Redoxpaaren, $Cu^{2+}/Cu(s)$, $Cl_2(g)/Cl^-$, J_3^-/J^-, $Zn^{2+}/Zn(s)$, $Ag^+/Ag(s)$, $AgCl(s)Ag(s)$ und $HgCl_2(s)/Hg(\ell)$. Die letzten beiden Elektroden sind Elektroden sogenannter zweiter Art. Wie wir bereits für die Kalomelelektrode erwähnt haben, sind solche Elektroden auch geeignet, als Referenzelektroden verwendet zu werden, da sie, wegen hohem $p\varepsilon$-Puffer, ein relativ konstantes Potential aufweisen.

Eine AgCl(s)/Ag(s)-Elektrode besteht aus einer Silberelektrode, deren Oberfläche mit AgCl(s) belegt ist und die in eine Lösung relativ hoher Konzentration von Cl⁻ eintaucht. Trotz Fällung oder Auflösung (wenn ein wenig Strom durch die Zelle fliesst) bleibt {Ag⁺} relativ konstant.

Funktionierende Metallelektroden beruhen auf einem relativ schnellen Elektronenaustausch des Metalls mit den Metallionen

$$Me^{n+} + ne = Me(s) \tag{41}$$

deren Gleichgewichtspotential gegeben ist durch

$$E_H = E^o_{H\,Me^{n+}/Me(s)}$$

Manche Metalle können nicht als Elektroden verwendet werden, weil der Elektronenaustausch an ihrer Oberfläche nur langsam erfolgt. Stark reduzierende Metalle (Fe, Zn, Na(!)) können nicht verwendet werden, da sie H_2O reduzieren.

Die Glaselektrode hat sich für die pH-Messung eingebürgert. Wir möchten nicht auf den Mechanismus dieser Elektrode eingehen, ausser zu erwähnen, dass sie im Prinzip wie eine Membrane funktioniert, die sich zwischen Lösungen zweier H⁺-Ionen (Innen- und Aussenseite der Glaselektrode) befindet. Wenn die {H⁺}-Aktivität innen konstant ist, ergibt sich das Zellpotential

$$E_{Zelle} = Const. + \frac{RT}{F} \ell n\, \{H^+\} \tag{42}$$

Ionenselektive Elektroden funktionieren auf einem ähnlichen Prinzip. Spezielle Gläser wurden entwickelt, die als relativ selektive Kationen-Austauschermembranen funktionieren. Andere geeignete Elektroden haben die Eigenschaften von Festkörper- (Einzelkristallmembranen) oder Flüssig-flüssig-Membranen. Alle diese Elektroden reagieren im Sinne des Nernst'schen Gesetzes auf die Aktivität ausgewählter Ionen, wobei der Anwendungsbereich (Empfindlichkeit) von Elektrode zu Elektrode verschieden ist.

Keine Elektrode ist vollständig selektiv. Andere "ähnliche" Ionen in grösserer Konzentration beeinflussen das Potential (schliesslich ist auch die Glaselektrode bei höheren pH-Werten auf Na^+-Ionen in grösserer Konzentration empfindlich).

Der Effekt eines störenden Ions N auf das gemessene Potential kann wie folgt ausgedrückt werden:

$$E = E_o + \frac{2.3\,RT}{nF} \log \{M^{n+}\} + K_{M-N} \{N^{n+}\} \quad (43)$$

wobei K_{MN} ein Koeffizient für die Selektivität von M im Vergleich zu N ist. ($K_{MN} = 10^{-5}$ bedeutet z.B., dass die Elektrode für M 10^5 Mol selektiver ist als für N).

Die Sauerstoff-Membran-Elektrode ist eine galvanische Elektrode und funktioniert auf einem ganz anderen Prinzip. Es wird eine elektrolytische Zelle verwendet und die Stromstärke an der (inerten) Kathode entspricht der Geschwindigkeit der O_2-Reduktion (Coulomb $m^{-2}\,s^1$), die proportional der O_2-Konzentration (Aktivität) in Lösung ist. Die Selektivität wird erhöht und eine Unabhängigkeit von der Turbulenz erreicht, wenn die Kathode mit einer für O_2-Moleküle durchlässige Membrane – häufig wird Polyethylen verwendet – überdeckt ist.

Übungsaufgaben

1) *Arrangiere folgende Systeme in einer Reihe mit absteigendem $p\varepsilon$:*
   - i) Meerwasser
   - ii) Flussedimente
   - iii) Seesediment
   - iv) Alkoholgärung
   - v) Faulturm (Schlammbehandlung)
   - vi) Grundwasser mit 0.5 mg/ℓ Fe(II)
   - vii) Atmosphäre

2) *Beurteile, ob folgende Prozesse thermodynamisch möglich (und deshalb auch biologisch mediierbar) sind:*
   - i) Reduktion von SO_4^{2-} durch organisches Material (CH_2O)
     ($SO_4^{2-} + 2\,CH_2O + 2\,H^+ = H_2S(g) + 2\,CO_2(g) + 2\,H_2O$)
   - ii) Reduktion von N_2 zu NH_4^+ durch CH_2O ($N_2 + 1\frac{1}{2}CH_2O + 2\,H^+ + 1\frac{1}{2}H_2O = 1\frac{1}{2}CO_2 + 2\,NH_4^+$

   Berücksichtige Konzentrationsbedingungen, die typisch für natürliche Gewässer sind. Thermodynamische Daten aus Anhang Kapitel 5.

3) *Welches ist der $p\varepsilon$ (oder E_H) eines Grundwassers, das 10^{-5} M Mn^{2+} enthält bei pH = 7? Welchem Sauerstoffgehalt entspricht diese Redoxintensität?*
   Folgende Informationen sind erhältlich:
   $MnO_2(s) + 4\,H^+ + 2\,e^- = Mn^{2+} + 2\,H_2O$; log K = 43.0
   $O_2(g) + 4\,H^+ + 4\,e^- = 2\,H_2O\,(\ell)$;   log K = 83.1

4) *Welcher p_{O_2} darf nicht unterschritten werden, damit bei pH = 6, SO_4^{2-} nicht zu H_2S reduziert werden kann?*

5) *Konstruiere ein $p\varepsilon$- vs pH-Diagramm für folgende Schwefelverbindungen:*
   SO_4^{2-}, $H_2S(aq)$, HS^-, S^{2-}, S(s, rhombisch)

6) *Illustriere, dass ein Fe(II)-Komplex ein besseres Reduktionsmittel ist als Fe^{2+} allein.*

7) Berechne, welche festen Fe(II, III)-Phasen ($FeCO_3(s)$, Fe^{2+}, $Fe(OH)_2(s)$, $Fe(OH)_3$(amorph)) in Abhängigkeit vom pε bei pH = 7.5 stabil sind.

8) In welcher Form kommen – aus thermodynamischer Sicht – Mangan und Kobalt in aerobem (p_{O_2} = 0.2 atm) Wasser vor?

9) Unter welchen pε-Bedingungen kommt Cr in natürlichen Gewässern als CrO_4^{2-} vor?

10) Welches ist der (hypothetische oder theoretische) pε des reinen H_2O?

Kapitel 9

Organischer Kohlenstoff; Wechselwirkung zwischen Lebewesen und anorganischer Umwelt

9.1 Einleitung

Anorganische Spezies stehen im Vordergrund des Interesses der Elektrolytchemie und der Chemie wässeriger Lösungen. Wir müssen hier darauf verzichten, eine komprehensive Übersicht über die aquatische Biochemie und die organische Geochemie natürlicher Gewässer zu geben; auch können wir hier nicht die Chemie und die Chemodynamik der organischen synthetischen Chemikalien, die in die Umwelt gelangen, berücksichtigen.

Wie Tabelle 9.1 illustriert, konzentrieren wir uns vorerst in diesem Kapitel auf diejenigen organischen Verbindungen (einfache und polymere Verbindungen, die funktionelle –COOH-, –OH-, –NH$_2$- und –SH-Gruppen enthalten, insbesondere auch Fulvin- und Huminsäuren), die *als Elektrolyte* bei den Säure-Basereaktionen und der Komplexbildung der Schwermetallionen und der Regulierung der freien Metallionaktivitäten eine wichtige Rolle spielen. Ferner sind die organischen Verbindungen im *biochemischen* und im *Kohlenstoffkreislauf* wichtige *Reduktionsmittel* (Elektronen-Donatoren). Das organische Material, insbesondere der Humus, die Oberfläche von Organismen (Algen, Bakterien) und ihre teilweise zersetzten Zwischenprodukte sind wichtige *Adsorbens*-Oberflächen-, manchmal auch Absorptions-Stoffe, die reaktive Elemente adsorbieren und gewisse hydrophobe Verbindungen absorbieren können. Andererseits sind Humin- und Fulvinsäuren wichtige *Adsorbate* an anorganischen Grenzflächen und an suspendierten Partikeln.

Der Kreislauf des Kohlenstoffs und des Lebens ist verknüpft mit den Kreisläufen der anderen Elemente. Tabelle 9.2 gibt die gebräuchlichen Definitionen für gelösten organischen Kohlenstoff und typische Bereiche der Konzentrationen (als kollektive Parameter) in natürlichen Gewässern. Das organische Material wird im Gewässer (und im Einzugsgebiet der Gewässer) durch Photosynthese produziert. Im Meer beträgt die Bruttoprimärproduktion ca. 1 g organisches Material m^{-2} Tag^{-1}. Bei der Primärproduktion in Seen sind das einige g m^{-2} Tag^{-1}.

Tabelle 9.1 Ausgewählte Eigenschaften natürlichen organischen Materials in Gewässern

Eigenschaft	Art der Verbindung	Repräsentative Prozesse
Elektrolyt	Verbindung mit –COOH, –OH, NH$_2$, SH-Gruppen Carbonsäuren, Phenole Aminosäuren Polyelektrolyte Humin- und Fulvinsäuren	Säure-Base und Komplexbildung Regulierung von H$^+$ und [Me^{z+}]
Reduktionsmittel	"CH$_2$O", Phenole, Tannine Polysaccharide, Proteine Algen und Bakterien {(CH$_2$O)$_{100}$ (NH$_3$)$_{16}$ (H$_3$PO$_4$)}	Respiration; mikrobiologische Transformation globaler C-Kreislauf
Adsorbens (Absorbens)	Biogene Oberflächen Organismen, biologischer Debris, anorganisches Material bedeckt mit organischem Material, Humus	Adsorption von Metallen und nicht-polaren Verbindungen (hydrophobe "Bindung"). Koagulation Absorption von hydrophoben (lipophilen Verbindungen)
Adsorbat	Fulvin und Huminsäuren	An anorganische Oberflächen. Polare und hydrophobe Wechselwirkung
Lichtabsorber	Huminsäuren	Photochem. Sensitivierung Bildung von ^{1}O$_2$ (vgl. Kapitel 8)

Der biochemische Sauerstoffbedarf (BSB oder BOD) misst den Sauerstoffverbrauch der mikrobiologisch katalysierten Oxidation des organischen Materials. Dieser O$_2$-Verbrauch wird unter standardisierten Bedingungen in geschlossenen Flaschen üblicher-

Tabelle 9.2 a) International gebräuchliche Abkürzungen für kollektive Konzentrationsparameter von organischem Material in natürlichen Gewässern

DOC	Dissolved Organic Matter
POC	Particulate Organic Matter
TOC	Total Organic Carbon
BOD (BSB)	Biochemical Oxygen Demand (Biochemischer Sauerstoffbedarf)
COD (CSB)	Chemical Oxygen Demand (Chemischer Sauerstoffbedarf

DOC, POC und TOC werden in der Regel als mg C/ℓ, BOD und COD als mg O_2/ℓ ausgedrückt.

Tabelle 9.2 b) Typische Konzentrationen von organischem Kohlenstoff in natürlichen Gewässern

Meer	DOC ≈ 0.5 mg/ℓ	POC ≈ 0.05 mg/ℓ
	POC in Form von Organismen	= 0.005 mg/ℓ
Grundwasser	DOC ≈ 0.7 mg/ℓ (0.5 – 1.5)	
Regenwasser	DOC ≈ 1.1 mg/ℓ (0.5 – 2.5)	
Flusswasser	DOC ≈ 1 – 10 mg/ℓ	POC = 1 – 2 mg/ℓ
Eutropher See	DOC ≈ 2 – 10 mg/ℓ	POC = 2 – 3 mg/ℓ
Sümpfe	DOC ≈ 10 – 50 mg/ℓ	POC = 2 – 3 mg/ℓ
Interstitialwasser Sedimente oder Boden	DOC ≈ 2 – 50 mg/ℓ	

weise während 5 Tagen (BOD_5) gemessen. Der BOD ist proportional der Konzentration des organischen Materials. Im chemischen Sauerstoffbedarf (CSB, COD) wird die äquivalente Menge eines chemischen Oxidationsmittels – üblicherweise Chromat, die zur Oxidation des organischen Kohlenstoffs nötig ist – gemessen. Der COD einer organischen Verbindung misst ihre Reduktionskapazität und ist proportional der Reaktionsenthalpie, ΔH, des Oxidationsprozesses (zu CO_2 und H_2O); dadurch kann ein ungefähres Mass für den benötigten Stoffwechselumsatz der Organismen abgeleitet werden. Das Verhältnis von COD (in mol O_2/ℓ) zu TOC (in mol C/ℓ) steht in Bezug für die Oxidationszahl der organischen Verbindung

$$\text{Oxidationszahl} = \frac{1}{4}\left(\frac{\text{COD}}{\text{TOC}} - 1\right) \qquad (1)$$

9.2 Organische Verbindungen als Elektrolyte; Huminstoffe als Liganden

In Abbildung 9.1 werden die Konzentrationsbereiche identifizierter organischer Verbindungen mit Ligandencharakter in Meer- und Süss-Oberflächenwasser mit jenen der wichtigeren anorganischen Liganden miteinander verglichen.

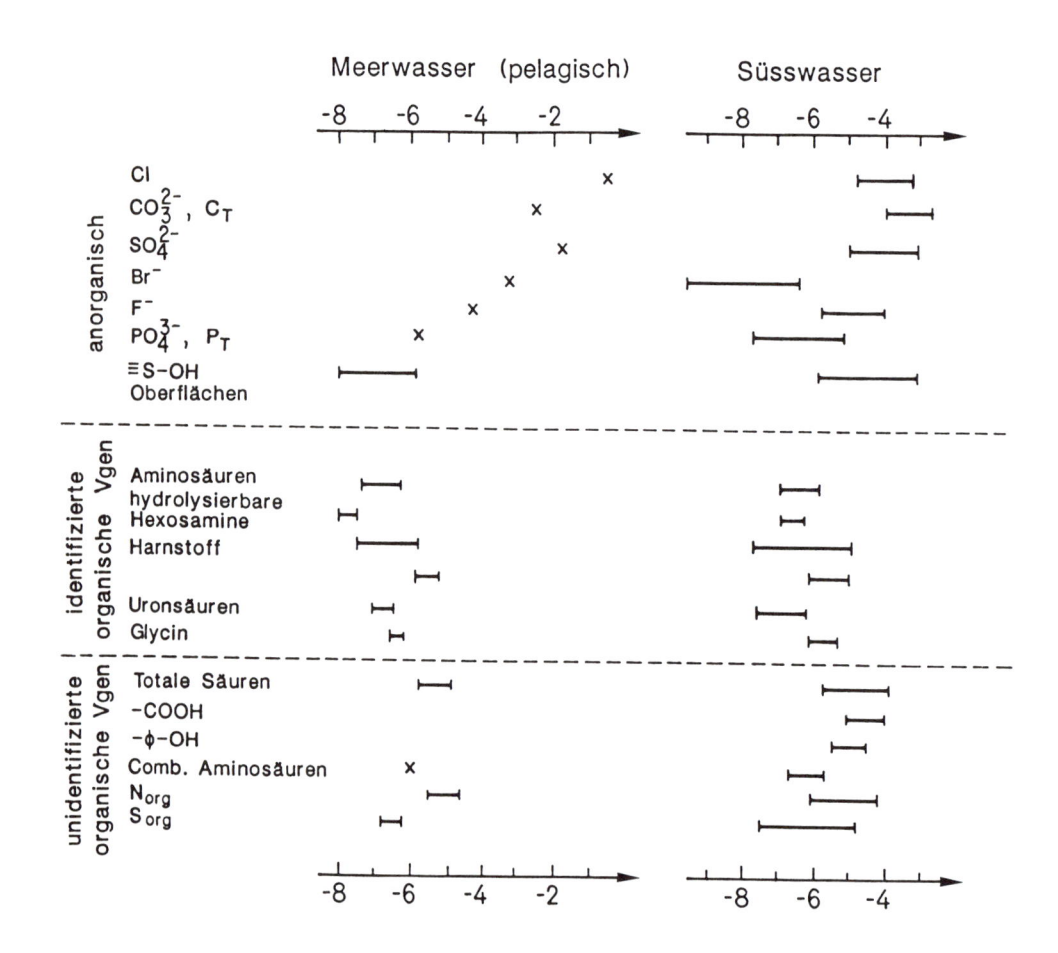

Abbildung 9.1
Molare Konzentrationsbereiche von organischen und anorganischen Liganden in natürlichen Gewässern
(Modifiziert nach J. Buffle, *Complexation Reaction in Aquatic Systems*, Ellis Horwood, Chichester, 1988)

Tabelle 9.3 Wichtigere funktionelle Gruppen, die in gelösten organischen Verbindungen auftreten

Funktionelle Gruppe	Struktur	Auftreten
Säure-Gruppen		
Carbonsäuren	$RC\begin{smallmatrix}\nearrow O \\ \searrow OH\end{smallmatrix}$	90 % aller gelösten Verbindungen
Enolgruppe	$\underset{\mid}{OH}$ $RC = CH_2$	Aquatischer Humus
Phenol-OH	AR – OH	Humus, Phenole
Chinone	AR = O	Humus, Chinone
Neutrale Gruppe		
Alkoholische OH	$R\,CH_2\,OH$	Humus, Zucker
Äther	$R\,CH_2 - O - CH_2\,R$	Humus
Ketone	$R_1\overset{O}{\overset{\|}{C}}R_2$	Humus, flüssige Ketone
Aldehyde	$R\overset{O}{\overset{\|}{C}} - H$	Zucker
Ester, Lactone	$R - \overset{O}{\overset{\|}{C}} - O - R$	Humus, Tannine Hydroxysäure
Basische Gruppe		
Amine	$R - CH_2 - NH_2$	Aminosäuren
Amide	$R - \overset{O}{\overset{\|}{C}} - NR - R$	Peptide

Tabelle 9.3 gibt die wichtigeren funktionellen Gruppen wieder, die in gelösten organischen Verbindungen auftreten. Die funktionellen Gruppen, insbesondere die Carboxyl- und Hydroxylgruppe, erhö-

hen die wässrige Löslichkeit der organischen Verbindungen (Abbildung 9.2).

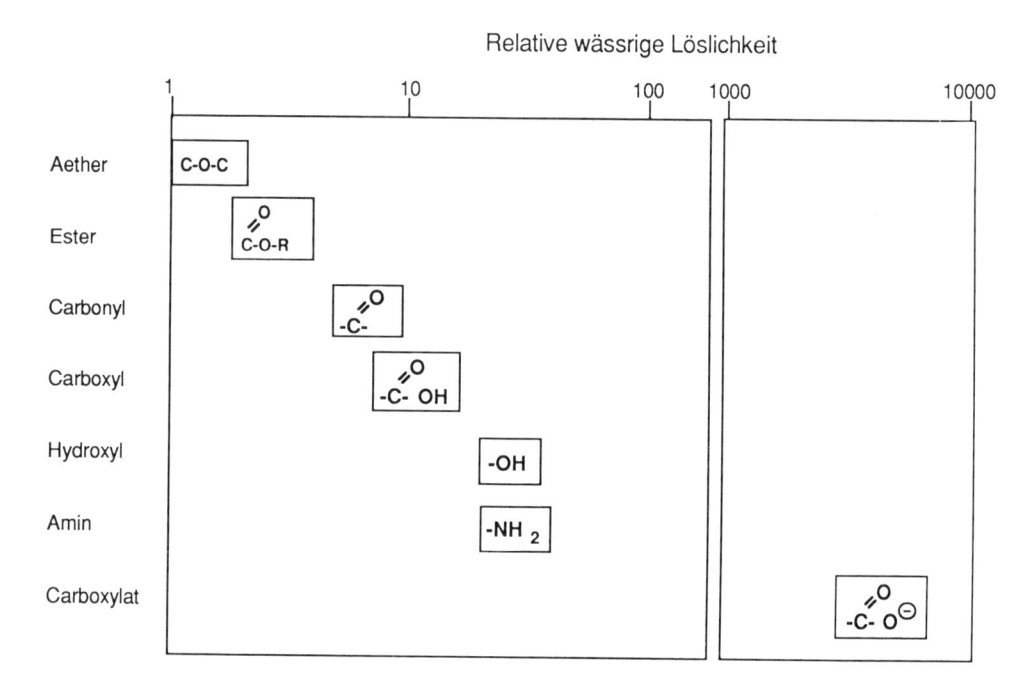

```
                        Relative wässrige Löslichkeit
              1         10          100   1000          10000

Aether      C-O-C

Ester          C-O-R (=O)

Carbonyl          -C- (=O)

Carboxyl             -C-OH (=O)

Hydroxyl                -OH

Amin                    -NH₂

Carboxylat                             -C-O⁻ (=O)
```

Abbildung 9.2
Relative wässrige Löslichkeit organischer Verbindungen mit funktionellen Gruppen (in mg/ℓ)
(Aus: E.M. Thurman, *Organic Geochemistry of Natural Waters*, Nijhoff, Junk, Dordrecht,1985)

Die Hydroxylgruppen können in natürlichem organischen Material als Alkohole, als Zucker oder als Hydroxycarbonsäuren auftreten. Die basischen *Aminogruppen* treten in Aminosäuren und als Amide in Polypeptiden auf. *Die Carboxylgruppe* tritt in 90 % aller im Wasser gelösten organischen Verbindungen auf. Abbildung 9.3 illustriert die verschiedenen Arten der in einem komplexen Polymer vorhandenen Carboxylgruppen.

Humin- und Fulvinsäuren
Abbildung 9.4 gibt ein Histogramm des gelösten organischen Kohlenstoffs in einem typischen Flusswasser. Etwa die Hälfte des DOC liegt in der Form von Fulvin- oder Huminsäuren – beides polyelek-

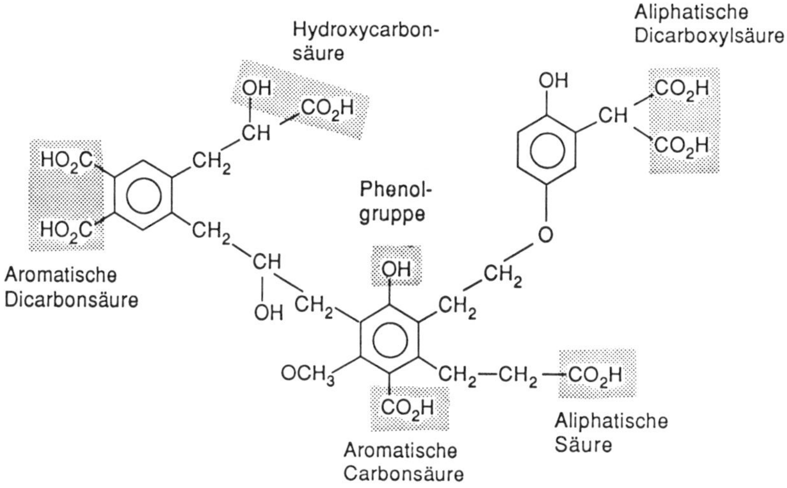

Abbildung 9.3
Verschiedene Typen von Carboxylgruppen in natürlichen organischen Verbindungen, hier exemplifiziert an einem komplexen Polymer
(Aus: E.M. Thurman,*Organic Geochemistry of Natural Waters,* Nijhoff, Junk, Dordrecht, 1985)

trolytische Säuren – vor. Huminstoffe werden operationell wie folgt definiert: *Huminstoffe aus Böden* sind diejenigen polymeren gelben Substanzen, die mit 0.1 M NaOH aus einem Boden extrahiert werden. *Aquatische Huminstoffe* sind die polymeren Säuren, die mit einem nicht-ionischen XAD-Harz* oder einem schwachbasischen Ionenaustauscher aus Wasser isoliert werden; sie sind nicht flüchtig und haben Molekulargewichte im Bereich von 500 – 5000 g. Die Huminstoffe sind verschiedene Verbindungen, die aus den Umwandlungen des biogenen organischen Materials entstehen. Ihre Struktur ist nicht definiert; ihre funktionelle Gruppen bestehen aus Carboxyl, phenolischen und Alkohol-OH-Gruppen und Ketogruppen (vgl. Abbildung 6.6). *Die Huminsäuren* sind diejenigen Huminstoffe, die bei pH = 1 ausgefällt werden. Die Fulvinsäuren sind löslicher, weil sie mehr –COOH- und OH-Gruppen enthalten als die Huminsäuren; sie bleiben bei pH = 1 in Lösung. Gelöste organische

* XAD-Harze sind makroporös und nicht-ionogen; sie bestehen aus Polyacryl-Säureestern $CH_3(CH_2)_n$ COOR, sie adsorbieren Humin- und Fulvinsäure aufgrund ihrer hydrophoben Eigenschaften (vgl. Kapitel 10.2). Die Adsorption dieser Verbindungen erfolgt nur bei tiefem pH, wenn die Carboxylgruppen protoniert sind.

Säuren, welche durch ein nicht-ionisches XAD-Harz nicht zurückgehalten werden, werden als *hydrophile Säuren* bezeichnet. Sie sind noch wenig definiert, enthalten Zuckersäure wie Uron- und Polyuronsäuren.

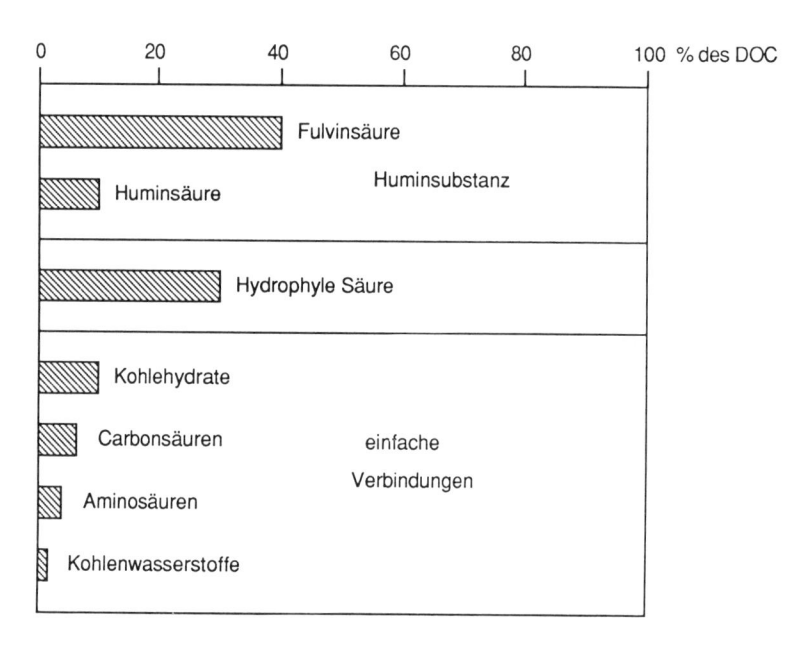

Abbildung 9.4
Aufteilung des gelösten organischen Kohlenstoffs in einem typischen Flusswasser, das 5 mg/ℓ DOC enthält (Solide COD-reiche Wasser)
(Aus E.M. Thurman, *Organic Geochemistry of Natural Waters,* Nijhoff, Junk, Dordrecht, 1985)

Die Titration aquatischer Humin- oder Fulvinsäuren
Die Säure-Base-Eigenschaften aquatischer Huminsäuren sind durch die funktionellen Gruppen bedingt. Im pH-Bereich unterhalb 7 liegen die Carboxylgruppen als Säuren vor. Phenolische Gruppen sind im pH-Bereich natürlicher Gewässer nicht-ionisch. In Abbildung 9.6 wird die Titration einer Lösung, die äquimolare Essigsäure (pK = 4.8) und Phenol (pK = 10) enthält, mit derjenigen einer Huminsäure verglichen.

Die Huminsäure-Titrationskurve ist wesentlich flacher als die Kurve für die Essigsäure-Phenolmischung wegen der Polyfunktionalität der Huminsäure (die funktionellen –COOH- und OH-Gruppen sind in verschiedenen Konfigurationen vorhanden und haben etwas unterschiedliche pK-Werte). Ein zusätzlicher Effekt der Abflachung der Titrationskurve kann wegen der Polyelektrolytnatur der Huminsäure auftreten; durch die Titration mit Base wird das Molekül progressiv negativ geladen, und die Protolyse der H$^+$-Ionen wird mit höherem pH immer schwieriger.

Aus der Titrationskurve erhält man die Anzahl der sauren Gruppen, die bis zu einem gewählten pH titrierbar sind. Für typische Huminsäuren sind das etwa 10 – 20 Milliäquivalente pro Gramm organisches Material. Obschon das Protolyseverhalten der Huminstoffe zur Hauptsache durch die $-C{\overset{\displaystyle =O}{\underset{\displaystyle OH}{}}}$ und die phenolische OH-Gruppe bestimmt ist, ist es nicht möglich – wegen der vielen Substituenteneinflüsse – das Säure-Base-Verhalten elementar zu beschreiben.

Die Komplexbildung von Schwermetallen, z.B. Cu(II), durch Huminsäuren ist ausgeprägt und wegen des Chelateffektes viel grösser als bei einer Essigsäure-Phenolmischung. Für Boden-Huminsäuren sind Salicylsäure-, Phtalsäure- und Brenzcatechin-ähnliche Gruppierungen für die Komplexbildung besonders wichtig.

Im Vergleich die Komplexbildung mit Cu(II) von Salicylat, Sal^{2-}:

$$K_1 = \frac{[Cu\,Sal]}{[Cu^{2+}][Sal^{2-}]} = 10^{11.5}$$

$$\beta_2 = \frac{[Cu(Sal)_2]}{[Cu^{2+}][Sal^{2-}]^2} = 10^{19.3}$$

(2)

Bei humischen Substanzen, die durch Transformationen von aquatischem biogenen Material entstanden sind, sind aliphatische Funktionsgruppen entsprechend Brenztraubensäure und Glykolsäure von Bedeutung.

Wegen der polyelektrischen Natur der Humin- und Fulvinsäuren ist zusätzlich zur Tendenz der (Kovalenten) Chelat-Bindung des Metalls durch die Donoratome ein pH-abhängiger elektrostatischer Beitrag, zusätzlich zur Bindungskonstante des Chelates, wirksam.

Die Definition der Komplexbildungskonstanten der Humin- und Fulvinsäuren ist äusserst schwierig (Abbildung 9.6). Es ist besser, man umschreibt conditionelle Konstanten, die für bestimmte Bedingungen (pH und Metall : Ligand-Verhältnis) gelten.

$$K^{cond} = \frac{[\Sigma ML]}{\{M^{2+}\} (L_T - [\Sigma ML])} \quad (3)$$

oder

$$K^{cond} = \frac{[M\ bound]}{[M_{free}] (L_T - [M\ bound])}$$

Die Abhängigkeit der Komplexbildungstendenz vom Verhältnis Metall : Ligand ist darauf zurückzuführen, dass bei Zugabe von Metallionen zur Huminsäure, zuerst die Komplexbildung mit den funktionellen Gruppen, die gegenüber den Metallionen die grösste Affinität aufweisen, stattfinden und dass nachher die Bindung mit funktionellen Gruppen kleinerer Affinität für Metallionen stattfinden.

Die Affinität der Humin- und Fulvinsäure für Metalle entspricht der Irving Williams Serie (siehe Abbildung 6.7).

Die Stabilitäten nehmen in der Regel in folgender Sequenz ab:

$$Cu^{2+} > Ni^{2+} > Zn^{2+} > Co^{2+} > Cd^{2+} > Ca^{2+} > Mg^{2+}$$

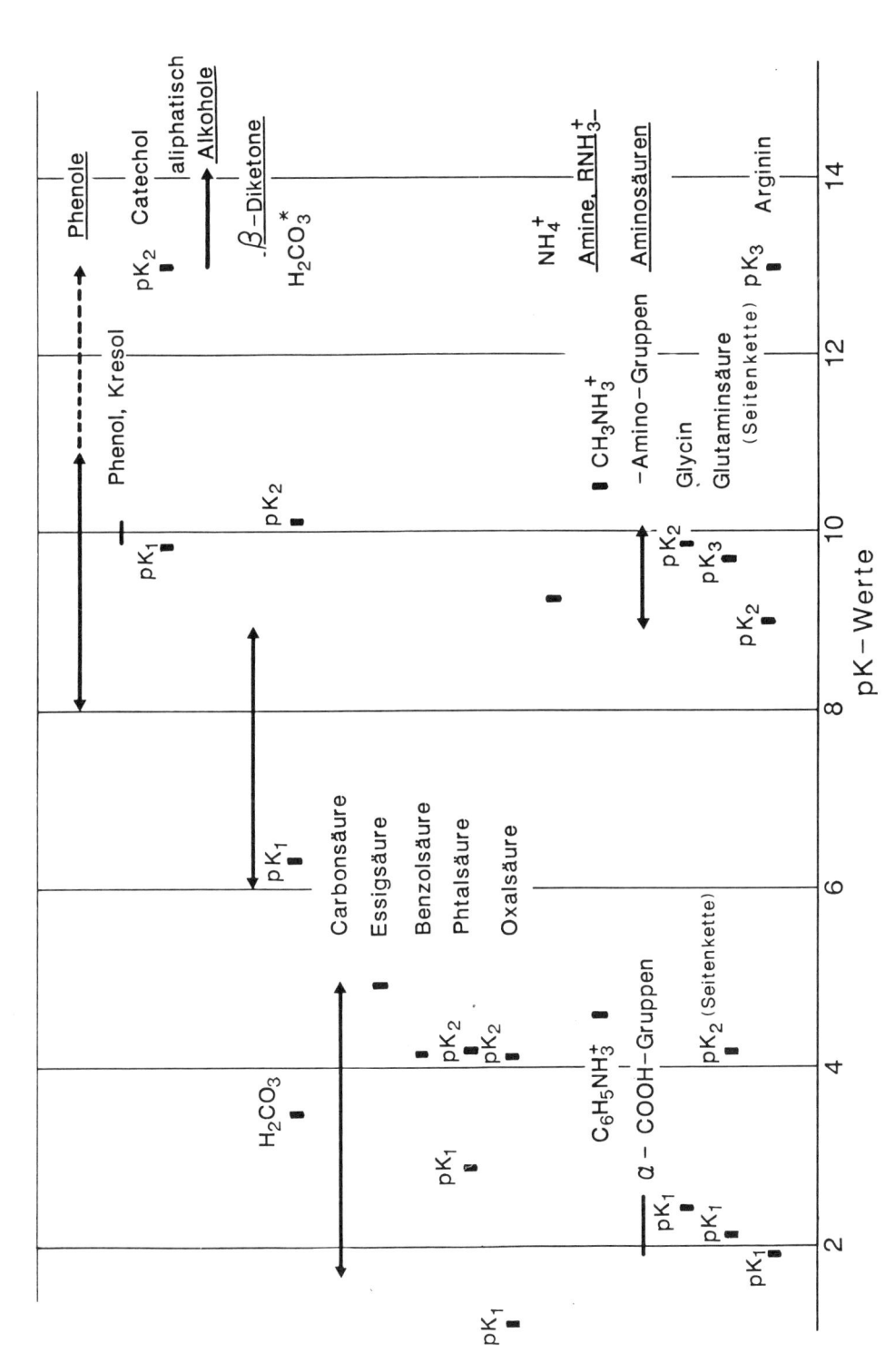

Abbildung 9.5   Bereich typischer pK-Werte für Aciditätskonstanten funktioneller Gruppen

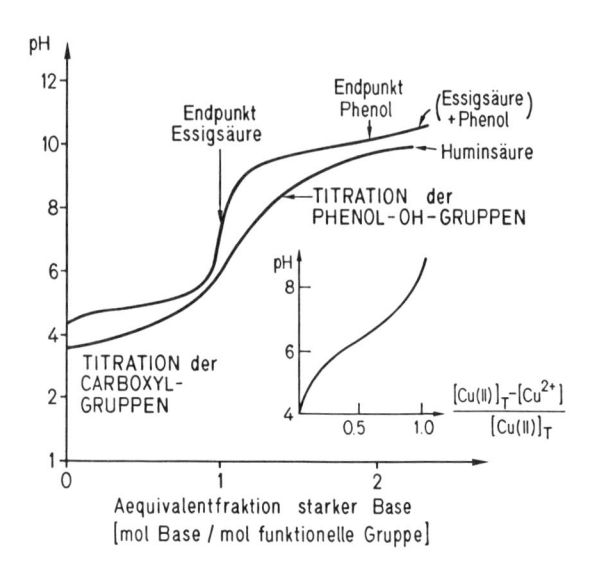

Abbildung 9.6

Vergleich der alkalimetrischen Titrationskurve einer äquimolaren (10^{-4} M) von Essigsäure (pK = 4.8) und Phenol (pK = 10) mit einer Huminsäure, die etwa 10^{-4} M Carboxylgruppen enthält

Man beachte, dass die Titration der Huminsäure wegen der Polyfunktionalität der Säuregruppen weniger steil ist als die Kurve für die Titration der Essigsäure-Phenolmischung. Im Inset ist das Ausmass der Komplexbildung des Cu(II), d.h. der relative Anteil des an die funktionellen Gruppen der Huminsäure gebundenen Cu(II) (von 10^{-6} M Cu(II)) als Funktion des pH schematisch eingezeichnet.

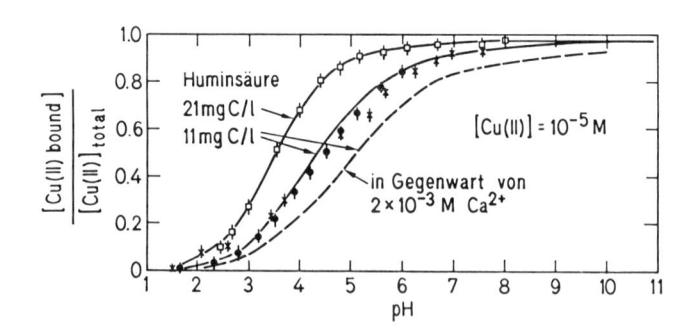

Abbildung 9.7

Die pH-Abhängigkeit der Bindung von Cu(II) an Huminsäure (isoliert aus Seewasser)

Die Gegenwart von Ca^{2+} äussert sich in der Verschiebung der Kurve nach höheren pH-Werten.

(Daten von Z.J. Wang und W. Stumm, 1987)

Man muss auch hier berücksichtigen, dass in natürlichen Gewässern die Konzentration von Ca^{2+} und Mg^{2+} um viele Grössenordnungen grösser ist als diejenige von Spurenmetallen. Obschon die Komplexbildungskonstante mit Schwermetallionen viel grösser ist als mit Ca^{2+}, kann wegen des Konzentrationsverhältnisses die Komplexbildung mit dem Schwermetall durch den Überschuss an Ca^{2+} zurückgedrängt werden (vgl. Beispiel 6.5) (Abbildung 9.7).

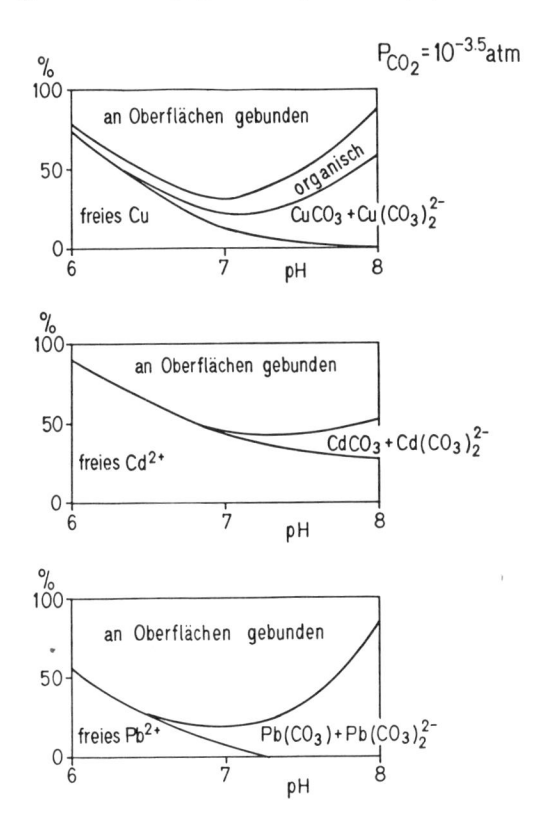

Abbildung 9.8
Einfache Modellrechnungen über die Komplexbildung von Cu(II), Cd(II), und Pb(II) durch organische humin-ähnliche Liganden (Salicylat) in Gegenwart von typischen Konzentrationen von anorganischen Liganden von Süsswasser und Silica-Oberflächen (>SiOH).

$$pCa = 4.0,$$
$$pMg = 4.3,$$
$$pSO_4 = 4.3,$$
$$pCl = 3.0$$

plus 10^{-5} M Salicylat- und 10^{-5} M >SiOH-Gruppen

(Aus: L. Sigg et. al., in: *Complexation of Trace Metals*, C.J.M. Kramer und J.C. Duinker, Herausg., Nijhoff, Junk Publ. The Hague, 1984)

Auf der anderen Seite muss auch dem Wettbewerb der anorganischen Liganden, insbesondere OH^-, CO_3^{2-}, Cl^- und den mit funktionellen Hydroxogruppen bedeckten wässrigen Oxiden (vgl. Abbildungen 10.8 und 10.9) Rechnung getragen werden. Abbildung 9.8 gibt das Resultat einfacher Modellrechnungen wieder, das illustriert, dass die Carbonate des natürlichen Wassers und die Oberflächen von Oxiden, selbst in Gegenwart eines organischen Chelatkomplexbildners (Salicylat als Modellsubstanz), grosse Proportionen von Schwermetallen binden können. Diese Abbildung illustriert auch, dass organische Komplexbildner mit funktionellen Gruppen, die denen der Huminsäure entsprechen, vor allem die Speziierung von Cu(II) beeinflussen.

9.3 Organisches Material als Reduktionsmittel

Wie wir gesehen haben, ist das organische Leben eine direkte oder indirekte Konsequenz der Photosynthese. Die natürlichen organischen Verbindungen, die wir in natürlichen Gewässern vorfinden, sind Produkte der Biosynthese und des biologischen Abbaus. Einige Hinweise über Zersetzungsprodukte der Lebenssubstanzen, der Moleküle der Natur finden sich in Tabelle 9.4. In der Diagenese (Transformationen, die in den Sedimenten während und nach der Ablagerung stattfinden) werden sukzessive die weniger stabilen Verbindungen eliminiert oder in stabilere Verbindungen umgewandelt. Dabei werden offene Ketten in zyklische Verbindungen und dann in aromatische Vernetzungen umgewandelt. Die sequentielle Umwandlung in thermodynamisch metastabilere Formen führt schliesslich zu Graphit. Max Blumer (in: *Chemical Fossils; Trends in Organic Geochemistry,* Pure Appl. Chem., *34*, Nr. 3–4, 591–609, 1973) hat darauf hingewiesen, dass die Diagenese der Biota eines Materials hoher biochemischer Ordnung über eine Unzahl chemischer Verbindungen mit extremer struktureller Komplexität in Milliarden von Jahren zuletzt zum Graphit mit hoher kristallographischer Ordnung als Endprodukt führt.

Redox-Prozesse mit organischem Material
Für den Kohlenstoffkreislauf ist die Zersetzung des organischen Materials gerade so wichtig wie die Synthese. In natürlichen Re-

Tabelle 9.4 Zersetzungsprodukte der Biota

Lebenssubstanzen	Zersetzungszwischenprodukte	Zwischen- und Endprodukte, die in natürlichen Gewässern vorkommen
Proteine	Polypeptide → Aminosäuren → $\begin{cases} RCOOH \\ RCH_2OHCOOH \\ RCH_2OH \\ RCH_3 \\ RCH_2NH_2 \end{cases}$	NH_4^+, CO_2, HS^-, CH_4, Peptide, Aminosäuren, Harnstoff, Phenole, Indole, Fettsäuren, Merkaptane
Lipide Fette Wachse Öle Kohlenwasserstoffe	Fettsäuren + Glycerin → $\begin{cases} RCH_2OH \\ RCOOH \\ RCH_3 \\ RH \end{cases}$	Aliphatische Säuren, Essig,- Milch-, Zitronen-, Glykol-, Malein-, Stearinsäure, Oleinsäure, Kohlenhydrate, Kohlenwasserstoffe
Kohlehydrate Cellulose Stärke Hemizellulose Lignin	$\rbrace$ → $(x(H_2O)_y)$ → $\begin{cases} \text{Monosaccharide} \\ \text{Oligosaccharide} \\ \text{Chitin} \end{cases}$ → Hexogen Pentogen Glucosamin	Glucose, Fructose Galactose, Arabinose, Ribose, Xylose
Porphyrine und Pflanzenpigmente Chlorophyll Hemin Carotin Xantophylle	Chlorin → Pheophytin → Kohlenwasserstoffe	Phytan, Pristan, Carotinoide, Isoprenoid, Alkohole, Ketone, Poryphyrin
Polynucleotide	Nucleotide → Purine und Pyrimidinbasen	
Komplexe Substanzen, die aus Zwischenprodukten gebildet werden	Phenole und Chinone und Aminosäuren → Aminosäuren und Zerfallsprodukte von Kohlehydraten →	Melanine, Huminstoffe Humin- und Fulvinsäure, Tannine

doxprozessen sind die Verbindungen einiger weniger Elemente (C, H, N, O, S, Fe, Mn) Reaktionspartner. Das organische Material tritt dabei als Reduktionsmittel (Elektron-Donor) auf. Die Prozesse sind mikrobiologisch katalysiert und die Bakterien verwenden einen Teil der bei der Redoxreaktion freiwerdenden Energie für ihr Wachstum

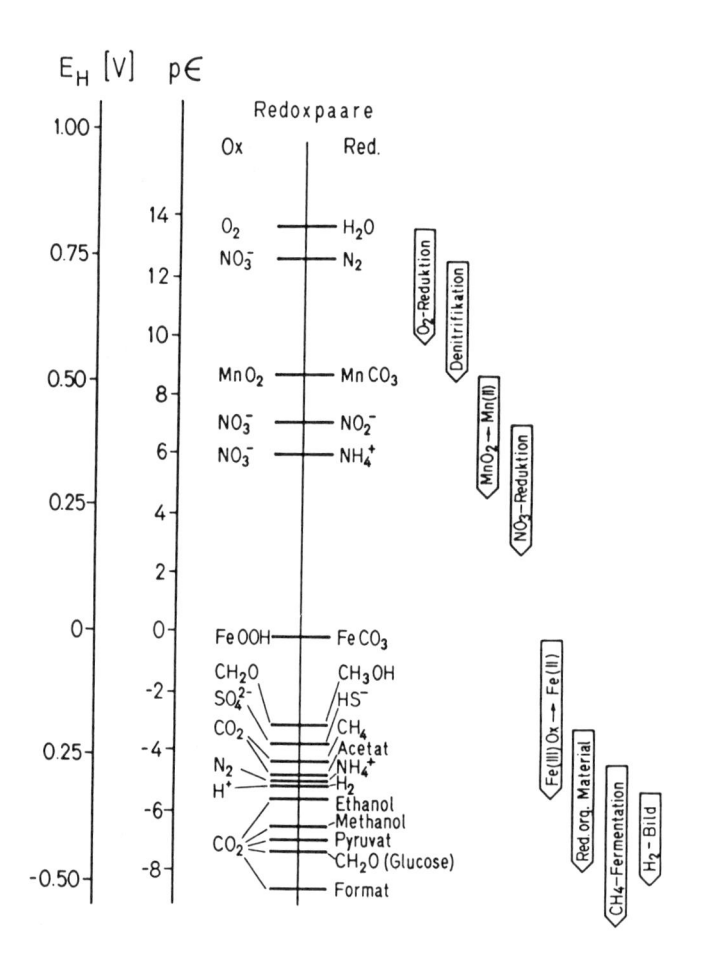

Abbildung 9.9

Redoxsequenz (Reihenfolge der in einem See auftretenden Reduktionen) bei einem pH von 7;

$[HCO_3^-]$ = 10^{-3} M
$[S](tot)$ = 10^{-3} M
$[NO_3^-] + [NO_2^-] + [NH_4^+] + [NH_3]$ = 10^{-3} M
$[N_2](aq)$ = 5×10^{-4} M

Die Konzentrationen von Fe und Mn sind durch das Löslichkeitsprodukt der Metalloxide gegeben.

und zur Intakthaltung ihrer Zellen. Wir haben in Abbildung 8.14 ein Diagramm über die Elektronen-Freie Reaktionsenthalpie kennengelernt. Ein ähnliches Diagramm ist in Abbildung 9.9 wiedergegeben. Unter thermodynamischen Gesichtspunkten ist eine Sequenz der auftretenden Reaktionen bei abnehmendem $p\varepsilon$ aufgestellt. Die Ordinate misst die (relative) Energie (in kJ mol^{-1}, Volts oder $p\varepsilon$-Einheiten), die benötigt wird um Elektronen von einem freien Reaktionsenthalpieniveau zum andern zu transferieren. $\Delta G = 2.3$ RT ($p\varepsilon_2 - p\varepsilon_1$). Aus einem solchen Diagramm kann man ersehen, dass SO_4^{2-} – im thermodynamischen Sinn – organischen Kohlenstoff (CH_2O) zu CO_2 oxidieren kann, dass aber SO_4^{2-} das NH_4^+ nicht zu NO_3^- oxidieren kann.

Wenn wir zu einem System, das verschiedene Redoxpaare enthält, Elektronen, d.h. Reduktionsmittel (der organische Kohlenstoff ist eines der wichtigsten Reduktionsmittel), zugeben, dann wird zuerst das höchste Niveau besetzt und in der Folge werden (im Sinne einer Titrationskurve) sukzessive die anderen Niveaux aufgefüllt; Mikroorganismen sind in diesen Prozessen Redoxkatalysatoren. Die Mikroorganismen können natürlich keine Bruttoprozesse ermöglichen, die thermodynamisch nicht möglich sind. SO_4^{2-} z.B. kann nur unterhalb eines bestimmten $p\varepsilon$-Niveaus reduziert werden; in diesem Sinne definiert der $p\varepsilon$ das ökologische Milieu bei den SO_4^{2-}-reduzierenden Bakterien. (Man beachte, dass der $p\varepsilon$ im Innern eines Bakteriums keinesfalls den $p\varepsilon$ in der Bulkphase wiederspiegelt, d.h. Bakterien können in ihrem Innern für ihre eigene Assimilation SO_4^{2-} reduzieren, selbst bei "äusserem" hohem Redoxpotential.) Organischer Kohlenstoff als Reduktionsmittel (CH_2O) wird zuerst mit O_2 und dann sequentiell mit NO_3^-, und MnO_2 reagieren. In der weiteren Folge wird dann NH_4^+ gebildet; die Fe(III)-Oxide zu löslichem Fe(II) und dann SO_4^{2-} zu HS^- und schlussendlich CO_2 zu Methan reduziert. Diese Sequenz entspricht den thermodynamischen Gegebenheiten. Obschon dann keine kinetischen Konsequenzen abgeleitet werden können, wird die in Abbildung 9.9 aufgezeichnete Sequenz in der Natur, so etwa bei der Reaktion, die in einem Grundwasserträger durch Eintrag organischer Substanzen oder in der Tiefe des Sees während der Stagnationszeit die sukzessive Reduktion durch das organische Material, das in Form von Plankton in die unteren Seeschichten absinkt. Der Einfachheit halber sind in Tabelle 9.5 die wichtigsten schematischen Reaktionen wiedergegeben.

Tabelle 9.5 Progressive Reduktion der Redoxintensität durch organische Substanzen. Sequenz der Reaktionen

Sauerstoffverbrauch (Respiration)

$$\tfrac{1}{4}CH_2O + \tfrac{1}{4}O_2 = \tfrac{1}{4}CO_2 + \tfrac{1}{4}H_2O \qquad (1)$$

Denitrifikation

$$\tfrac{1}{4}CH_2O + \tfrac{1}{5}NO_3^- + \tfrac{1}{5}H^+ = \tfrac{1}{4}CO_2 + \tfrac{1}{10}N_2 + \tfrac{7}{20}H_2O \qquad (2)$$

Nitrat-Reduktion

$$\tfrac{1}{4}CH_2O + \tfrac{1}{8}NO_3^- + \tfrac{1}{4}H^+ = \tfrac{1}{4}CO_2 + \tfrac{1}{8}NH_4^+ + \tfrac{1}{8}H_2O \qquad (3)$$

Bildung von löslichem Mangan durch Reduktion von Manganoxiden

$$\tfrac{1}{4}CH_2O + \tfrac{1}{2}MnO_2(s) + H^+ = \tfrac{1}{4}CO_2 + \tfrac{1}{2}Mn^{2+} + \tfrac{1}{8}H_2O \qquad (4)$$

Fermentationsreaktionen

$$\tfrac{3}{4}CH_2O + \tfrac{1}{4}H_2O = \tfrac{1}{4}CO_2 + \tfrac{1}{2}CH_3OH \qquad (5)$$

Bildung von löslichem Eisen durch Reduktion von Eisen(III)oxiden

$$\tfrac{1}{4}CH_2O + FeOOH(s) + 2H^+ = \tfrac{1}{4}CO_2 + \tfrac{7}{4}H_2O + Fe^{+2} \qquad (6)$$

Sulfat-Reduktion, Bildung von Schwefelwasserstoff

$$\tfrac{1}{4}CH_2O + \tfrac{1}{8}SO_4^{2-} + \tfrac{1}{8}H^+ = \tfrac{1}{8}HS^- + \tfrac{1}{4}CO_2 + \tfrac{1}{4}H_2O \qquad (7)$$

Methanbildung

$$\tfrac{1}{4}CH_2O = \tfrac{1}{8}CH_4 + \tfrac{1}{8}CO_2 \qquad (8)$$

Abbildung 9.10 illustriert, wie mit zunehmender Seetiefe nach der Reduktion des O_2 die SO_4^{2-}-Reduktion zu Sulfid einsetzt. Diese Reduktion überlappt mit der Bildung des CH_4. S^o wird durch Oxidation von Sulfid gebildet.

9.4 Die Verteilung organischer Verbindungen in der Umwelt

Abbildung 9.11 illustriert, wie organische Verbindungen in die verschiedenen Reservoire der Umwelt verteilt werden. Wir konzentrieren uns hier auf die natürlichen organischen Substanzen; aber die

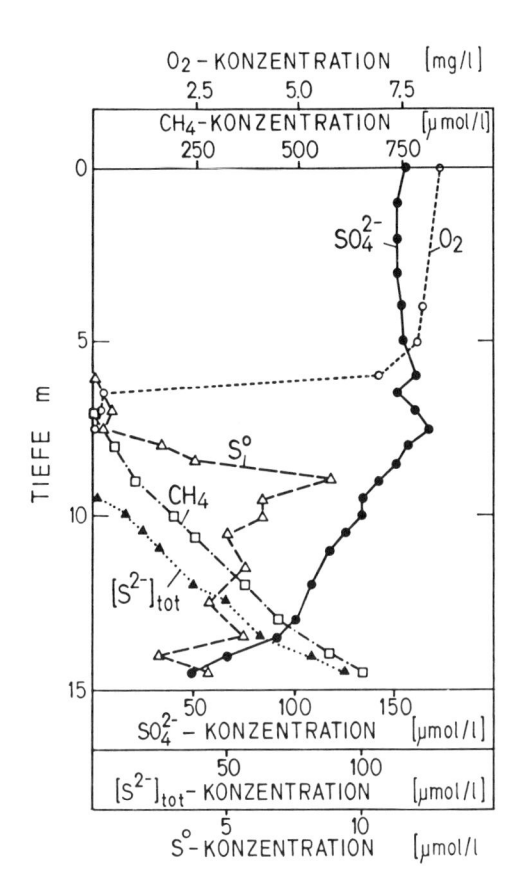

Abbildung 9.10
Konzentrationsprofile von Redox-Spezies im Rotsee (Luzern)
(Daten von H.P. Kohler et. al., Microbiol. Letters, *21*, 279, 1984. Aus: A.J.B. Zehnder und W. Stumm in: *Biology of Anaerobic Microorganisms*, A.J.B. Zehnder, Herausg., Wiley-Interscience, 1988).

gleichen Argumente sind von grösster Bedeutung bei der Chemodynamik und der Voraussage des Schicksals von organischen Verunreinigungssubstanzen.

Wir können vorerst von den *Verteilungsgleichgewichten* ausgehen; so ist die Verteilung einer flüchtigen Substanz, A, zwischen Wasser und Atmosphäre gegeben durch das Henry'sche Gesetz (vgl. Kapitel 4.2 und Gleichung (i) in Abbildung 9.11).

Wie Gleichung (ii) illustriert, ist die Flüchtigkeit einer Substanz, d.h. das Gleichgewicht zwischen der Gasphase und der reinen Sub-

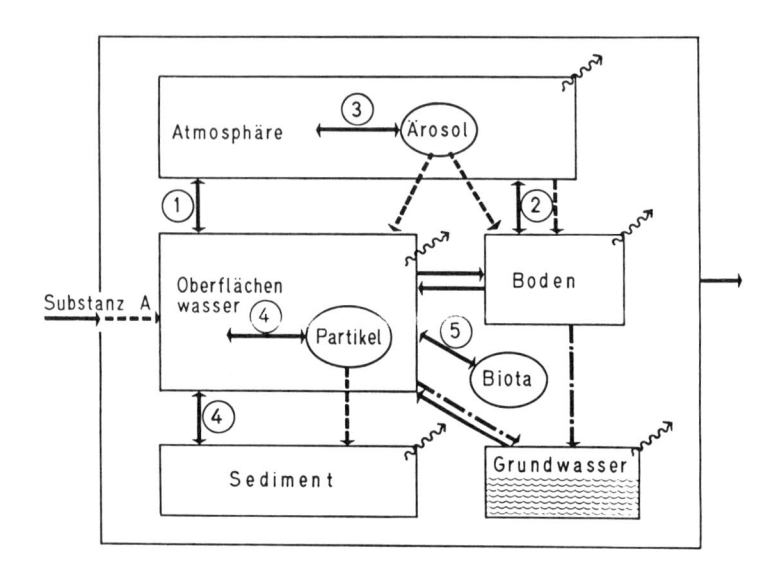

Abbildung 9.11
Wechselbeziehungen zwischen Boden, Wasser und Luft
Jede Substanz, die in die Umwelt gelangt, wird je nach substanzspezifischen Eigenschaften (Dampfdruck, Löslichkeit, Henry-Verteilungs-Koeffizient, Lipophilität, Abbaubarkeit) in den verschiedenen Reservoirs der Umwelt (Boden, Wasser, Grundwasser, Sedimente, Biota, Atmosphäre) angereichert, umgewandelt oder abgebaut. Die gewellten Pfeile bedeuten mikrobiologische oder chemische Abbaureaktionen.
Gleichungen, welche die Verteilung der (organischen) Substanzen beschreiben:

Gleichgewichte:

① Gas – Wasser: $\quad K_H = \dfrac{[A(aq)]}{p_A} = \dfrac{[A(aq)]}{[A(g)]\,RT}\,[M\,atm^{-1}]$ (i)

② Dampfdruck: $\quad [A(g)] = p_A^o/RT$ (ii)

③ Gas – Aerosol: $\quad [A(ads\,ae)] = \dfrac{k\,A_{ae}}{k\,A_{ae} + p_A^o}[A(atm)]_T$ (iii)

④ Partikel – Wasser: $\quad [A_{ads\,partikel}] \cong K_p\,[A(aq)]$ (iv)

⑤ Lipid – wässrige Lösung; Absorption in Biota: $\quad \dfrac{[A_{Biota}]}{[A(aq)]} \cong K_D \cong prop\,\dfrac{[A(octanol)]}{[A(aq)]}$ (v)

stanz z.B. an der Oberfläche eines Bodens gegeben durch den Dampfdruck der (reinen) Verbindung p_A^o, Gleichung (iii). Die Atmosphäre ist wichtig für den Transport vieler (flüchtiger) Verbindungen. Vorallem die Verbindungen, welche einen kleinen Dampfdruck aufweisen, werden an Aerosole adsorbiert. Die Verbindungen aus der Atmosphäre können mit den Niederschlägen (Nassdeposition oder Trockendeposition) auf die Erdoberfläche zurücktransportiert werden (Abbildung 4.6).

Die sedimentierenden Partikel in den Oberflächengewässern sind ein wichtiges Förderband für den Transport von reaktiven Verbindungen in die Sedimente und die Regulierung der Residualkonzentration dieser Verbindungen in natürlichen Gewässern. Adsorptionsgleichgewichte werden im nächsten Kapitel (10.3) behandelt. Hier genügt vorerst die stark vereinfachte lineare Beziehung (Gleichung (iv) der Abbildung 9.11).

Die Aufnahme organischer Verbindungen in die Biomasse hängt von der Fettlöslichkeit der *Lipophilie* dieser Verbindungen ab. Diese Lipophilie kann relativ einfach anhand des Verteilungsgleichgewichtes der Substanz zwischen n-Octanol und Wasser

$$K_{OW} = [A(oct)] / [A(aq)] \tag{4}$$

beurteilt werden (Gleichung (v) Abbildung 9.11). Abbildung 9.12 illustriert, wie eine Substanz entsprechend ihrer Lipophilie in der Nahrungskette bioakkumuliert wird.

Sorption hydrophober Verbindungen
Lipophile Verbindungen, z.B. Kohlenwasserstoffe, sind hydrophob, d.h. sie sind in Fett und nicht-polaren Lösungsmitteln gut, in Wasser aber schlecht löslich. Solche Substanzen haben eine Tendenz, den Kontakt mit Wasser möglichst klein zu halten und sich in nicht-polarer, nicht-wässriger Umgebung, z.B. an einer Oberfläche oder in einem organischen Partikel, zu assoziieren. Viele organischen Substanzen, z.B. Seife, Detergentien, Fettsäuren, Humin- und Fulvinsäuren, haben Molekülteile mit sowohl hydrophobem wie auch hydrophilem Charakter (vgl. Abbildung 10.2). Die Sorption hydrophober Verbindungen an suspendierten Stoffen, Sedimenten, Biota

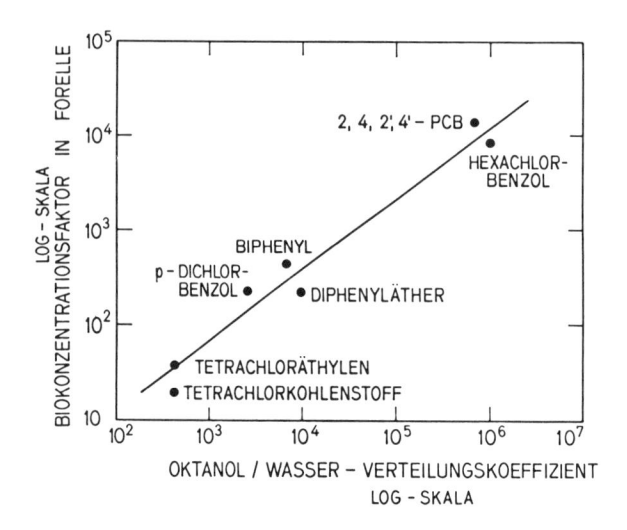

Abbildung 9.12
Die Lipophilie einer Substanz, gemessen mit dem Octanol/Wasser-Verteilungskoeffizient, ist ein wichtiger Parameter, um die Bioakkumulation in der Nahrungskette vorauszusagen.
(Daten von C.T. Chiou, V.H. Freed, D.W. Schmedding und R.L. Kohnert, Env. Sci. Technol. *11*, 475, 1977)

oder an Grenzflächen in Böden kann in Beziehung zur Lipophilie der Substanzen und zum Gehalt an organischem Kohlenstoff der sorbierenden Feststoffe gesetzt werden. Der Sorptionskoeffizient, K_p, in Gleichung (iv), Figur 9.11 kann häufig als Funktion des Octanol-Wasser-Verteilungskoeffizienten, K_{OW}, (Gleichung (v), Abbildung 9.11 und (5)) und des Gehaltes des Feststoffes an organischem Kohlenstoff (Gewichtsfraktion), f_{OC}, ausgedrückt werden.

$$K_p = b\, f_{OC}\, (K_{OW})^a \qquad (5)$$

wobei a und b Konstanten sind. Mit anderen Worten, das organische Material in den (porösen) Feststoffen verhält sich ähnlich wie Octanol und die Verbindung wird in das organische Material "ab"-sorbiert.

Abbildung 9.13 illustriert die Verteilung unpolarer organischer Verbindungen zwischen Feststoffen und Wasser.

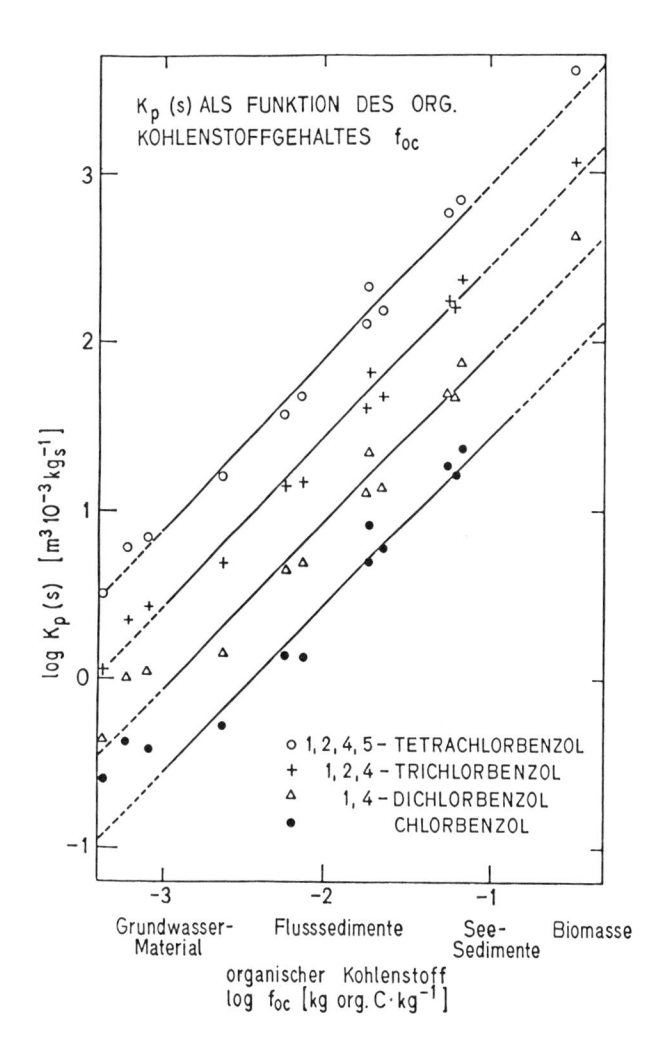

Abbildung 9.13
Die Verteilung unpolarer organischer Verbindungen zwischen Feststoffen und Wasser in aquatischen Systemen (gegeben durch den Verteilungskoeffizienten K_p) ist abhängig von der Lipophilie der Verbindung und vom Gehalt des Feststoffes an organischem Kohlenstoff (f_{OC} = Gewichtsfraktion).
(Modifiziert nach R.P. Schwarzenbach und J. Westall, Env. Sci and Technol., *53*, 291, 1980)

Übungsaufgaben

1) *Warum und unter welchen Bedingungen ist biogenes organisches Material ein gutes Reduktionsmittel?*

2) *Leite eine Beziehung zwischen COD und TOC (vgl. Gleichung 1)) ab.*

3) *Als einfaches Modell einer Fulvinsäure könnte eine aequimolare Mischung von Salicylsäure (pK_1 = 2.8, pK_2 = 13.4) und Phenol (pK = 9.8) angesehen werden. Skizziere eine repräsentative alkalimetrische Titrationskurve (pH vs Base) und schätze ab, wie eine Kurve % Cu (gebunden) vs pH (Annahme: $[L_T]$ » $[Cu_T]$ aussehen könnte.*

4) *Vergleiche Abbildungen 1.11, 8.1, 8.6, 8.14, 9.9 und die Tabellen 8.2 und 9.5 und zeige, dass alle diese Abbildungen als "Variation am Thema" auf gleichen Informationen, insbesondere auf der in Tabelle 8.2 aufgeführten Gleichgewichtskonstanten (freie Reaktionsenthalpien), beruhen.*

5) *Illustriere anhand von Abbildungen 8.6, 8.14 oder 9.9 die in einem See (von oben nach unten, bis in die Sedimente – oder zeitlich in den tieferen Schichten des Wassers – nach dem Durchmischen des Sees im Frühling bis am Ende der Stagnationsperiode) ablaufenden Redoxprozesse.*

6) *Wie hängt in einem Boden (oder in einem Gewässer) die biologische Verfügbarkeit der Nährstoffe und der essentiellen Elemente (z.B. P, Si, NH_4^+, NO_3^-, Fe, Mn, Cu, V) vom pε und pH ab?*

7) *Wie funktioniert der Eisen- und Mangankreislauf in einem See und wie sind diese Kreisläufe mit denjenigen anderer essentieller Elemente gekoppelt?*

8) *Wie stellen Sie sich zur Aussage "Bakterien können nur das tun, was thermodynamisch möglich ist, d.h. sie können nur Prozesse katalysieren, welche unter den gegebenen Bedingungen durch eine Abnahme der freien Reaktionsenthalpie charakterisiert sind"?*

9) *Wieso bewirkt die Mineralisierung der Biomasse im anoxischen Bereich eines Sees eine Zunahme der Alkalinität, und welches ist die Bedeutung dieser Prozesse im Zusammenhang mit sauren atmosphärischen Depositionen?*

10) *Was für Konsequenzen hat die Belastung eines Grundwassers mit organischem Material (Abwasser)?* Diskutiere die Auswirkung auf $[O_2]$, $[Fe(II)]$, $Mn(II)$, $[HS^-]$ (cf. Tabelle 9.5).

Kapitel 10

Grenzflächenchemie

10.1 Einleitung

Unsere Umwelt wird zu einem guten Teil durch Kreisläufe und Austauschprozesse zwischen Erde, Atmosphäre, Meeren, Süsswasser, Sedimenten und Bodenmineralien reguliert. Die Bestandteile der meisten dieser Systeme weisen grosse Oberflächen pro Volumen auf. Dementsprechend werden viele Naturvorgänge durch Prozesse an Grenzflächen – insbesondere an der Mineralien-Wasser-Grenzfläche und der Biota-Wasser-Grenzfläche – gesteuert und beschleunigt oder verzögert. Das geochemische Schicksal fast aller Spurenelemente hängt von ihrer Bindung an feste Oberflächen ab. Als wichtige Beispiele oberflächenkontrollierter Prozesse seien erwähnt: die Regulierung des Vorkommens von Schwermetallionen in Gewässern und Böden, die Auflösungs- und Auswaschungsprozesse in übersäuerten Böden, die durch Eisen- und Manganoxide katalysierte Oxidation von SO_2 in Regen- und Nebeltröpfchen, photoinduzierte Reaktionen an Oxiden und Halbleiteroberflächen.

Wir verstehen die physikalische Chemie dieser Grenzflächen erst zu einem kleinen Teil. Die elektrostatische Wechselwirkung von Ionen mit den häufig geladenen Oberflächen (Theorie der elektrischen Doppelschicht) wurde und wird emsig untersucht, aber es zeigt sich immer mehr, dass auch chemische Wechselwirkungen mit der Oberfläche von grosser Bedeutung sind. Daher ist das Erforschen von Reaktionen zwischen gelösten Spezies und den funktionellen Gruppen an festen Oberflächen sowie eine bessere Kenntnis der Koordinationschemie an Grenzflächen Festkörper-Wasser die Voraussetzung für das Verständnis der wichtigsten Naturvorgänge und ihre Beeinflussung durch die Zivilisation.

10.2 Wechselwirkungen an der Grenzfläche Fest-Wasser

Etwas vereinfacht ausgedrückt, kann man sagen, dass chemische Kräfte auf kurze Distanzen und elektrostatische Kräfte auf etwas grössere Distanzen wirken. Die elektrostatische Kraft der Anziehung oder Abstossung wird durch das Coulomb'sche Gesetz gegeben

$$F_c = k \frac{1}{\varepsilon} \frac{q_1 q_2}{x^2} \qquad (1)$$

F_c = Kraft [N]

wobei

q_1, q_2 = Punktladungen [C]

x = Distanz zwischen Ladungen [m]

ε = relative Dielektrizitätskonstante [–] ($\approx$ 80 für H_2O)

k = ist ein Proportionalitätsfaktor der aus historischen Gründen = $\frac{1}{4\pi\varepsilon_o}$ = 8.99×10^9 Nm^2C^{-2},

wobei

ε_o = Permittivität (elektrische Feldkonstante) im Vacuum = 8.854×10^{-12} $C^2N^{-1} m^{-2}$.

Die hier aufgeführten Einheiten entsprechen dem SI-System (Im cgs-System ist $k = 1$).

Es gibt andere Kräfte, vornehmlich elektrischer Art vor allem bei Molekülen, die Dipolcharakter aufweisen. *Dipol-Dipol-Wechselwirkungen* werden als Orientierungsenergie bezeichnet.

Die Dispersionskräfte, die sogenannten London-*van der Waalskräfte*, ergeben Wechselwirkungsenergien von ca. 10 – 40 kJ mol^{-1}, die gering sind gegenüber elektrostatischen Wechselwirkungen (Ionenpaar) oder kovalenten Bindungen ($\gg$ 10 kJ mol^{-1}) aber gross gegenüber der Orientierungsenergie (< 10 kJ mol^{-1}).Man kann sich vereinfacht vorstellen, dass sie auf der Oszillation der Ladungen der Moleküle beruhen, welche gegenseitig synchronisierte, sich anziehende Dipole induzieren.

Das Wasserstoffion kann höchstens eine Koordinationszahl von 2 ausüben. In einer *Wasserstoffionenbrücke* (hydrogen bond) werden zwei Elektronenpaarwolken gebunden, um zwei polare Moleküle zusammenzuhalten. Die Wechselwirkungsenergie ist 10 – 40 kJ mol^{-1}. Wie wir im Kapitel 1 gesehen haben, ist die Wasserstoffbrückenbildung im flüssigen Wasser besonders wichtig; sie bewirkt den ausnehmend hohen Siedepunkt des Wassers (z.B. gegenüber H_2S).

Der hydrophobe Effekt
Hydrophobe Verbindungen, z.B. Kohlenwasserstoffe sind in manchen nicht-polaren Lösungsmitteln gut – aber im Wasser schlecht – löslich. Solche Substanzen haben die Tendenz, den Kontakt mit Wasser möglichst klein zu halten und sich in nicht-polarer Umgebungen, z.B. an einer Oberfläche oder in einem organischen Partikel, zu assoziieren. Viele organischen Substanzen, z.B. Seife, Detergentien, Fett-, Fulvin- und Huminsäuren und langkettige Alkohole, haben Molekülteile mit sowohl hydrophobem wie auch hydrophilem Charakter; sie sind amphipatisch. Um den Kontakt mit dem Wasser zu vermindern, akkumulieren sie an Grenzflächen oder assoziieren sich mit sich selbst und bilden Mizellen. Man spricht von hydrophober Bindung, obschon dieser Name zu Missverständis führen kann, da die Anziehung nicht-polarer Gruppen an Oberflächen und andere nicht-polare Gruppen nicht auf einer speziellen Affinität dieser Gruppen, sondern auf den attraktiven Wechselwirkungen der H_2O-Moleküle aufeinander beruhen, die überwunden werden müssen, um eine Substanz im Wasser zu lösen.

10.3 Adsorption aus der Lösung

Die Oberflächenspannung
Moleküle an der Oberfläche oder der Grenzfläche des Wassers werden von anderen Molekülen angezogen; daraus ergibt sich eine

Anziehung in das Innere des Wassers und eine Tendenz, die Anzahl der Moleküle in der Oberfläche oder Grenzfläche zu verringern. Deswegen muss Arbeit geleistet werden, um Moleküle aus der Bulkphase an die Grenzfläche zu bringen oder um die Grenzfläche zu erhöhen. Die minimale Arbeit, die geleistet werden muss, um eine Zunahme der Oberfläche $d\bar{A}$ zu bewirken, ist $\gamma d\bar{A}$, wobei γ die Oberflächen- oder Grenzflächenspannung oder Grenzflächenenergie [N cm^{-1}] oder [J cm^{-2}] (1 N (Newton) = 10^5 dyn) ist. γ ist also die Gibbs-freie Reaktionsenthalpie der Grenzfläche (bei konstanter Temperatur, T, Druck, p, Anzahl Mole, n):

$$\gamma = \left(\frac{\delta G}{\delta \bar{A}}\right)_{T,p,n} \quad (2)$$

Daraus lässt sich eine Beziehung (Gibbs-Gleichung) zwischen dem Ausmass der Adsorption an der Grenzfläche und der Veränderung der Oberflächen- oder Grenzflächenspannung ableiten:

$$\Gamma_i = -\frac{1}{RT}\left(\frac{\delta \gamma}{\delta \ln a_i}\right)_{T,p} \quad (3)$$

wobei Γ_i = Oberflächenkonzentration [mol cm^{-2}] oder genauer der Oberflächenüberschuss gegenüber einem Referenzzustand (bei reinem Wasser ist die Adsorptionsdichte von H_2O = 0) ist.

    R = die Gaskonstante,
    T = absolute Temperatur
    γ = die Oberflächenspannung oder Oberflächenenergie
    a_i = die Aktivität der Spezies i (meistens können Konzentrationen verwendet werden)

Qualitativ sagt Gleichung (3), dass eine Substanz die die Oberflächenspannung (Grenzflächenspannung) reduziert [$(\delta\gamma/\delta \ln a_i) < 1$], an der Oberfläche (Grenzfläche) adsorbiert wird. Elektrolyte haben die Tendenz γ (leicht) zu erhöhen; aber fast alle organischen Moleküle und insbesondere oberflächenaktive Substanzen, (Fettsäuren, Detergentien etc.) erniedrigen die Oberflächenspannung (Abbildung 10.1).

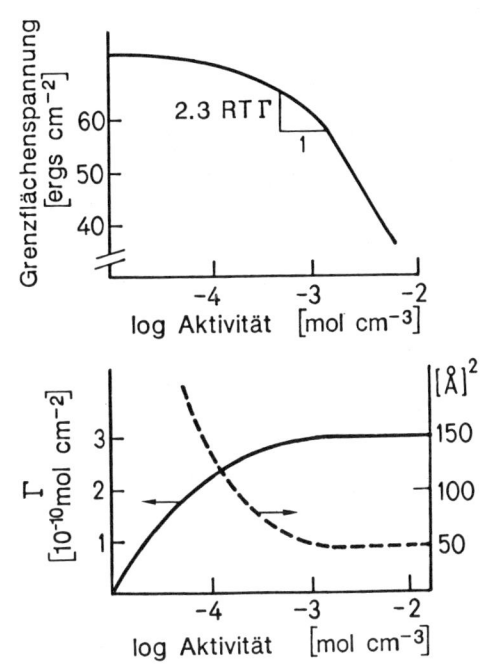

Abbildung 10.1
Die Oberflächenkonzentration Γ (der Oberflächenüberschuss) und die spezifische Oberfläche (Fläche pro adsorbiertes Molekül) kann aus der Veränderung der Grenzflächenspannung mit Zunahme der Aktivität (Konzentration) (semilogarithmische Auftragung von γ vs log a) abgeleitet werden (Gleichung 3).

Amphipatische Moleküle (die sowohl hydrophobe und hydrophile Gruppen enthalten) orientieren sich an Grenzflächen. An der Wasser-Luft-Oberfläche orientieren sich die hydrophilen Gruppen zum Wasser und die hydrophoben Reste zur Luft. Bei Fest-Wasser-Grenzflächen hängt es von der relativen Affinität der Gruppierungen für das Wasser und die Grenzfläche ab.

Die Langmuir-Adsorptionsisotherme
Die einfachste Annahme bei der Adsorption geht davon aus – wir folgen hier der Argumentation von F.M.M. Morel, *Principles of Aquatic Chemistry*, Wiley Interscience, New York, 1983 – dass Adsorptionsplätze, S, an der Oberfläche eines Festkörpers (Adsorbens) durch die zu adsorbierenden Spezies aus der Lösung, A, (Adsorbat) mit einer 1:1-Stöchiometrie besetzt werden:

$$S + A \rightleftarrows SA \qquad (4)$$

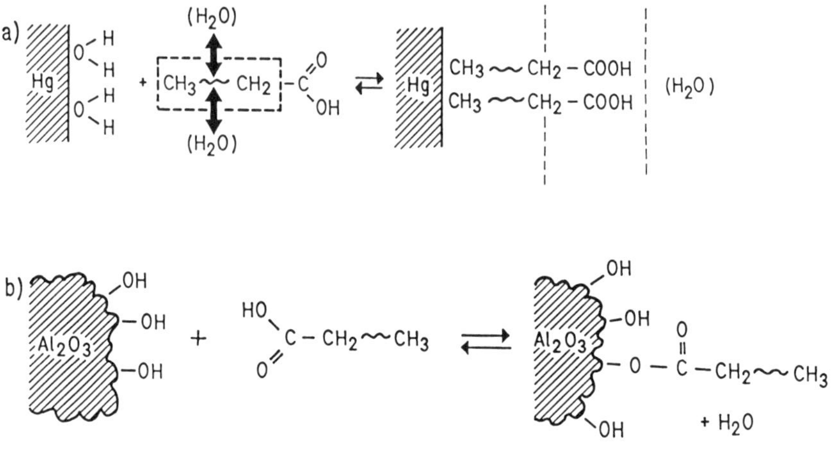

Abbildung 10.2
Adsorption von Fettsäuren an 2 Modelloberflächen:
a) An der nicht-polaren Quecksilberoberfläche führt die hydrophobe Wechselwirkung zwischen der Kohlenwasserstoffkette und der Wasserphase zu einer Verdrängung der direkt an das Hg angrenzenden H$_2$O-Moleküle und zur Adsorption der Fettsäuren an die Hg-Oberfläche.
b) An der polaren Al$_2$O$_3$-Oberfläche werden die kürzeren (nicht-langkettigen) Fettsäuren spezifisch adsorbiert, weil die Carboxylatgruppen - durch Ligandenaustausch - die Oberflächen-OH-Gruppen des Al$_2$O$_3$ ersetzen. Wenn die Kette der CH$_2$-Gruppen genügend gross (mehr als 8 CH$_2$-Gruppen) überwiegt der hydrophobe Effekt und langkettige Fettsäuren werden unspezifisch und mit ihren Carboxylatgruppen in Richtung Bulk-Wasser adsorbiert.
(Von H.J. Ulrich, W. Stumm und B. Cosović, Env. Sci. and Technol., *22*, 37-41, 1988).

wobei S die Anzahl Oberflächenplätze des Adsorbens, A die Konzentration des Adsorbats in Lösung und SA die Oberflächenkonzentration der mit Adsorbaten besetzten Plätze angibt. S und SA können in mol pro Liter Lösung oder in mol pro Oberfläche ausgedrückt werden; wir wählen hier vorerst mol/l. Wenn die Aktivität der Oberflächenspezies S und SA proportional ihrer Konzentration sind, können wir auf (4) das Massenwirkungsgesetz anwenden:

$$\frac{[SA]}{[S][A]} = K_{ads} = \exp\left(-\frac{\Delta G^o_{Ads}}{RT}\right) \qquad (5)$$

Ferner können wir von einer maximalen Anzahl Oberflächenplätze, S_T, ausgehen:

$$S_T = [S] + [SA]$$

so dass

$$[SA] = S_T \frac{K_{ads}[A]}{1 + K_{ads}[A]} \quad (6)$$

ist. Falls wir eine Oberflächenkonzentration Γ = [SA]/Masse Adsorbens, und die maximal mögliche Oberflächenkonzentration Γ_{max} = S_T/Masse Adsorbens definieren, ergibt sich:

$$\Gamma = \Gamma_{max} \frac{K_{ads}[A]}{1 + K_{ads}[A]} \quad (7a)$$

In dieser Form ist Gleichung (7) als Langmuir-Isotherme bekannt. Sie wird häufig auch formuliert als:

$$\frac{\Theta}{1 - \Theta} = K_{ads}[A] \quad (7b)$$

wobei

$$\Theta = \frac{[SA]}{S_T}$$

Die Bedingungen für die Erfüllung einer Langmuir-Adsorptionstherme sind: i) thermisches Gleichgewicht bis zur Bildung einer Monoschicht, $\Theta = 1$ (ii) Die Energie der Adsorption ist unabhängig von Θ. (Gleiche Aktivität aller Oberflächenplätze) (Abbildung 10.3).

Die Freundlich-Gleichung ist häufig praktisch, um Adsorptionsdaten empirisch in einem log Γ vs log [A] Graph graphisch wiederzugeben:

$$\Gamma = m[A]^n \quad (8)$$

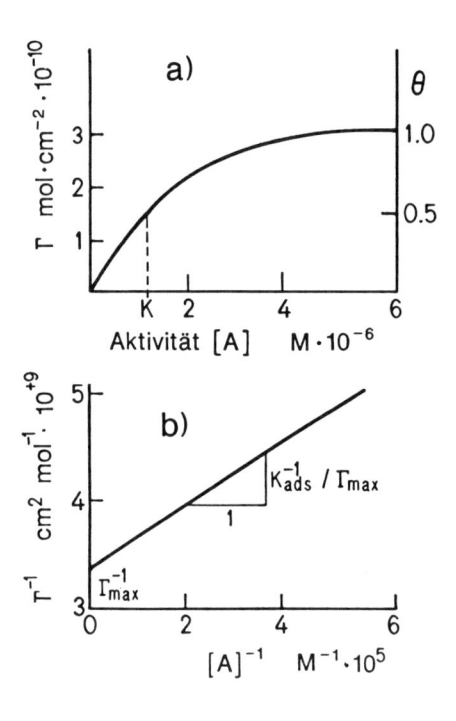

Abbildung 10.3
a) Langmuir-Adsorptionsisotherme (Gleichung (7))
b) durch die Auftragung der Gleichung (7a) in der reziproken Form:
$$\frac{1}{\Gamma} = \frac{1}{\Gamma_{max}} + \frac{1}{K_{ads}\,\Gamma_{max}\,[A]}$$
werden Γ_{max} und K_{ads} bestimmt

obschon auch diese Gleichung theoretisch abgeleitet und interpretiert werden kann (Abbildung 10.4).

10.4 Partikel in natürlichen Gewässern

In natürlichen Gewässern sind immer feste Teilchen in grosser Anzahl vorhanden. Sie bestehen einerseits aus biologischem Material (Algen, Bakterien, biologisches Debris) und anderseits aus anorganischen Verbindungen: Tonmineralien, Oxide und Hydroxide (z.B. Al_2O_3, $Fe(OH)_3$, MnO_2 etc.), Carbonate. Der Grössenbereich dieser Partikel erstreckt sich über mehrere Grössenordnungen, mit Durch-

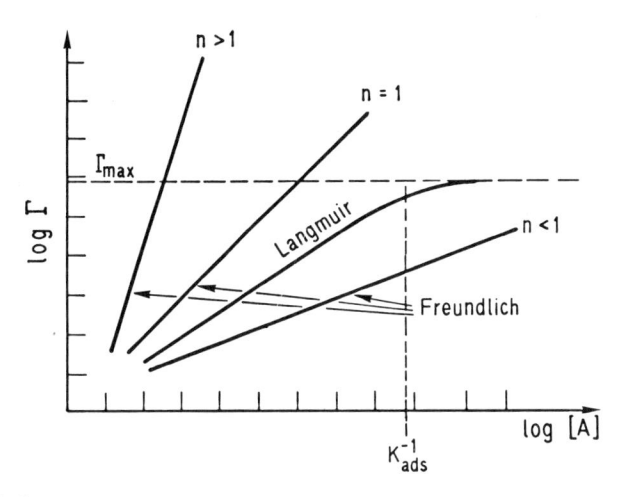

Abbildung 10.4
Auftragung von Adsorptionsdaten in der Form der Freundlich-Gleichung (8) für
n < 1 (typisch), n = 1 und n > 1
Zum Vergleich ist auch eine Langmuir-Isotherme (doppelt logarithmisch) aufgetragen

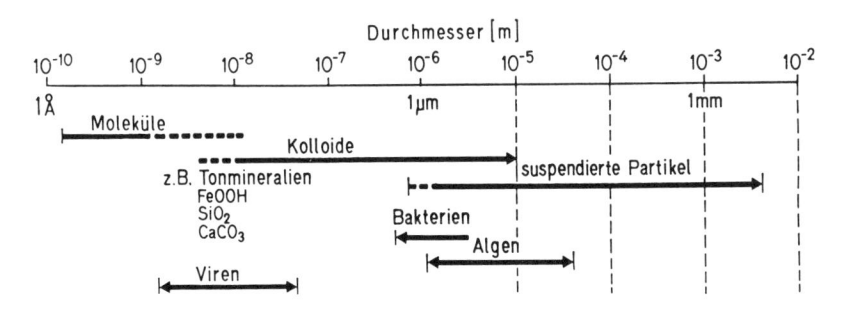

Figur 10.5
Grössenspektrum von Partikeln in natürlichen Gewässern

messern von ca. < 0.1 µm bis mehrere mm (Abbildung 10.5). Die Reaktivität dieser Partikel in Bezug auf Grenzflächenprozesse hängt mit ihrer spezifischen Oberfläche zusammen, die mit abnehmendem Durchmesser zunimmt; d.h. kleine Partikel mögen mengenmässig unwichtig, für Reaktionen an den Grenzflächen aber wesentlich sein. Die relative Anzahl der Partikel verschiedener Grössenklassen kann durch eine Partikelgrössenverteilung angegeben werden, wobei die kleinsten Partikel zahlenmässig überwiegen. Diese Verteilung kann auch als spezifische Oberfläche pro Grössenklasse dargestellt werden (Abbildung 10.6).

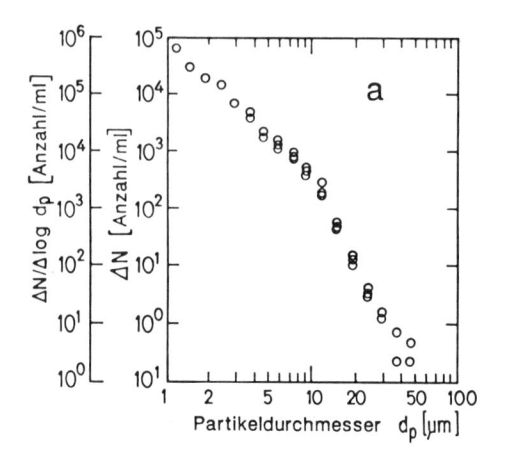

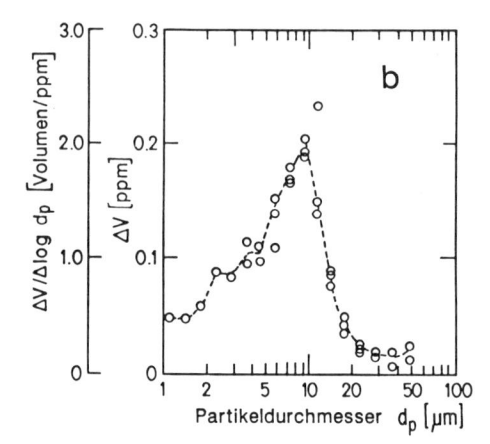

Abbildung 10.6
Beispiel einer Partikelgrössenverteilung:
a) Anzahl Partikel pro Grössenklasse;
b) Volumen pro Grössenklasse. Die grösste Anzahl der Partikel befindet sich in der kleinsten Durchmesserklasse, während beim Volumen ein Maximum für die Grössenklassen 5 –10 µm resultiert.
Diese Partikelgrössenverteilung wurde in einer Wasserprobe aus dem Zürichsee (135 m, 1.9.85) gemessen.
(Aus: Diss. U. Weilenmann, 1986)

10.5 Oxidoberflächen: Säure-Base-Reaktionen, Wechselwirkung mit Kationen und Anionen

Oxide (Eisen-, Mangan-, Aluminiumoxide usw.) sind wichtige Bestandteile der Partikel, die in natürlichen Gewässern vorkommen. Ihre oberflächenchemischen Eigenschaften sind besonders gut untersucht. In wässrigem Medium bilden Oxide hydratisierte Oberflächen (Abbildung 10.7). Dadurch entstehen oberflächenständige OH-Gruppen, an denen verschiedene chemische Reaktionen möglich sind. Die Anzahl dieser OH-Gruppen hängt mit der Struktur des jeweiligen Oxids zusammen. Typischerweise findet man ca. 4 – 10 OH-Gruppen/nm^2; die spezifische Oberfläche beträgt für kleine Teilchen ca. 10 – 100 m^2/g, so dass ca. $10^{-4} - 10^{-3}$ mol OH-Gruppen pro Gramm Oxid resultieren.

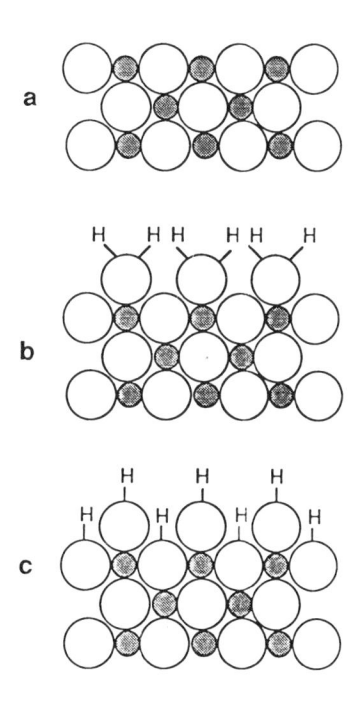

Abbildung 10.7.
Schematische Darstellung einer hydratisierten Oxidoberfläche
a) Metallionen an der Oberfläche sind koordinativ nicht gesättigt, so dass Wassermoleküle adsorbiert werden;
b) durch Dissoziierung eines Protons bilden sich OH-Gruppen, die die Oberfläche bedecken.
(Aus: P. Schindler, in: *Adsorption of Inorganics at the Solid/Liquid Interface.* M. Anderson and A. Rubin, Eds., Ann Arbor Science, 1981)

Diese OH-Gruppen reagieren zunächst, je nach pH-Bereich, als Säure oder als Base, d.h. sie sind amphoter. Diese Reaktionen können folgendermassen formuliert werden:

$$\equiv S\text{-}OH_2^+ \rightleftarrows \equiv S\text{-}OH + H^+ \quad Ka_1^s \quad (9)$$
$$\equiv S\text{-}OH \rightleftarrows \equiv S\text{-}O^- + H^+ \quad Ka_2^s \quad (10)$$

wobei $\equiv SOH$ eine Oberflächen-OH-Gruppe bedeutet. Dementsprechend werden Säurekonstanten für diese OH-Gruppen definiert:

$$Ka_1^s = \frac{\{\equiv S\text{-}OH\}[H^+]}{\{\equiv S\text{-}OH_2^+\}} \quad (11)$$

$$Ka_2^s = \frac{\{\equiv\text{S--O}^-\}[\text{H}^+]}{\{\equiv\text{S-OH}\}} \tag{12}$$

Die Oberflächenkonzentrationen $\{\equiv \text{S-OH}\}$ werden in mol/g, mol/kg (der festen Phase) oder mol/m^2 (spezifische Oberfläche) ausgedrückt.

Durch Austausch mit den Protonen können Kationen an diesen OH-Gruppen gebunden werden, ähnlich wie bei Liganden in Lösung:

$$\equiv\text{S-OH} + \text{M}^{2+} \rightleftarrows \equiv\text{S-OM}^+ + \text{H}^+ \qquad K_1^s \tag{13}$$

$$2\ \equiv\text{S-OH} + \text{M}^{2+} \rightleftarrows (\equiv\text{SO})_2\text{M} + 2\,\text{H}^+ \qquad \beta_2^s \tag{14}$$

Dabei werden Protonen freigesetzt. Die Konstanten für die Bindung der Kationen an den Oberflächen-OH-Gruppen werden definiert als:

$$K_1^s = \frac{\{\equiv\text{S-OM}^+\}[\text{H}^+]}{\{\equiv\text{S-OH}\}[\text{M}^{2+}]} \qquad \beta_2^s = \frac{\{\equiv(\text{SO})_2\text{M}\}[\text{H}^+]^2}{\{\equiv\text{S-OH}\}^2[\text{M}^{2+}]} \tag{15}$$

Bei diesen Reaktionen handelt es sich häufig um die Bildung von innersphärischen Komplexen (Abbildung 10.8). Spektroskopische Untersuchungen an geeigneten Oberflächenkomplexen (z.B. ESR (Electron Spin Resonance) und ENDOR (Elektron Nuclear Double Resonance) and EXAFS (X-Ray Adsorption Fine Structure Spectroscopy)) können Einsicht in die strukturelle Konfiguration der Oberfläche geben.

Die Tendenz, Oberflächenkomplexe zu bilden, hängt mit der Tendenz zur Bildung entsprechender Komplexe in Lösung zusammen, insbesondere für die Kationen mit der Tendenz zur Bildung von OH-Komplexen. Aussersphärische Komplexe im Gegensatz dazu entsprechen der Bildung von Ionenpaaren in Lösung und sind vorwiegend durch elektrostatische Kräfte bestimmt.

Anionen und schwache Säuren können durch Ligandenaustausch gebunden werden, indem OH-Gruppen der Oberfläche ersetzt werden:

$$\equiv\text{S-OH} + A^{2-} \rightleftarrows \equiv\text{S-A}^- + OH^- \quad K_1^s \qquad (16)$$

$$2 \equiv\text{S-OH} + A^{2-} \rightleftarrows \equiv S_2A + 2\,OH^- \quad \beta_2^s \qquad (17)$$

mit den entsprechenden Gleichgewichtskonstanten:

$$K_1^s = \frac{\{\equiv\text{S-A}^-\}[OH^-]}{\{\equiv\text{S-OH}\}[A^{2-}]} \qquad \beta_2^s = \frac{\{\equiv S_2A\}[OH^-]^2}{\{\equiv\text{S-OH}\}^2[A^{2-}]} \qquad (18)$$

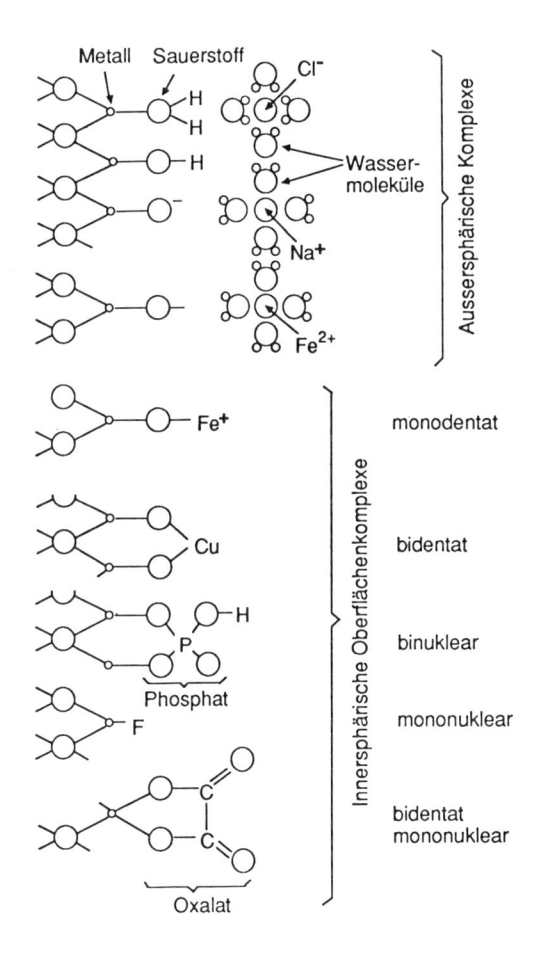

Abbildung 10.8.
Schematische Darstellung der Bindung von Kationen und Anionen an einer wässrigen Oxid- oder Aluminiumsilikatoberfläche

Die Bindung der Kationen an einer Oxidoberfläche erfolgt entsprechend Gleichung (15) pH-abhängig innerhalb eines pH-Bereichs, der von den jeweiligen Konstanten K_1^s und β_2^s sowie von den Konzentrationsverhältnissen abhängt (Abbildung 10.9). Das Ausmass der Bindung nimmt mit zunehmendem pH zu.

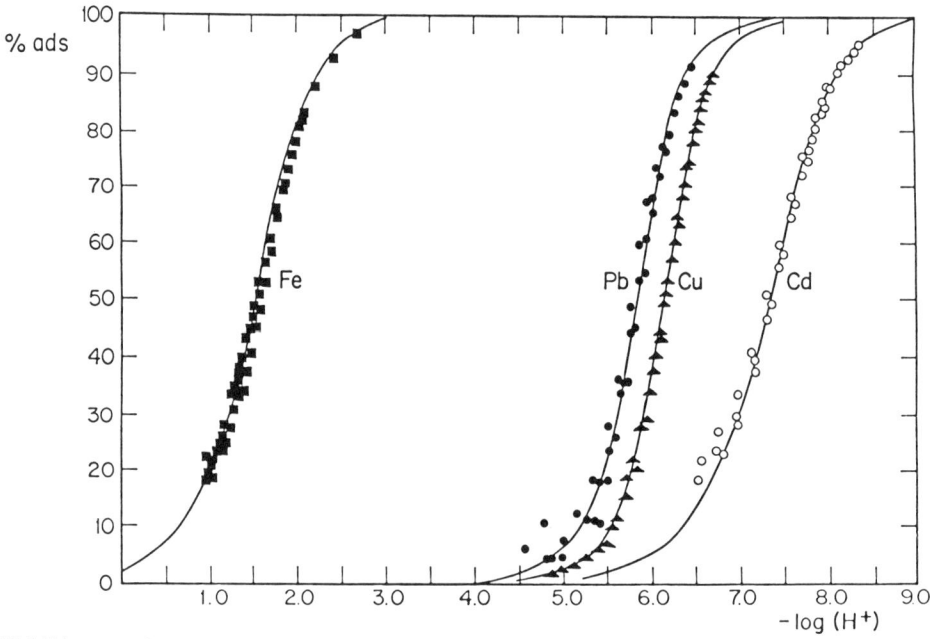

Abbildung 10.9.
pH-Abhängigkeit der Adsorption verschiedener Kationen auf SiO_2
(Aus: P. Schindler et al., J. Colloid Interf. Sci. *55*, 469, 1976)

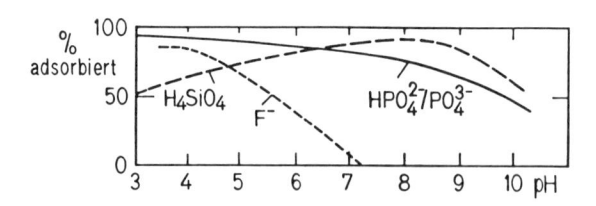

Figur 10.10
pH-Abhängigkeit der Adsorption verschiedener Anionen und schwacher Säuren auf α-FeOOH (Fluorid, Phosphat, Kieselsäure)
Das Maximum der Adsorption befindet sich in der Nähe von pH = pKa der entsprechenden schwachen Säure; bei mehrprotonigen Säuren (z.B. H_3PO_4) findet die Adsorption über einen weiten pH-Bereich statt.

Die Bindung von Anionen nimmt mit abnehmendem pH zu; bei schwachen Säuren kann der Ligandenaustausch mit Säure-Base-Reaktionen kombiniert sein, so dass die Bindung über einen grossen pH-Bereich möglich ist (Abbildung 10.10). Es tritt dadurch ein Maximum der Adsorption in der Nähe von pH = pKa-Wert der entsprechenden Säure auf.

Da aber bei solchen Oberflächenreaktionen verschiedene Gruppen an einer Oberfläche sich gegenseitig beeinflussen können, sind die Konstanten für die Bildung der Oberflächenkomplexe von der Oberflächenladung abhängig (Abstossung oder Anziehung durch geladene Oberflächengruppen).

10.6 ELEKTRISCHE LADUNG AUF OBERFLÄCHEN

Die elektrische Ladung auf einer Oberfläche kann im Prinzip verursacht werden durch:
a) isomorphe Substitution im Kristallgitter;
b) chemische Reaktionen an der Oberfläche.
Im ersten Fall ist die Ladung strukturbedingt – z.B. die Substitution eines Al für ein Si in einem Silikatgerüst bewirkt eine negative Ladung – und unabhängig von der Zusammensetzung der Lösung; dieser Fall tritt vor allem bei Tonmineralien auf. Im zweiten Fall können sowohl Säure-Base- wie Adsorptionsreaktionen zur Oberflächenladung beitragen. Reaktionen an Oxidoberflächen wie:

$$\equiv SOH + H^+ \rightleftarrows \equiv SOH_2^+ \qquad (9)$$

$$\equiv SOH + Me^{2+} \rightleftarrows \equiv SOMe^+ + H^+ \qquad (13)$$

ergeben eine positive bzw. negative Ladung auf der Oberfläche. Die Ladung ist dann von der Zusammensetzung der Lösung und den an der Oberfläche ablaufenden Reaktionen abhängig.

In der Nähe elektrisch geladener Oberflächen wird eine Gegenladung in der Lösung aufgebaut; Wassermoleküle orientieren sich entsprechend der Dipolladung. Verschiedene Modelle beschreiben diese elektrische Doppelschicht in bezug auf ihre Struktur und auf den Zusammenhang zwischen Ladung und Potential. Zwei einfache Modelle sollen hier kurz vorgestellt werden (Abbildung 10.11):

a) *Konstante Kapazität:* Es wird angenommen, dass die Ionen mit Gegenladung sich in einer starren Schicht in einem bestimmten Abstand von der Oberfläche befinden; eine lineare Beziehung zwischen Oberflächenladung und Potential wird angenommen (diese Vorstellung entspricht derjenigen eines Plattenkondensators): $\sigma_0 = \kappa \cdot \psi_0$, wo σ_0 = Oberflächenladung (C m^{-2}), ψ_0 = Oberflächenpotential (V) und κ = Kapazität der Doppelschicht (F m^{-2}). Bei der Bildung geladener Oberflächenkomplexe mit Anionen und Kationen wird in diesem Modell angenommen, dass diese sich direkt an der Oberfläche befinden und zur Oberflächenladung gerechnet werden.

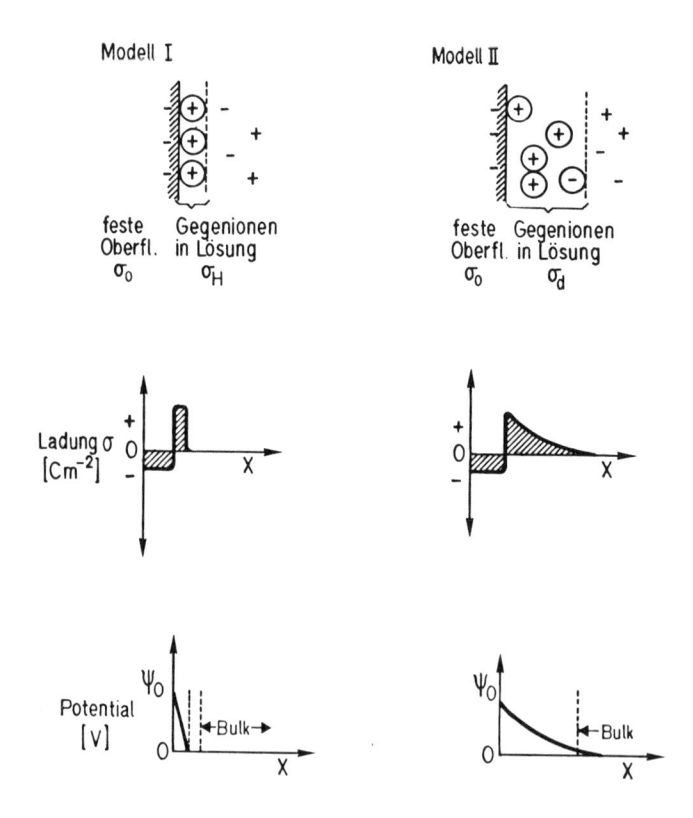

Abbildung 10.11
Zwei einfache Modelle der Doppelschicht in der Nähe einer geladenen Oberfläche
Modell I: Konstante Kapazität oder Helmholtz-Doppelschicht mit einer starren Schicht von Gegenionen;
Modell II: Gouy-Chapmann-Modell der diffusen Verteilung von Gegenionen.

b) *Gouy-Chapman-Modell:* Hier werden die elektrischen Kräfte und die thermische Bewegung berücksichtigt, um die Verteilung der Gegenionen in der Nähe der Oberfläche zu beschreiben. Es resultiert eine diffuse Verteilung der Gegenionen in der Doppelschicht (Abbildung 10.11). In diesem Fall ist die Kapazität vom Potential abhängig.

Die Oberflächenladung z.B. eines Oxids kann auf verschiedene Arten gemessen werden. Sie kann aufgrund der Konzentrationen der adsorbierten Spezies (H^+, Me^{2+}) berechnet werden. Sie ist auch durch eine Messung der elektrophoretischen Mobilität (Geschwindigkeit der Partikel in einem elektrischen Feld) experimentell zugänglich, wobei aber eine quantitative Angabe der Oberflächenladung etwas schwierig ist.* Von besonderem Interesse ist in diesem Zusammenhang der Punkt, an dem die Oberflächenladung null wird, d.h. wo Σ (positive Ladungen) = Σ (negative Ladungen), da in diesem Fall z.B. die elektrische Abstossung zwischen verschiedenen Partikeln wegfällt; der pH, bei dem dies der Fall ist, wird als pH_{ZPC} (point of zero charge) bezeichnet. Dieser Punkt ist für Oxide in Abwesenheit spezifischer Adsorption charakteristisch. Durch die spezifische Adsorption verschiebt sich der pH_{ZPC}.

Um die Effekte der Oberflächenladung auf die Bindung von Kationen und Anionen zu berücksichtigen, wird von der freien Energie der Adsorptionsreaktion ausgegangen, die in zwei Terme aufgeteilt wird, nämlich die intrinsische freie Energie bei Oberflächenladung = null und die elektrische freie Energie

$$\Delta G_{Adsorption} = \Delta G_{intrinsisch} + \Delta G_{elektrisch} \qquad (19)$$

$$\Delta G_{Adsorption} = -2.3 RT \cdot \log K^s \qquad (20)$$

$$\Delta G_{elektrisch} = z \cdot F \cdot \psi_0 \qquad (21)$$

---

* Aus der elektrophoretischen Mobilität kann das *Zeta-Potential* (ζ-Potential) abgeleitet werden. Das Zeta-Potential gibt die Potentialdifferenz zwischen der Oberfläche und der Lösung an der Schärebene, d.h. der mit dem Partikel sich bewegenden Wasserenveloppe. Diese Distanz an der Wasseroberfläche kann nicht genau definiert werden. Das ζ-Potential ist üblicherweise kleiner als das Oberflächenpotential, ψ_0.

mit: z = Ladung des Ions und F = Faradaykonstante

Das Oberflächenpotential ψ_0 ist nicht direkt zugänglich; es muss aus der Oberflächenladung berechnet werden. Dazu wird häufig das Modell der konstanten Kapazität verwendet.

Daraus resultiert aus Gleichungen (19) und (21):

$$\log K^s = \log K^s_{intr.} - \frac{z \cdot F}{2.3 \cdot RT} \cdot \psi_0 \qquad (22)$$

$$\log K^s = \log K^s_{intr.} - \frac{z \cdot F}{2.3 \cdot RT \cdot \kappa} \cdot \sigma_0 \qquad (23)$$

Die Oberflächenladung σ_0 und die Kapazität κ sind experimentell zugänglich, so dass eine Korrektur des Ladungseffekts mit dieser Beziehung möglich ist.

Beispiel 10.1:
Adsorption von Pb^{2+} auf einer Aluminiumoxidoberfläche
Die Bindung an Oberflächenliganden wird analog zur Komplexbildung in Lösung behandelt. Eine Korrektur für die Oberflächenladung wird bei der Berechnung berücksichtigt. In diesem Fall werden die folgenden Reaktionen einbezogen:

$\equiv AlOH_2^+$	$\rightleftarrows$	$\equiv AlOH + H^+$	$K^s_{a_1}$ intr.	$= 10^{-7.2}$
$\equiv AlOH$	$\rightleftarrows$	$\equiv AlO^- + H^+$	$K^s_{a_2}$ intr.	$= 10^{-9.5}$
$\equiv AlOH + Pb^{2+}$	$\rightleftarrows$	$AlOPb^+ + H^+$	K^s_1 intr.	$= 10^{-2.2}$
$2 \equiv AlOH + Pb^{2+}$	$\rightleftarrows$	$(\equiv AlO)_2Pb + 2H^+$	β^s_2 intr.	$= 10^{-8.1}$

β^s_2 intr. ist definiert als:

$$\beta^s_2 = \frac{\{(\equiv AlO)_2Pb\} [H^+]^2}{\{\equiv AlOH\}^2 [Pb^{2+}]} \quad \text{mit der Dimension kg } \ell^{-1}$$

$[\equiv AlOH]\,[mol/\ell] = \{\equiv AlOH\} \cdot A\,[mol \cdot kg^{-1} \times kg \cdot \ell^{-1}]$
mit A = Konz. des festen Aluminiumoxides in Suspension [kg ℓ^{-1}]

Bei Berechnung aller Konzentrationen in mol ℓ^{-1} muss dementsprechend β^s_2 umgerechnet werden:

$$\beta^s_2 \cdot \frac{1}{A} = \frac{[(\equiv AlO)_2Pb] \cdot [H^+]^2}{[\equiv AlOH]^2 [Pb^{2+}]}$$

Dementsprechend kann nun das Tableau formuliert werden; das Oberflächenpotential wird als Komponente eingesetzt, um die Konstanten entsprechend Gleichung (22) zu korrigieren. Die Oberflächenladung ist durch die Summe der geladenen Oberflächenspezies gegeben; das Potential muss daraus mit dem gewählten Modell (konstante Kapazität oder Gouy-Chapman) berechnet werden.

Tableau 10.1 Adsorption von Pb^{2+} an Aluminiumoxid

($A = 1.10^{-3}$ kg ℓ^{-1}; $\{\equiv AlOH\} = 0.5$ mol kg^{-1}; $[Pb^{2+}]_T = 1.10^{-7}$ mol ℓ^{-1})

		$\equiv$AlOH	Pb^{2+}	$f(\psi)$	H^+	log K
1	$\equiv$AlOH	1				0
2	$\equiv AlOH_2^+$	1		1	1	7.2
3	$\equiv AlO^-$	1		−1	−1	−9.5
4	$\equiv AlOPb^+$	1	1	1	−1	−2.2
5	$(\equiv AlO)_2Pb$	2	1	0	−2	−8.1 −log A
6	Pb^{2+}		1			0
7	$PbOH^+$		1		−1	−7.7
8	H^+				1	0

Konzentrationsbedingungen:

$\qquad$ 1 $\qquad\qquad\qquad\qquad$ $[\equiv AlOH]_T = 5.10^{-4}$ mol $\cdot \ell^{-1}$
$\qquad\qquad\qquad$ 1 $\qquad\qquad\qquad$ $[Pb]_T = 1.10^{-7}$ mol $\cdot \ell^{-1}$

$f(\psi) = e^{-F\psi/RT}$
Oberflächenladung: $\sigma_{o_T} = \{\equiv AlOH_2^+\} + \{\equiv AlOPb^+\} - \{\equiv AlO^-\}$

Die Verteilung der verschiedenen Oberflächenspezies als Funktion des pH ist in Abbildung 10.12 gegeben. Bei pH > 7 liegt Pb praktisch vollständig als $(\equiv AlO)_2$ Pb vor.

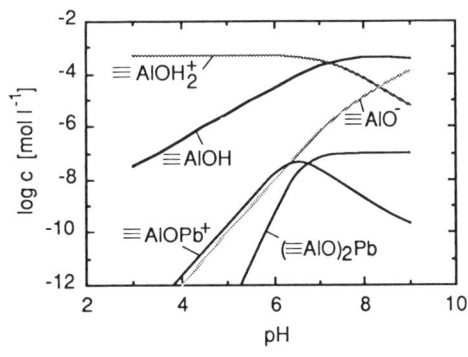

Abbildung 10.12
Oberflächenspezies als Funktion des pH für $[\equiv AlOH]_T = 5.10^{-4}$ mol ℓ^{-1} und $Pb_T = 1.10^{-7}$ mol ℓ^{-1}

10.7 Oberflächenchemie und Reaktivität; Kinetik der Auflösung und der Bildung fester Phasen

Wie wir gezeigt haben (Figuren 10.6 und 10.7), bestehen an der Partikel-Wassergrenzfläche sowohl elektrostatische wie auch chemische Wechselwirkungen mit gelösten Substanzen. Bei der chemischen Wechselwirkung sind die koordinativen Reaktionen mit den funktionellen oberflächenständigen Gruppen, die spezifische Adsorption von H^+, OH^- und Kationen and Anionen, von grosser Bedeutung (vgl. Abbildung 10.8).

Die in der Natur vorkommenden Prozesse sind häufig durch Prozesse an der Oberfläche, und nicht durch Transportprozesse, kinetisch kontrolliert. Die Oberflächenprotonierung führt zu einer Beschleunigung der Auflösungsreaktion, da die Protonierung der O- und OH-Gruppen in der Nachbarschaft des Zentral-Metallions an der Oberfläche zu einer Polarisierung des Kristallgitters führt. Ebenfalls kann die Deprotonierung der Oberfläche (hoher pH der Lösung) zu einer Beschleunigung der Auflösung (z.B. von Al_2O_3, Fe_2O_3, SiO_2) führen. Ein mononuklearer Oberflächenchelat (vgl. Oxalat-Oberflächenkomplex, Gleichung (24)) erhöht die Auflösungsgeschwindigkeit signifikant. Andererseits blockiert ein oberflächengebundenes Metallion (z.B. Al(III), Cr(III) Oberflächengruppen) die funktionellen Gruppen und verlangsamt die Auflösung. Ebenfalls kann ein binuklearer Oberflächenkomplex (Beispiel Phosphat) die Auflösung behindern, da gleichzeitig zwei Oberflächenzentren losgelöst werden müssen.

Die Oberflächenstruktur beeinflusst aber auch die Kinetik von Redoxprozessen. Z.B. wird ein innersphärisch gebundenes Fe(II) durch O_2 viel schneller oxidiert als ein aussersphärisches. Ebenso können an der Oberfläche gebundene Ester besonders schnell hydrolysiert werden. Ebenso werden viele Prozesse an der Oberfläche photochemisch katalysiert.

Kinetik der Auflösung von Oxiden und Aluminiumsilikaten
Die liganden-beeinflusste Auflösung. Liganden können die Auflösung beschleunigen. Dies trifft besonders bei Liganden zu, welche Oberflächenchelate (ringförmige Oberflächenkomplexe) bilden können, wie z.B. Dicarboxylsäuren, Hydroxycarbonsäuren, aromatische

Diphenole (z.B. Oxalsäure, Zitronensäure, Salicylsäure, Brenzkatechin).

$$\text{Al}\begin{matrix}OH_2\\OH\end{matrix} + C_2O_4^{2-} + H^+ \rightleftharpoons \text{Al}\begin{matrix}O-C=O\\O-C=O\end{matrix} + 2H_2O \qquad (24)$$

Die Auflösungsreaktion kann durch das Schema der Abbildung 10.13 illustriert werden.

Die protonen-katalysierte Auflösung
Abbildung 10.14 illustriert die protonenkatalysierte Auflösung der Oxide.

Die Auflösung von Eisen(III)(hydr)oxiden; ihre Bedeutung im See und im Boden
Eisenoxide sind wesentliche und wichtige Bestandteile der Erdkruste. Dementsprechend haben gelöste und ungelöste Eisenverbindungen grosse Bedeutung für die natürlichen Gewässer, insbesondere für Seen und deren Sedimente, bei der Verwitterung der Gesteine sowie den Bodenbildungsprozessen. Das bei der Verwitterung von eisenhaltigen Mineralien freigesetzte Eisen wird vorwiegend in Form von Oxiden ausgeschieden. Unter dem Begriff Oxide werden hier auch die Hydroxide und Oxid-Hydroxide zusammengefasst; im System Wasser und Boden spielen vor allem Goethit (α-FeOOH), Haematit (α-Fe_2O_3) und schlecht kristalliertes "Eisen-Hydroxid", heute als Ferrihydrit bezeichnet, eine Rolle. Das Fe(III)-(hydr)oxid ist so schwerlöslich, dass weniger als 1 µg/ℓ lösliches Fe(III) vorliegt. Unter anoxischen Bedingungen ist Eisen als Fe^{2+} bis zu Konzentrationen von einigen µmol ℓ^{-1} löslich. Der Kreislauf des Eisens in Böden und Seen wird zu einem erheblichen Teil durch das Wechselspiel von Reduktions- und Auflösungsprozessen (Stagnation) einerseits und von Fällungsprozessen (Zirkulation) andererseits dominiert (s. Abbildung 10.15).

Die wichtigsten Prozesse in Gewässern und Böden vollziehen sich an der Grenzfläche Wasser/Festkörper, dies gilt besonders auch für Redoxprozesse, die durch Grenzflächen beeinflusst oder katalysiert werden. Die in der Natur vorkommenden Mangan- und Eisenoxide

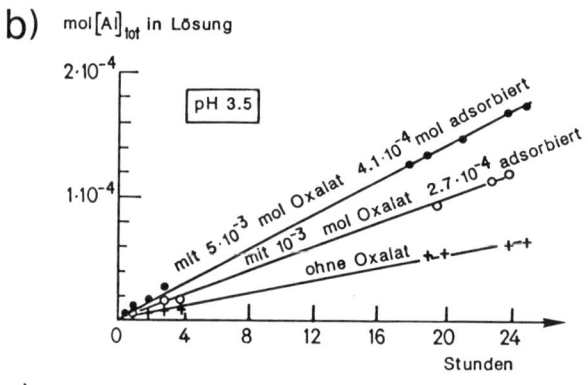

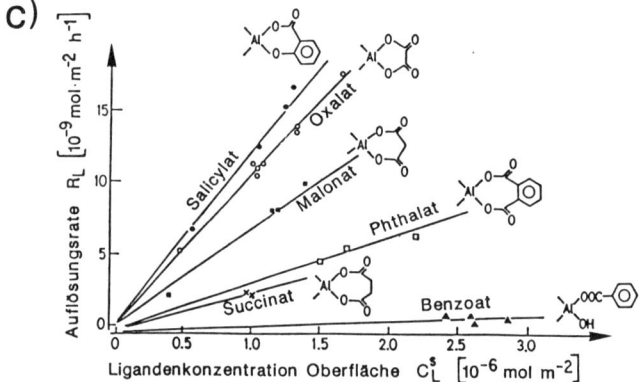

Abbildung 10.13

a) Die ligandenkatalysierte Auflösung eines dreiwertigen Metall(hydr)oxids. Einem schnellen Ligandenaustausch durch einen bidentaten Liganden folgt als geschwindigkeitsbestimmender Schritt die Loslösung des Metallcenters von der Oberfläche (Reaktion 2); eine nachfolgende Oberflächenprotonierung führt zu einer Rekonstitution der ursprünglichen Oberfläche. (Die Darstellung des (Hydr)oxides ist vereinfacht schematisch.)

b) Repräsentative Messungen der Al(III)(aq)-Konzentration in Lösung als Funktion der Zeit bei konstantem pH und verschiedener Oxalatkonzentration. Die Auflösungskinetik ist gegeben durch eine Reaktion nullter Ordnung. Bei Konstanz der Lösungsvariablen ist die Auflösungsrate, R_L, gegeben durch die Neigung in der [Al(III)] vs Zeit Kurve, konstant.

c) Entsprechend der Stationärzustandsbedingung des Schemas a) und der Reaktion 2 ist die Auflösungsrate proportional der Oberflächenkonzentration des Liganden, C_L^s:

$$R_L = \frac{d[Al(III)(aq)]}{dt} = k_L C_L^s$$

(W. Stumm und G. Furrer in: *Aquatic Surface Chemistry,* Wiley-Interscience, New York, 1987)

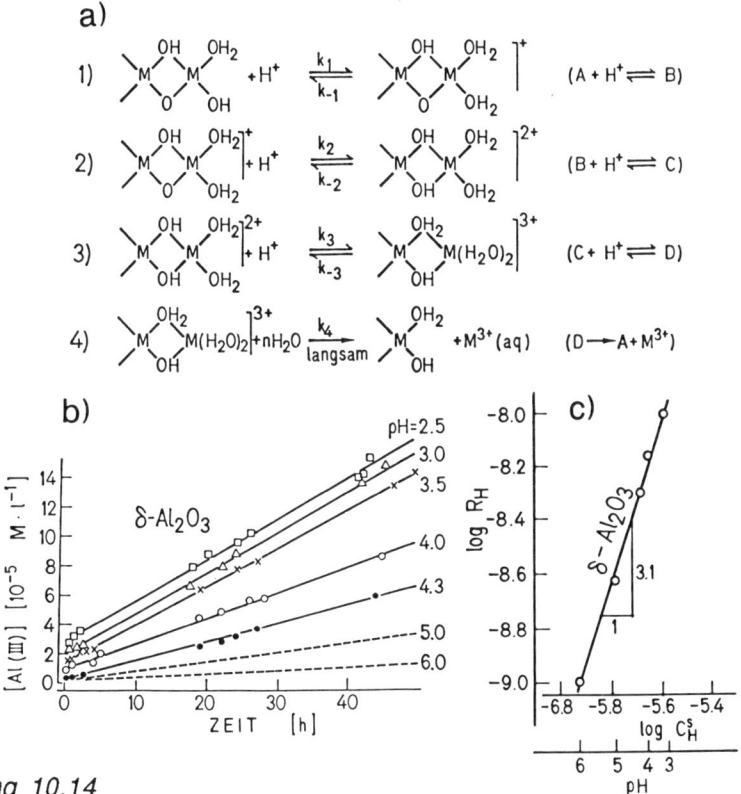

Abbildung 10.14
Die H^+-katalysierte Auflösung eines Oxides
a) Die schnelle Protonierung der Oberflächen-OH- und O-Gruppen (Reaktion 1 – 3) führt zu einer Polarisierung des Kristallgitters in der Nähe des Oberflächenmetallzentrums. Die Loslösung des Metallzentrums erfolgt langsam, als geschwindigkeitsbestimmender Schritt. Danach ist die ursprüngliche Oberflächenstruktur wieder hergestellt, so dass ein steady state während der Auflösung erhalten werden kann.
b) Die Auflösung $d[Al(III)(aq)]/dt$ ist für jeden pH konstant.
c) Die Auflösungsrate, R_{H}, [mol m^{-2}h^{-1}] ist in diesem Fall proportional der Oberflächenprotonierung hoch drei, $R_H = (C_H^s)^3$. Dieses Geschwindigkeitsgesetz wurde auch für Fe_2O_3 und $Fe(III)OOH$ gefunden. Für BeO ist die Rate proportional zu $(C_H^s)^2$.
(G. Furrer und W. Stumm, Geochim. Cosmoch. Acta. *50*, 1847–1860, 1986)

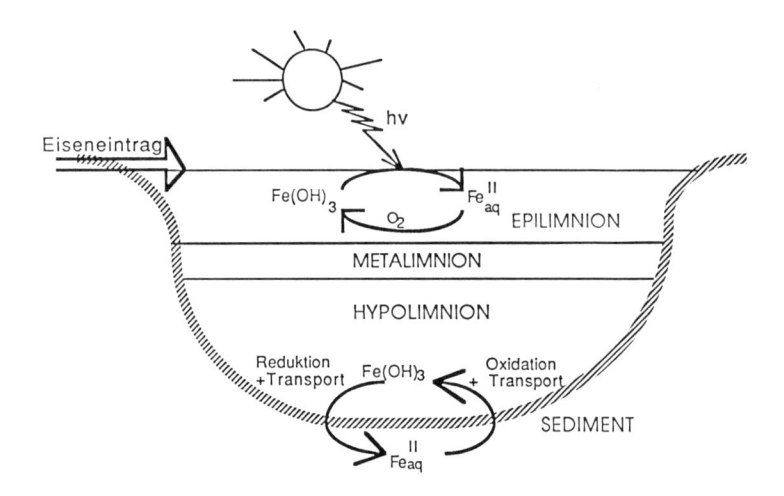

Abbildung 10.15
Transformationen des Eisens in einem See während der Sommerstagnationsperiode
In einem anoxischen Sediment (tiefes Redoxpotential) eines Sees werden Eisen-(III)oxide in Gegenwart von Reduktionsmitteln (aus Abbauprodukten von biologischem Material) reduktiv aufgelöst. Das so entstandene gelöste zweiwertige Eisen diffundiert nach oben in Richtung geringerer Fe^{II}-Konzentration. Erreicht das Redoxpotential im Porenwasser oder in der Wassersäule wieder höhere Werte, z.B. in Gegenwart von gelöstem Sauerstoff, so wird das gelöste Fe^{II} oxidiert, und bei den pH-Bedingungen, wie sie in einem durchschnittlichen schweizerischen See üblich sind, fällt es erneut als Oxid aus und wird durch Sedimentation zum Teil wieder aus der Wassersäule entfernt.
Unter dem Einfluss des Sonnenlichts können im oxischen Epilimnion Eisen(III)-oxide auch in Gegenwart von jenen organischen Verbindungen reduktiv aufgelöst werden, die im Dunkeln keine Reduktion von Fe^{III} bewirken. Auch hier wird Fe^{II}(aq) durch Sauerstoff wieder zu dreiwertigem Eisen oxidiert und fällt als Eisen(III)oxid aus. Falls die lichtinduzierte Auflösung mit genügend grosser Wirksamkeit erfolgt, so wird durch Licht eine stationäre Fe^{II}-Konzentration in der obersten Schicht eines Sees aufrecht erhalten. Diese Vorgänge im Epilimnion wurden allerdings noch wenig untersucht.
Eisen wird vorwiegend durch die Flüsse in einen See eingetragen, während dieser eine "Falle" für das Eisen ist.

haben zumeist grosse spezifische Oberflächen (bis zu einigen hundert $m^2 g^{-1}$), weshalb ihnen eine besondere Bedeutung bei den genannten Reaktionen zukommt. Aufgrund ihrer Adsorbenseigenschaften haben Fe^{III}-Oxide die Fähigkeit, Schwermetallionen und andere reaktive Spezies, insbesondere Phosphat, aber auch organische Säureanionen, an sich zu binden. In Seen ist der Kreislauf des Eisens deshalb mit dem Kreislauf des Phosphats gekoppelt.

Aerobe Sedimente sind Senken für das Phosphat, während im anaeroben Teil eines Sees das Eisenoxid reduktiv gelöst wird und so das daran adsorbierte Phosphat in die Lösung gelangt. Auch in Böden spielt das Eisen bei der Bindung des Phosphats eine wichtige Rolle.

Katalyse von Redoxprozessen an Oxidoberflächen
Die Oxidation von Ionen der Übergangselemente Fe^{2+}, Mn^{2+} und von VO^{2+} hängt von der Speziierung ab. Die Oxidierung durch O_2 ist in homogener Lösung pH-abhängig, da typischerweise die Oxidationsrate von z.B. $VOOH^+$ um Grössenordnungen schneller ist als diejenige von VO^{2+}. Bei konstantem P_{O_2} gilt:

$$-\frac{d[V(IV)]}{dt} = k_{exp} \frac{[V(IV)]}{[H^+]} = k'_{exp} [VOOH^+] \tag{26}$$

(s. Abbildung 10.16).

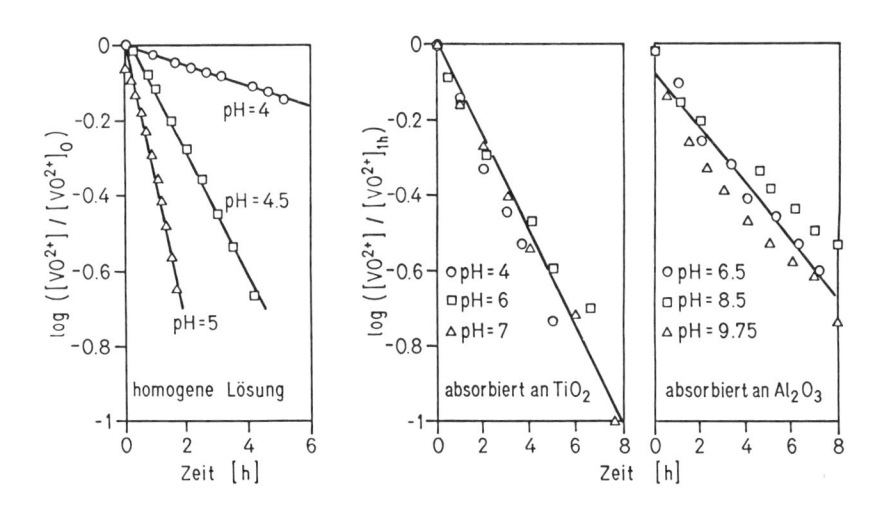

Abbildung 10.16
Typische kinetische Daten über die Oxidation von Vanadyl (25° C). Halblogarithmische Darstellung der Reaktion erster Ordnung.
Die Oxidation des Vanadyls in Gegenwart von TiO_2 oder Al_2O_3 ist nicht mehr pH-abhängig.
(Nach B. Wehrli und W. Stumm, Langmuir, *4*, 753–758, 1988)

In Gegenwart von Oberflächen übernimmt die Oberfläche, d.h. die OH-Gruppe der Oberfläche, gewissermassen die Funktion des OH-Ions und die Gleichung lautet:

$$-\frac{d\{V(IV)\}}{dt} = k'' \{VO(OAl\equiv)_2\} \tag{27}$$

wobei {} die Konzentration an der Oberfläche darstellt.

Die Halbleiteroberfläche; ihr Einfluss auf licht-induzierte Redoxprozesse

Viele der in natürlichen Gewässern vorkommenden Partikel, insbesondere Oxide, wie z.B. TiO_2 und Fe(III)(hydr)oxide und Sulfide (CdS, FeS_2) haben Halbleitereigenschaften. Wie wir gesehen haben, sind Metalloxide, z.B. Fe(III)(hydr)oxide, an Redoxreaktionen beteiligt (Abbildung 10.14). Zum Beispiel wird das $Fe(OH)_3$ durch Reduktionsmittel reduziert; dabei findet an der Oberfläche des Fe$(OH)_3$ ein Elektronentransfer statt, d.h. einzelne Fe(III)-Ionen an der Oberfläche des Kristallgitters werden zu Fe(II) reduziert (was zur teilweisen Auflösung des $Fe(OH)_3$ führt), und das – in der Regel mindestens vorübergehend an die Oberfläche adsorbierte – Reduktionsmittel wird oxidiert.

Die Absorption von zusätzlicher Energie in Form von Licht durch die Oberfläche des Festkörpers oder durch Chromophoren (chemische Gruppierung, die Licht absorbieren kann) an der Fest-Wassergrenzfläche kann Redoxprozesse induzieren oder beschleunigen. Solche Prozesse sind von Bedeutung bei der reduktiven Auflösung von Fe(III)- und Mn(III,IV)(hydr)oxiden (Tabelle 8.4, Abbildung 10.15) bei der Oxidation von $SO_2 \cdot H_2O$ oder HSO_3^- in atmosphärischem Wasser und der nicht-biotischen Degradierung von refraktären organischen Verbindungen.

Die Halbleitereigenschaften der Partikeloberflächen können bei der Photoredoxchemie eine Rolle spielen. Deshalb diskutieren wir hier kurz und vereinfacht einige wichtige Aspekte der Reaktionen, die an Halbleiteroberflächen stattfinden können.

Die Leitung des elektrischen Stromes in einem Leiter erfolgt durch die Verschiebung von Elektronen. Ein teilweise unbesetztes Energieband ist die Voraussetzung, dass Elektronen verschoben werden können. Unterschiede in der Leitfähigkeit verschiedener Festkörper sind darauf zurückzuführen, dass diese Substanzen über vakante oder teilweise gefüllte Energiebänder verfügen. In Abbildung 10.16 ist die Elektronenenergie gegenüber der interatomischen Distanz aufgetragen. In einem Gedankenexperiment bringen wir die Gitterbestandteile des Festkörpers (wie wenn sie ein Gas wären) näher zusammen bis zur Distanz d_{sc}. Bei dieser Distanz besteht ein Energieabstand, ein sogenannter Energie-Gap zwischen dem Leitfähigkeitsband und dem Valenzband, der von einer ähnlichen Grössenordnung ist wie die thermische Energie der Elektronen; d.h. der Energie-Gap ist genügend gering, dass durch thermische Einflüsse auf die Elektronen oder durch Absorption von Licht Valenzelektronen (Elektronen, die für die Bindung der Atome verantwortlich sind) angeregt und aus dem Valenzband in das Leitfähigkeitsband transferiert werden können; dort finden diese Elektronen, e^-, genügend vakante Energiezustände, in die sie sich hineinverschieben können. Im Leitungsband sind die Elektronen deshalb frei beweglich wie Leitungselektronen in einem Metall. Im Valenzband ist eine *Elektronenlücke,* h^+, (englisch ein "hole") entstanden. Diese kann natürlich auch wandern, wenn Elektronen aus Nachbarbindungen in diese Lücke springen. Wenn man ein elektrisches Feld anlegt, bewegen sich die Elektronen im Leitungsband und die Elektronenlücke (das Defektelektron) im Valenzband in entgegengesetzter Richtung. Der Bandabstand, der sogenannte Band-Gap, ist abhängig von der Temperatur und vom Festkörper. Er beträgt bei Zimmertemperatur einige Millivolt bis ca. 1 Volt (bei Silizium). Durch Verunreinigungen, Elektronendonoren oder Elektronenakzeptoren, können Störstellen auftreten, welche die Halbleitereigenschaften verändern.

Wir werden am Beispiel der reduktiven Auflösung des Fe(III)(hydr)oxides durch Oxalat illustrieren, wie das Licht die Redoxreaktion ermöglicht (B. Sulzberger et. al., Chimia *42*, 257, 1988). Die Lichtabsorption führt allgemein zu einer Redoxdisproportionierung (wie auch bei der Photosynthese), d.h. die durch das Licht verursachte Anregung bewirkt eine mehr oder weniger grosse Verschiebung der Elektronendichte, einen Charge-Transfer bei dem ein Konstituent etwas mehr oxidiert ist und entsprechend ein anderer Konstituent etwas mehr reduziert ist. Bei der Redoxreaktion des Fe(III)(hydr)oxides mit Oxalat kann (1) der Halbleiter oder (2) der Oxalat-

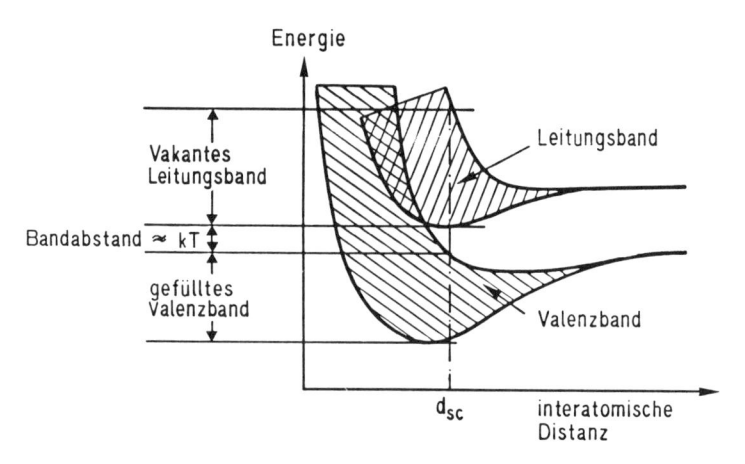

Abbildung 10.17
Das Band-Modell eines Halbleiters mit der interatomischen Distanz d_{sc}
(Nach Bockris und Reddy, *Modern Electro Chemistry Plenum,* New York, 1970)

Oberflächenkomplex >$Fe^{III}-O_x$ durch das Licht angeregt werden. Im ersten Fall kann die Anregung durch das Licht beim Halbleiter zur Disproportionierung in e^- und h^+ führen. Das erstere wirkt reduzierend (Bildung von Fe(II)), das letztere oxidierend (Oxidation von Oxalat zu einem Radikal), wie nachfolgendes Schema illustriert.

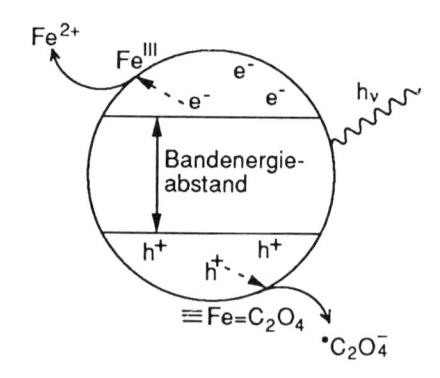

Im zweiten Fall führt die Lichtabsorption zu einem angeregten Oberflächenkomplex, der dann disproportioniert (man spricht von einem Liganden zu Metall Charge Transfer (LMCT), da die Elektronen vom Liganden zum Metall verschoben werden).

$$2\left(>Fe^{III} - C_2O_4^-\right) \xrightarrow{h\nu} 2\left(>Fe^{III} - C_2O_4\right)^* \rightarrow 2\left(>....\right) +$$

$$2\,Fe^{2+}(aq) + C_2O_4^{2-} + 2\,CO_2$$

In beiden Fällen führt die Lichtabsorption zu einer Oxidation des adsorbierten Liganden und einer Reduktion des Fe(III) an der Oberfläche des Festkörpers. (Für detaillierte Unterlagen siehe B. Sulzberger: Photoredox Reactions at Hydrous Metal Oxide Surfaces; A Surface Coordination Chemistry Approach in *"Aquatic Chemical Kinetics"*, Wiley-Interscience, New York, 1990.)

10.8 Tonmineralien; Ionenaustausch

Die mechanische und chemische, teilweise inkongruente, Auflösung von Gesteinen führt zur Bildung von Partikeln grosser spezifischer Oberfläche, die zusammen mit organischem Material (Humus) wichtige Bestandteile unserer Böden ausmachen. Ein grosser Teil des Wassers auf dem Weg von der Atmosphäre zu Flüssen, Seen und Grundwasser ist mit den Böden in längerem Kontakt. Die Wechselwirkung Wasser – Boden ist für die Bodenbildung und die Zusammensetzung des Wassers wichtig.

Die Tonmineralien sind dominante Bestandteile der Böden. Das erste Kapitel von Sposito's Buch (G. Sposito, *The Surface Chemistry of Soils,* Clarendon Press, Oxford, 1984) gibt eine ausgezeichnete Übersicht über Zusammensetzung, Struktur und Oberflächenchemie der Tonmineralien. Wir müssen uns hier darauf beschränken, einige besonders relevanten Eigenschaften der Tonmineralien zu skizzieren.

Etwas schematisierend können Tonmineralien der Polykondensate von $SiO_{4/2}$ Tetraedern mit $M(OH)_{6/2}$ Oktaedern betrachtet werden (Abbildung 10.18). In den Fraktionen der Indices in $SiO_{4/2}$ und $M(OH)_{6/2}$ bedeuten die Zähler die Koordinationszahl der O oder OH, welche das Metallion umgeben). Kaolinit ist eines der am häufigsten vorhanden Tonmineralien (Abbildung 10.20).

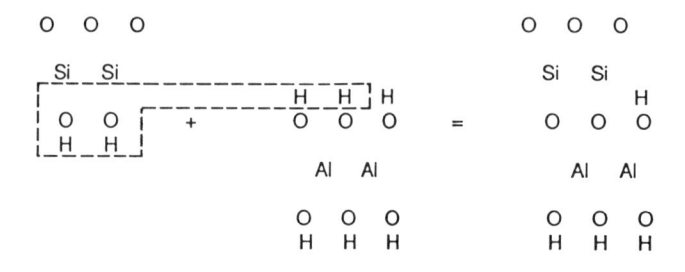

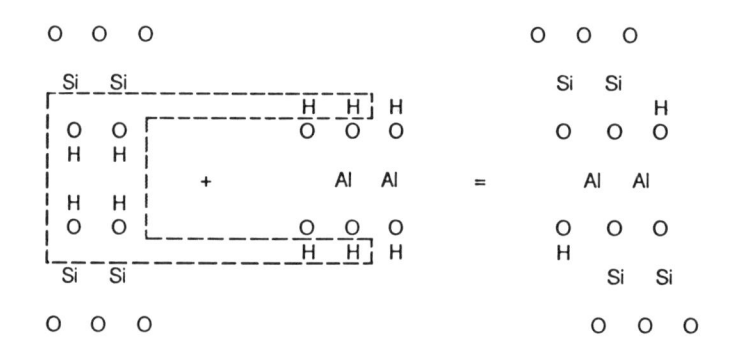

Abbildung 10.18
Tonmineralien als Kondensate von $Si_2O_3(OH)_2$ und $Al_2(OH)_6$
(Aus: Bolt und Bruggenwert, *Soil Chemistry*, Elsevier, Amsterdam, 1976)

Die funktionelle Gruppe an der Oberfläche der Tonmineralien

Die Vorstellungen der Abbildung 10.8 gelten auch für die Oberflächen der Tonmineralien; ausser-sphärische Komplexe (elektrostatische "Bindung") und inner-sphärische Komplexe (kovalent und elektrostatische Bindungen) werden mit den funktionellen Oberflächengruppen gebildet.

Die Siloxan di-trigonale Kavität

Die Ebene der Sauerstoffatome, welche eine tetraedrische Sili-

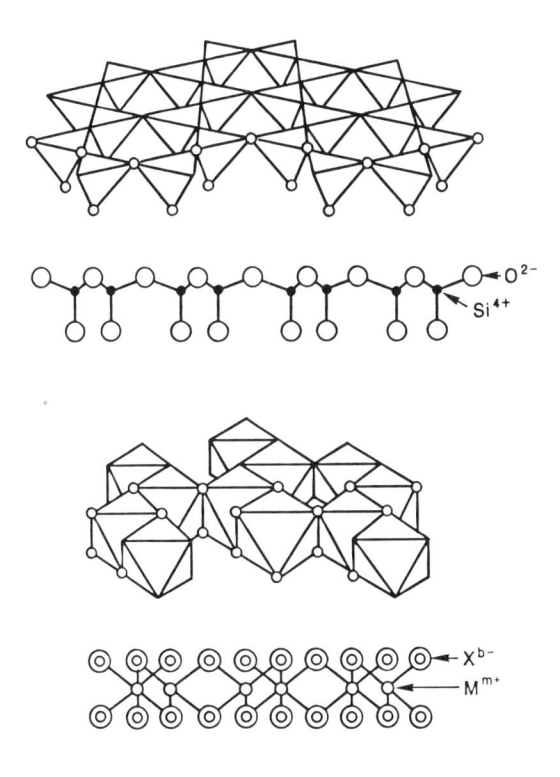

Abbildung 10.19
Die polymeren Strukturen der SiO_4^{4-}- und der $MX_6^{(m-6b)}$-Schichten
Unterhalb der dreidimensionalen Strukturen ist die Projektion entlang der kristallographischen a-Axe aufgezeichnet.
(Aus: G. Sposito, *Surface Chemistry of Soils,* Clarendon Press, Oxford, 1984)

ciumschicht binden, wird Siloxan-Oberfläche genannt. Diese Ebene ist charakterisiert durch eine gestörte hexagonale, (d.h. trigonale) Symmetrie. Die 6 Silicium-Tetraeder bilden im Innern eine ditrigonale Kavität (d ~ 0.26 µM), die von 6 einsamen Elektronenpaar-Orbitals der 6 O-Atome umgeben ist. Darum kann diese hexagonale Kavität als (weiche) Lewis Base (Elektron donor) interpretiert werden, die z.B. Wassermoleküle binden kann. Falls im darunterliegenden oktaedrischen Gerüst isomorphe Substitution von Al(III) durch Fe(II) oder Mg(II) erfolgt, ergibt sich daraus eine negative Ladung, die sich mehr oder weniger auf die 10 Oberflächensauer-

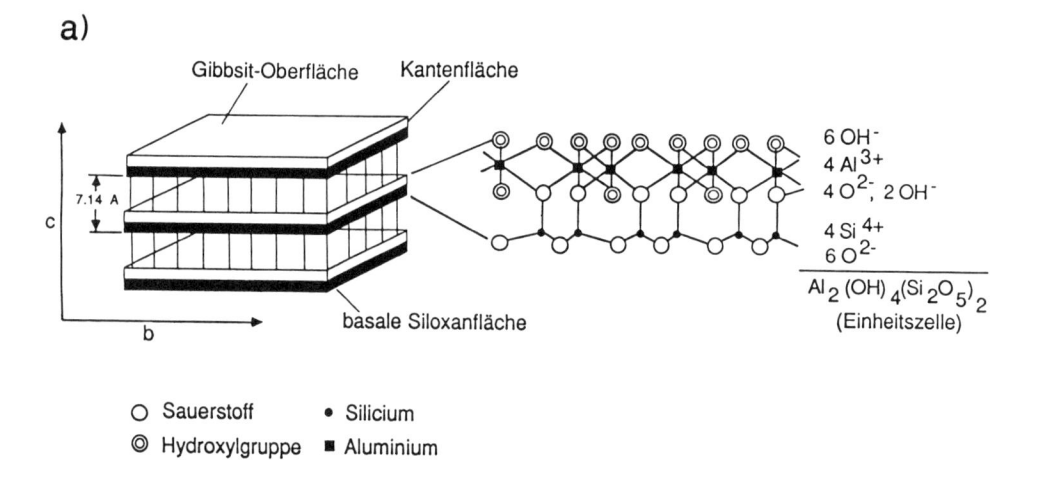

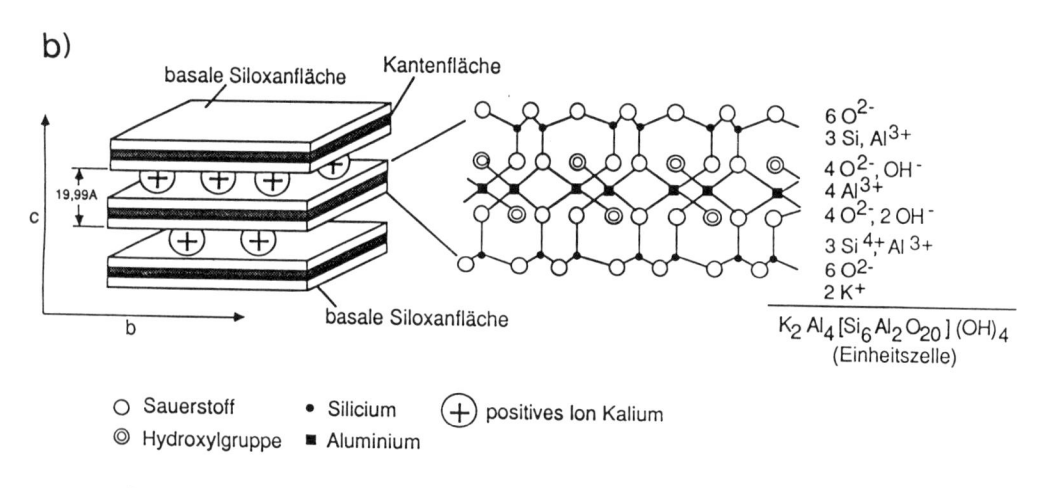

Abbildung 10.20

Struktur von Kaolinit und Muskovit

a) Schematische Darstellung der Kaolinitstruktur entlang der a-Achse (nach Cairns–Smith, 1985). Die linke Seite zeigt den Schichtaufbau der Kaolinitplättchen, die rechte Seite die Bindungssequenz der Atome innerhalb einer tetraedrisch-oktaedrischen Schicht (Gibbsit- und Siloxanschicht). Die stöchiometrischen Koeffizienten der Ionen beziehen sich auf die Einheitszelle.

b) Schematische Darstellung der Muskovitstruktur entlang der a-Achse (nach Cairns-Smith, 1985). Die linke Seite zeigt den Schichtaufbau der Glimmerplättchen, die rechte Seite die Bindungssequenz der Atome in einer tetraedrisch-oktaedrisch-tetraedrischen Schicht (Siloxan–Gibbsit–Siloxan). In Muskovit werden die benachbarten Schichten durch Kalium aneinandergebunden. Die stöchiometrischen Koeffizienten der Ionen beziehen sich auf die Einheitszelle.

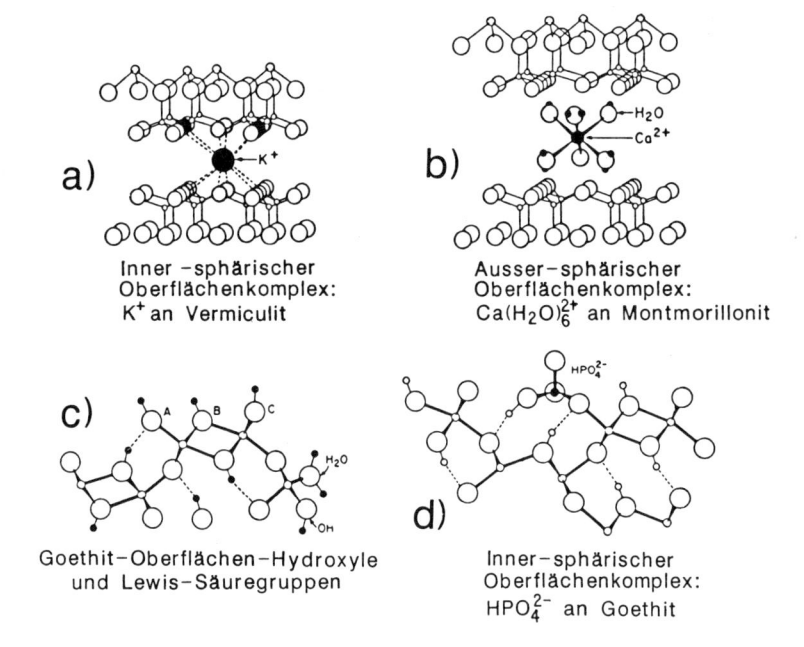

Abbildung 10.21
Oberflächenkomplexe mit Tonmineralien und Goethit
a) Inner-sphärischer Komplex K$^+$ an Vermiculit.
b) Ca(H$_2$O)$_6$ Aussersphärischer Komplex an Montmorillonit.
c) Oberflächenhydroxylgruppen an Goethit, die entweder einzeln (A-Typ), dreifach (B-Typ) oder zweifach (C-Typ) an Fe(III) koordiniert sind; ebenfalls eingezeichnet sind Lewis-Säuren-Gruppen.
d) Innersphärische Oberflächenkomplexe von Goethit, mit HPO$_4^{2-}$ an der A-Typ-Hydroxylgruppe.
(Nach G. Sposito, *Surface Chemistry of Soils,* Clarendon Press, Oxford, 1984)

stoffatome überträgt. Unter diesen Umständen kann die hexagonale Kavität zusätzlich zu Wasser ausser-sphärische Kationenkomplexe bilden. Wenn aber die isomorphe Subsitution von Si(IV) durch Al (III) in der tetraedrischen Schicht erfolgt, können stärkere innersphärische Komplexe gebildet werden. So können mit Glimmermineralien (Illit, Vermiculit) Kationen innersphärisch gebunden werden, während bei Smectiten (Montmorillonit) aussersphärische Kationen gebunden werden können.

Spezifische Oberfläche und Ionenbindungsvermögen

Die isomorphe Substitution in Tonmineralien führt zu Ladungsdichten von bis zu ca. 0.3 Coulombs Cm^{-2}. Das entspricht Kationenbindungskapazitäten von bis zu ca. 3 µeq m^{-2}.

Beispiel:
Die Oberflächenladung eines Kaolinits, in dessen negativer Si-Oberflächenschicht (s. Abbildung 10.19) 0.05 % aller Si-Atome durch Al(III) isomorph substituiert sind, kann wie folgt berechnet werden: 1 mol Kaolinit $(Al_2 Si_2 O_5(OH)_4)$ hat ein "Molekular"-gewicht von ca. 200 und enthält 2 mole Si-Atome. Dementsprechend enthält 1 g Kaolinit 5×10^{-6} mole Substitutionen oder Ladungs-Einheiten. Jedes mol Ladungseinheit entspricht 9.65×10^4 Coulomb, so dass 1 g Kaolinit eine solche Ladung von 0.5 C enthält. Eine typische spezifische Oberfläche von Kaolinit ist ca. 10 $m^2 g^{-1}$. Dementsprechend hat dieser Kaolinit ein Kationenbindungsvermögen vom 0.5 µEq m^{-2} oder eine Ladungsdichte von $\sigma = 5 \times 10^{-2}\ C_m^{-2}$.

Die intrinsische *Oberflächenladungsdichte* eines Tonminerals ist gegeben durch die Summe der permanenten strukturellen, durch isomorphe Substitution bedingte, Ladung funktioneller Gruppen, σ_o, und der Ladung, die durch Protonenbindung (und Dissoziationsreaktionen), σ_{H^+}, entsteht:

$$\sigma_{in} = \sigma_o + \sigma_{H^+} \qquad (28)$$

Dabei ist die intrinsische Oberflächenladungsdichte definiert als

$$\sigma_{in} = \frac{F(q_+ - q_-)}{S} \qquad (29)$$

wobei q_+ und q_- pro Gramm Tonmineral den adsorbierten Kationen- und Anionen Ladungseinheiten (mol/g^{-1}) entsprechen, S ist die spezifische Oberfläche $m^2 g^{-1}$, F ist das Faraday.

σ_H ist durch die Protonenbindung und Protonendissoziation an funktionellen Oberflächengruppen bestimmt:

$$\sigma_H = F(q_H - q_{OH}) / S \qquad (30)$$

Die intrinsische Oberflächenladungsdichte σ_{in} kann operationell abgeschätzt werden durch die Adsorption von Ionen aus einer Elektrolytlösung. Man spricht von *Kationenaustauschkapazität*, es muss aber berücksichtigt werden, dass diese experimentell bestimmte Kapazität vom pH der Lösung und der Art und der Konzentration des verwendeten Elektrolyten nicht unabhängig ist.

σ_H kann im Prinzip aus der gemessenen Adsorption (oder Resorption) von Protonen mit Hilfe von Titration mit Lauge oder Base bestimmt werden:

$$q_H - q_{OH} = \frac{C_A - C_B - [H^+] + [OH^-]}{C_s} \qquad (31)$$

wobei C_A und C_B die molaren Konzentrationen der zugegebenen Säure oder Base und C_s die Menge Tonmineral pro ℓ Lösung sind.

Ionenaustauschgleichgewichte

Die elektrische Doppelschichttheorie sagt richtig voraus, dass die Affinität der geladenen Oberfläche grösser ist für 2-wertige Ionen als für einwertige und dass diese Selektivität mit zunehmender Verdünnung zunimmt. Die relative Affinität wird oft durch formelle Anwendung des Massenwirkungsgesetzes auf die Austauschreaktionen zum Ausdruck gebracht.

$$2\{K^+R^-\} + Ca^{2+} \rightleftarrows \{Ca^{2+}R_2^{2-}\} + 2\,K^+ \qquad (32)$$

Tabelle 10.1 gibt die experimentell bestimmte Verteilung von Ca^{2+} und K^+ für drei verschiedene Tonmineralien.

Tabelle 10.1 Ionenaustausch von Tonmineralien mit Lösungen von $CaCl_2$- und KCl-äquivalenter Konzentration

Tonmineral	Austausch Kapazität	Verhältnis Ca^{2+}/K^+ an Tonmineral Konzentration der Lösung $2[Ca^{2+}] + [K^+]$, meq liter^{-1}			
	meq g^{-1}	100	10	1	0.1
Kaolinit	0.023	–	1.8	5.0	11.1
Illit	0.162	1.1	3.4	8.1	38.8
Montmorillonit	0.801	1.5	–	22.1	38.8

Ionenaustauschharze

Organische Ionenaustauschharze, die z.B. für die Wasserenthärtung gebraucht werden, sind Kunstharze (Polykondensate), deren organische Netzwerke zahlreiche funktionellen Säuren–$SO_3H \rightleftarrows -SO_3^-$ oder basische $-NH_3^+ \rightleftarrows -NH_2$-Gruppen enthalten.

Abbildung 10.22 gibt typische Austauschisothermen für den Austausch

$$2\{Na^+R^-\} + Ca^{2+} \rightleftarrows \{Ca^{2+}R_2^{2-}\} + 2Na^+ \tag{33}$$

in einem modernen Ionenaustauscherharz wieder.

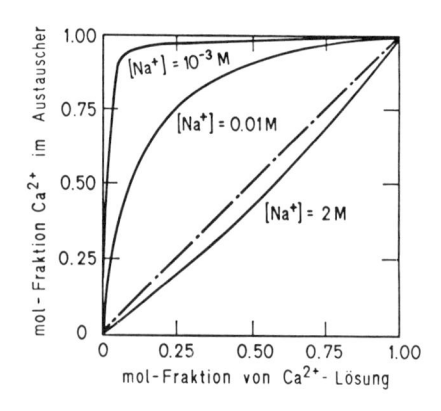

Abbildung 10.22
Austauschisothermen für den Austausch von Na^+ durch Ca^{2+} bei verschiedenen Konzentrationen der Lösungen

In grosser Verdünnung zeigt der Harz eine grosse Selektivität für Ca^{2+}. Diese Selektivität nimmt mit zunehmender Konzentration ab. Die gestrichelte 45°-Linie entspricht der Isotherme mit Null-Selektivität. Mit konzentrierten Lösungen kann das Harz regeneriert werden. Der Austausch ist umkehrbar.

10.9 Kolloidstabilität

Wie in Abbildung 10.6 illustriert, sind viele aquatische Partikel kleiner als 10 μm, d.h. sie sind Kolloide. Solche Partikel haben nach dem Stoke'schen Gesetz eine Absetzgeschwindigkeit von weniger als 10^{-2} cm s^{-1}. Im Zusammenhang mit Kolloiden hat das Wort *Sta-*

bilität eine andere Bedeutung als in der Thermodynamik. Kolloide werden stabil genannt, wenn sie langsam sind im Koagulieren zu grösseren Agglomeraten, d.h. wenn sie über eine ausgewählte Beobachtungsperiode in einem *Dispersions*zustand verbleiben.

Kolloide sind – sehr vereinfacht ausgedrückt – stabil, wenn sie elektrisch geladen sind. Bei hydrophilen Kolloiden, d.h. solchen die hydrophile (H_2O-liebende) funktionelle Gruppen an ihren Oberflächen haben, wie das z.B. bei Gelatine, Stärke, Proteinen und anderen Makromolekülen und Biokolloiden der Fall ist, kommt zusätzlich eine, teilweise auch sterisch bedingte, Stabilisierung durch die Affinität der funktionellen Gruppen zu H_2O hinzu.

Ein *physikalisches Modell* der Kolloidstabilität vergleicht die Van der Wal'sche Attraktion V_A mit der elektrostatisch repulsiven Wechselwirkung V_R (totale Wechselwirkung: $V = V_A + V_R$).

In erster Annäherung ist

$$V_A = - \text{prop} \frac{A}{d^2} \tag{34}$$

wobei A = Hamaker-Konstante (ca. 10^{-19} Joule)
und d = Distanz zwischen zwei Kolloiden, und

$$V_R = \text{prop} \frac{1}{\sqrt{I}} \tanh [k_1 \psi_d]^2 \exp(-k_2 d/\sqrt{I}) \tag{35}$$

wobei I = ionale Stärke,
ψ_d = Potential (Volt) an der Oberfläche des Kolloides (Potential ≈ prop Kapazität × Ladung)
und tanh = tangens hyperbolicus,
tanh x = $(e^x - e^{-x}/(e^x + e^{-x})$.

Für genauere Ableitungen siehe Tabelle 10.10 in W. Stumm and J. J. Morgan, *Aquatic Chemistry,* 2nd. Ed., Wiley Interscience, 1981.

Die Kolloidstabilität hängt vom Oberflächenpotential ψ_0 und von der ionalen Stärke der Lösung ab. Besonders wichtig ist dabei die Ladung der Gegenionen (Schulze-Hardy-Regel). Als Kriterium der

Kolloidstabilität wird häufig das Zeta-Potential (abgeschätzt aus Messungen der elektrophoretischen Mobilität der Partikel) verwendet. Das Zeta-Potential ist meistens geringer als ψ_0.

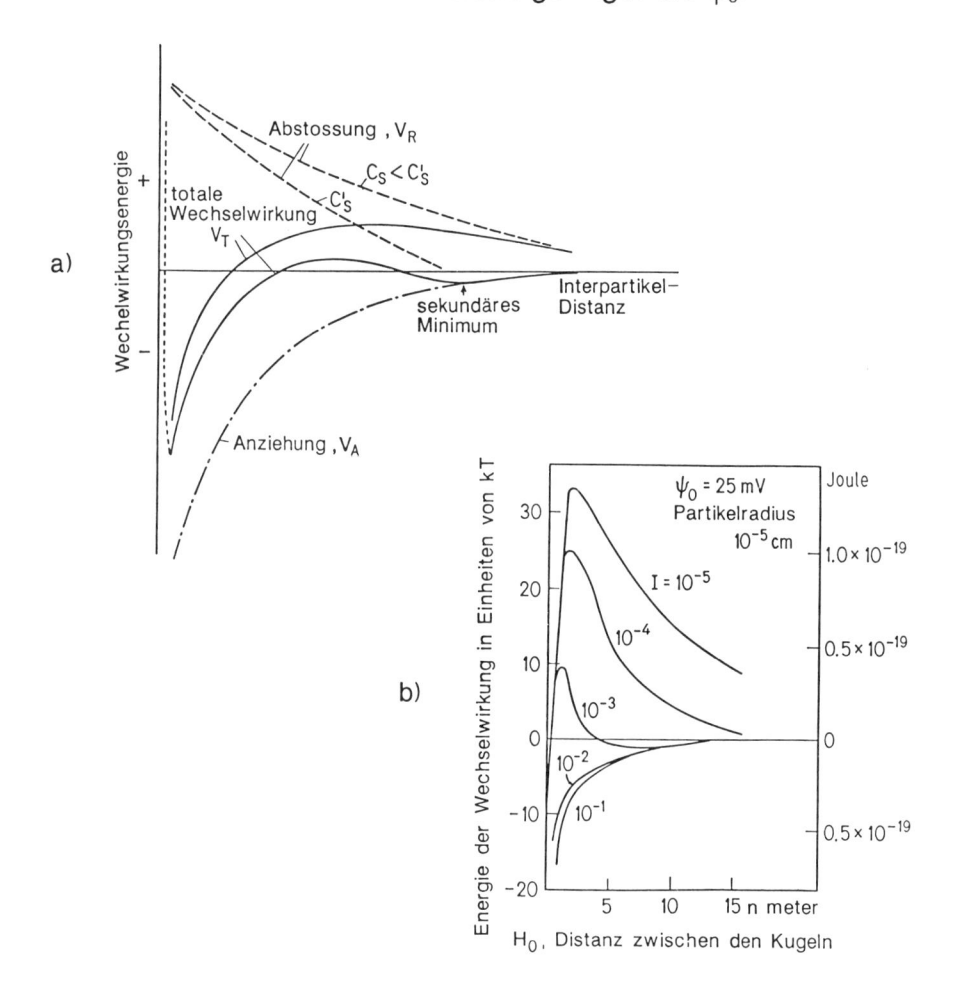

Abbildung 10.23

Physikalisches Modell für die Kolloidstabilität

a) Schematische Darstellung der Abstossungs- und Anziehungs-Wechselwirkung in Abhängigkeit der Unterpartikeldistanz. Die Netto-Wechselwirkung ergibt sich aus der Differenz der beiden Kurven; sie hängt von der Elektrolytkonzentration C_s oder C_s' ab. Desto grösser C_s ist, desto kleiner ist der "Energieberg", der überwunden werden muss. Die Aggregation der Partikel erfolgt dann im Energieminimum. Manchmal gibt es auch Koagulationen im sekundären Minimum; diese können durch Rühren wieder dispergiert werden.

b) Berechnete Netto-Wechselwirkungsenergien für kugelförmige Partikel konstanten Oberflächenpotentials für verschiedene ionale Stärken (1 : 1–Elektrolyt)

Die chemische Beeinflussung der Oberflächenladung

Das Oberflächenpotential (oder vereinfacht ausgedrückt die elektrische Ladung der Kolloide) hängt nun in sehr starkem Masse von chemischen Faktoren ab. Wie wir gesehen haben, werden Ca^{2+}, Mg^{2+} und Metallionen spezifisch (d.h. chemisch) an die Oberflächen (d.h. z.B. an die Sauerstoff-Donoratome der Oxiden und der organischen Oberflächen) gebunden (siehe Abbildung 10.8). Damit ist eine Ladungsveränderung (meistens eine Reduktion der ursprünglich negativen Ladung) der kolloiden Oberfläche verbunden. Ebenso bewirkt ein Ligandenaustausch, d.h. die Bindung eines Anions an die partikuläre Oberfläche, eine Veränderung der Ladung.

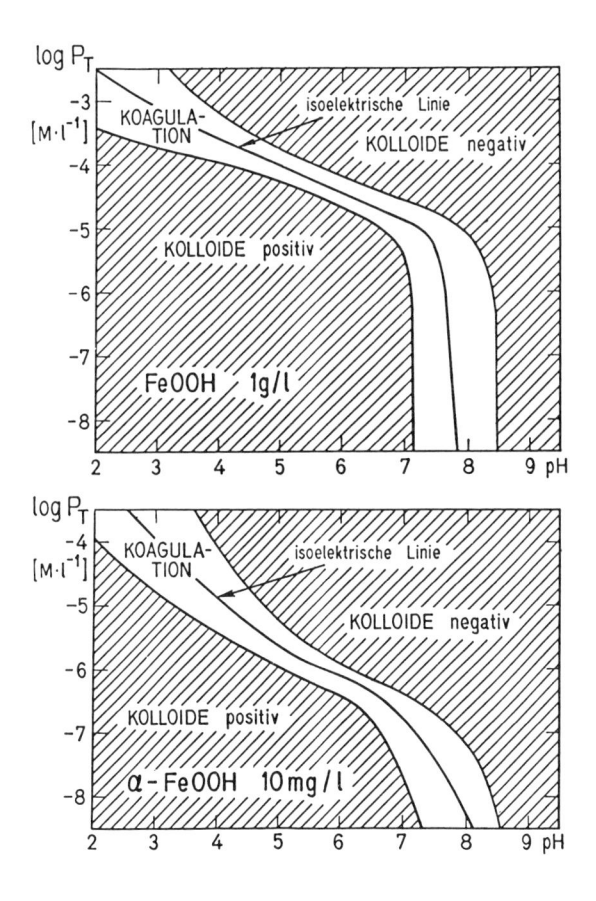

Abbildung 10.24
Berechnete Kolloidstabilität von α-FeOOH-Dispersionen in Gegenwart von Phosphat
(W. Stumm und L. Sigg, Z. f. Wasser- und Abwasserforschung, *12*, 73, 1979)

Reaktive Anionen, z.B. SO_4^{2-}, HPO_4^{2-}, Fulvate, Humate etc., werden spezifisch gebunden und können die Oberflächenladung und den Zustand der Kolloiddispersität signifikant beeinflussen (Beispiel Abbildung 10.24).

Die Kolloidstabilität natürlicher Gewässer wird vor allem durch die chemischen Wechselwirkungen mit den Oberflächenpartikeln bestimmt. In der Schweiz sind die meisten Gewässer $CaCO_3$-gesättigt. Wegen dem relativ hohen [Ca^{2+}] sind unsere Gewässer, im Vergleich zu Gewässern in kristallinem Terrain, arm an Kolloiden. Permanent trübe Gewässer (mit Tonteilchen) treten bei uns weniger auf. Auch sind Humus-Kolloide oder mit Huminsäure überdeckte Kolloide bei den bei uns typisch vorkommenden Wasserhärten nicht stabil. In weichen Wässern treten Humin- und Fulvinsäure in grösserer Konzentration auf; sie verursachen eine Dispersierung der Kolloide (auch hier ist eine *chemische* Wechselwirkung – entgegen elektrostatischer Kräfte – von Anionen mit negativen Partikeloberflächen vorherrschend).

Kinetik der Agglomeration (Koagulation): Die Agglomerationsrate hängt ab:
1. von der *Kollisionsfrequenz* und
2. von der *Haftbarkeit* ("Klebrigkeit") der Partikel aneinander.

Die letztere wird bestimmt durch die Ladung (Potential) und die Chemie der Oberfläche. Die Kollision der Partikel wird bewirkt durch die Diffusion (Braun'sche Bewegung) und durch Schärkräfte (Geschwindigkeitsgradienten). Sie hängt ab von der Partikelkonzentration:

$$-\frac{dN}{dt} = \text{prop } \alpha \, G \, \emptyset \, N \tag{36}$$

wobei α = Kollisionsfaktor
($\alpha = 10^{-4}$ bedeutet, dass von 10^4 Kollisionen eine wirksam ist; α charakterisiert weitgehend die Chemie der Oberfläche),
G = Geschwindigkeitsgradient [Zeit^{-1}];
$\emptyset$ = Partikelkonzentration [Vol/Vol],
N = Anzahl der Partikel [Anzahl/Vol].

Abbildung 10.25 gibt einen Überblick.

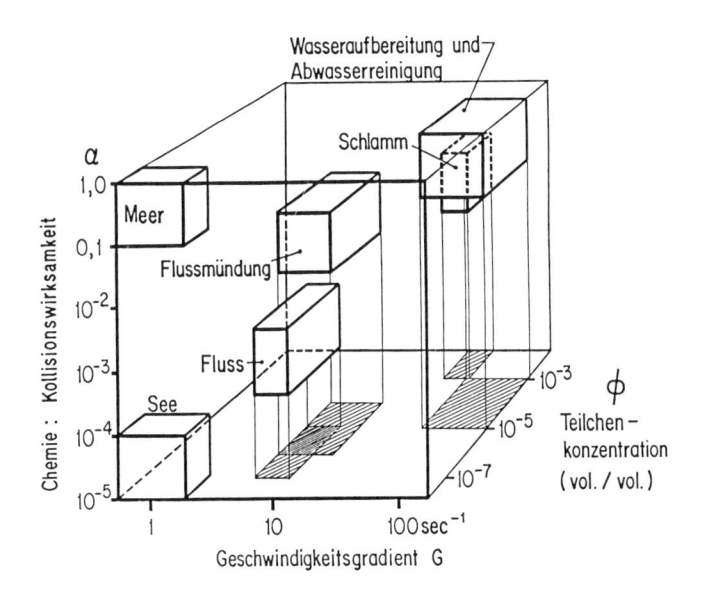

Abbildung 10.25
Die wichtigsten kinetisch wirksamen Variablen bei Flockung in natürlichen und in Reinigungs-Systemen

Bei Wasseraubereitungs- und Abwasserreinigungssystemen kann die Koagulation – gegenüber natürlichen Süsswassersystemen – durch Verbesserung der Kollisionswirksamkeit (Zugabe von Chemikalien), durch Wahl eines geeigneten Geschwindigkeitsgradienten (Turbulenz) und durch Erhöhung der Teilchenkonzentration beschleunigt werden.

(W. Stumm und L. Sigg, Z. f. Wasser- und Abwasserforschung, *12*, 73, 1979)

Übungsaufgaben

1) *Diskutiere anhand der Abbildungen 1.1 und 6.10 die Rolle, welche die Partikel und ihre Oberflächen in den verschiedenen Reservoiren bei der Regulierung der Zusammensetzung der Gewässer spielen.*

2) a) *Wie kann man aus der Veränderung der Zusammensetzung der Lösung unterscheiden zwischen einer Fällungs- und einer Adsorptionsreaktion?*

   b) *Warum ist der gute Fit der Daten durch eine Langmuir'sche Adsorptionsisotherme kein Beweis für das Vorliegen einer Adsorption?*

3) *Wie könnte man unterscheiden, ob eine Fettsäure an einem Oxidmineral durch koordinative Bindung (Ligandenaustausch der Carboxylatgruppen mit den oberflächenständigen OH-Gruppen des Oxides) oder durch hydrophobe Exklusion aus dem Wasser an der Oberfläche adsorbiert wird?*

4) Eine Probe von Goethit ist charakterisiert durch folgende Reaktionen:

   $\equiv FeOH_2^+ = H^+ + \equiv FeOH \qquad pK_1^s = 6$

   $\equiv FeOH = H^+ + \equiv FeO^- \qquad pK_2^s = 8.8$

   $\equiv FeOH + Cu^{2+} = \equiv FeOCu^+ + H^+ \qquad pK^s = -8$

   Elektrostatische Effekte werden als vernachlässigbar angenommen.

   a) *Berechne eine Adsorptionsisotherme für Cu^{2+} aus einer verdünnten $CuNO_3$-Lösung bei pH = 7 und $\equiv FeO_T = 10^{-6}$ M.*

   b) *Welches ist der qualitative Einfluss auf das Ausmass der Adsorption von folgenden Faktoren?:*

   i) Anwesenheit von HCO_3^- in der Lösung

   ii) Erhöhung der Temperatur der Lösung

   iii) Zugabe von 10^{-3} M Ca^{2+}

Index

A

Acidität 71, 104 – 115
    Bestimmung 115 – 120
    Gran-Titration 117
Aciditätskonstante 44, 46
    "zusammengesetzte" 46
    funktioneller Gruppen 315
Adsorption 344
    aus Lösung 333
    Elektrische Doppelschicht 346
    Freundlich-Gleichung 337 – 339
    Grenzflächenspannung 333 – 335
    Kationen 344
    Langmuir'sche Adsorption 335, 336
    Ligandenaustausch 342
    Oberflächenkomplexbildung 342, 343
Aerobische Respiration 294
Aerosole 77, 123
    Kondensation von Wassertropfen 147 – 151
Aerosolpartikel 124
Aktivitätskoeffizient 75
    Aktivitätsskala für ein konstantes Ionen-Medium 72
    Aktivitätsskala für unendliche Verdünnung 72
    individueller Ionen 75
Aktivitätskonstanten
    Güntelberg 76
Aktivitätsquotientendiagramme 270
Aldehyde 309
Alge 8
Alk (siehe Alkalinität)
Alkalinität 71, 104 – 115
    alternative Definition 106
    analytische Bestimmung 111
    Gran-Titration 117
Aluminium
    Hydrolyse 198
    Löslichkeit 152, 199 – 201
Aluminiumoxide 340
Aluminiumsilikate
    Kinetik der Auflösung 350
Amide 309
Amine 309

Aminosäuren 312
Ammoniak 66
    Absorption in Wasser 142 – 147
    Auflösung Wasser 135 – 139
    Gleichgewichte 65
Amphipatische Moleküle 335
ANC = Acid Neutralizing Capacity 71, 105 – 115
Anhydrit (Gips) 7
Atmosphäre
    als gefährdetes Reservoir 25 – 28
    Auswaschung von Schadstoffen 139
    Wassertröpfchen 124
    Wechselwirkung Wasser 123
Atmosphäre und Wasser
    Austauschvorgänge 12
Auflösung Calcit 93 – 98
Auflösung, Aktivität der festen Phase 221 – 244
Avogadro's Zahl 35
Azurit 237
Äther 309

B

Basizitätskonstante 44
Bioakkumulation 326
Biochemischer Kreislauf
    Photosynthese 257 – 259
Biologische Verfügbarkeit
    Cu 210
Biosphäre 21
Biota
    Zersetzungsprodukte 319
BNC = Base Neutralizing Capacity 105 – 115
BOD 307
Bodensysteme
    $p\varepsilon$ 274, 275
Boltzmann-Konstante 35
Böden 360
Borsäure 47 – 54

C

Ca^{2+}
    Flüsse der Welt 97
    Nitrilotriacetat 207 – 209
$CaCO_3^0$ 229

$CaCO_3$ 162
    Auflösung 250
    Gleichgewicht mit p_{CO_2} 228 – 231
    im Gleichgewicht mit CO_2 (g) 230
    in reinem Wasser 226
    Kinetik Kristallwachstum 247 – 250
    Löslichkeit 93 – 98, 225 – 332
    offenes CO_2-System 95
$CaCO_3$(s)
    Löslichkeitsgewichte 241
Calcit 93 – 98, 110
Calcium (siehe auch Ca) 207
Calciumcarbonat 93 – 98, 221, 225
    Gleichgewichtskonstanten 86, 226
    Löslichkeit 93, 225 – 332
    Löslichkeitsprodukt 226
    Nukleierung und Auflösung 244 – 250
    Sättigung 243
$CaOH^+$ 229
Carbonat 92 – 95
    Gleichgewichte 85 – 122
    Kohlendioxid 85
Carbonatspezies 87
Carbonatsystem
    geschlossen 98 – 104
    Pufferintensität 118 – 120
    Titrationskurve 114
Carbonsäuren 309, 312
Cd(II) 218
    organische humin-ähnliche Liganden 317
Cd^{2+}
    Nitrilotriacetat 207 – 209
Cl
    Redox 270 – 272
CO_2
    Atmosphäre – Wasser 179 – 182
    Emissionen 27, 28
    Gleichgewichtssystem 89
    Hydratisierung 176
    Transfer 181
COD 307
Coulomb'sches Gesetz 332
Cu
    als Funktion des pH 205
    in Gegenwart von Carbonat 236 – 239
    Löslichkeit 238, 239
    Löslichkeitsprodukte 237

organischer Komplexbildner 206
Speziierung 206
Cu(II)
Bindung an Huminsäure 316
Komplexbildung durch Huminsäuren 313
organische humin-ähnliche Liganden 317
Cu^{2+}
Puffer 218
Speziierung 203 – 207

D

Dampfdruck 325
DOC 307
Dolomit 7

E

Eisen
Transformationen in einem See 354
Eisen(III)(hydr)oxide
Auflösung 351
Elektrische Doppelschicht 331 – 340
Gouy-Chapmann-Modell 346
Elektroden
ionenselektive 300 – 304
Elektron
Masse 35
Elektronenbalance 253
Elektronenkreislauf
global 255 – 258
Elementarreaktionen 170 – 173
Energie, Arbeit, Wärme
Umrechnungsfaktoren 33
Enthalpie 157
Entropie 157, 185 – 191
Einheit 34
Enzym-Katalyse 173
Erde – Hydrosphäre-System 35
Essigsäure-Acetat 62, 63
Ester, Lactone 309
Ethylendiamintetraacetat
Cu 210

F

Fällung, Aktivität der festen Phase 221 – 244

Fe 320
    CO_2, H_2O System 278
    $p\varepsilon$–pH–Diagramm 277
Fe(II)
    Löslichkeit 279
    Oxidation zu Fe(III) durch O_2 279 – 282
Fe(III)
    Löslichkeit 279
Fe(III)(hydr)oxide
    reduktive Auflösung 357
$Fe(OH)_3$ 275
    Löslichkeit 223
Fe^{2+} 265
Fe_2O_3 275
Fe^{3+} 265
$FeCO_3$(s)
    in Gegenwart von Sulfid 233
    Löslichkeitsdiagramm 235
Feldspat 7
$FePO_4$(s)
    Löslichkeit 251
Fermentation (Alkoholgärung) 294
FeS und $FeCO_3$
    Existenzbereiche 234, 235
FeS(s)
    in Gegenwart von Sulfid 233
Fettsäuren
    Adsorption 336
Fliessgleichgewicht 170
Flockung 371
Flüchtige Kohlenwasserstoffe 141
Flüssigkeitspotential 297
Fossile Brennstoffe 77
    Verbrennung 27
Freie Reaktionsenthalpie 157
Freundlich-Gleichung 337
Fulvinsäure 201, 311, 312

G

Gas und Wasser
    Verteilung verschiedener Verbindungen 140
Gas-Konstante 35
Gas-Wasser-Gleichgewicht 65
    geschlossenes System 126
    offenes System 125

Gasaustausch
    chemischer Beschleunigungsfaktor 182
    Oberflächenwasser 180
Gas–Wasser
    Gleichgewichtskonstanten 126
Gibbs-Gleichung 334
Glaselektrode 300 – 304
Gleichgewicht
    Carbonat 85 – 122
    CO_2 der Gasphase 86 – 83
    Druckabhängigkeit 163, 164
    Gas–Wasser 12, 125
    metastabiles 158
    Nernst'sche Gleichung 262
    offener und geschlossener Systeme 99 – 104
    offenes System 86 – 93
    Redox 258 – 278
    Temperaturabhängigkeit 163, 164
    thermodynamisches 158
Gleichgewichtskonstante
    Beziehung 159
    Gas–Wasser 126
    Kohlensäure 100 – 102
    Konventionen 160
    Temperatur- und Druckabhängigkeit 163 – 164
    ΔG 159
Gleichgewichtsrechnungen
    Säure-Base 47– 67
    "gemischte" Konstanten 76
Globales Reservoir
    Atmosphäre 26
    Biomasse 26
    Oberflächenwasser 26
Goethit
    Oberflächen-Hydroxyle 363
Gouy-Chapman-Modell 347
Gran-plot 112 – 118
Gran-Titration 117
Grenzfläche
    elektrostatische Wechselwirkung 331 – 340
    hydrophobe Effekte 333 – 335
    Säure-Base-Reaktionen 340
Grenzfläche Fest-Wasser
    Wechselwirkungen 332 – 349
Grenzflächenchemie 331 – 371
    Ionenbindungsvermögen 364
    Ligandenaustausch 342

Oberflächenkomplexe 342
Grenzflächenspannung 334
Grundwasser 108 – 110
    chemische Zusammensetzung 13, 15
    Redoxintensitätsbereiche 275
Güntelberg Aktivitätskorrektur 76

H

Halbleiter
    Band-Modell 358
    Photochemie 356 – 359
Halbwertszeit 169
Härte
    bleibende 13
    Gesamt 13
    Karbonathärte 13
HCO_3^- 103 – 105
    Flüsse der Welt 97
Henry'sches Gesetz 12
Henry-Konstanten (25° C) 12, 125
Hg 162
HSO_3^- 134
Humin-/Fulvinsäuren 201, 310
    Komplexbildungskonstanten 314
    Titration 312
Huminsäure 311, 312
Huminstoffe
    als Liganden 308
Humus 305
Hydrogencarbonat 92 – 95, 103 – 105
Hydrolyse
    Metalle 195
Hydrolysekonstante
    Metalle 195 – 199
Hydrophobe Verbindungen
    Sorption 325
Hydrophober Effekt 333
Hydroxy peroxyl 288
Hydroxylradikal 288

I

Ionenaustausch 359
Ionenaustauschgleichgewichte
    Tonmineralien 365
Ionenaustauschharze 366

K

Kalk 7
Kalklöslichkeit 241
Kalomelelektrode 297
Kaolinit
    Struktur 362
Karbonathärte 13
Ketone 309
Kinetik 165 – 182
    Adsorption 169
    chem. Oxidation 169
    Einfache Zeitgesetze 168
    Elementarreaktionen 170 – 173
    Halbwertszeit t 168
    Hydrolyse 169
    Komplexbildung 211 – 213
    mikrobielle Prozesse 169
    Oxidation von Mn(II) 283
    Oxidation von Sulfit 283 – 286
    Steady-State-Annahme 172
Koagulation
    Kinetik der Agglomeration 370
Kohlehydrate 312
Kohlendioxid 86 – 93, 176 – 182
    Gas-Transfer Atmosphäre – Wasser 179 – 182
    Gleichgewicht 85
    Hydratisierung 176
Kohlendioxidsystem
    offen 90
Kohlensäure 86 – 90, 92 – 95
Kohlenstoff
    organisch 305 – 327
    Verteilung in Sedimenten, Hydrosphäre, Atmosphäre und Biosphäre 16
Kohlenstoff-Kreislauf 21
Kohlenwasserstoffe 312
    polyzyklische aromatische 141
Kolloide 338 – 340
Kolloidstabilität 366 – 371
    α-FeOOH-Dispersionen 369
    physikalisches Modell 368
Komplexbildung
    Kinetik 211 – 213
    Liganden 200
Konstanten
    Gas/Wasser-Gleichgewichte 126
Konzentrationseinheiten 32

Koordination
  an Grenzflächen 340
Kreisläufe
  hydrogeochemische 19
  Kohlenstoff 21
  Sauerstoff 21
  Schwefel 21
Kristallwachstum
  Keimbildung 246 – 250
  Nukleierung 244 – 248
Kupfer (siehe auch Cu) 203 – 207
  Löslichkeit 236 – 239

L

Langmuir-Adsorptionsisotherme 335, 336
Lewis-Base 42
Lewis-Säure 42
Liganden
  organisch und anorganisch 308
Ligandenaustausch 342
Lipid 324
Lipophilie 325, 326
Löslichkeitsgleichgewicht 222 – 224
  Carbonate 222 – 224
  feste Phasen 221 – 244
  Hydroxide 222 – 224
  Mineralien 221 – 244
Löslichkeitsprodukt
  Definition 222

M

Malachit 237
Meerwasser 6
Metall
  Puffer 209
Metall(hydr)oxide
  ligandenkatalysierte Auflösung 352
Metalle
  Definition 193 – 219
  Hydrolyse und die Bildung schwerlöslicher Oxide und Hydroxide 195 – 199
  Konstanten für Wasseraustausch 212
  Konzentration 216
  Konzentration in Seen 215 – 218
  Spezierung 193 – 219, 213, 214

Metallionen
  Hydrolyse 42
  Koordinationschemie 194
Methanfermentation 293
Methangärung 294
Michaelis-Menton-Enzym-Katalyse 175
Mikroorganismen
  Katalyse von Redoxprozessen 292
  Redoxkatalysatoren 321
Mineralien
  Auflösung von 350
  Löslichkeit 221
Mn 320
Mn(II)
  Oxidation durch O_2 283
MnO_2 275, 283
Molal
  Definition 32
Molar
  Definition 32
Muskovit
  Struktur 362

N

N_2-Fixierung 294
Natürliche Gewässer 5 − 8
  chemische Zusammensetzung 5, 6, 11 − 16
Nebel 79, 80, 123, 142
Nebel-Luft-System
  Gleichgewichtsdiagramm 146
Nebeltröpfchen 124
Nebelwasser
  Zusammensetzung 148
Nernst'sche Gleichung 263, 264
NH_4^+
  als Funktion von $p\varepsilon$ 267
NH_3 65, 135
  Absorption 142 − 147
NH_3 − Wasser
  Geschlossenes System 138
Niederschläge
  saure 76
Nitratreduktion (Denitrifikation)
  zu NH_4^+ 294
NO_3^-
  als Funktion von $p\varepsilon$ 267

Reduktion zu NH_4^+ 268

O

O_2
    Redox 272 – 273
O_3
    Geschwindigkeitskonstanen 292
Oberflächen
    Elektrische Ladung 345
Oberflächenkomplexe 342
    innersphärische 343
Oberflächenspannung
    Adsorption 333 – 355
Oberflächenwasser
    chemische Zusammensetzung 15
OH-Gruppen
    oberflächenständige 340
Organische Liganden
    Liganden 201
Organische Substanzen
    als Liganden 308
    Einfluss auf Redoxsequenz 320 – 323
    Carboxylgruppen 311
    funktionelle Gruppen 308
    Löslichkeit 310
    Sorption 326, 327
Organischer Kohlenstoff 305 – 327
    Typische Konzentrationen 307
Organisches Material
    als Reduktionsmittel 318
    in Gewässern 306
Oxidation
    Definition 254 – 258
    durch Sauerstoff 287, 288
    Sulfit 283
    von Fe(II) mit Sauerstoff 280
Oxidation von SO_2
    durch Ozon und Wasserstoffperoxid 286
Oxidationszahl
    organische Verbindung 307
Oxidationszahlen 256
Oxide
    H^+-katalysierte Auflösung 353
Oxidoberfläche 341
    Säure-Base-Reaktionen 340
Ozon 289

Auflösung 128
Oxidation von Sulfit 284
Ökologische Auswirkungen
    Saurer Regen 153
Ökosystem 9, 23
    Auswirkungen der Luftschadstoffe 81
    Definition 22

P

Partialdruck 32
Partikel
    in natürlichen Gewässern 338
    suspendierte 339
Partikelgrössenverteilung 340
Parts per Million 32
Pb(II) 218
    organische humin-ähnliche Liganden 317
Pb^{2+}
    Adsorption an Aluminiumoxid 349
    Adsorption auf Aluminiumoxid 348
$p\varepsilon$
    analytische Information 299
    Definition 260
    und pH 261
Periodische Tabelle der Elemente 36
$p\varepsilon$–pH–Diagramme 273
pH
    Aktivitätskonventionen 72 – 76
    Definition 44
    im Regenwasser 78 – 81
    Mastervariable 56 – 63
    Messung 301
    Skalen 73
pH und $p\varepsilon$ 24
Phosphat
    Elimination durch Fe(III) 369
Photochemie
    Halbleiter 356 – 359
    Redox-Prozesse 288 – 291
Photochemische Oxidantien 290
Photochemische Reaktionen
    sensibilisierte 291
Photooxidantien 289
Photosynthese 8 – 10, 24, 255 – 258
    biochemischer Kreislauf 257
    Stöchiometrie der Elemente 8

Planck-Konstante 35
POC 307
Protonen-Balance 49
Puffer
    Metalle 209
    Redox 274
Pufferintensität 107
    Carbonatsystem 118 – 120
Puffersystem
    natürlicher Gewässer 11

Q

Quarz (Granit) 7, 221

R

Reaktionsgeschwindigkeit 166
Reaktionsquotient 160
Redox-Gleichgewicht 258 – 278
    Berechnungen 265
    pe–pH–Diagramme 273
Redox-Intensität 255, 258 – 278
    Definition 260
Redox-Potential
    Definition 260
    elektrochemische Zelle 298
    Messung 296, 298
    pε 262, 296
Redox-Puffer 274
Redox-Prozesse 253 – 304
    an Oxidoberflächen 355
    Carboxylgruppen 312
    Kinetik 278 – 296
    licht-induzierte 356
    Mikroorganismen katalysierte 292
    mit organischem Material 318
    photochemische 288 – 291
    Seen 323
    Sequenz 322
Redox-Sequenz
    in einem See 320
Reduktion
    Definition 254 – 258
Reduktion von Eisenhydroxiden 294
Regen 80, 123

Regenwasser 82, 86
    pH 78
"Regenwasser"
    Gleichgewicht mit der Atmosphäre 91
Respiration 8

S

S 77
    Emissionen 27, 28
    Kreislauf 28
Salzsäure
    Auflösung Wasser 129
Sauerstoff
    Oxidation mit 287, 288
    Singulett 291
Sauerstoffbedarf
    biochemischer 306
Saure Seen 151 – 153
Saurer Regen 39, 76 – 81
Säure
    starke 54, 55, 60, 61
    zweiprotonig 59
Säure-Base
    Ampholyt 64
    flüchtige Base 65
    Gleichgewichtsrechnungen 47 – 67
    Titrationskurven 67 – 70
Säure-Base Theorie 40 – 49
    Brønsted Säure 41
    Brønsted-Theorie 40
Säure-Base-System
    monoprotisch 56
Säuren und Basen 39 – 83
    die Stärke einer Säure oder Base 43
    Lewis-Konzept 42
    multiprotonige 70
    Neutralisierungskapazität 70
    polyprotische 42
Säuren-Neutralisierungskapazität 71
Schnee 123
Schwefel 123
Schwefel-Kreislauf 21, 28
Schwefeldioxid
    Absorption in Wasser 142
    Gleichgewichte mit Wasser 130 – 135
    Oxidation in Wasser 142 – 147

Schwermetalle
    Komplexbildung durch Huminsäuren 313
Siderit (FeCO3)
    Löslichkeit 234
SO_4^{2-}-Reduktion 275
SO_2 134
    Absorption 142 – 147
    offenes System 130 – 135
    Oxidation 283
Sonnenstrahlung
    Dosisintensität 289
Speziierung
    Redoxreaktionen 264
Stabilitätskonstanten 203
Steady state
    Kinetik 172
Stickoxid 123
Stickstoff-Kreislauf 21
Sulfat-Reduktion 294
Superoxide 288
Süsswasser 6

T

Tableaux
    Definition 51
Tenorit 237
Thermodynamische Daten 185 – 191
    Gleichgewichtsmodell 157 – 165
Titrationskurve 107
    Huminsäure 316
    multiprotonige Säuren und Basen 70
    Säure-Base 67 – 70
TOC Total Organic Carbon 307
Tonmineralien 221
    funktionelle Gruppen 360 – 363
    Ionenaustausch 359
    Oberflächenkomplexe 363
Toxizität Kupfer
    Cu 210

V

Verteilungskoeffizient
    Kohlensäure 101
Verunreinigungssubstanzen
    Dampfdruck 324 – 327

    hydrophobe 324 – 327
    lipophile 324 – 327
    Wechselbeziehungen Boden, Wasser und Luft 324 – 327
Verwitterung 25
Verwitterungsprozesse
    Verwitterungsreaktionen 7
VO^{2+}
    Oxidation 355

W

Wald 25 – 28
    als gefährdetes Reservoir 25
Wasser
    als gefährdetes Reservoir 25 – 28
    Atmosphäre Wechselwirkung 123 – 153
    Dichte 18, 19
    Ionenprodukt 45
    $p\varepsilon$–pH–Diagramm 273
    physikalische Eigenschaften 17
    Selbstionisation 44
Wasserstoffelektrode 297
Wasserstoffperoxid
    Auflösung 128
Wechselwirkung Wasser – Atmosphäre 123 – 153

X

XAD-Harze 311

Z

ZnO
    Löslichkeit 251